Tabellenbuch Chemie

von

Rolf Kaltofen, Joachim Ziemann u. a.

13., durchgesehene Auflage

D1735520

VERLAG EUROPA-LEHRMITTEL · Nourney, Vollmer GmbH & Co. KG
Düsselberger Straße 23 · 42781 Haan-Gruiten

Europa-Nr.: 56627

Autoren

Chem.-Ing. Rolf Kaltofen †
Studienrat Rolf Opitz †
Dr. Kurt Schumann
Doz. i. R. Dr. Joachim Ziemann †

13., durchgesehene Auflage 1998
Druck 6

ISBN 978-3-8085-5662-7

© 2014 by Verlag Europa-Lehrmittel, Nourney, Vollmer GmbH & Co. KG, 42781 Haan-Gruiten
www.europa-lehrmittel.de

Umschlaggestaltung: braunwerbeagentur, 42477 Radevormwald
Druck: Plump Druck & Medien GmbH, 53619 Rheinbreitbach

Vorwort

Bereits die 8. Auflage des Tabellenbuches wurde weitestgehend überarbeitet und gegenüber den Vorauflagen umfangsmäßig durch die adressatengerechte Gestaltung und den Wegfall von Teilen mit Lehrbuchcharakter gekürzt. Bei den „Analytischen Faktoren" kamen die hierfür nicht mehr üblichen Methoden in Wegfall.

Neu aufgenommen wurden die Tabellen „Van-der-Waalssche Konstanten" und „Verteilungskoeffizienten".

Grundsätzliche Veränderungen ergaben sich durch die konsequente Anwendung der SI-Einheiten und der IUPAC-Empfehlungen zur Schreibweise chemischer Elemente und Verbindungen. Es muß aber bemerkt werden, daß bei diesem Tabellenbuch wie auch bei der anderen allgemeinbildenden und berufsbildenden Literatur die „k- und z-Schreibweise" der chemischen Begriffe noch beibehalten wurde.

Sämtliche technischen Tabellen entsprechen dem aktuellen Stand.

Autoren und Verlag danken den Gutachtern, Herrn Dr. K. Kellner und Herrn Dr. H. Rümmler, für die wertvollen Hinweise, die zur Verbesserung des Inhalts führten.

Um das Buch weiterhin preisgünstig lieferbar zu erhalten, ist die 13. Auflage bis auf kleinere Korrekturen ein unveränderter Nachdruck.

Allen Benutzern möge das Buch ein wertvoller Helfer bei ihrer Arbeit sein. Wir bitten Sie, Ihre Erfahrungen, die Sie beim Arbeiten mit dem Buch gewinnen, an den Verlag zu leiten. Jeden Hinweis und jede Anregung werden wir sorgsam zur Verbesserung der nächstfolgenden Auflage auswerten.

Autoren und Verlag

Inhaltsverzeichnis

Einführung in das Tabellenbuch

Aufbau der Tabellen. Zum Inhalt oder für den Gebrauch der Tabellen Wesentliches wird in der jeweiligen Einleitung gesagt. Enthält eine Tabelle Konstanten oder andere Daten von Verbindungen, so sind die Verbindungen alphabetisch geordnet.

Maßeinheiten. Hier wurden nur SI-Einheiten angewendet. Eine Umrechnungstabelle veralteter Einheiten in SI-Einheiten befindet sich auf S. 12.

Abkürzungen und Symbole. Alle Abkürzungen und Symbole, die im Buch verwendet werden, sind in der Tabelle »Abkürzungen und Formelzeichen« zusammengestellt worden. Wichtige Abkürzungen und Symbole werden in der jeweiligen Einleitung zu den Tabellen wiederholt. Allgemein werden nur gesetzliche oder international eingeführte oder gebräuchliche Abkürzungen und Symbole benutzt. Abgewichen wurde hiervon z. B. dann, wenn durch Anwendung der IUPAC-Empfehlungen (Internationale Union für Reine und Angewandte Chemie) ältere Abkürzungen überholt schienen.

Nomenklatur. Bei der Schreibweise anorganischer und organischer Verbindungen wurden weitestgehend die IUPAC-Empfehlungen angewendet. Um auch dem in dieser Nomenklatur Ungeübten das Arbeiten mit dem Buch zu erleichtern, wurden die geläufigen Trivialnamen und ältere Namen organischer Verbindungen in der Tabelle 42 »Synonyme organischer Verbindungen« aufgenommen.

Relative Atom-, Molekül- und Äquivalentmassen. Diesen Werten liegt die Tabelle der relativen Atommassen (IUPAC 1975) zugrunde. Die Basis ist die Atommasse des Kohlenstoffisotops $^{12}C = 12,00000$. Bei den Molekül- und Äquivalentmassen wurden so viele Stellen hinter dem Komma angegeben, wie bei der Atommasse desjenigen Elementes vorliegen, das die niedrigste Stellenzahl aufweist.
Beispiel:

Atommasse Kupfer   63,546
Atommasse Sauerstoff   15,9994
Molekülmasse Kupfer(II)-oxid 79,5454   Tafelwert: 79,545

Molare Masse. Die molare Masse (M) entspricht der Definition:

$$\text{molare Masse} = \frac{\text{Masse}}{\text{zugehörige Stoffmenge}} \cdot$$

$$M = \frac{m}{n} \quad \text{in} \quad \frac{g}{mol}$$

Faktoren. Der Berechnung analytischer Faktoren wurden die nicht abgerundeten Molekül- bzw. Atommassen zugrunde gelegt.

Runden. Waren die Ziffern eine 0, 1, 2, 3 oder 4, so wurden sie gestrichen (abgerundet). Waren die Ziffern eine 5, 6, 7, 8 oder 9, so wurde die letzte Stelle um eine Einheit erhöht (aufgerundet).

Sachwörterverzeichnis. In das Sachwörterverzeichnis (S. 281) wurden nur dann einzelne Verbindungen aufgenommen, wenn sie den Inhalt der Tabelle bestimmen. Nicht aufgeführte Verbindungen sind nach der Bezeichnung der Konstanten oder Daten zu suchen, z. B. »Siedetemperatur von Trichlormethan« ist zu suchen unter »Siedetemperaturen organischer Verbindungen« oder unter »organische Verbindungen, Siedetemperaturen.«

Abkürzungen und Formelzeichen

Der erste Teil dieses Abschnitts enthält sämtliche im Tabellenbuch verwendeten Abkürzungen und Formelzeichen in alphabetischer Ordnung, der zweite Teil die wichtigsten mathematischen Zeichen.

Abkürzung bzw. Formelzeichen	Bedeutung
A	Ampere
a	Ar
a_{astr}	Jahr
a_0	1. Bohrscher Wasserstoffradius
$a_\pm$	mittlere Aktivität
Abt.	Abteilung
aliph.	aliphatisch
Anm.	Anmerkung
anorgan.	anorganisch
aq.	Wasser (aqua)
arom.	aromatisch
A_r	relative Atommasse
asymm.	asymmetrisch
at	technische Atmosphäre
atm	physikalische Atmosphäre
α	Bunsenscher Absorptionskoeffizient
α	Dissoziationsgrad
α	linearer Ausdehnungskoeffizient
α	mittlerer Temperaturkoeffizient
bar	Bar
bas.	basisch
Bz.	Benzen
bzw.	beziehungsweise
β	kubischer Ausdehnungskoeffizient
β	Kuenenscher Absorptionskoeffizient
C	elektrische Kapazität
C	molare Wärmekapazität
C_{abs}	absolutes Coulomb
°C	Grad Celsius
c	Karat
c	spezifische Wärmekapazität
c	Zenti-
c_0	Lichtgeschwindigkeit im Vakuum
ca.	zirka
cal	Kalorie (15°-Kalorie)
cal	mittlere Kalorie
cd	Candela (Lichtstärke)
cg	Zentigramm
cl	Zentiliter
cm	Zentimeter
cP	Zentipoise
cSt	Zentistoke
D	Deka-
D.	Diethylether
d	Dezi-
d	Tag
DB	Durchführungsbestimmung
dg	Dezigramm
d. h.	das heißt
DK	Dielektrizitätskonstante
diss.	dissoziiert

Abkürzung bzw. Formelzeichen	Bedeutung
dkl.	dunkel
dl	Deziliter
dm	Dezimeter
dyn	Dyn
dyn.	dynamisch
Δt	Temperaturdifferenz
E.	Ethanol
E_a	Aktivierungsenergie
E_g	kryoskopische Konstante
E_s	ebullioskopische Konstante
°E	Grad Engler
e	Elementarladung
EMK	elektromotorische Kraft
emp.	empirisch
erg	Erg
Es.	wasserfreie Ethansäure
eV	Elektronenvolt
evtl.	eventuell
expl.	explosiv
$\varphi°$	Standardpotential
ε	absolute Dielektrizitätskonstante
η	dynamische Viskosität
F	Faraday-Konstante
F.	Schmelztemperatur
°F	Grad Fahrenheit
f.	die folgende (Seite)
ff.	die folgenden (Seiten)
fl.	flüssig
G	Giga-
g	Gramm
gasf.	gasförmig
ges.	gesättigt
ggf.	gegebenenfalls
Γ	Gamma
°	Grad (ebener Winkel)
H	Heizwert
h	hekto
h	Stunde
h.	heiß
ha	Hektar
hl	Hektoliter
Hz	Hertz
I	Stromstärke
I. A.	internationales Ångström
J	Joule
K	Gleichgewichtskonstante
K	Kelvin
k	Boltzmannsche Konstante
k	Dissoziationskonstante
k	Kilo-
k.	kalt
kcal	Kilokalorie

Abkürzung bzw. Formelzeichen	Bedeutung	Abkürzung bzw. Formelzeichen	Bedeutung
kg	Kilogramm	ν	kinematische Viskosität
kin.	kinetisch	o. W.	ohne Wasser
kinem.	kinematisch	org.	organisch
km	Kilometer	Ox.	Oxydationsmittel
konz.	konzentriert	OZ	Ordnungszahl
K.	Siedetemperatur	Ω	Ohm
kp	Kilopond	P	Poise
krist.	kristallisiert	P	Pico-
kV	Kilovolt	p	Pond
$\varkappa$	elektrische Leitfähigkeit	Pa	Pascal
l	Absorptionskoeffizient	pH	Maß für die Wasserstoffionen-
l	Liter		konzentration
l	Länge	p_k	kritischer Druck
l.	lösbar	Pe.	Petrolether
lfd.	laufend(e)	Pr.	Propanon
lg	dekadischer Logarithmus	prim.	primär
Lg.	Ligroin	PS	Pferdestärke
Lj	Lichtjahr	Q	elektrische Ladung
ll.	leicht lösbar	R	elektrischer Widerstand
L. M.	Lösungsmittel	R	allgemeine Gaskonstante
Lsg.	Lösung	°R	Grad Reaumur
lt.	laut	°Rank.	Grad Rankine
λ	Wellenlänge	raff.	raffiniert
Ma.-%	Masseprozent	Red.	Reduktionsmittel
M	Mega-	rel.	relativ
M	molare Masse	ϱ	Dichte
M.	Methylbenzen	ϱk	kritische Dichte
m	Meter	s	Sekunde
m	Milli-	s. a.	siehe auch
M	molar	Schm.	Schmelze
mb.	mischbar	sd.	siedend
m_0	Ruhemasse des Elektrons		
m_H	Masse des H-Atoms	sek.	sekundär
m_{kg}	Mol je Kilogramm Lösungsmittel	Sk.	Schwefelkohlenstoff
m_l	Mol je Liter Lösungsmittel	s. o.	siehe oben
m	Masse	sog.	sogenannte
m_n	Masse des Neutrons	s. S.	siehe Seite
m_p	Masse des Protons	St	Stokes
max.	maximal	st(s)	stere (stére)
mbar	Millibar	Std.	Stunde
mg	Milligramm	subl.	sublimiert
min	Minute	swl.	sehr wenig lösbar
min.	minimal	sym.	symmetrisch
ml	Milliliter	T	Temperatur (thermodynamische)
mm	Millimeter	T	Tera-
mm WS	Millimeter Wassersäule	t	Celsius-Temperatur
mol	Mol	t	Tonne
Mol-%	Molprozent	t	Zeit
Mp	Megapond	t_k	kritische Temperatur
M_r	relative Molekülmasse	Tab.	Tabelle
mSt	Millistoke	Tchl.	Trichlormethan
mval	Millival	techn.	technisch
mμ	Millimikron	tert.	tertiär
μ	Mikron (Mikro-)	TME	Tausendstelmasseneinheit
μl	Mikroliter	U	elektrische Spannung
N	elektrische Leistung	u. a.	unter anderem
N	Newton	unges.	ungesättigt
N	Numerus	unl.	unlösbar
N_L	Loschmidtsche Zahl	usw.	und so weiter
n	Nano-	V	Volt
N	normal	V_m	molares Volumen
n	Stoffmenge	Va.	Vakuum
n_D	Brechungsindex bezogen auf die D-Linie des Spektrums	val	Val
		verd.	verdünnt
Nl	Normliter	Vol.-%	Volumenprozent
m³ u. Nb.	Kubikmeter unter Normalbedingungen		

Abkürzung bzw. Formelzeichen	Bedeutung		Abkürzung bzw. Formelzeichen	Bedeutung
W.	Wasser		z	Zentner
W	Watt		z.	zersetzlich
Wh	Wattstunde		z. B.	zum Beispiel
wl.	wenig lösbar		Z. T.	Zimmertemperatur
z	Wertigkeit		z. T.	zum Teil

Mathematische und andere Zeichen

Zeichen	Erklärung	Zeichen	Erklärung	Zeichen	Erklärung
%	Prozent (vom Hundert)	$\equiv$	identisch gleich	$\geqq$	größer oder gleich,
...	bis	$\approx$	angenähert gleich, rund,		mindestens gleich
+	plus		etwa	$\triangleq$	entspricht
$-$	minus	$<$	kleiner als	∞	unendlich
$\cdot$	multipliziert mit, mal	$>$	größer als	lg	dekadischer Logarithmus
:	geteilt durch	$\leqq$	kleiner oder gleich,	$\varnothing$	Durchmesser
=	gleich		höchstens gleich	$\ominus$	Symbol für das Elektron

Umrechnungstabelle veralteter Einheiten in SI-Einheiten

Raum- und Hohlmaße

Alte Einheit	Symbol	Faktor für Umrechnung in m^3
1 Barrel (Erdöl)	$-$	$1,588\,0444 \cdot 10^{-1}$
1 Gallone (amerik.)	$-$	$3,780\,1058 \cdot 10^{-3}$
1 stere	st	1

Masse

Alte Einheit	Symbol	Faktor für Umrechnung in kg
1 Gamma	γ	10^{-9}
1 Karat	c	$2,0000 \cdot 10^{-4}$
1 Zentner	z	$5,0000 \cdot 10$
1 Pfund		$5,0000 \cdot 10^{-1}$

Druck

Alte Einheit	Symbol	Faktor für Umrechnung in Pa
1 Bar	bar	10^5
1 mm WS		$9,806\,65$
1 Torr		$133,3$
1 techn. Atmosphäre	at	$9,806\,65 \cdot 10^4$
1 phys. Atmosphäre	atm	$1,013\,25 \cdot 10^5$

Temperatur

Alte Einheit	Umrechnung in K
Fahrenheit	$x\,°F = \left[\dfrac{5}{9}(x - 32) + 273,16\right] K$
Celsius	$x\,°C = (x + 273,16)\,K$
Réaumur	$x\,°R = \dfrac{5}{4}\,x + 273,16\,K$

Kraft

Alte Einheit	Symbol	Faktor für Umrechnung in N
1 Dyn	dyn	10^{-5}
1 Pond	p	$9,80665 \cdot 10^{-3}$

Leistung

Alte Einheit	Symbol	Faktor für Umrechnung in W
1 Erg je Sekunde	$\dfrac{erg}{s}$	10^{-7}
1 Kilopondmeter je Sekunde	$\dfrac{kp \cdot m}{s}$	$9,80665$
1 Pferdestärke	PS	$7,35499 \cdot 10^2$
1 Kalorie je Sekunde	$\dfrac{cal}{s}$	$4,1868$

Energie, Arbeit, Wärmemenge

Alte Einheit	Symbol	Faktor für Umrechnung in J
1 Erg = 1 Dyn · Zentimeter	dyn · cm	$1,0000 \cdot 10^{-7}$
1 Kilopondmeter	kp · m	$9,8065$
1 Kalorie	cal	$4,18684$
1 Wattstunde	W · h	$3,6000 \cdot 10^3$
1 Kubikzentimeteratmosphäre (phys.)	cm³ · atm	$1,1013250 \cdot 10^{-1}$
1 Literatmosphäre (techn.)	$\dfrac{1\ at}{cal}$	$0,980692$
1 Tausendstelmasseneinheit	TME	$1,4916 \cdot 10^{-13}$
1 absolutes Elektronenvolt	eV	$1,6018 \cdot 10^{-19}$
1 Temperaturgrad	K	$1,3804 \cdot 10^{-23}$

Viskosität

dynamische

Alte Einheit	Symbol	Umrechnung in Pa · s
1 Poise	P	10^{-1}

kinematische

Alte Einheit	Symbol	Umrechnung in m² · s⁻¹
1 Stokes	St	10^{-4}

Dichte (Umrechnung von Grad Baumé in kg · m⁻³)

$\varrho > 1$	$\varrho < 1$
$\varrho = \dfrac{144,3}{144,3 - n} \cdot 1000$	$\varrho = \dfrac{144,3}{144,3 + n} \cdot 1000$

n = Grad Baumé

Allgemeine Tabellen

1. Maßeinheiten

Die folgenden Tabellen enthalten die wichtigsten internationalen Maßeinheiten und deren Umrechnungsfaktoren sowie eine Aufstellung einiger allgemeiner physikalischer Konstanten (Tab. 1.12).

1.1. Dezimale Vielfache und Teile der Einheiten

Vorsatz-silbe	Vorsatz-symbol	Zahlwort	Zehnerpotenz und Zahl	
Tera	T	Billion	10^{12}	$= 1\,000\,000\,000\,000$
Giga	G	Milliarde	10^{9}	$= 1\,000\,000\,000$
Mega	M	Million	10^{6}	$= 1\,000\,000$
Kilo	k	Tausend	10^{3}	$= 1\,000$
Hekto	h	Hundert	10^{2}	$= 100$
Deka	da	Zehn	10^{1}	$= 10$
Dezi	d	Zehntel	10^{-1}	$= 0,1$
Zenti	c	Hundertstel	10^{-2}	$= 0,01$
Milli	m	Tausendstel	10^{-3}	$= 0,001$
Mikro	μ	Millionstel	10^{-6}	$= 0,000\,001$
Nano	n	Milliardstel	10^{-9}	$= 0,000\,000\,001$
Pico	p	Billionstel	10^{-12}	$= 0,000\,000\,000\,001$

1.2. Längenmaße

Einheit	Abkürzung	km	hm	dam	m	dm	cm	mm	μm	nm
					Faktor für Umrechnung in					
1 Kilometer	km	1	10	10^{2}	10^{3}	10^{4}	10^{5}	10^{6}	10^{9}	10^{12}
1 Hektometer	hm	10^{-1}	1	10	10^{2}	10^{3}	10^{4}	10^{5}	10^{6}	10^{11}
1 Dekameter	dam	10^{-2}	10^{-1}	1	10	10^{2}	10^{3}	10^{4}	10^{7}	10^{10}
1 Meter	m	10^{-3}	10^{-2}	10^{-1}	1	10	10^{2}	10^{3}	10^{6}	10^{9}
1 Dezimeter	dm	10^{-4}	10^{-3}	10^{-2}	10^{-1}	1	10	10^{2}	10^{5}	10^{8}
1 Zentimeter	cm	10^{-5}	10^{-4}	10^{-3}	10^{-2}	10^{-1}	1	10	10^{4}	10^{7}
1 Millimeter	mm	10^{-6}	10^{-5}	10^{-4}	10^{-3}	10^{-2}	10^{-1}	1	10^{3}	10^{6}
1 Mikrometer	μm	10^{-9}	10^{-8}	10^{-7}	10^{-6}	10^{-5}	10^{-4}	10^{-3}	1	10^{3}
1 Nanometer	nm	10^{-12}	10^{-11}	10^{-10}	10^{-9}	10^{-8}	10^{-7}	10^{-6}	10^{-3}	1

Einheit	Abkürzung	cm	km
		Faktor für Umrechnung in	
1 1. Bohrscher Wasserstoffradius [1]	a_0	$0,529\,17 \cdot 10^{-8}$	
1 Internationales Ångström	I.Å. [2]	10^{-8}	
1 Lichtjahr [3]	Lj	$0,946\,01 \cdot 10^{18}$	
1 Parsec (Parallaxensekunde)	pc	$3,084 \quad \cdot 10^{18}$	$3,084 \cdot 10^{13}$
1 Siegbahnsche X-Einheit [4]	X.E.	$\approx 1,002\,02 \cdot 10^{-11}$	

1.3. Flächenmaße

Einheit	Abkürzung	Faktor für Umrechnung in						
		km^2	ha	a	m^2	dm^2	cm^2	mm^2
Quadratkilometer	km^2	1	10^2	10^4	10^6	10^8	10^{10}	10^{12}
Hektar	ha	10^{-2}	1	10^2	10^4	10^6	10^8	10^{10}
Ar (Quadratdekameter)	a	10^{-4}	10^{-2}	1	10^2	10^4	10^6	10^8
Quadratmeter	m^2	10^{-6}	10^{-4}	10^{-2}	1	10^2	10^4	10^6
Quadratdezimeter	dm^2	10^{-8}	10^{-6}	10^{-4}	10^{-2}	1	10^2	10^4
Quadratzentimeter	cm^2	10^{-10}	10^{-8}	10^{-6}	10^{-4}	10^{-2}	1	10^2
Quadratmillimeter	mm^2	10^{-12}	10^{-10}	10^{-8}	10^{-6}	10^{-4}	10^{-2}	1

1.4. Raum- und Hohlmaße

Einheit	Abkürzung	Faktor für Umrechnung in			
		m^3	dm^3	cm^3	mm^3
1 Kubikmeter	m^3	1	10^3	10^6	10^9
1 Kubikdezimeter	dm^3	10^{-3}	1	10^3	10^6
1 Kubikzentimeter	cm^3	10^{-6}	10^{-3}	1	10^3
1 Kubikmillimeter	mm^3	10^{-9}	10^{-6}	10^{-3}	1

		Faktor für Umrechnung in				
		hl	l	dl	cl	ml
Hektoliter	hl	1	10^2	10^3	10^4	10^5
Liter	l	10^{-2}	1	10	10^2	10^3
Deziliter	dl	10^{-3}	10^{-1}	1	10	10^2
Zentiliter	cl	10^{-4}	10^{-2}	10^{-1}	1	10
Milliliter	ml	10^{-5}	10^{-3}	10^{-2}	10^{-1}	1

		Faktor für Umrechnung in
		cm^3
1 Hektoliter	hl	$1,000028 \cdot 10^5$
1 Liter	l	$1,000028 \cdot 10^3$
1 Deziliter	dl	$1,000028 \cdot 10^2$
1 Zentiliter	cl	$1,000028 \cdot 10$
1 Milliliter	ml	$1,000028$
1 Mikroliter	µl	$1,000028 \cdot 10^{-3}$
1 Kubikmeter unter Normalbedingungen	m^3 u. Nb.	10^6

Fußnoten zu Tabelle 1.2:

[1] Definition: $a_0 \equiv \dfrac{\varepsilon_0 \cdot h^2}{\pi \cdot m_0 \cdot e^2}$.

[2] Das I.A. ist festgelegt durch die Wellenlänge der roten Kadmiumlinie $\lambda_{Cd} = 643,84696$ nm.

[3] Lichtjahr $\equiv c_0 \cdot a_{astr}$; $c_0 = 2,99778 \cdot 10^{10}$ cm $\cdot$ s^{-1}; $a_{astr} = 3,155692810^7$ s.

[4] Die X.E. ist definiert durch die zahlenmäßige Festlegung für die Gitterkonstante des Kalkspatkristalls $d_{\infty}^{18°}$ (CaCO$_3$). $= 3029,45$ X.E.

1.5. Masse

Einheit	Abkürzung	Faktor für Umrechnung in					
		t	kg	g	dg	cg	mg
1 Tonne	t	1	10^3	10^6	10^7	10^8	10^9
1 Kilogramm	kg	10^{-3}	1	10^3	10^4	10^5	10^6
1 Gramm	g	10^{-6}	10^{-3}	1	10	10^2	10^3
1 Dezigramm	dg	10^{-7}	10^{-4}	10^{-1}	1	10	10^2
1 Zentigramm	cg	10^{-8}	10^{-5}	10^{-2}	10^{-1}	1	10
1 Milligramm	mg	10^{-9}	10^{-6}	10^{-3}	10^{-2}	10^{-1}	1

Einheit	Abkür-zung	Faktor für Umrechnung in	
		g	kg
1 Gamma	γ	10^{-6}	
1 Karat	c	$2,0000 \cdot 10^{-1}$	
1 Dezitonne	dt	10^5	100

1.6. Druck

Einheit	Abkürzung	Definition
Pascal	Pa	$1 \text{ Pa} = 1 \text{ N} \cdot \text{m}^{-2}$
Kilopascal	kPa	10^3 Pa
Megapascal	MPa	10^6 Pa

1.7. Temperatur

Thermometer-skalen in Grad	Abkürzung	Faktor für Umrechnung in	
		°C	K
Celsius	°C	1	$T = t + T_0$
Kelvin	K	$t = T - T_0$	1

1.8. Zeit

Einheit (mittlere Sonnenzeit)	Abkürzung	Faktor für Umrechnung in mittlere Sonnensekunden
1 Sekunde	s	1
1 Minute	min	$0,600000 \cdot 10^2$
1 Stunde	h	$3,600000 \cdot 10^3$
1 Tag	d	$0,864000 \cdot 10^5$
1 astronomisches oder tropisches Jahr	$a_{astr.}$	$3,1556926 \cdot 10^7$

1.9. Kraft

Einheit	Abkürzung	Definition
Newton	N	$1 \text{ N} = 1 \text{ kg} \cdot \text{m} \cdot \text{s}^{-2}$

1.10. Leistung

Einheit	Abkürzung	Definition
Watt	W	$1 W = 1 J \cdot s^{-1}$
Kilowatt	kW	10^3 W
Megawatt	MW	10^6 W

1.11. Energie, Arbeit, Wärmemenge

Einheit	Abkürzung	Definition
Joule	J	$1 N \cdot m$

1.12. Allgemeine physikalische Konstanten[1])

Konstante	Symbol	Zahlenwert	SI-Einheit
Bohrscher Radius (= atomare Längeneinheit)	a_0	$0{,}529\,177\,06 \cdot 10^{-10}$	m
Boltzmann-Konstante	k	$1{,}380\,662 \cdot 10^{-23}$	$J \cdot K^{-1}$
Elektrische Elementarladung (= atomare Ladungseinheit)	e	$1{,}602\,189\,2 \cdot 10^{-19}$	C
Faraday-Konstante	F	$9{,}648\,456 \cdot 10^4$	$C \cdot mol^{-1}$
Gaskonstante	R	$8{,}314\,41$	$J \cdot mol^{-1} \cdot K^{-1}$
Lichtgeschwindigkeit im Vakuum	c	$2{,}997\,924\,58 \cdot 10^8$	$m \cdot s^{-1}$
Ruhmasse des Elektrons	m_e	$9{,}109\,534 \cdot 10^{-31}$	kg
Ruhmasse des Neutrons	m_n	$1{,}674\,954\,3 \cdot 10^{-27}$	kg
Ruhmasse des Protons	m_p	$1{,}672\,648\,5 \cdot 10^{-27}$	kg
Plancksches Wirkungsquantum	h	$6{,}626\,176 \cdot 10^{-34}$	$J \cdot s$

[1]) aus: Z. Chem. 16 (1976) 2, S. 46 (ebd. weitere Konstanten sowie die dazugehörigen Standardabweichungen)

2. Atommassen der Elemente, Oxydationszahlen und Häufigkeiten der Elemente

Spalte Namen: Ein Sternchen hinter dem Namen eines Elements besagt, daß dieses Element radioaktiv ist, z. B. Thorium*.

Spalte Oxydationszahl: Auf die Angabe der Oxydationszahl ∓ 0 (für die elementare Form) wurde verzichtet.

Spalte Atommasse 1975: Die Atommassen 1975 sind bezogen auf das Kohlenstoffisotop $^{12}C = 12{,}000\,00$. In der Tabelle sind die Atommassen der Elemente mit so vielen Dezimalen angegeben, daß die Genauigkeit in der letzten Stelle innerhalb der Grenzen $\pm 0{,}5$ liegt.
Die Atommassen der künstlich hergestellten Elemente sind in eckige Klammern gesetzt, z. B. Technetium* [97]. Bei diesen Elementen wurde die Atommasse des stabilsten Isotops eingesetzt.

Spalte Häufigkeit der Elemente: Die Angaben über die Häufigkeit der Elemente in der Erdrinde beziehen sich nicht nur auf die obere, etwa 16 km tiefe Schicht der Erde, sondern auch auf die Atmosphäre (Luft) und die Hydrosphäre (Meere). Die Häufigkeit wird in Masseprozent (Ma.-%) angegeben.

Name des Elements	Symbol	Oxydations-zahlen	Ord-nungs-zahl	Atommasse 1975	Häufigkeit des Elements in der Erdrinde in Ma.-%
Aktinium*	Ac	+3	89	227	$3 \cdot 10^{-23}$
Aluminium	Al	+1; +3	13	26,981 54	7,51
Amerizium*	Am	+3; +4; +5; +6	95	[243]	−
Antimon (Stibium)	Sb	−3; +3; +4; +5	51	121,75	$2{,}3 \cdot 10^{-5}$
Argon	Ar	−	18	39,948	$3{,}6 \cdot 10^{-4}$
Arsen	As	−3; +3; +5	33	74,9216	$5{,}5 \cdot 10^{-4}$
Astat*	At	−1	85	[210]	$4 \cdot 10^{-23}$
Barium	Ba	+2	56	137,33	0,047
Berkelium*	Bk	+3; +4	97	[247]	−
Beryllium	Be	+2	4	9,012 18	$5 \cdot 10^{-4}$
Bismut	Bi	+3; +5	83	208,9804	$3{,}4 \cdot 10^{-6}$

Name des Elements	Symbol	Oxydations-zahlen	Ord-nungs-zahl	Atommasse 1975	Häufigkeit des Elements in der Erdrinde in Ma.-%
Blei (Plumbum)	Pb	$-4; +2; +4$	82	207,2	0,002
Bohrium*	Bo		105	[262]	
Bor	B	$+3$	5	10,81	0,0014
Brom	Br	$-1; +1; +4;$ $+5; +6$	35	79,904	$6 \cdot 10^{-4}$
Chlor	Cl	$-1; +1; +3;$ $+4; +5; +7$	17	35,453	0,19
Chromium	Cr	$-2; -1; +1;$ $+2; +3; +4;$ $+5; +6$	24	51,996	0,033
Dysprosium	Dy	$+3$	66	162,50	$5 \cdot 10^{-4}$
Einsteinium*	Es	$+3$	99	[254]	
Eisen (Ferrum)	Fe	$-2; +1; +2;$ $+3; +4; +5; +6$	26	55,847	4,7
Erbium	Er	$+3$	68	167,26	$4 \cdot 10^{-4}$
Europium	Eu	$+2; +3$	63	151,96	$1,4 \cdot 10^{-5}$
Fermium*	Fm	$+3$	100	[255]	
Fluor	F	-1	9	18,998403	0,027
Franzium*	Fr	$+1$	87	[223]	$7 \cdot 10^{-23}$
Gadolinium	Gd	$+3$	64	157,25	$5 \cdot 10^{-4}$
Gallium	Ga	$+1; +2; +3$	31	69,72	$5 \cdot 10^{-4}$
Germanium	Ge	$-2; +2; +4$	32	72,59	$1 \cdot 10^{-4}$
Gold (Aurum)	Au	$+1; +3$	79	196,9665	$5 \cdot 10^{-7}$
Hafnium	Hf	$+3; +4$	72	178,49	0,0025
Helium	He	$-$	2	4,00260	$4,2 \cdot 10^{-7}$
Holmium	Ho	$+3$	67	164,9304	$7 \cdot 10^{-5}$
Indium	In	$+1; +2; +3$	49	114,82	$1 \cdot 10^{-5}$
Iod	I	$-1; +1; +4;$ $+5; +6$	53	126,9045	$6 \cdot 10^{-6}$
Iridium	Ir	$+1; +2; +3;$ $+4; +5; +6$	77	192,22	$1 \cdot 10^{-6}$
Kadmium	Cd	$+2$	48	112,41	$1,1 \cdot 10^{-5}$
Kalifornium*	Cf	$+3$	98	[251]	
Kalium	K	$+1$	19	39,0983	2,40
Kalzium	Ca	$+2$	20	40,08	3,39
Kobalt	Co	$-1; +1; +2;$ $+3; +4$	27	58,9332	0,0018
Kohlenstoff (Carboneum)	C	$-4; +2; +4$	6	12,011	0,087
Krypton	Kr	$-$	36	83,80	$1,9 \cdot 10$
Kupfer (Cuprum)	Cu	$+1; +2; +3$	29	63,546	0,010
Kurium*	Cm	$+3; +4$	96	[247]	
Kurtschatovium*	Ku		104	[261]	
Lanthan	La	$+3$	57	138,9055	$5 \cdot 10^{-4}$
Lawrenzium*	Lr	$+3$	103	[260]	
Lithium	Li	$+1$	3	6,941	0,005
Lutetium*	Lu	$+3$	71	174,97	$1 \cdot 10^{-4}$
Magnesium	Mg	$+2$	12	24,05	1,94
Mangan	Mn	$-3; -2; +1;$ $+2; +3; +4;$ $+5; +6; +7$	25	54,9380	0,085
Mendelevium*	Md	$+3$	101	[258]	
Molybdän	Mo	$-2; +1; +2;$ $+3; +4; +5; +6$	42	95,94	$7,2 \cdot 10^{-4}$

Name des Elements	Symbol	Oxydations-zahlen	Ord-nungs-zahl	Atommasse 1975	Häufigkeit des Elements in der Erdrinde in Ma.-%
Natrium	Na	$+1$	11	22,98977	2,64
Neodymium	Nd	$+3$	60	144,24	0,0012
Neon	Ne	$-$	10	20,179	$5 \cdot 10^{-7}$
Neptunium*	Np	$+3; +4; +5; +6$	93	237,04482	$-$
Nickel	Ni	$-1; +1; +2;$ $+3; +4$	28	58,70	0,018
Niobium	Nb	$-1; +1; +2;$ $+3; +4; +5$	41	92,9064	$4 \cdot 10^{-5}$
Nobelium*	No	$+3$	102	[255]	
Osmium	Os	$+2; +3; +4;$ $+5; +6; +8$	76	190,2	etwa $5 \cdot 10^{-6}$
Palladium	Pd	$+2; +3; +4$	46	106,4	etwa $5 \cdot 10^{-6}$
Phosphor	P	$-3; -2; +1;$ $+3; +4; +5;$ $+6; +7$	15	30,97376	0,12
Platin	Pt	$+1; +2; +3;$ $+4; +5; +6$	78	195,09	$2 \cdot 10^{-5}$
Plutonium*	Pu	$+3; +4; +5; +6$	94	[244]	
Polonium*	Po	$-2; +4; +6$	84	209	$1,5 \cdot 10^{-15}$
Praseodymium	Pr	$+3; +4; +5$	59	140,9077	$3,5 \cdot 10^{-4}$
Promethium*	Pm	$+3$	61	[145]	$-$
Protaktinium*	Pa	$+3; +4; +5$	91	231,0359	$6 \cdot 10^{-12}$
Quecksilber (Hydrargyrum)	Hg	$+1; +2$	80	200,59	$2,7 \cdot 10^{-6}$
Radium*	Ra	$+2$	88	226,0254	$7 \cdot 10^{-12}$
Radon*	Rn	$-$	86	222	$4 \cdot 10^{-17}$
Rhenium	Re	$-1; +1; +2; +3;$ $+4; +5; +6; +7$	75	186,207	etwa $1 \cdot 10^{-7}$
Rhodium	Rh	$-1; +1; +2;$ $+3; +4; +6$	45	102,9055	etwa $1 \cdot 10^{-6}$
Rubidium*	Rb	$+1$	37	85,4678	0,0034
Ruthenium	Ru	$-2; +1; +2;$ $+3; +4; +5;$ $+6; +7; +8$	44	101,07	etwa $5 \cdot 10^{-6}$
Samarium*	Sm	$+2; +3$	62	150,4	$5 \cdot 10^{4}$
Sauerstoff (Oxygenium)	O	$-2; -1; +1;$ $+2$	8	15,9994	49,4
Schwefel	S	$-2; +2; +3;$ $+4; +5; +6$	16	32,06	0,048
Selen	Se	$-2; +4; +6$	34	78,96	$8 \cdot 10^{-5}$
Silber (Argentum)	Ag	$+1; +2; +3$	47	107,868	$4 \cdot 10^{-6}$
Silizium	Si	$-4; +2; +4$	14	28,0855	25,75
Skandium	Sc	$+3$	21	44,9559	$6 \cdot 10^{-4}$
Stickstoff (Nitrogenium)	N	$-3; -2; -1; +1;$ $+2; +3; +4; +5$	7	14,0067	0,030
Strontium	Sr	$+2$	38	87,62	0,017
Tantal	Ta	$-1; +1; +2;$ $+3; +4; +5$	73	180,9479	$1,2 \cdot 10^{-5}$
Technetium*	Tc	$+3; +4; +6; +7$	43	[97]	
Tellur	Te	$-2; +4; +6$	52	127,60	etwa $1 \cdot 10^{-6}$
Terbium	Tb	$+3; +4$	65	158,9254	$7 \cdot 10^{-5}$
Thallium	Tl	$+1; +3$	81	204,37	$1 \cdot 10^{-5}$
Thorium*	Th	$+3; +4$	90	232,0381	0,0025
Thulium	Tm	$+3$	69	168,9342	$7 \cdot 10^{-5}$
Titanium	Ti	$-1; +2; +3; +4$	22	47,90	0,58
Uranium*	U	$+3; +4; +5; +6$	92	238,029	$2 \cdot 10^{-5}$

Name des Elements	Symbol	Oxydations-zahlen	Ord-nungs-zahl	Atommasse 1975	Häufigkeit des Elements in der Erdrinde in Ma.-%
Vanadium	V	$-1; +1; +2;$ $+3; +4; +5$	23	50,9414	0,016
Wasserstoff (Hydrogenium)	H	$-1; +1$	1	1,0079	0,88
Wolfram	W	$-2; +1; +2; +3;$ $+4; +5; +6$	74	183,85	0,0055
Xenon	Xe	$-$	54	131,30	$2,4 \cdot 10^{-9}$
Ytterbium	Yb	$+2; +3$	70	173,04	$5 \cdot 10^{-4}$
Yttrium	Y	$+3$	39	88,9059	0,005
Zaesium	Cs	$+1$	55	132,9054	$7 \cdot 10^{-5}$
Zerium	Ce	$+3; +4$	58	140,12	0,0022
Zink	Zn	$+2$	30	65,38	0,02
Zinn (Stannum)	Sn	$-4; +2; +4$	50	118,69	$6 \cdot 10^{-4}$
Zirkonium	Zr	$+2; +3; +4$	40	91,22	0,023

3. Konstanten von Elementen und anorganischen Verbindungen

(Atom- bzw. Molekülmassen mit Logarithmen, Schmelz- und Siedetemperaturen, Dichten)

Spalte Atom- bzw. Molekülmasse: Siehe Einführung S. 9

Spalten F. und K.: Die Angaben gelten allgemein für den Druck von 101,32502 kPa. Wurden Temperaturen bei einem anderen Druck ermittelt, so ist das nach dem Zahlenwert angegeben. Folgende Abkürzungen werden zusätzlich zu den allgemeinen Abkürzungen verwendet:

—H_2O unter Wasserabspaltung $p-$ Anwendung von Unterdruck
p Anwendung von Druck

Spalte Dichte: Die Dichte ϱ ist einheitlich in $kg \cdot m^{-3}$ angegeben. Die Angaben beziehen sich allgemein auf eine Meßtemperatur von 20 °C, bei Gasen auf 0 °C und 101,32502 kPa.

Name	Formel	Atom- bzw. Molekül-masse	F. in °C	K. in °C	Dichte in $kg \cdot m^{-3}$
Aktinium	Ac	227	1830	$-$	10060
Aluminium	Al	26,98154	659	≈ 2500	2699
Aluminium-bromid	$AlBr_3$	266,709	97,4	255	3010
— -chlorid	$AlCl_3$	133,341	192,5 p	180 subl.	2440
— -chlorid-6-Wasser	$AlCl_3 \cdot 6 H_2O$	241,433			
— -fluorid	AlF_3	83,9767		1291 subl.	3070
— -hydroxid	$Al(OH)_3$	78,0036	200		2420
— -iodid	AlI_3	407,6947	191	385,5	3980
— -nitrat	$Al(NO_3)_3$	212,9962			
— -nitrat-9-Wasser	$Al(NO_3)_3 \cdot 9 H_2O$	375,1343	73	100 z.	
— -oxid	Al_2O_3	101,9612	2045	≈ 3000	3900
$\frac{1}{2}$- — -oxid	$\frac{1}{2} Al_2O_3$	16,9935			
2- — -oxid	$2 Al_2O_3$	203,9224			
3- — -oxid	$3 Al_2O_3$	305,8836			

Name	Formel	Atom- bzw. Molekül-masse	F. in °C	K. in °C	Dichte in kg·m⁻³
Aluminium-phosphat	$AlPO_4$	121,9529	> 1 500		2 570
− -sulfat	$Al_2(SO_4)_3$	342,148	ab 600 z.		2 710
− -sulfat-18-Wasser	$Al_2(SO_4)_3 \cdot 18\ H_2O$	666,424	86,5 z.		1 690
− -sulfid	Al_2S_3	150,155	1 100	z.	2 020
Amidoschwefel-säure	HSO_3NH_2	97,093	≈ 200 z.		
Ammoniak	NH_3	17,0306	− 77,7	− 33,5	0,7710
Ammonium-bromid	NH_4Br	97,948		subl.	2 548
− -chlorat	NH_4ClO_3	101,490	z. expl.		
− -chlorid	NH_4Cl	53,492		335 subl. p.	1 536
− -chromat	$(NH_4)_2CrO_4$	152,071	z.		1 910
− -chromsulfat-12-Wasser	$NH_4Cr(SO_4)_2 \cdot 12\ H_2O$	478,342	94		1 720
− -dihydrogen-phosphat	$NH_4H_2PO_4$	115,0259			
− -eisen(II)-sulfat-6-Wasser	$(NH_4)_2Fe(SO_4)_2 \cdot 6\ H_2O$	392,139	z.		1 860
− -eisen(III)-sulfat-12-Wasser	$NH_4Fe(SO_4)_2 \cdot 12\ H_2O$	482,192	230		1 710
− -fluorid	NH_4F	37,0370		subl.	
− -hexafluoro-silikat	$(NH_4)_2[SiF_6]$	178,084		subl.	
− -hydrogen-fluorid	NH_4HF_2	57,0434		subl.	1 210
− -hydrogen-karbonat	NH_4HCO_3	79,0559	60 z.		1 580
− -hydrogensulfat	NH_4HSO_4	115,108	147	490	1 780
− -hydrogensulfid	NH_4HS	51,111	120 p		
− -hydrogensulfit	NH_4HSO_3	99,109	z.		
− -hydroxid	NH_4OH	35,0460	z.		
− -iodat	NH_4IO_3	192,9412	150 z.		3 310
− -iodid	NH_4I	144,9430		subl.	2 560
− -karbonat	$(NH_4)_2CO_3$	96,0865	58 z.		
− -magnesium-phosphat-6-Wasser	$NH_4MgPO_4 \cdot 6\ H_2O$	245,414	z.		1 720
− -metavanadat	NH_4VO_3	116,979	z.		2 330
− -molybdat-4-Wasser	$(NH_4)_6Mo_7O_{24} \cdot 4\ H_2O$	1 235,86			
− -nickel(II)-sulfat-6-Wasser	$(NH_4)_2Ni(SO_4)_2 \cdot 6\ H_2O$	395,00	> 100 z.		1 920
− -nitrat	NH_4NO_3	80,0434	169	200 z.	1 730
− -nitrit	NH_4NO_2	64,0341	z.		
− -perchlorat	NH_4ClO_4	117,489	z.		1 950
− -persulfat	$(NH_4)_2S_2O_8$	228,200	z.		1 980
− -sulfat	$(NH_4)_2SO_4$	132,139	513	z.	1 770
− -sulfit	$(NH_4)_2SO_3$	116,139			
− -sulfit-1-Wasser	$(NH_4)_2SO_3 \cdot H_2O$	134,144		150 subl.	1 410
− -tetrachloro-nickolat(II)	$(NH_4)_2[NiCl_4]$	236,60			
− -tetrathiozyanato-nickolat(II)	$(NH_4)_2[Ni(SCN)_4]$	326,91			
− -thiozyanat	NH_4SCN	76,120	149,5	170 z.	1 300
− -thiosulfat	$(NH_4)_2S_2O_3$	148,203	150 z.		
− -wolframat-6-Wasser	$(NH_4)_6W_7O_{24} \cdot 6\ H_2O$	1 887,26	z.		
− -zyanid	NH_4CN	44,0564	36 z.	subl.	1 020
Antimon	Sb	121,75	630	1 635	6 618
− -(III)-chlorid	$SbCl_3$	228,11	73,4	≈ 200	3 140

Name	Formel	Atom- bzw. Molekül- masse	F. in °C	K. in °C	Dichte in kg·m^{-3}
Antimon					
(V)-chlorid	$SbCl_5$	299,02	3,9	ab 77 z.	2 330
– -(III)-oxidchlorid	$SbOCl$	173,20	170 z.		
– -(III)-oxid	Sb_2O_3	291,50	655	1 456	5 670
Antimon (V)-oxid	Sb_2O_5	323,50	300 z.		3 780
– -(III)-sulfid	Sb_2S_3	339,69	546		
– -(V)-sulfid	Sb_2S_5	403,82			4 120
– -wasserstoff (Stibin)	SbH_3	124,77	− 91	− 18	5,680
Argon	Ar	39,948	− 189,3	− 185,8	1,7837
Arsen	As	,74,9216	817 p	616 subl.	5 720
– -(III)-chlorid	$AsCl_3$	181,281	− 16,2	130,4	2 160
– -(III)-oxid	As_2O_3	197,8414	kub. 289,6 monokl. 321,3	457,2	3 860
– -(V)-oxid	As_2O_5	229,8402	315 z.		4 090
– -säure-½-Wasser	$H_3AsO_4 \cdot \tfrac{1}{2}H_2O$	150,9508	35,5	160 z.	2 500
– -(III)-sulfid	As_2S_3	246,035	300	707	3 430
– -(V)-sulfid	As_2S_5	310,163		subl.	
– -wasserstoff (Arsin)	AsH_3	77,9455	− 113,5	− 55	3,480
Astat	At	210			
Barium	Ba	137,33	710	1 638	3 650
– -bromid-2- Wasser	$BaBr_2 \cdot 2H_2O$	333,19	847		3 580
– -chlorat-1- Wasser	$Ba(ClO_3)_2 \cdot H_2O$	322,26	414		3 180
– -chlorid	$BaCl_2$	208,25	955	1 562	
– -chlorid-2- Wasser	$BaCl_2 \cdot 2H_2O$	244,28	z.		3 090
– -chromat	$BaCrO_4$	253,33			4 490
– -fluorid	BaF_2	175,34	1 287	≈ 2 250	4 830
– -hexafluorosilikat	$Ba[SiF_6]$	279,42			4 290
– -hydroxid	$Ba(OH)_2$	171,36	78	103	
– -hydroxid- 8-Wasser	$Ba(OH)_2 \cdot 8H_2O$	315,48			
– -iodid-2-Wasser	$BaI_2 \cdot 2H_2O$	427,18	740 z.		5 150
– -karbonat	$BaCO_3$	197,35	≈ 1 750 p		4 300
– -nitrat	$Ba(NO_3)_2$	261,35	592		3 240
– -nitrit-1-Wasser	$Ba(NO_2)_2 \cdot H_2O$	247,37	≈ 220 z.		3 170
– -oxid	BaO	153,34	1 925	≈ 2 000	5 720
– -perchlorat-3- Wasser	$Ba(ClO_4)_2 \cdot 3H_2O$	389,40	505		2 740
– -peroxid	BaO_2	169,34	z.		4 950
– -phosphat	$Ba_3(PO_4)_2$	601,96	≈ 1 725		4 100
– -sulfat	$BaSO_4$	233,40	1 350		4 500
– -sulfid	BaS	169,40			4 250
– -zyanid-2- Wasser	$Ba(CN)_2 \cdot 2H_2O$	225,41			
Beryllium	Be	9,01218	1 278	2 965	1 850
– -bromid	$BeBr_2$	168,830	≈ 490 subl.		3 460
– -chlorid-4-Wasser	$BeCl_2 \cdot 4H_2O$	151,980	405 o. W.	488 o. W.	
– -karbonat	$BeCO_3$	69,0216			
– -nitrat-3-Wasser	$Be(NO_3)_2 \cdot 3H_2O$	187,0680	60	> 100 z.	
– -oxid	BeO	25,0116	2 530		3 030
Bismut	Bi	208,9804	271,3	1 559	9 800
– -(III)-chlorid	$BiCl_3$	315,339	224	461	4 750
– -(III)-oxid	Bi_2O_3	465,958	817	1 890	8 900

Name	Formel	Atom- bzw. Molekül- masse	F. in °C	K. in °C	Dichte in kg·m^{-3}
Bismutoxidnitrat- 1-Wasser	BiO(NO$_3$) · H$_2$O	304,999	260 z.		4920
−-(III)-sulfid	Bi$_2$S$_3$	514,152	727		7390
−-wasserstoff	BiH$_3$	212,004		22	
Blei	Pb	207,2	327,4	1755	11 392
−-bromid	PbBr$_2$	367,01	488	915	6660
−-(II)-chlorid	PbCl$_2$	278,10	498	954	5850
−-chromat	PbCrO$_4$	323,18	844		6300
−-fluorid	PbF$_2$	245,19	824	1293	8240
−-iodid	PbI$_2$	460,99	412	872	6160
−-karbonat	PbCO$_3$	267,20	300 z.		6600
−-nitrat	Pb(NO$_3$)$_2$	331,20	200 z.		4530
−-(II)-oxid	PbO	223,19	890	1470	9530
−-(II, IV)-oxid	Pb$_3$O$_4$	685,57	830 p z.		9100
−-(IV)-oxid	PbO$_2$	239,19	z.		9370
−-(II)-sulfat	PbSO$_4$	303,25	≈ 1 085		6200
−-sulfid	PbS	239,25	1114		7500
−-wolframat	PbWO$_4$	455,94	1123		8230
Bor	B	11,81	2300	≈ 2 550	2350
−-bromid	BBr$_3$	250,538	− 46	90,6	2650
−-chlorid	BCl$_3$	117,170	− 107,5	12,5	1430 (flüssig)
−-fluorid	BF$_3$	67,806	− 128	− 101	1,580
−-karbid	B$_4$C	55,255	≈ 2 350	> 3 500	2520
−-oxid	B$_2$O$_3$	69,620	580		1840
−-säure	H$_3$BO$_3$	61,833	185 z.		1440
−-wasserstoff (Diboran)	B$_2$H$_6$	27,670	− 165,5	− 92,4	1,2389
Brom	Br	79,904	− 7,3	58,7	3,140
−-wasserstoff	HBr	80,917	− 87	− 66,8	2,170 (bei − 68 °C) 3,640 (bei 0 °C)
Chlor	Cl	35,453	− 100,5	− 34,1	1,570 (bei − 34 °C) 3,214 (bei 0 °C)
Chlorschwefelsäure	HOSO$_2$Cl	116,523	− 80	158	1790
Chlor(I)-oxid	Cl$_2$O	86,905	− 116	3,8	3,887
Chlor(IV)-oxid	ClO$_2$	67,452	− 79	10	3,013
−-(VII)-oxid	Cl$_2$O$_7$	182,902	− 91,5		
−-wasserstoff	HCl	36,461	− 112	− 85	1,6391
Chromium	Cr	51,996	1875	2317	7190
−-(II)-chlorid	CrCl$_2$	122,902	824		2750
−-(III)-chlorid	CrCl$_3$	158,355	≈ 1 150 subl.		2760
−-(III)-nitrat-9- Wasser	Cr(NO$_3$)$_3$ · 9H$_2$O	400,148	36,5	125	
−-(III)-oxid	Cr$_2$O$_3$	151,990	1990		5210
−-(VI)-oxid	CrO$_3$	99,994	198 z.		2700
−-(III)-sulfat-18- Wasser	Cr$_2$(SO$_4$)$_3$ · 18H$_2$O	716,452	≈ 100 − H$_2$O		1860
Chromylchlorid	CrO$_2$Cl$_2$	154,901	− 96,5	117	1911
Deuterium	D	2,01472	− 254,6	− 249,7	0,170
−-oxid	D$_2$O	20,0288	3,82	101,43	11 077
Diammonium- hydrogen- phosphat	(NH$_4$)$_2$HPO$_4$	132,0565	z.		1620

Name	Formel	Atom- bzw. Molekül- masse	F. in °C	K. in °C	Dichte in kg·m^{-3}
Diarsin	As$_2$H$_4$	153,8750			
Dikalium- hydrogen- phosphat	K$_2$HPO$_4$	174,183			
Dinatrium- hydrogen- arsenat-7-Wasser	Na$_2$HAsO$_4$ · 7H$_2$O	312,0143	57		1 870
Dinatrium- hydrogen- arsenat-12-Wasser	Na$_2$HAsO$_4$ · 12H$_2$O	402,0909	28		1 720
Dinatrium- hydrogen- phosphat- 12-Wasser	Na$_2$HPO$_4$ · 12H$_2$O	358,1431	34,6		1 520
Diphosphin	P$_2$H$_4$	65,9795	< − 10	57,5	1 012
Dischwefel- dichlorid	S$_2$Cl$_2$	135,014	− 80	135,6	1 680
Dizyan	(CN)$_2$	52,0357	− 34,4	− 21,1	2,327
Dysprosium	Dy	162,50	1 407		8 559
Eisen	Fe	55,847	1 537	2 730	7 860
−-(III)-bromid	FeBr$_3$	295,574	z.		
−-(II)-chlorid	FeCl$_2$	126,753	677	1 026	2 980
−-(III)-chlorid	FeCl$_3$	162,206	304	319	2 800
−-(III)-chlorid- 6-Wasser	FeCl$_3$ · 6H$_2$O	270,298	− 6	218	
−-disulfid	FeS$_2$	119,975	1 171	z.	4 870
−-(III)-hydroxid	Fe(OH)$_3$	106,869	500 − 1,5H$_2$O	3,4...3,9	
−-(II)-nitrat-6- Wasser	Fe(NO$_3$)$_2$ · 6H$_2$O	287,949	60,5		
−-(III)-nitrat-9- Wasser	Fe(NO$_3$)$_3$ · 9H$_2$O	403,999	47,2		1 680
−-karbid	Fe$_3$C	179,552	1 837		7 400
−-(II)-karbonat	FeCO$_3$	115,856			3 800
−-(II)-oxid	FeO	71,846	1 360		5 700
−-(III)-oxid	Fe$_2$O$_3$	159,692	≈ 1 565		5 240
−-(II,III)-oxid	Fe$_3$O$_4$	231,539	≈ 1 530		5 180
−-(II)-sulfat	FeSO$_4$	151,909			
−-(II)-sulfat-7- Wasser	FeSO$_4$ · 7H$_2$O	278,016	64		1 890
−-(III)-sulfat	Fe$_2$(SO$_4$)$_3$	399,879			
−-sulfid	FeS	87,911	1 195		4 840
−-(III)-thiozyanat	Fe(SCN)$_3$	230,093			
Erbium	Er	167,26	1 497		9 060
Europium	Eu	151,96	826		5 300
Fluor	F	18,998403	− 220	− 188	1,696
−-wasserstoff	HF	20,0064	− 88	19,5	987 (flüssig)
Gadolinium	Gd	157,25	1 264		7 886
Gallium	Ga	69,72	29,78	2 227	5 900
Gallium (II)-chlorid	GaCl$_2$	140,63	175	≈ 535	
−-(III)-chlorid	GaCl$_3$	176,08	78	≈ 220	2 470

Name	Formel	Atom- bzw. Molekül-masse	F. in °C	K. in °C	Dichte in kg·m^{-3}
Germanium	Ge	72,59	958,5	2700	5350
—-(IV)-chlorid	GeCl$_4$	214,40	−49,5	83,1	1880
—-(IV)-oxid	GeO$_2$	104,59	1115		4700
—-wasserstoff	GeH$_4$	76,62	−165	−89	3,43
Gold	Au	196,9665	1063	2677	19300
—-(III)-chlorid	AuCl$_2$	303,326	254 z.		3900
Hafnium	Hf	178,49	2230	> 3200	13360
—-(IV)-oxid	HfO$_2$	210,49	2800		9680
Helium	He	4,00260	−272 p	−268,9	
Holmium	Ho	164,9304	1461		8790
Hydrazin	H$_2$N·NH$_2$	32,0453	1,4	113,5	1010
—-hydrat	N$_2$H$_4$·H$_2$O	50,0606	−40	118,5	1030
Hydroxylamin	NH$_2$OH	33,0300	33	70 p	1200
Hydroxyl-ammonium-chlorid	NH$_2$OH·HCl	69,491	151	z.	1670
Hydroxyl-ammonium-sulfat	(NH$_2$OH)$_2$·H$_2$SO$_4$	164,138	170	z.	
Indium	In	114,82	156,2	2044	7362
Iod	I	126,9045	113,6	184,4	4930
—-(V)-oxid	I$_2$O$_5$	333,8058	300 z.		4790
—-wasserstoff	HI	127,9124	−51	35,4	5789
Iridium	Ir	192,22	2443	4400	22650
Kadmium	Cd	112,41	320,9	767	8640
—-bromid	CdBr$_2$	272,22	568	810	5192
—-chlorid	CdCl$_2$	183,31	568	967	4050
—-chlorid-2½-	CdCl$_2$·2½ H$_2$O	228,34	34	Tripelpunkt	3320
—-fluorid	CdF$_2$	150,40	1100	≈ 1750	6640
—-karbonat	CdCO$_3$	172,41	2500 z.		4250
—-nitrat-4-Wasser	Cd(NO$_3$)$_2$·4 H$_2$O	308,47	≈ 60	132	2450
—-oxid	CdO	128,40	1390 subl.		
—-sulfat	CdSO$_4$	208,46	1000		4690
—-sulfid	CdS	144,46	1750 p, subl.		4820
Kalium	K	39,0983	63,4	775	862
—-aluminium-sulfat-12-Wasser (Alaun)	KAl(SO$_4$)$_2$·12 H$_2$O	474,390	89		1750
—-bromat	KBrO$_3$	167,009	434 z.		3270
—-bromid	KBr	119,011	742	1382	2750
—-chlorat	KClO$_3$	122,553	356 z.		2320
Kaliumchlorid	KCl	74,555	770	1405	1980
—-chromat	K$_2$CrO$_4$	194,197	985		2730
—-chromiumsulfat 12-Wasser	KCr(SO$_4$)$_2$·12 H$_2$O	499,405	89		1830
Kaliumdichromat	K$_2$Cr$_2$O$_7$	294,192	395	500 z.	2690
—-dihydrogen-arsenat	KH$_2$AsO$_4$	180,037			2870
—-dihydrogen-phosphat	KH$_2$PO$_4$	136,089	z.		2330
—-dizyano-argentat(I)	K[Ag(CN)$_2$]	199,007			
—-fluorid	KF	58,100	857	1502	2480
—-hexazyano-chromat(III)	K$_3$[Cr(CN)$_6$]	325,409			

Name	Formel	Atom- bzw. Molekül- masse	F. in °C	K. in °C	Dichte in kg·m⁻³
Kaliumhexazyano- ferrat(II)-3- Wasser	$K_4[Fe(CN)_6] \cdot 3H_2O$	422,408	70-3H_2O	z.	1 850
--hexazyano- ferrat(III)	$K_3[Fe(CN)_6]$	329,260	z.		1 890
--hydrogenfluorid	KHF_2	78,107	239		
--hydrogen- karbonat	$KHCO_3$	100,119	1 200 z.		2 170
--hydrogensulfat	$KHSO_4$	136,172	210		2 240
--hydrogensulfid	KHS	72,174	455		1 710
--hydrogensulfit	$KHSO_3$	120,172	z.		
--hydroxid	KOH	56,109	360	1 327	2 044
--hypochlorit	$KClO$	90,554	z.		
--iodat	KIO_3	214,005	560		3 890
--iodid	KI	166,006	681,8	i 324	3 130
--karbonat	K_2CO_3	138,213	897		2 430
--metaborat	KBO_2	81,912	947		
--metaphosphat	KPO_3	118,074	≈ 815		
--molybdat	K_2MoO_4	238,14	922		
--nitrat	KNO_3	101,107	308	400 z.	2 110
--nitrit	KNO_2	85,108	387		1 910
--phosphat	K_3PO_4	212,277	1 340		2 560
--oxid	K_2O	94,203		1 300	2 320
--perchlorat	$KClO_4$	138,553	610 z.		2 520
--permanganat	$KMnO_4$	158,038	240 z.		2 700
--pyrophosphat- 3-Wasser	$K_4P_2O_7 \cdot 3 H_2O$	384,397	1 092		2 330
--pyrosulfat	$K_2S_2O_7$	254,328	> 300		2 270
--pyrosulfit	$K_2S_2O_5$	222,330	> 190 z.		
--sulfat	K_2SO_4	174,266	1 096		2 660
--sulfid	K_2S	110,268	471		1 710
--sulfit	K_2SO_3	158,266	z.		1 710
--tetrazyano- kuprat(I)	$K_3[Cu(CN)_4]$	284,92	z.		
--thiozyanat	$KSCN$	97,184	179		
--wolframat	K_2WO_4	326,052	927		1 880
--zyanat	$KCNO$	81,119	700...900 z.		
--zyanid	KCN	65,120	623		2 050
Kalzium	Ca	40,08	850	1 487	1 520
--arsenat-3- Wasser	$Ca_3(AsO_4)_2 \cdot 3 H_2O$	452,12			
--bromid	$CaBr_2$	199,90	760	810	3 350
--chlorid	$CaCl_2$	110,99	772	> 1 600	2 150
--chlorid-6- Wasser	$CaCl_2 \cdot 6 H_2O$	219,08	29,5		1 680
--chromat-2- Wasser	$CaCrO_4 \cdot 2 H_2O$	192,10	z.		
Kalziumfluorid	CaF_2	78,08	1 392	2 500	3 180
--hydrogen- karbonat	$Ca(HCO_3)_2$	162,11			
--hydrogensulfid	$Ca(HSO_3)_2$	302,22			
--hydroxid	$Ca(OH)_2$	74,09	z.		2 230
--karbid	CaC_2	64,10	$\approx 2 300$		2 220
--karbonat	$CaCO_3$	100,09	ab 825 z.		2 930
--metaphosphat	$Ca(PO_3)_2$	198,02	975		2 820
Kalziumnitrat	$Ca(NO_3)_2$	164,09	≈ 550		
--nitrat-4- Wasser	$Ca(NO_3)_2 \cdot 4 H_2O$	236,15	42,5		1 820
--oxid	CaO	56,08	$\approx 2 570$	2 850	3 400
--phosphat	$Ca_3(PO_4)_2$	310,18	1 730		3 140
--sulfat (Anhydrit)	$CaSO_4$	136,14	$\approx 1 297$		2 960
--sulfat-2- Wasser	$CaSO_4 \cdot 2 H_2O$	172,17	1 450		2 320
--sulfid	CaS	72,14	z.		2 800

Name	Formel	Atom- bzw. Molekül- masse	F. in °C	K. in °C	Dichte in kg·m⁻³
Kalziumsulfit-2- Wasser	$CaSO_3 \cdot 2 H_2O$	156,17	z.		
Kobalt	Co	58,9332	1490	3185	8760
--aluminat (Thenards Blau)	$Co(AlO_2)_2$	176,8938	≈ 1970		
--chlorid	$CoCl_2$	129,839	≈ 725	1050 subl.	3360
--chlorid-6- Wasser	$CoCl_2 \cdot 6 H_2O$	237,931	86		1930
--karbonat	$CoCO_3$	118,9426	z.		4130
--nitrat-6- Wasser	$Co(NO_3)_2 \cdot 6 H_2O$	291,0350	56		1870
--(II)-oxid	CoO	74,9326	1810		5680
--(III)-oxid	Co_2O_3	165,8646	895 z.		5180
--(II)-sulfat-7- Wasser	$CoSO_4 \cdot 7 H_2O$	281,102	96,8		1950
--sulfid	CoS	90,997	> 1100		5450
Kohlendioxid	CO_2	44,0100	− 56,6 p	− 78,5 subl.	1,9768
Kohlendisulfid (Schwefel- kohlenstoff)	CS_2	76,139	− 112	46	1261 (flüssig)
Kohlenmonoxid	CO	28,0106	− 205	− 191,5	1,250
Kohlenoxid- dichlorid	$COCl_2$ Phosgen	98,917	− 126	8,2	1392 (flüssig)
Kohlenoxidsulfid	COS	60,075	− 138,2	− 48	2,721
Kohlenstoff	C	12,011	3540 subl.		3510 (Diamant) 2250 (Graphit)
Krypton	Kr	83,80	− 157,2	− 152,9	3,708
Kupfer	Cu	63,546	1083	2595	8932,6
Kupfer (I)- bromid	CuBr	143,45	488	1345	4720
--(II)-bromid	$CuBr_2$	223,35	498	900	
--(I)-chlorid	CuCl	98,99	432	1490	3530
--(II)-chlorid	$CuCl_2$	134,45	630	655	3050
--(II)-chlorid-2- Wasser	$CuCl_2 \cdot 2 H_2O$	170,48	110-2 H_2O	z.	1980
--(II)-hydroxid	$Cu(OH)_2$	97,55	z.		3370
Trikupfer- dihydroxid- karbonat	$Cu(OH)_2 \cdot 2 CuCO_3$	344,65	200 z.		3880
Kupfer (I)-iodid	CuI	190,44	602	1336	5630
--karbonat	$CuCO_3$	123,55			
--(I)-nitrat	$CuNO_3$	125,54			
--(II)-nitrat-3- Wasser	$Cu(NO_3)_2 \cdot 3 H_2O$	241,60	114,5		2050
--(I)-oxid	Cu_2O	143,08	1232		6000
--(II)-oxid	CuO	79,54	1336 z.		6450
--(II)-sulfat	$CuSO_4$	159,60	200	650 z.	3610
--(II)-sulfat-5- Wasser	$CuSO_4 \cdot 5 H_2O$	249,68	250-H_2O		2286
--(I)-sulfid	Cu_2S	159,14	1130		5600
--(II)-sulfid	CuS	95,60	200 z.		4600
--(I)-thiozyanat	CuCNS	121,62	> 130 z.		2846
Lanthan	La	138,9055	885	≈ 1800	6174
Lithium	Li	6,941	180	1370	534
--chlorid	LiCl	42,392	614	1380	2065
--hydroxid	LiOH	23,946	462	z.	1400
--karbonat	Li_2CO_3	73,887	461	732	2110

Name	Formel	Atom- bzw. Molekül- masse	F. in °C	K. in °C	Dichte in kg·m^{-3}
Lithiumnitrat	$LiNO_3$	68,944	255		2 380
— -nitrat-3- Wasser	$LiNO_3 \cdot 3 H_2O$	122,990	29,9		
— -oxid	Li_2O	29,877	> 1 700		2 010
— -sulfat-1-Wasser	$Li_2SO_4 \cdot H_2O$	127,955	857 o.W.		2 060
Luft(CO_2-frei)	—	28,96[1])			
Lutetium	Lu	174,97	1 650		9 850
Magnesium	Mg	24,305	655	≈ 1 105	1 741
— -bromid	$MgBr_2$	184,130	711		3 720
— -chlorid	$MgCl_2$	95,218	712	1 420	2 320
— -chlorid-6- Wasser	$MgCl_2 \cdot 6 H_2O$	203,310	120 (mit 4 H_2O)		1 560
— -fluorid	MgF_2	62,309	1 396	2 240	3 000
— -hydroxid	$Mg(OH)_2$	58,327	350 (-H_2O)		2 400
— -karbonat	$MgCO_3$	84,321	350 z.		3 040
— -nitrat-6- Wasser	$Mg(NO_3)_2 \cdot 6 H_2O$	256,414	90		1 460
— -nitrid	Mg_3N_2	100,949	1 500 z.		2 710
— -phosphat	$Mg_3(PO_4)_2$	262,879	1 184		2 100
— -oxid	MgO	40,311	2 640	2 800	3 650
— -peroxid	MgO_2	56,313			
— -pyrophosphat	$Mg_2P_2O_7$	222,567	1 383		2 6C0
— -silizid	Mg_2Si	76,710	1 070		
— -sulfat	$MgSO_4$	120,374	1 127		2 660
— -sulfat-7- Wasser	$MgSO_4 \cdot 7 H_2O$	246,481	150 (-6 H_2O) 200 (-7 H_2O)		1 680
Mangan	Mn	54,9380	1 220	2 150	7 440
— -chlorid	$MnCl_2$	125,844	650	1 190	2 970
— -chlorid-4- Wasser	$MnCl_2 \cdot 4 H_2O$	197,905	58		2 010
— -karbid	Mn_3C	176,8245			
— -karbonat	$MnCO_3$	114,9055	z.		3 120
— -nitrat-6- Wasser	$Mn(NO_3)_2 \cdot 6 H_2O$	287,0399	26	129,4	1 820
— -(II)-oxid	MnO	70,9375	1 785		5 180
— -(II, IV)-oxid	Mn_3O_4	228,8119	1 560		4 700
— -(IV)-oxid	MnO_2	86,9369	535		5 030
— -sulfat	$MnSO_4$	150,999	700	850 z.	
— -sulfat-5- Wasser	$MnSO_4 \cdot 5 H_2O$	241,076	8 …18 stabil		2 103
— -sulfid	MnS	87,002	1 610		3 990
Molybdän	Mo	95,94	2 620	≈ 4 800	10 22ü
— -(III)-chlorid	$MoCl_3$	202,30	z.		3 578
— -(V)-chlorid	$MoCl_5$	273,21	184	268	2 930
— -(II)-karbid	Mo_2C	203,89	2 685	≈ 4 500	8 900
— -(IV)-karbid	MoC	107,95	2 690		8 400
— -(III)-oxid	Mo_2O_3	239,88			
— -(VI)-oxid	MoO_3	143,94	795		4 500
— -säure-1- Wasser	$H_2MoO_4 \cdot H_2O$	179,97	70 (-H_2O)	z.	3 124
— -(IV)-sulfid	MoS_2	160,07	1 185	z.	4 800
Natrium	Na	22,98977	97,7	883	970
— -aluminium- sulfat-12- Wasser	$NaAl(SO_4)_2 \cdot 12 H_2O$	458,279	61		1 670
— -amid	$NaNH_2$	39,0124	206	400	
— -arsenat-12- Wasser	$Na_3AsO_4 \cdot 12 H_2O$	424,0773	86,3		1 760

Name	Formel	Atom- bzw. Molekül-masse	F. in °C	K. in °C	Dichte in kg·m^{-3}
Natriumbromat	$NaBrO_3$	150,897	381		3 339
– -bromid	$NaBr$	102,899	747	1 390	3 210
– -chlorat	$NaClO_3$	106,441	255 z.		2 490
– -chlorid	$NaCl$	58,443	800	1 465	2 163
– -chromat-10-Wasser	$Na_2CrO_4 \cdot 10\ H_2O$	342,127			1 480
– -dichromat-2-Wasser	$Na_2Cr_2O_7 \cdot 2\ H_2O$	297,998	320 o.W.	400	2 520
– -dihydrogen-arsenat-1-Wasser	$NaH_2AsO_4 \cdot H_2O$	181,9403	100 … 190 (-H$_2$O)	200 … 280 z.	2 530
– -dihydrogen-arsenit	NaH_2AsO_3	147,9255			
– -dihydrogen-phosphat-1-Wasser	$NaH_2PO_4 \cdot H_2O$	137,9925	200 z.		2 040
– -dithionit-2-Wasser	$Na_2S_2O_4 \cdot 2\ H_2O$	210,136	52 z.		
– -fluorid	NaF	41,9882	992	1 705	2 790
– -hexafluoro-aluminat	$Na_3[AlF_6]$	209,9413	1 000		2 900
Natriumhexa-zyanoferrat(II)-10-Wasser	$Na_4[Fe(CN)_6] \cdot 10\ H_2O$	484,067	z.		
– -hexazyano-ferrat(III)-1-Wasser	$Na_3[Fe(CN_6)] \cdot H_2O$	298,939	z.		
– -hydrogen-fluorid	$NaHF_2$	61,9946			
– -hydrogen-karbonat	$NaHCO_3$	84,0071	z.		2 200
– -hydrogensulfat	$NaHSO_4$	120,059	> 315		2 740
– -hydrogensulfat-1-Wasser	$NaHSO_4 \cdot H_2O$	138,075	58,5		
– -hydrogensulfid	$NaHS$	56,062	350		1 790
– -hydrogensulfit	$NaHSO_3$	104,060			
– -hydroxid	$NaOH$	39,9972	322	1 390	2 130
– -hypochlorit	$NaClO$	74,442	z.		
– -iodid	NaI	149,8942	662	1 305	3 667
– -karbonat	Na_2CO_3	105,9890	852	1 600 z.	2 530
– -karbonat-10-Wasser	$Na_2CO_3 \cdot 10\ H_2O$	286,1424	z.		1 460
– -metaborat	$NaBO_2$	65,800	966	> 1 400	
– -metaborat-2-Wasser	$NaBO_2 \cdot 2\ H_2O$	101,830	57		
– -metaphosphat	$NaPO_3$	101,9621	619		2 470
– -molybdat	Na_2MoO_4	205,92	687		2 590
– -nitrat	$NaNO_3$	84,9947	310	380 z.	2 250
– -nitrid	Na_3N	82,9761	300 z.		
– -nitrit	$NaNO_2$	68,9953	284	320 z.	2 170
– -orthovanadat	Na_3VO_4	183,909	≈ 860		
– -oxid	Na_2O	61,9790			2 270
– -perchlorat	$NaClO_4$	122,440	482 z.		
– -perchlorat-1-Wasser	$NaClO_4 \cdot H_2O$	140,456	130 z.		2 020
– -peroxid	Na_2O_2	77,9784	460		2 810
– -phosphat-12-Wasser	$Na_3PO_4 \cdot 12\ H_2O$	380,1249	73,4 z.		1 620
– -pyrophosphat-10-Wasser	$Na_4P_2O_7 \cdot 10\ H_2O$	446,0563	972 o.W.		1820
– -silikat	Na_2SiO_3	122,064	1 027		2 400
– -silikat-9-Wasser	$Na_2SiO_3 \cdot 9\ H_2O$	284,202	47,2		
– -sulfat	Na_2SO_4	142,041	884		2 690
– -sulfat-10-Wasser	$Na_2SO_4 \cdot 10\ H_2O$	322,194	32,4		1 460
– -sulfid	Na_2S	78,044	920		1 860

Name	Formel	Atom- bzw. Molekül- masse	F. in °C	K. in °C	Dichte in kg·m⁻³
Natriumsulfid-9-Wasser	$Na_2S \cdot 9 H_2O$	240,184	920 z. o. W.		2470
— -sulfit-7-Wasser	$Na_2SO_3 \cdot 7 H_2O$	252,149	150 (-7 H_2O)		1560
— -tetraborat	$Na_2B_4O_7$	201,219	741		1730
— -tetraborat-10-Wasser	$Na_2B_4O_7 \cdot 10 H_2O$	381,373	60,6		
— -thiozyanat	NaSCN	81,072	323		
— -thiosulfat-5-Wasser	$Na_2S_2O_3 \cdot 5 H_2O$	248,183	48		1680
— -wolframat-2-Wasser	$Na_2WO_4 \cdot 2 H_2O$	329,86	702 o. W.		3230
— -zyanat	NaCNO	65,0071			
— -zyanid	NaCN	49,0077	562	1495	
Neodymium	Nd	144,24	103	3200	7007
Neon	Ne	20,179	− 248,6	− 246,1	0,8990
Neptunium	Np	237,0482	640		
Nickel	Ni	58,70	1453	3177	8900
— -arsenid	NiAs	133,63	968		7570
— -chlorid	$NiCl_2$	129,62	∼ 1000 p	973 subl.	3550
— -chlorid-6-Wasser	$NiCl_2 \cdot 6 H_2O$	237,71			
— -karbonat	$NiCO_3$	118,72	z.		
— -nitrat-6-Wasser	$Ni(NO_3)_2 \cdot 6 H_2O$	290,81	56,7 95 (mit 3 H_2O)	136,7	2050
— -(II)-oxid	NiO	74,71	1990		7450
— -sulfat	$NiSO_4$	154,77	840 (-SO_3)		3680
— -sulfat-7-Wasser	$NiSO_4 \cdot 7 H_2O$	280,88	31,5 (-6 H_2O)	103 (− 6 H_2O)	1950
— -sulfid	NiS	90,77	795		4600
Niobium	Nb	92,9064	2468	> 3300	8580
— -karbid	NbC	104,917			
Nitrosylchlorid	NOCl	65,459	− 61,5	− 6,5	2,992
Osmium	Os	190,2	2500	> 3300	22710
— -(VIII)-oxid	OsO_4	254,2	41,8	131,2	4910
Ozon	O_3	47,9982	− 251	− 112,5	2,22
Palladium	Pd	106,4	1555	> 2200	12020
Perchlorsäure	$HClO_4$	100,459	− 112	39 p-	1764
Peroxomono-schwefelsäure	H_2SO_5	114,077	45 z.		
Phosphor	P	30,97370	P (farblos) 44,1 P (violett) 593 P (schwarz) P (rot) 590 p	280,5	1820 2360 2700 2200
— -(III)-chlorid	PCl_3	137,333	− 92	74,2	1574
— -(V)-chlorid	PCl_5	208,239	167 p	163 subl.	2110
— -ige Säure	H_3PO_3	81,9960	73,6		1650
— -oxidtrichlorid	$POCl_3$	153,332	1	105	1675
— -(III)-oxid	P_4O_6	219,8916	22,7	174	2135
— -(V)-oxid	P_4O_{10}	283,8892	566 p	358 subl.	2114
— -säure (Ortho-phosphorsäure)	H_3PO_4	97,99553	42		1880

Name	Formel	Atom- bzw. Molekül- masse	F. in °C	K. in °C	Dichte in kg·m⁻³
Phosphor(III)- sulfid	P_4S_3	220,087	172,5	407,5	2030
– -(V)-sulfid	P_4S_{10}	444,535	290	514	2090
– -wasserstoff	PH_3	33,9977	–133,5	–87,8	1,5307
Platin	Pt	195,09	1773,5	≈ 4000	21450
Plutonium	Pu	242	639,5		1648
Polonium	Po	209	254	962	9400
Praseodymium	Pr	140,9077	935		6769
Pyrophosphor- säure	$H_4P_2O_7$	177,9753	61		
Pyroschwefelsäure	$H_2S_2O_7$	178,140	35	z.	1900
Quecksilber	Hg	200,59	–38,8	356,9	13545
– -(I)-bromid	Hg_2Br_2	560,99	345 subl.		7310
– -(II)-bromid	$HgBr_2$	360,41	236	322	5710
– -(I)-chlorid	Hg_2Cl_2	472,09	302	383,7	7150
– -(II)-chlorid	$HgCl_2$	271,50	277	304	5420
– -(I)-iodid	Hg_2I_2	654,99	≈ 290	310 z.	7700
– -(II)-iodid	HgI_2	454,40	252	354	6270
– -(I)-nitrat-1- Wasser	$HgNO_3 \cdot H_2O$	280,61	70		4790
– -(II)-nitrat-2- Wasser	$Hg(NO_3)_2 \cdot 2 H_2O$	360,63	79 o. W.	z.	
– -(II)-oxid	HgO	216,59	100 z.		11140
– -(I)-sulfat	Hg_2SO_4	497,24	z.		7560
– -(II)-sulfat	$HgSO_4$	296,65	z.		6470
– -(II)-sulfid	HgS	232,65	580 subl.		8090
Radium	Ra	226,0254	700 ... 900	1530	6000
Radon	Rn	222	–71	–62	9,96
Rhenium	Re	186,207	3160	5600	20530
Rhodium	Rh	102,9055	1966	> 2500	12410
Rubidium	Rb	85,4678	38,8	680	1530
Ruthenium	Ru	101,07	2450	≈ 4200	12400
– -(VIII)-oxid	RuO_4	165,07	25,5	100 z.	3290
Salpetersäure	HNO_3	63,0127	–47	86 z.	1512,8
salpetrige Säure	HNO_2	47,0133			
Samarium	Sm	150,4	1072	1670	7536
Sauerstoff	O	15,9994	–218,8	–182,97	1,429
Schwefel	S	32,06	S, amorph 120	444,6	1920
			S, monokl. (β-S) 119,2	444,6	1960
			S, rhomb. (α-S) 112,8	444,6	2070
– -dichlorid	SCl_2	102,970	–80	159	1621
– -(IV)-oxid	SO_2	64,063	–75,7	–10	2,9263
– -(VI)-oxid	SO_3	80,062	16,8	44,8	2750
– -säure	H_2SO_4	98,078	91,5	z.	834
– -säurediamid (Sulfamid)	$SO_2(NH_2)_2$	96,108	–85,5	–6	
– -wasserstoff	H_2S	34,080		0,4	1,5292

Name	Formel	Atom- bzw. Molekülmasse	F. in °C	K. in °C	Dichte in kg·m⁻³
Selen	Se	78,96	220	688	4 260 Se, amorph
— -(IV)-oxid	SeO_2	· 110,96	340 p	316 subl.	3950
— -säure-1- Wasser	$H_2SeO_4 \cdot H_2O$	162,99	25		2 627
— -wasserstoff	SeH_2	80,98	− 65,7	− 41,3	3,61
Silan (Siliziumwasserstoff)	SiH_4	32,118	− 184,7	− 111,6	1,44
Silber	Ag	107,868	960,8	1 945	10 500
— -azid	AgN_3	149,890	252 expl.		
— -bromid	AgBr	187,779	430	700 z.	6470
— -chlorat	$AgClO_3$	191,321	230	270 z.	4430
— -chlorid	AgCl	143,323	455	1 554	5 560
— -chromat	Ag_2CrO_4	331,734			5620
— -dichromat	$Ag_2Cr_2O_7$	431,728	z.		4770
— -fluorid	AgF	126,868	435		5850
— -iodid	AgI	234,774	557	1 506	5670
— -karbonat	Ag_2CO_3	275,749	220 z.		6070
— -metaphosphat	$AgPO_3$	186,842	482		6370
— -nitrat	$AgNO_3$	169,875	209	444 z.	4350
— -oxid	Ag_2O	231,739	300 z.		7140
— -phosphat	Ag_3PO_4	418,581	849		6370
— -perchlorat	$AgClO_4$	207,321	486 z.		2810
— -pyrophosphat	$Ag_4P_2O_7$	605,423	585		5300
— -sulfat	Ag_2SO_4	311,802	657	1 085z.	5450
— -sulfid	Ag_2S	247,804	842		7310
— -sulfit	Ag_2SO_3	295,802	100 z.		
— -zyanid	AgCN	133,888	350		3950
Silizium	Si	28,085 5	1 414	2 630	2 400
— -dioxid	SiO_2	60,085	Cristobalit 1 710	2 590	2 320
			Quarz ≈ 1 470	2 590	2 651
			Tridymit 1670	2 590	2 260
— -karbid	SiC	40,097	> 2 700		3 170
— -tetrachlorid	$SiCl_4$	169,898	− 67,7	56,8	1 480
— -tetrafluorid	SiF_4	104,080	− 90 p	− 95,7	4,68
Skandium	Sc	44,956	1 400	2 400	2 990
Stickstoff	N	14,006 59	− 210	− 195,8	1,2505
— -(I)-oxid (Distickstoffoxid)	N_2O	44,012 8	− 90,7	− 88,7	1,978 0
— -(II)-oxid (Stickstoffoxid)	NO	30,006 1	− 163,5	− 151,8	1,3402
— -(III)-oxid (Distickstofftrioxid)	N_2O_3	76,011 6	− 102	3,5 z.	1,447
— -(IV)-oxid (Stickstoffdioxid)	NO_2	46,005 5	− 11,3	21,1	
— -(IV)-oxid (Distickstofftetraoxid)	$N_2O_4 \leftrightharpoons 2\,NO_2$	92,011 0	− 11,3	21,1	1,491
— -(V)-oxid (Distickstoffpentoxid)	N_2O_5	108,010 4	≈ 30	47 z.	1,642
— -wasserstoffsäure	N_3H	43,028 1	− 80	37	
Strontium	Sr	87,62	757	1 364	2 600
— -bromid	$SrBr_2$	247,44	643		4216
— -chlorid	$SrCl_2$	158,53	872		3050

Name	Formel	Atom- bzw. Molekül-masse	F. in °C	K. in °C	Dichte in kg·m⁻³
Strontiumchlorid-6-Wasser	$SrCl_2 \cdot 6\,H_2O$	266,62	61 z.		1930
– -fluorid	SrF_2	126,62	1190	2460	2440
– -hydroxid	$Sr(OH)_2$	121,63	375		3620
– -karbonat	$SrCO_3$	147,63	1497 p		3700
– -nitrat	$Sr(NO_3)_2$	211,63	645		2980
– -nitrat-4-Wasser	$Sr(NO_3)_2 \cdot 4\,H_2O$	283,68			2200
– -oxid	SrO	103,62	2430		4700
– -phosphat	$Sr_3(PO_4)_2$	452,80	1767		
– -sulfat	$SrSO_4$	183,68	≈ 1600		3960
Sulfurylchlorid	SO_2Cl_2	134,969	− 54,1	69,1	1667
Tantal	Ta	180,9479	2996	≈ 4100	16690
– -karbid	TaC	192,959	4150	5500	
Technetium	Tc	97	2140		11490 für Isotop ^{99}Tc
Tellur	Te	127,60	452	994	amorph 6000
– -(IV)-oxid	TeO_2	159,60	733		5670
– -wasserstoff	TeH_2	129,62	− 48,9	− 2,2	2570
Terbium	Tb	158,9254	1356	2800	8253
Tetrasilan	Si_4H_{10}	122,424	− 93,5	109	790
Thallium	Tl	204,37	302,5	1457	11850
– -(I)-chlorid	$TlCl$	239,82	427	807	7000
– -karbonat	Tl_2CO_3	468,75	273		7110
– -nitrat	$TlNO_3$	266,37	207		5560
– -sulfat	Tl_2SO_4	504,80	632		6770
Thionylchlorid	$SOCl_2$	118,969	− 105	79	1638
Thiophosphoryl-chlorid	$PSCl_3$	169,397	− 35	125	1635
Thorium	Th	232,0381	1845	3530	11710
– -(IV)-chlorid	$ThCl_4$	373,850	770	921	4590
– -dioxid	ThO_2	264,037	3050	≈ 4000	9690
Thulium	Tm	168,9342	1545		9318
Titanium	Ti	47,90	1725	> 3000	4510
– -(IV)-chlorid	$TiCl_4$	189,71	− 23	136	1726
– -dioxid	TiO_2	79,90	1775		3840
– -oxidsulfat	$TiOSO_4$	159,96	z.		
– -(III)-sulfat	$Ti_2(SO_4)_3$	383,98	z.		
Trichlor-monosilan	$SiHCl_3$	135,453	− 134	31,8	1350
Trisilan	Si_3H_8	92,322	− 117,4	52,9	740
unterphosphorige Säure	H_3PO_2	65,9965	17,4		1490
Uranium	U	238,029	1133		19160
– -(IV)-oxid	UO_2	270,03	≈ 2200		10500
– -(IV, VI)-oxid	U_3O_8	842,09	z.		7190
Uranylnitrat-6-Wasser	$UO_2(NO_3)_2 \cdot 6\,H_2O$	502,13	59,5	118	2810

Name	Formel	Atom- bzw. Molekül-masse	F. in °C	K. in °C	Dichte in kg·m^{-3}
Vanadium	V	50,9414	1710	≈ 3000	6110
--karbid	VC	62,953	2830	3900	5400
--(V)-oxid	V$_2$O$_5$	181,881	658	1750 z.	3357
Wasser	H$_2$O	18,0153	0	100	917 (Eis bei 0 °C)
Wasserstoff	H	1,0079	− 259,36	− 252,8	1,293
--peroxid	H$_2$O$_2$	34,0147	− 1,7	152,1	1463,1
Wolfram	W	183,85	3410	≈ 6000	11300
--(IV)-chlorid	WCl$_4$	325,66	z.		4620
--(V)-chlorid	WCl$_5$	361,12	248	275,6	3,87
--(VI)-chlorid	WCl$_6$	396,57	275	346,7	3,52
--dioxid-dichlorid	WO$_2$Cl$_2$	286,75	260 subl.		
--(II)-karbid	W$_2$C	379,71	≈ 2855	≈ 6000	16020
--(IV)-karbid	WC	195,86	2865	≈ 6000	15700
--(VI)-oxid	WO$_3$	231,85	1473		7160
Xenon	Xe	131,30	− 111,9	− 108,1	5,891
Ytterbium	Yb	173,04	829	1520	6500
Yttrium	Y	88,905	1475	≈ 3600	4470
Zaesium	Cs	132,9045	28,5	690	1900
--chlorid	CsCl	168,358	642	1300	3970
--karbonat	Cs$_2$CO$_3$	325,819	610 z.		
--oxid	Cs$_2$O	281,809	380 z.		4360
--sulfat	Cs$_2$SO$_4$	361,872	1019		4690
Zerium	Ce	140,12	775	1400	4800
--(III)-chlorid	CeCl$_3$	246,48	822	z.	3920
--(III)-fluorid	CeF$_3$	197,12	1324		6160
--(III)-nitrat-6-Wasser	Ce(NO$_3$)$_3$ · 6 H$_2$O	434,23		200 z.	
--(IV)-nitrat	Ce(NO$_3$)$_4$	388,14			
--(IV)-oxid	CeO$_2$	172,12	> 2600		7300
Zink	Zn	65,38	419,5	907	7130
--bromid	ZnBr$_2$	225,19	394	650	4219
--chlorid	ZnCl$_2$	136,28	313	732	2910
--karbonat	ZnCO$_3$	125,38	140 z.		4440
--nitrat-6-Wasser	Zn(NO$_3$)$_2$ · 6 H$_2$O	297,47	36,4		2065
--oxid	ZnO	81,37	1975 p	1800 subl.	5470
--sulfat	ZnSO$_4$	161,43	740 z.		3740
--sulfat-7-Wasser	ZnSO$_4$ · 7 H$_2$O	287,54	40		1970
--sulfid	ZnS	97,43	1850 p	1180 subl.	4030
Zinn	Sn	118,69	231,9	2430	7280 β-Sn
--(II)-bromid	SnBr$_2$	278,51	215,5	620	5117
--(IV)-bromid	SnBr$_4$	438,33	30	203	3340
--(II)-chlorid	SnCl$_2$	189,60	246	623	3393
--(II)-chlorid-2-Wasser	SnCl$_2$ · 2 H$_2$O	225,63	37,7	z.	2710
--(IV)-chlorid	SnCl$_4$	260,50	− 33,3	113,9	2232
--(IV)-oxid	SnO$_2$	150,69	1900 p	1900 subl.	6950
--(II)-sulfid	SnS	150,75	880	1230	5080
Zirkonium	Zr	91,25	1860	> 2900	6490
--oxid	ZrO$_2$	123,25	≈ 2700	> 4000	5490
Zyanwasserstoff-säure	HCN	27,0258	− 13,3	25,7	699

4. Konstanten organischer Verbindungen

1. Spalte: Name. Die organischen Verbindungen wurden nach der IUPAC-Nomenklatur mit der Abweichung be-
nannt, daß »C« entsprechend der Sprechweise als »K« bzw. »Z« geschrieben wird. Ältere Bezeichnungen und
Trivialnamen sind in der Tabelle Nr. 43 mit den IUPAC-Bezeichnungen aufgeführt.

2. Spalte: Summenformel

3. Spalte: Strukturformel

4. Spalte: M (molare Masse)

5. Spalte: F. in °C [1]

6. Spalte: K. in °C bei 101,32502 kPa. Angaben für einen anderen Druck hinter dem Schrägstrich. [1]

7. Spalte: n_D [1]

8. Spalte: ϱ in kg · m^{-3} bei einem Druck von 101,32502 kPa.

9. Spalte: Lösbarkeit

Verwendete Abkürzungen siehe Seite 10 (Verwendete Abkürzungen u. Formelzeichen)

---

[1] Sind mehrere, mit Buchstaben bezeichnete Werte angegeben, so handelt es sich um eine allotrope Verbindung.

Name	Summenformel	Strukturformel	M
Akridin	$C_{13}H_9N$		179,221
Aluminiumethylat	$C_6H_{15}O_3Al$	CH_3-CH_2-O CH_3-CH_2-O $Al-O-CH_2-CH_3$	162,164
Aluminiumtriethyl	$C_6H_{15}Al$	CH_3-CH_2 CH_3-CH_2 $Al-CH_2-CH_3$	114,166
1-Aminoanthrachinon	$C_{14}H_9O_2N$		223,231
2-Aminoanthrachinon	$C_{14}H_9O_2N$		223,231
4-Aminoazobenzen	$C_{12}H_{11}N_3$	$-N=N-$ $-NH_2$	197,239
2-Aminobenzaldehyd	C_7H_7ON	$-CHO$ $-NH_2$	121,138
4-Aminobenzaldehyd	C_7H_7ON	H_2N- $-CHO$	121,138
Aminobenzen	C_6H_7N	$-NH_2$	93,128
2-Aminobenzenkarbonsäure	$C_7H_7O_2N$	$-COOH$ NH_2	137,138
4-Aminobenzen-sulfonamid	$C_6H_8O_2N_2S$	H_2N- $-SO_2-NH_2$	172,20
4-Aminobenzensulfonsäure	$C_6H_7O_3NS$	H_2N- $-SO_3H$	173,19
L-2-Aminobutandisäuremonamid	$C_4H_8O_3N_2$	$HOOC-CH-CH_2-CO-NH_2$ NH_2	132,120
2-Aminohydroxybenzen	C_6H_7ON	$-OH$ $-NH_2$	109,127
3-Aminohydroxybenzen	C_6H_7ON	$-OH$ NH_2	109,127
4-Aminohydroxybenzen	C_6H_7ON	H_2N- $-OH$	109,127
2-Amino-3-(4-hydroxyphenyl)-propansäure	$C_9H_{11}O_3N$	$HO-$ $-CH_2-CH-COOH$ NH_2	181,193
D,L-3-Amino-2-hydroxypropansäure	$C_3H_7O_3N$	$H_2N-CH_2-CH-COOH$ OH	105,094
Aminomethandisulfonsäure	$CH_5O_6NS_2$	$H_2N-CH(SO_3H)_2$	191,17
D-2-Amino-3-methylbutansäure	$C_5H_{11}O_2N$	H_3C H_3C $CH-CH-COOH$ NH_2	117,149

F. in °C	K. in °C	n_D	ϱ in kg · m^{-3}	Lösbarkeit
110	345...346	1,6598/155 ... 158°	1 100,5/19,7°	wl. W. 100°; 11. E., D., Sk.
134	320		1 142,2	swl. E.; wl. D.; Bz.; z. sd. W.
< −18	194	1,480/6,5°		l. D.; expl. W.
255	subl.			unl. W.; l. E., D., Bz., Pr., Tchl.
302	subl.			unl. W.; l. E., Bz., Pr., Tchl.; wl. D.
126	> 360	1,6877/188 ... 199°		swl. h. W.; l. h. E., D., Bz., Tchl.
39 ... 40	z.			wl. W.; ll. E., D., Bz., Tchl.; unl. Lg.
70 ... 71				wl. W.; l. E., D.
−6,2	184,4	1,58629	1 021,7/20,7°	3,61 W. 18°; mb. E., D., Bz.
145	subl.	1,5700/145 ... 147°	1 412	0,35 W. 14°; 13,0 E. (90 %) 9,6°; 22 D. 7°
z.	−			swl. W., D.; l. E.
288 z.	−			0,646 W. 0°; 6,71 W. 100°; unl. E., D.
270 ... 271	−		1 660,4/12°	0,61 W., 5,37 W. 98°; unl. D., E.
173	subl.	1,632	1 328	1,7 W. 0°, 4,4 E. 0°
122 ... 123	−			l. W.; ll. D., E.
186 z.	subl.			1,1 W. 0°; 5,6 E. 0°; wl. D.; unl. Bz.
z. 290	−		1 456	0,041 W.; 0,65 sd. W.; wl. h. E.; unl. D.
246 z.	−			4,32 W.; 17,1 W. 70°; unl. D., E.
315	subl. z.			l.l. W.; w. l. D., Bz. l. W.; wl. E.; unl. D., Pr.

Name	Summenformel	Strukturformel	M
D,L-2-Amino-4-methylpentansäure	$C_6H_{12}O_2N$	$\begin{array}{l} H_3C \\ {>}CH-CH_2-CH-COOH \\ H_3C | \\ NH_2 \end{array}$	131,176
D-2-Amino-3-methylpentansäure	$C_6H_{12}O_2N$	$CH_3-CH_2-CH-CH-COOH$ $CH_3\ NH_2$	131,176
1-Amino-2-methylpropan	$C_4H_{11}N$	$H_2N-CH_2-CH-CH_3$ CH_3	73,138
2-Aminonaphthalen-5-sulfonsäure	$C_{10}H_9O_3NS$		223,25
1-Aminonaphth-2-ol	$C_{10}H_9ON$		159,187
8-Aminonaphth-1-ol	$C_{10}H_9ON$		159,187
3-Amino-4-hydroxy-benzensulfonsäure	$C_6H_7O_4NS$		189,18
D,L-2-Aminopentandisäure	$C_5H_9O_2N$	$HOOC(CH_2)_2-CH-COOH$ NH_2	147,132
D-4-Aminopentandisäureamid	$C_5H_{10}O_3N_2$	$H_2N-CO-CH_2-CH_2-CH-COOH$ NH_2	146,147
L-2-Amino-3-phenylpropansäure	$C_9H_{11}O_2N$		165,104
1-Aminopropan	C_3H_9N	$CH_3-CH_2-CH_2-NH_2$	59,111
2-Aminopropan	C_3H_9N	$\begin{array}{l} CH_3 \\ {>}CH-NH_2 \\ CH_3 \end{array}$	59,111
D,L-2-Aminopropansäure	$C_3H_7O_2N$	$CH_3-CH-COOH$ NH_2	89,094
2-Aminothiophen	C_4H_5NS	$\begin{array}{l} HC{-\!\!\!-}CH \\ \|\| \\ HCC-NH_2 \\ S \end{array}$	99,15
2-Amino-3-thiopropansäure	$C_3H_7O_2NS$	$HS-CH_2-CH-COOH$ NH_2	121,15
2-Amino-1,3,5-trimethylbenzen	$C_9H_{13}N$		135,208
Anthrachinon	$C_{14}H_8O_2$		208,216

F. in °C	K. in °C	n_D	ϱ in kg · m^{-3}	Lösbarkeit
332 z.	subl.			0,97 W. 15°; swl. E.; unl. D.
283 ... 284	subl.			3,87 W. 15,5° l. h. E.; sd. Es.; unl. D.
77°	68 ... 69°	1,398 78/17°	733,2	mb. W., E.
				0,033 W.; swl. E., D.
235				swl. sd. W.; wl. E., D.
95 ... 97 z.	—			ll. h. W.
z.	—			1,0 W. 14°; unl. E. D.
247 ... 249 z.	subl. 200 Va.	1,468 3/195 ... 196°	1 538	1 W. 16°; 0,066 E. (80 %) 15°; 0,07 E. 25°; unl. D.
185				3,61 W. 18°; swl. E.; unl. D.
283 z.	subl.			2,74 W.; 6,11 W. 70°; wl. E.; unl. D.
− 101,2	33	1,376 98/15,4°	694/15°	mb. W., E., D.
− 83	47,8	1,390 1/16°	719	mb. E., D.; 278 W. 25°
297 z.	—			20,5 W. 45°; unl. D., Pr.
	78/1,5 kPa			ll. W., E.; unl. D.
z.	—			l. Es.; ll. W., E.; unl. Bz., Pr., Sk.
− 4,9	233		963	l. E.
266	377	1,561 1/280 ... 282°	1 419	unl. W.; 0,05 E. 18°; 0,44 E. 25°; 2,25 sd. E.; 0,10 D 25°; wl. Bz.

Name	Summenformel	Strukturformel	M
Anthrachinon-2-sulfonsäure	$C_{14}H_8O_5S$		288,27
Anthrazen	$C_{14}H_{10}$		178,233
Anthr-1-ol	$C_{14}H_{10}O$		194,232
Anthr-2-ol	$C_{14}H_{10}O$		194,232
Anthron	$C_{14}H_{10}O$		194,232
L-Arabinose	$C_5H_{10}O_5$	$HO-CH_2-C-C-C-CHO$	150,131
Askorbinsäure	$C_6H_8O_6$		176,126
Azenaphthen	$C_{12}H_{10}$	H_2C-CH_2	154,211
Azenaphthenchinon	$C_{12}H_6O_2$		182,178
Azobenzen	$C_{12}H_{10}N_2$	$-N=N-$	182,224
Azoxybenzen	$C_{12}H_{10}ON_2$	$-N=N-$	198,223
Barbitursäure	$C_4H_4O_3N_2$		128,087
	$C_{13}H_{11}N$	$-N=CH-$	181,237
Benzaldehyd	C_7H_6O	$-CHO$	106,124
Benzaldiethanat	$C_{11}H_{12}O_4$		208,213
Benzamid	C_7H_7ON	$-CO-NH_2$	121,138

F. in °C	K. in °C	n_D	ϱ in kg · m^{-3}	Lösbarkeit
193				ll. W., E.; unl. D.
217	351	1,6231/218 ... 220°	1 242	unl. W.; 0,076 E. 16°; 0,83 sd. E.; 0,97 D. 15°; 1,18 Bz. 15°
150 ... 153	224/1,7 kPa			unl. W.; ll. E., D.
254 ... 258 z.	−			unl. W.; ll. E., D.
154 ... 155				l. E., Bz.; unl. W.
159,5		1,4936/153 ... 154°	1 585	59,4 E. 10°; 0,42 E. (90 %) 9°; unl. D.
192		1,5611/120 ... 122°	1 696	ll. W., E.; unl. Pe., D., Bz., Tchl.
95	277,9	1,6048/100°	1 024/99°	4 E.; 40,5 E. 70°; 33 Tchl.
261	subl.			swl. E.; l. h. Bz., 0,15 D. 15°; unl. W.
68	293	1,6353/76°	1 203	0,03 W.; 12,5 E. 16°; l. D., Lg.
36	z.	1,6644	1 246	unl. W.; 21 E. 16°; 11,4 E. (94 %) 15°; ll. D.; 43,5 Lg. 15°
245	260 z.			wl. k. W.; l. D.
52	300	1,6231/67 ... 68°	1 038/55°	unl. W.; l. E., D., Sk.
− 26	178	1,54638	1 049,8	0,3 W.; mb. E., D.
46	220 z. 154/2,7 kPa		1 110	ll. E., D.
a) 128 b) 115	290	1,5299/152 ... 153°	1 341/4°	1,35 W. 25°; 26,92 E. 25°; wl. D.; ll. sd. Bz.

Name	Summenformel	Strukturformel	*M*
Benzanthron	$C_{17}H_{10}O$		230,265
Benzen	C_6H_6		78,113
Benzen-1,2-dikarbonsäure	$C_8H_6O_4$	—COOH / —COOH	166,133
Benzen-1,3-dikarbonsäure	$C_8H_6O_4$	COOH ... —COOH	166,133
Benzen-1,4-dikarbonsäure	$C_8H_6O_4$	HOOC—⟨ ⟩—COOH	166,133
Benzen-1,2-dikarbonsäureanhydrid	$C_8H_4O_3$	—CO / —CO ⟩O	148,118
Benzen-1,2-dikarbonsäuredibutylester	$C_{16}H_{22}O_4$	—COO—$(CH_2)_3$—CH_3 / —COO—$(CH_2)_3$—CH_3	278,347
Benzen-1,2-dikarbonsäurediethylester	$C_{12}H_{14}O_4$	—COO—CH_2—CH_3 / —COO—CH_2—CH_3	222,240
Benzen-1,2-dikarbonsäuredimethylester	$C_{10}H_{10}O_4$	—COO—CH_3 / —COO—CH_3	194,187
Benzen-1,4-dikarbonsäuredimethylester	$C_{10}H_{10}O_4$	H_3C—OOC—⟨ ⟩—COO—CH_3	194,187
Benzen-1,2-dikarbonsäuredipropylester	$C_{14}H_{18}O_4$	—COO—$(CH_2)_2$—CH_3 / —COO—$(CH_2)_2$—CH_3	250,294
Benzen-1,2-dikarbonsäureimid	$C_8H_5O_2N$	—CO / —CO ⟩NH	147,133
Benzenhexakarbonsäure	$C_{12}H_6O_{12}$	COOH COOH / HOOC— —COOH / COOH COOH	342,172
Benzenkarbonsäure	$C_7H_6O_2$	—COOH	122,123
Benzenkarbonsäurebenzylester	$C_{14}H_{12}O_2$	—COO—CH_2—⟨ ⟩	212,248
Benzenkarbonsäureethylester	$C_9H_{10}O_2$	—COO—CH_2—CH_3	150,177
Benzenkarbonsäuremethylester	$C_8H_8O_2$	—COO—CH_3	136,150
Benzenkarbonsäurenitril	C_7H_5N	—CN	103,123

F. in °C	K. in °C	n_D	ϱ in kg · m⁻³	Lösbarkeit
170	1,6877/198 ... 200°			l. E.; unl. W.
5,49	80,12	1,50144	879,1	0,07 W. 22°; 0,185 W. 30°; mb. E., D., Pr., M.
206 ... 208	z. 231		1593	0,54 W. 14°; 18 W. 99°; 11,7 E. 18°; 0,68 D. 15°; unl. Tchl.
348,5	subl.			0,013 W. 25°; 0,22 sd. W.; ll. E.; Es.; unl. Bz.
subl.	subl. (≈ 300)		1510	0,00015 k. W.; swl. k. E.; unl. D. Es., Tchl.
131,6	285,1		1527	l. E.; wl. W.
	206/2,7 kPa	1,490υ	1047	mb. E., D., Pr.; l. Bz.; swl. W.
	166 ... 167/2,0 kPa 298 ... 299	1,5019	1117/25°	l. Tchl., Bz.; mb. E. s. E.; unl. W.
	283,2	1,515/21°	1190,5/21°	swl. W.; l. E.
140,8	subl. > 300	1,4683/148 ... 151°		0,33 h. W.; wl. k. E.; l. D., sd. E.
	304 ... 305			
238	subl.	1,5204/242 ... 244°		0,06 W.; 0,4 sd. W.; 5 sd. E.; l.sd. Es.; swl. D., Bz., Tchl.
288	z.			ll. W.; l. E.
121,7	249	1,5000/134 ... 135°	1265,9/15°	0,16 W. 0°; 0,27 W. 17°; 2,19 W. 75°; 46,71 E. 15°; 313,4 D. 15°; l. Pr., Sk., Tchl.
21	323 ... 324	1,5685/21,5°	1122/19°	unl. W.; l. E., D., Tchl.
− 34,2	212,9	1,50602	1050,9/15°	0,1 W. 60°; l. E., Tchl. mb. D.
− 12,5	199,5	1,51800/16,5°	1093,7/15°	unl. W.; l. Bz.; mb. E., D.
− 13	191,3	1,52570/25,5°	1005,1	l. sd. W.; mb. E., D.

Name	Summenformel	Strukturformel	M
Benzenkarbonsäurephenylester	$C_{13}H_{10}O_2$	⬡—COO—⬡	198,221
Benzensulfamid	$C_6H_7O_2NS$	⬡—SO_2—NH_2	157,19
Benzensulfinsäure	$C_6H_6O_2S$	⬡—SO_2H	142,17
Benzensulfochlorid	$C_6H_5O_2SCl$	⬡—SO_2—Cl	176,62
Benzensulfonsäure	$C_6H_6O_3S$	⬡—SO_3H	158,17
Benzhydrazid	$C_7H_8ON_2$	⬡—CO—NH—NH_2	136,153
Benzhydroxamsäure	$C_7H_7O_2N$	⬡—CO—NH—OH	137,138
Benzochin-1,2-dion	$C_6H_4O_2$	⬡=O =O	108,096
Benzochin-1,4-dion	$C_6H_4O_2$	O=C⬡C=O	108,096
Benzoin	$C_{14}H_{12}O_2$	⬡—CH(OH)—CO—⬡	212,248
Benzopersäure	$C_7H_6O_3$	⬡—CO—O—OH	138,123
Benzophenon	$C_{13}H_{10}O$	⬡—CO—⬡	182,221
Benzoxazol	C_7H_5ON	⬡N,O-CH	119,123
N-Benzoylaminobenzen	$C_{13}H_{11}ON$	⬡—CO—NH—⬡	197,236
N-Benzoylaminoethansäure	$C_9H_9O_3N$	⬡—CO—NH—CH—COOH	179,177
Benzoylbromid	C_7H_5OBr	⬡—CO—Br	185,020
Benzoylchlorid	C_7H_5OCl	⬡—CO—Cl	140,569
Benzoyliodid	C_7H_5OI	⬡—CO—I	232,020
O-Benzoyloxyethansäure	$C_9H_8O_4$	⬡—COO—CH_2—COOH	180,160
O-Benzoyl-2-oxypropansäure	$C_{10}H_{10}O_4$	CH_3—CH—COOH, OOC—⬡	194,187
1-Benzylnaphthalen	$C_{17}H_{14}$	CH_2—⬡ / naphthalen	218,300

F. in °C	K. in °C	n_D	ϱ in kg · m^{-3}	Lösbarkeit
70	298 … 299	1,5502/79 … 80°	1 235/31°	unl. W.; 8,8 E. 21°; ll. D.
150				0,43 W. 16°; ll. h. E., D.
83 … 84	z. > 100			wl. k. W.; ll. h. W., E., D.
14,4	119/2,0 kPa		1 378/23°	unl. W.; ll. E.; l. D.
50 … 51	137 Va.			ll. W., E.; unl. D.; wl. Bz.
112,5	267 z.	1,5611/122°		l. W., E.; wl. D., Bz., Tchl.
126	z. (expl.)			2,25 W. 6°; ll. h. W., E.; wl. D.; unl. Bz.
z. 60 … 70	−			wl. k. W.; ll. h. W., E., D.; l. Bz.
115,7	subl.	1,4936/121 … 123°	1 318	wl. k. W.; ll. E., D.
133	343	1,5403/154°	10 179/134°	0,03 W. 25°; l. sd. E., Bz.; wl. D.
41 … 42	expl. 80 … 100			wl. W.; l. E., D.
a) 48	306	a) 1,59750/53,5°	1 110,8/18°	unl. W.; 16,95 E. (97 %) 18°; 24,7 D. 13°; l. Tchl.
b) 26		b) 1,60596/23,4°		
31	183		1 175,4/20°	wl. W.
161	118/1,3 kPa	1,5700/168 … 169°	1 321	unl. W.; 4. E. 30°; swl. D.
190	240 z.	1,5101/200°	1 308	0,39 W.; ll. h. W., h. E; 0,35 D. 18°; swl. Bz.; unl. Sk.
0	218 … 219		1 570/15°	l. Bz.; mb. D.; z. E., z. W.
− 1	197,1	1,55369	1 217,6/15°	mb. D., mb. Bz., Sk.; z. E., z. W.
3	135/3,3 kPa		1 722/15°	l. Bz.; mb. D.
112				
112				0,25 W. 10°; ll. E., Bz., D.
59	350		1 166/0°	unl. W.; 1,66 E. 15°; 3,33 sd. E.; 50 k. D.; l. Bz., Tchl., Sk.

Name	Summenformel	Strukturformel	M
2-Benzylnaphthalen	$C_{17}H_{14}$		218,300
Betain	$C_5H_{11}O_2N$		117,147
Biguanid	$C_2H_7N_5$		101,111
4,4'-Bis-(dimethylamino)-benzophenon	$C_{17}H_{20}ON_2$		268,358
Biuret	$C_2H_5O_2N_3$	$H_2N-CO-NH-CO-NH_2$	103,080
Bleitetraethyl	$C_8H_{20}Pb$		323,4
Borneol	$C_{10}H_{18}O$		154,252
Bornylchlorid	$C_{10}H_{17}Cl$		172,797
2-Bromaminobenzen	C_6H_6NBr		172,024
3-Bromaminobenzen	C_6H_6NBr		172,024
4-Bromaminobenzen	C_6H_6NBr		172,024
Brombenzen	C_6H_5Br		157,010
2-Brombenzenkarbonsäure	$C_7H_5O_2Br$		201,019
3-Brombenzenkarbonsäure	$C_7H_5O_2Br$		201,019
4-Brombenzenkarbonsäure	$C_7H_5O_2Br$		201,019
1-Brombutan	C_4H_9Br	$CH_3-CH_2-CH_2-CH_2-Br$	137,019
Bromethan	C_2H_5Br	CH_3-CH_2-Br	108,966
2-Bromethanol	C_2H_5OBr	$HO-CH_2-CH_2-Br$	124,964
Brommethan	CH_3Br	CH_3-Br	94,939
1-Brom-3-methylbutan	$C_5H_{11}Br$		151,046

F. in °C	K. in °C	n_D	ϱ in kg · m^{-3}	Lösbarkeit
35,5	350		1 176/0°	unl. W.; 3,58 E. 15°; ll. sd. E., Bz.
293 z.	–			157 W. 19°; 8,59 E. 18°; swl. D.
130				ll. W.; l. E.; unl. D., Bz., Tchl.
174	> 360 z.			0,04 W.; l. E.; ll. D., h. Bz.
193 z.	–			1,5 W. 15°; 45 sd. W.; ll. E.; wl. D.
	91 ... 92/ 2,5 kPa	1,5195	1 652,8	unl. k. W.; mb. D., E.; l. Bz., Lg.
208	212 subl.		1 011	swl. W.; ll. E., D.; 25 Bz.
132 ... 133	207 ... 208			unl. W.; ll. E.; l. D.
32	229		1 578,4	unl. W.; l. E., D.
18	251	1,62604/20,4°	1 580,8	l. E., D.; wl. W.
66,4	z.	1,6011/66 ... 68°	1 688/18°	unl. W.; ll. E., D.
– 30,6	155,6	1,55977	1 848	0,045 W. 30°; ll. E., D.; l. Bz.
150	subl.	1,5403/156 ... 157°	1 929/25°	wl. k. W.; l. h. W.; E., D., Tchl.
155	> 280	1,5299/174 ... 176°	1 845/25°	wl. W.; l. E., D.
254		1,4936/275 ... 278°	1 894/25°	swl. k. W.; l. E., D.
– 112,4	100,3	1,43983	1 282,9/15°	0,061 W. 30°; mb. E., D.
– 119	38,4	1,42386	1 458,6	mb. E., D.
	56...57/2,7kPa	1,4915	1772,0	l. W.; mb. E., D.
– 93,3	4,6		1 732/0°	mb. E., D.; swl. W.; l. Bz., Tchl., Sk.
– 111,9	120,3	1,44118	1 236/0°	0,02 W. 16°; l. E., D.

Name	Summenformel	Strukturformel	M
1-Brom-2-methylpropan	C_4H_9Br	$\begin{array}{c}H_3C\\ \quad\;\;HC-CH_2-Br\\ H_3C\end{array}$	137,019
1-Brompentan	$C_5H_{11}Br$	$CH_3-CH_2-CH_2-CH_2-CH_2-P$	151,046
1-Brompropan	C_3H_7Br	$CH_3-CH_2-CH_2-Br$	122,992
2-Brompropan	C_3H_7Br	$CH_3-\underset{\underset{Br}{\vert}}{CH}-CH_3$	122,992
Brompropanon	C_3H_5OBr	$Br-CH_2-CO-CH_3$	136,976
3-Bromprop-1-en	C_3H_5Br	$CH_2=CH-CH_2-Br$	120,977
Bromzyan	$CNBr$	$Br-CN$	105,922
Buta-1,3-dien	C_4H_6	$H_2C=CH-CH=CH_2$	54,091
Butan	C_4H_{10}	$CH_3-CH_2-CH_2-CH_3$	58,123
Butanal	C_4H_8O	$CH_3-CH_2-CH_2-CHO$	72,107
Butanal-2-ol	$C_4H_8O_2$	$CH_3-\underset{\underset{OH}{\vert}}{CH}-CH_2-CHO$	88,106
Butanamid	C_4H_9ON	$CH_3-CH_2-CH_2-CO-NH_2$	87,121
Butan-1,2-diol	$C_4H_{10}O_2$	$CH_3-CH_2-\underset{\underset{OH}{\vert}}{CH}-CH_2-OH$	90,122
Butan-1,4-diol	$C_4H_{10}O_2$	$HO-CH_2-CH_2-CH_2-CH_2-OH$	90,122
Butandion	$C_4H_6O_2$	$CH_3-CO-CO-CH_3$	86,090
Butandiondioxim	$C_4H_8O_2N_2$	$CH_3-\underset{\underset{HO-N}{\Vert}}{C}-\underset{\underset{N-OH}{\Vert}}{C}-CH_3$	116,119
Butandisäure	$C_4H_6O_4$	$HOOC-CH_2-CH_2-COOH$	118,089
Butandisäureanhydrid	$C_4H_4O_3$	$\begin{array}{c}CH_2-CO\\ \vert \qquad\qquad\;O\\ CH_2-CO\end{array}$	100,074
Butandisäurediethylester	$C_8H_{14}O_4$	$\begin{array}{c}CH_2-COO-CH_2-CH_3\\ \vert\\ CH_2-COO-CH_2-CH_3\end{array}$	174,196
Butandisäuredimethylester	$C_6H_{10}O_4$	$\begin{array}{c}CH_2-COO-CH_3\\ \vert\\ CH_2-COO-CH_3\end{array}$	146,143
Butandisäurenitril	$C_4H_4N_2$	$NC-CH_2-CH_2-CN$	80,089
Butandisäureimid	$C_4H_5O_2N$	$\begin{array}{c}CH_2-CO\\ \vert \qquad\qquad NH\\ CH_2-CO\end{array}$	99,089
Butan-1-ol	$C_4H_{10}O$	$CH_3-CH_2-CH_2-CH_2-OH$	74,122
Butan-2-ol	$C_4H_{10}O$	$CH_3-CH_2-\underset{\underset{OH}{\vert}}{CH}-CH_3$	74,122
Butanon	C_4H_8O	$CH_3-CO-CH_2-CH_3$	72,107
Butan-3-onsäureethylester	$C_6H_{10}O_3$	$CH_3-CO-CH_2-COO-CH_2-CH_3$	130,143
Butanoylchlorid	C_4H_7OCl	$CH_3-CH_2-CH_2-CO-Cl$	106,552
Butansäure	$C_4H_8O_2$	$CH_3-CH_2-CH_2-COOH$	88,106
Butansäureethylester	$C_6H_{12}O_2$	$CH_3-(CH_2)_2-COO-CH_2-CH_3$	116,160
Butansäuremethylester	$C_5H_{10}O_2$	$CH_3-(CH_2)_2-COO-CH_3$	102,133
Butansäurenitril	C_4H_7N	$CH_3-CH_2-CH_2-CN$	69,106
But-1-en	C_4H_8	$CH_3-CH_2-CH=CH_2$	56,107
But-2-en	C_4H_8	$CH_3-CH=CH-CH_3$	56,107

F. in °C	K. in °C	n_D	ϱ in kg · m^{-3}	Lösbarkeit
− 118,1	91,4	1,4391 14/15°	2720/15°	0,05 W. 18°; mb. E., D.
− 95	128	1,44435	1218	unl. W.; l. E.; mb. D.
− 109,9	70,8	1,43414	1353,9	0,25 W.; mb. E., D.
− 89,0	59,4	1,42508	1322,2/15°	0,32 W.; mb. E., D.
	136,5/96,6 kPa	1,4742/16°	1634/23°	ll. Pr.; wl. E., W.
− 119,4	71,3	1,46545	1398	mb. E., D., l. Sk., Tchl.; unl. W.
52	61		2015	l. D., W.
− 113	− 5/99,0 kPa	1,422/− 6°	650/− 6°	ll. E.; mb. D.; unl. W.
− 135	0,65	1,3324	2,7032	15 ml W. 17°; 1920 ml E. 17°; 3031 ml D. 18°
− 97,1	74,7	1,38433	817	3,7 W.; mb. E., D.
	83/2,7 kPa		1109/16°	mb. W., E., D.; l. Bz.
115 ... 116	216		1032	wl. W.; l. E., D.
	191 ... 192/99,6 kPa	1,442	1005,9/17,5°	mb. E.; wl. D.; swl. W.
16	230	1,4467	1020	mb. W., E.; wl. D.
	87 ... 88	1,39331/18,5°	973,4/22°	ll. W.; mb. E., D.
240	subl.			unl. W.; ll. E., D.
185	235		1564/15°	6,84 W.; 60,37 W. 75°; 7,54 E. 15°; 0,48 D. 15°; unl. Bz., Tchl.
120	261		1503	wl. E.; swl. D., W.; l. Tchl.
− 20,8	217,7	1,42007	1040,2	mb. E., D.; unl. W.
19,5	195	1,41975	11194	l. E. D.; wl. W.
54,5	265 ... 267	1,41645/63,1°	968,6/84°	ll. E., W.; wl. D., Sk.
126	287 ... 288	1,4683/139 ... 140°	1412/16°	24,3 W. 21°; 5,4 E. 24°; swl. D.
− 79,9	117,5	1,39931	809,0	7,4 W. 15°; mb. E., D.
− 89	99,5	1,39236/22°	810,9/15°	12,5 W.; mb. E., D.
− 86,4	79,6	1,3814/15°	805,0	29,2 W.; 18 W. 90°; mb. E., D.
− 44	180/100,5 kPa	1,41976	1021/25°	12,5 W. 16°; mb. E., D.
− 89	100 ... 101	1,41209	1028	l. D.
− 4,7	164	1,39789	958,7	mb. E., D., W. (oberhalb − 3,8°)
− 93,3	120	1,39302/18°	879	wl. W.; l. E., D.
	102	1,3870/25°	898	1,58 W. 21° mb. E., D.
− 112,6	117,4		794	wl. W.; l. E.
− 190	− 6,1		629,8/10°	unl. W.; l. Bz.; ll. E., D.
a) − 127	a) 1		635	ll. E., D.; unl. W.
b) − 130	b) 2,5			

Name	Summenformel	Strukturformel	M
But-2-en-1-al	C_4H_6O	$CH_3-CH=CH-CHO$	70,091
cis-Butendisäure	$C_4H_4O_4$	$\begin{array}{l} H-C-COOH \\ \parallel \\ H-C-COOH \end{array}$	116,073
trans-Butendisäure	$C_4H_4O_4$	$\begin{array}{l} HOOC-C-H \\ \parallel \\ H-C-COOH \end{array}$	116,073
cis-Butensäureanhydrid	$C_4H_2O_3$	$\begin{array}{l} H-C-CO \\ \parallel \qquad\quad O \\ H-C-CO \end{array}$	98,058
cis-Butensäurediethylester	$C_8H_{12}O_4$	$\begin{array}{l} HC-COO-CH_2-CH_3 \\ \parallel \\ HC-COO-CH_2-CH_3 \end{array}$	172,180
trans-Butensäurediethylester	$C_8H_{12}O_4$	$\begin{array}{l} CH_3-CH_2-OOC-CH \\ \qquad\qquad\quad \parallel \\ \qquad\quad HC-COO-CH_2-CH_3 \end{array}$	172,180
But-3-en-1-in	C_4H_4	$CH_2=CH-C\equiv CH$	52,076
But-2-ensäure	$C_4H_6O_2$	$CH_3-CH=CH-COOH$	86,090
But-1-in	C_4H_6	$CH\equiv C-CH_2-CH_3$	54,091
Butylamin	$C_4H_{11}N$	$CH_3-CH_2-CH_2-CH_2-NH_2$	73,138
Chinolin	C_9H_7N		129,161
Chinolin-2-karbonsäure	$C_{10}H_7O_2N$		173,171
Chinolin-4-karbonsäure	$C_{10}H_7O_2N$		173,171
Chinoxalin	$C_8H_6N_2$		130,149
2-Chloraminobenzen	C_6H_6NCl		127,573
3-Chloraminobenzen	C_6H_6NCl		127,573
4-Chloraminobenzen	C_6H_6NCl		127,573
1-Chloranthrachinon	$C_{14}H_7O_2Cl$		242,661

F. in °C	K. in °C	n_D	ϱ in kg · m⁻³	Lösbarkeit
− 69	102,2	1,436 20/20,5°	847,7/21°	ll. W.; mb. E., D.; l. Bz., M.
130	z.		1 590	78,8 W. 25°; 392,6 W. 97,5°; 69,9 E. (95 %) 30°; 8,2 D. 25°; l. Es., Pr.; swl. Bz.
286 ... 287	subl.		1 625	0,69 W. 17°; 4,76 E. 17°; wl. D., Tchl.
53	82/1,9 kPa	1,433 9/105 ... 108°	1 301/64,4°	wl. E., Tchl.; 17 Dimethylbenzen 30°; l. W.
− 10,5	223	1,442 61/16,2°	1 067,7	l. D., E.; unl. W.
0,6	218,5	1,447 1/7,5°	1 055/17°	l. E., D.; wl. W.
	224/183,9 kPa 2 ... 3/97,2 kPa		709,5/0°	
a) 72	189		973/72°	8,28 W. 15°; l. E., Pr.; 40 k. W.; l. E.
b) 15	171,9		1 031,2/15°	
− 122,5	8,1	1,3962	668	l. E. D.; unl. W.
− 50,5	77,8		742/15°	mb. W.
− 19,5	238,0	1,628	1 092,9	wl. k. W.; ll. h. W.; mb. E., D., Sk., Pr.
157	z.	1,589 8/160 ... 161°		wl. k. W.; ll. h. W., h. Bz.
253 ... 254				swl. W., E.; unl. D.
30,5	229,5	1,623 11/48°	1 133/48°	mb. W., E., D.
− 14	208,8	1,589 51	1 212,5	wl. W.; ll. D., Bz.; mb. E.
70 ... 71	230 ... 231	1,561 1/89 ... 90°	1 427/19°	l. E., D., sd. W.
− 10,2	230	1,593 05	1 215,6	ll. Bz.; mb. E., D.
162	subl.			wl. E.; ll. Bz., Es.; unl. D., W.

Name	Summenformel	Strukturformel	M
2-Chloranthrachinon	$C_{14}H_7O_2Cl$		242,661
2-Chlorbenzaldehyd	C_7H_5OCl		140,569
3-Chlorbenzaldehyd	C_7H_5OCl		140,569
4-Chlorbenzaldehyd	C_7H_5OCl		140,569
Chlorbenzen	C_6H_5Cl		112,559
3-Chlorbenzen-1,2-dikarbonsäure	$C_8H_5O_4Cl$		200,578
4-Chlorbenzen-1,2-dikarbonsäure	$C_8H_5O_4Cl$		200,578
2-Chlorbenzenkarbonsäure	$C_7H_5O_2Cl$		156,569
3-Chlorbenzenkarbonsäure	$C_7H_5O_2Cl$		156,569
4-Chlorbenzenkarbonsäure	$C_7H_5O_2Cl$		156,569
4-Chlorbenzensulfochlorid	$C_5H_4O_2Cl_2S$		211,06
4-Chlorbenzensulfonsäure	$C_6H_5O_3ClS$		192,62
1-Chlorbutan	C_4H_9Cl	$CH_3{-}CH_2{-}CH_2{-}CH_2{-}Cl$	92,568
1-Chlorbutan-2-ol	C_4H_9OCl	$CH_3{-}CH_2{-}\underset{\underset{OH}{\vert}}{CH}{-}CH_2{-}Cl$	108,568
3-Chlorbutan-2-ol	C_4H_9OCl	$H_3C{-}\underset{\underset{OH}{\vert}}{CH}{-}\underset{\underset{Cl}{\vert}}{CH}{-}CH_3$	108,568
Chlorethan	C_2H_5Cl	$CH_3{-}CH_2{-}Cl$	64,515
Chloretnanal	C_2H_3OCl	$Cl{-}CH_2{-}CHO$	78,498
Chlorethanamid	C_2H_4ONCl	$Cl{-}CH_2{-}CO{-}NH_2$	93,513
2-Chlorethanol	C_2H_5OCl	$Cl{-}CH_2{-}CH_2{-}OH$	80,514
Chlorethanoylchlorid	$C_2H_2OCl_2$	$Cl{-}CH_2{-}CO{-}Cl$	112,943
Chlorethansäure	$C_2H_3O_2Cl$	$Cl{-}CH_2{-}COOH$	94,498
Chlorethansäureethylester	$C_4H_7O_2Cl$	$Cl{-}CH_2{-}COO{-}CH_2{-}CH_3$	122,551
Chlorethen	C_2H_3Cl	$CH_2{=}CH{-}Cl$	62,499
2-Chlorhydroxybenzen	C_6H_5OCl		128,558

F. in °C	K. in °C	n_D	ϱ in kg · m^{-3}	Lösbarkeit
210	subl.			wl. sd. E.; ll. sd. Es.; l. sd. Bz.; unl. D., W.
11	208/99,7 kPa	1,5673/19,7°	1252	wl. W.; ll. E., D.; l. Bz.
17 ... 18	213 ... 214	1,5650/20,2°	1250/15°	wl. W.; ll. E., D.; l. Bz.
49	213/99,7 kPa	1,5553/61°	1195,8/61°	wl. k. W.; ll. E., D.; l. Bz., Sk. Es.
−45,5	131,7	1,52479	1106,4	0,049 W. 30°; l. Tchl. Bz., Sk.;
186				2,16 W. 14°; ll. E., D.
150				l. W., E., D.
140,6	subl.	1,5204/146 ... 148°	1544	0,21 W. 25°; ll. h. W., E., D.
158	subl.		1496/25°	0,04 W. 0°; ll. h. W., E., D.
241,5	subl.		1541/24°	0,0077 W. 25°; ll. E., D.
53	141/2,0 kPa			l. D.
68	147/2,0 kPa			l. W., E.; unl. D., Bz.
−123,1	78,0	1,40147	897,2/14°	wl. W.; mb. E., D.
	141	1,4353/18°	1040/18$^\alpha$	
	136 ... 137,5	1,4478	1069,2/18°	
−138,7	13,1		917/6°	mb. E., D.; swl. W.
43 ... 50	85,5 z.			l. D.
121	224/99,0 kPa			10 W. 24°; 9,5 E. 24°; swl. D.
−67,5	128,6	1,44189	1201,9	mb. W.; l. E., D.
	103 ... 106/100,0 kPa	1,4535	1495/0°	mb. D.; z. E.; z. W.
61,3	189	1,4297/65	1577,2	614 W. 30°; l. E., D., Bz., Sk., Tchl.
−26	143,6	1,42162	1159	mb. E., D.; unl. W.
−159,7	−13,9		969,2/−13°	wl. W.; ll. D.; l. E.
8,7	175 ... 176	1,5473/40°	1235/25°	2,8 W.; l. E., D.

Name	Summenformel	Strukturformel	M
3-Chlorhydroxybenzen	C_6H_5OCl		128,558
4-Chlorhydroxybenzen	C_6H_5OCl		128,558
Chlormethan	CH_3Cl	$H_3C—Cl$	50,488
Chlormethansäureethylester	$C_3H_5O_2Cl$	$Cl—COO—CH_2—CH_3$	108,524
2-Chlormethylbenzen	C_7H_7Cl		126,585
3-Chlormethylbenzen	C_7H_7Cl		126,585
4-Chlormethylbenzen	C_7H_7Cl		126,585
1-Chlor-3-methylbutan	$C_5H_{11}Cl$		106,595
1-Chlor-2-methylpropan	C_4H_9Cl		92,568
1-Chlornaphthalen	$C_{10}H_7Cl$		162,618
2-Chlornaphthalen	$C_{10}H_7Cl$		162,618
2-Chlornitrobenzen	$C_6H_4O_2NCl$		157,556
3-Chlornitrobenzen	$C_6H_4O_2NCl$		157,556
4-Chlornitrobenzen	$C_6H_4O_2NCl$		157,556
2-Chlor-5-nitrobenzenkarbonsäure	$C_7H_4O_4NCl$		201,566
2-Chlor-4-nitromethylbenzen	$C_7H_6O_2NCl$		171,583
4-Chlor-2-nitromethylbenzen	$C_7H_6O_2NCl$		171,583
2-Chlor-4-nitrohydroxybenzen	$C_6H_4O_3NCl$		173,556

F. in °C	K. in °C	n_D	ϱ in kg · m⁻³	Lösbarkeit
32,8	214	1,5565/40°	1 268/25°	2,6 W.; l. E., D.; ll. Bz.
42,9	217	1,5579/40°	1 260/45°	2,7 W.; ll. E., D., Bz.
− 93	− 23,7		2,3073	400 ml. W.; 3 500 ml E.; l. D., Tchl., Es.
− 80,6	93	1,3973 8	1 135,2	l. Bz., D., Tchl.
− 34	159,5	1,5247/20,2°	1 081,7	unl. W.; l. E., Bz., Tch.; mb. D.
− 47,8	161,6	1,522 5/18,7°	1 072,2	unl. W.; l. E., Bz., Tchl.; mb. D.
7,5	162	1,5199/19°	1 069,7	unl. W.; l. E., Bz., Tchl.; mb. D.
	99,8	1,411 18/18°	893/0°	unl. W.; mb. E., D.
− 131,2	68,9	1,40096/15°	882,9/15°	0,09 W. 12,5°; mb. E., D.
− 17	262,7	1,63321	1 193,8	unl. W.; l. E., D., Bz., Sk.
60	265/100,1 kPa	1,6079/70,7°	1 265,6/16°	unl. W.; l. E., D., Bz., Sk., Tchl.
33	244,5	1,5501/46 … 47°	1 348/45,5°	unl. W.; l. E., D., Bz.
46	235,6	1,5502/56 … 58°	1 343/50°	unl. W.; ll. sd. E.; l. E., Bz., Es., Sk., Tchl.
83,5	242	1,5403/101 … 103°	1 297,9/90,5°	unl. W.; wl. k. E.; ll. sd. E., D., Sk.
165			1 608/18°	
63 … 65	260	1,5470/69,4°		
37	115,5/1,5 kPa		1 255,9/80°	
111				wl. W.; ll. E., D.; l. Tchl., sd. W.

Name	Summenformel	Strukturformel	M
2-Chlor-6-nitrohydroxybenzen	$C_6H_4O_3NCl$		173,556
4-Chlor-2-nitrohydroxybenzen	$C_6H_4O_3NCl$		173,556
5-Chlor-2-nitrohydroxybenzen	$C_6H_4O_3NCl$		173,556
1-Chlorpentan	$C_5H_{11}Cl$	$CH_3-CH_2-CH_2-CH_2-CH_2-Cl$	106,595
1-Chlorpropan	C_3H_7Cl	$CH_3-CH_2-CH_2-Cl$	78,541
2-Chlorpropan	C_3H_7Cl	$CH_3-CH-CH_3$ $\quad\quad\ \ \, |$ $\quad\quad\ \ \, Cl$	78,541
Chlorpropanon	C_3H_5OCl	$Cl-CH_2-CO-CH_3$	92,525
3-Chlorprop-1-en	C_3H_5Cl	$CH_2=CH-CH_2-Cl$	76,525
Chrysen	$C_{18}H_{12}$		228,293
cis-Dekahydronaphthalen	$C_{10}H_{18}$		138,252
trans-Dekahydronaphthalen	$C_{10}H_{18}$		138,252
Dekan	$C_{10}H_{22}$	$H_3C-(CH_2)_8-CH_3$	142,284
Dekandisäure	$C_{10}H_{18}O_4$	$HOOC-(CH_2)_8-COOH$	202,250
Dekandisäuredimethylester	$C_{12}H_{22}O_4$	$CH_3-OOC-(CH_2)_8-COO-CH_3$	230,303
Dekan-1-ol	$C_{10}H_{22}O$	$CH_3-(CH_2)_8-CH_2-OH$	158,283
Dekansäure	$C_{10}H_{20}O_2$	$CH_3-(CH_2)_8-COOH$	172,267
1,2-Diaminoanthrachinon	$C_{14}H_{10}O_2N_2$		238,245
1,4-Diaminoanthrachinon	$C_{14}H_{10}O_2N_2$		238,245

F. in °C	K. in °C	n_D	ϱ in kg · m^{-3}	Lösbarkeit
70 ... 71				wl. W.; ll. Tchl.
87				unl. W.; l. E., D., Tchl.
38,9	subl.			wl. W.; ll. E., D., Es.
−99	108,3	1,41192	883	unl. W.; mb. E., D.
−122,8	46,4	1,38856	891,8	0,27 W.; mb. E., D.
−117,0	36,5	1,381 10/15°	858,8	0,31 W.; mb. E., D.
−44,5	119,7	1,42207	1162/16°	l. W.; ll. E., D., Tchl.
−136,4	44,6	1,40950	938	l. E., Bz.; mb. D.; unl. W.
254	448	1,6482/275 ... 277°		unl. W.; 0,097 E. 16°; 0,17 sd. E.; l. sd. M.; wl. k. D., Bz., Sk.
−51	194,6	1,4828	895,2	unl. W.; l. E., D.
−36	185	1,4680	869,9	unl. W.; l. E., D.
−30	173,8	1,4189/11°	730,14	unl. W.; mb. E., D.
134	295/13,3 kPa	1,422/134°	1231	0,1 W. 17°; 2 W. 100°; ll. E., D.
36 ... 38	158/1,3 kPa	1,43549/28°	988,2/28°	
7	231	1,43719	829,7	l. E.; mb. D.; unl. W.
31,5	148 ... 150/1,2 kPa	1,4170/70°	885,5/40°	swl. W.; ll. E., D.
303 ... 304				swl. E., D.; l. Aminobenzen, Pyridin
268				wl. h. W.; l. E.; ll. Bz., Pyridin, Nitrobenzen

Name	Summenformel	Strukturformel	M
1,5-Diaminoanthrachinon	$C_{14}H_{10}O_2N_2$		238,245
1,8-Diaminoanthrachinon	$C_{14}H_{10}O_2N_2$		238,245
2,6-Diaminoanthrachinon	$C_{14}H_{10}O_2N_2$		238,245
1,2-Diaminobenzen	$C_6H_8N_2$		108,143
1,3-Diaminobenzen	$C_6H_8N_2$		108,143
1,4-Diaminobenzen	$C_6H_8N_2$		108,143
4,4'-Diaminodiphenyl	$C_{12}H_{12}N_2$		184,240
1,2-Diaminoethan	$C_2H_8N_2$	$H_2N-CH_2-CH_2-NH_2$	60,099
D-2,6-Diaminohexansäure	$C_6H_{14}O_2N_2$	$H_2N-(CH_2)_4-CH-COOH$ $\quad\quad\quad\quad\quad\quad NH_2$	146,191
2,3-Diaminomethylbenzen	$C_7H_{10}N_2$		122,169
2,4-Diaminomethylbenzen	$C_7H_{10}N_2$		122,169
1,5-Diaminopentan	$C_5H_{14}N_2$	$H_2N-CH_2-(CH_2)_3-CH_2-NH_2$	102,179
2,5-Diaminopentansäure	$C_5H_{12}O_2N_2$	$H_2N-(CH_2)_3-CH-COOH$ $\quad\quad\quad\quad\quad\quad NH_2$	132,164
1,3-Diaminopropan	$C_3H_{10}N_2$	$H_2N-CH_2-CH_2-CH_2-NH_2$	74,125
Diazoaminobenzen	$C_{12}H_{11}N_3$		197,239
Diazomethan	CH_2N_2	$\overset{(-)}{CH_2}-\overset{(+)}{N}\equiv N$	42,040
Dibenzoyl	$C_{14}H_{10}O_2$		210,232
Dibenzoylperoxid	$C_{14}H_{10}O_4$		242,230
1,2-Dibrombenzen	$C_6H_4Br_2$		235,916

F. in °C	K. in °C	n_D	ϱ in kg · m^{-3}	Lösbarkeit
319	subl.			swl. W.; wl. E., D., Bz.
262				ll. E.; wl. D.; l. Es., Pyridin, Nitrobenzen; unl. W.
310 ... 320 z.	–			wl. W., E.; l. Aminobenzen, sd. E.; unl. Tchl.
103,8	252	1,5897/115 ... 118°		4,22 W. 35°; ll. E., D., Tchl.
62,8	287	1,6339/58°	1138,9/15°	35,1 W. 24°; ll. E.; l. D.
142	267	1,5795/154 ... 156°		3,85 W. 24°; l. E., D., Tchl.
127,5 ... 128	400 ... 401/98,6 kPa		1250,5	wl. k. W.; l. sd. W.; l. E.; 3,0 D.
8,5	116,5	1,45400/26,1°	902/15°	ll. W.; l. E.; 0,3 D.
224 z.	–			l. W.
63 ... 64	255			l. W., E., D.
99	280	1,5897/104 ... 105°		ll. sd. W., E., D.; l. W.
9	178 ... 180		884,6/15°	l. W., E.; wl. D.
z.	–			ll. W., E.; wl. D.
– 23,5	135/98,4 kPa		884/25°	ll. W.; mb. E., D.
98	z. expl.			swl. W.; l. h. E., D., Bz., Lg.
– 145	– 24			l. E., D.; z. W.
95	346 ... 348 z.	1,5700/96 ... 98°	1084/102°	unl. W.; ll. E., D.
104 ... 105	expl.	1,5700/81 ... 84°		swl. W.; wl. k. E.; l. D., Bz.; 2,53 Sk. 15°
6,7	221	1,6081	1956	l. E.; mb. D.; unl. W.

Name	Summenformel	Strukturformel	M
1,3-Dibrombenzen	$C_6H_4Br_2$	Br—⬡—Br	235,916
1,4-Dibrombenzen	$C_6H_4Br_2$	Br—⬡—Br	235,916
1,1-Dibromethen	$C_2H_4Br_2$	$\begin{matrix} Br \\ Br \end{matrix}\!\!>CH—CH_3$	187,872
1,2-Dibromethan	$C_2H_4Br_2$	$Br—CH_2—CH_2—Br$	187,872
cis-1,2-Dibromethen	$C_2H_2Br_2$	$\begin{matrix} H—C—Br \\ \| \\ H—C—Br \end{matrix}$	185,855
trans-1,2-Dibromethen	$C_2H_2Br_2$	$\begin{matrix} Br—C—H \\ \| \\ H—C—Br \end{matrix}$	185,855
Dibrommethan	CH_2Br_2	$Br—CH_2—Br$	173,844
2,4-Dibromhydroxybenzen	$C_6H_4OBr_2$	OH ⬡ —Br, Br	251,915
2,6-Dibromhydroxybenzen	$C_6H_4OBr_2$	OH, Br—⬡—Br	251,915
Dibutylamin	$C_8H_{19}N$	$\begin{matrix} CH_3—(CH_2)_3 \\ CH_3—(CH_2)_3 \end{matrix}\!\!>NH$	129,245
Dibutylether	$C_8H_{18}O$	$CH_3—(CH_2)_3—O—(CH_2)_3—CH_3$	130,230
1,1-Dichlorethan	$C_2H_4Cl_2$	$\begin{matrix} Cl \\ Cl \end{matrix}\!\!>CH—CH_3$	98,960
1,2-Dichlorethan	$C_2H_4Cl_2$	$Cl—CH_2—CH_2—Cl$	98,960
Dichlorethansäure	$C_2H_2O_2Cl_2$	$\begin{matrix} Cl \\ Cl \end{matrix}\!\!>CH—COOH$	128,943
cis-1,2-Dichlorethen	$C_2H_2Cl_2$	$\begin{matrix} H—C—Cl \\ \| \\ H—C—Cl \end{matrix}$	96,944
trans-1,2-Dichlorethen	$C_2H_2Cl_2$	$\begin{matrix} Cl—C—H \\ \| \\ H—C—Cl \end{matrix}$	96,944
2,4-Dichloraminobenzen	C_6H_5NCl	Cl, H_2N—⬡—Cl	162,018
2,5-Dichloraminobenzen	$C_6H_5NCl_2$	Cl, H_2N—⬡, Cl	162,018

F. in °C	K. in °C	n_D	ϱ in kg · m^{-3}	Lösbarkeit
− 6,9	219,5	1,6087	1957/23°	l. E., D.; unl. W.
86,9	219	1,5743/99,3°	2100	13,3 E. 30°; 61,3 D.; l. Es., Lg., Sk.; unl. W.
	108 ... 110	1,5127	2089,1	unl. W.; ll. E., D.
10	131,6	1,53789	2180,4	0,432 W. 30°; mb. E., D.
− 53	112,5	1,5218/15°	1913,3/15°.	0,431 W. 30°; mb. E., D.
− 6,5	108	1,5159/15°	1892,2/15°	0,431 W. 30°; mb. E., D.
− 52,6	98,2	1,542	2495,3	1,15 W.; mb. E., D.
40	177/1,6 kPa			0,19 W. 15°; ll. E., D.; l. Sk., Bz.
56 ... 57	162/2,8 kPa			wl. k. W.; ll. E., D.
	159	1,4097	767	l. W.; unl. E., D.
− 95,2	142,4	1,4010/15°	772,5	mb. E., D.; l. W.
− 96,7	57,3	1,41655	1174	0,55 W.; ll. E., D.
− 35,5	83,7	1,44432	1257,6	0,865 W. 25°; l. E., D.
10,8	194	1,4668/22°	1563,4	l. W., E., D.
− 80,5	60,3	1,4519/15°	1291,3/15°	unl. W.; mb. D., E.
− 50	48,4	1,4490/15°	1265,1/15°	unl. W.; mb. E., D.
63	242	1,5700/86 ... 88°	1567	wl. W.; l. E., D.
50	251	1,5795/66 ... 68°		swl. W.; l. E., D., Sk., Bz.

Name	Summenformel	Strukturformel	M
2,5-Dichlorbenzaldehyd	$C_7H_4OCl_2$		175,014
1,2-Dichlorbenzen	$C_6H_4Cl_2$		147,004
1,3-Dichlorbenzen	$C_6H_4Cl_2$		147,004
1,4-Dichlorbenzen	$C_6H_4Cl_2$	$Cl-\bigcirc-Cl$	147,004
2,2'-Dichlordiethylether	$C_4H_8OCl_2$	$Cl-CH_2-CH_2$ O $Cl-CH_2-CH_2$	143,013
Dichlordifluormethan	CCl_2F_2		120,913
2,3-Dichlorhydroxybenzen	$C_6H_4OCl_2$		163,003
2,4-Dichlorhydroxybenzen	$C_6H_4OCl_2$		163,003
2,5-Dichlorhydroxybenzen	$C_6H_4OCl_2$		163,003
2,6-Dichlorhydroxybenzen	$C_6H_4OCl_2$		163,003
3,4-Dichlorhydroxybenzen	$C_6H_4OCl_2$		163,003
3,5-Dichlorhydroxybenzen	$C_6H_4OCl_2$		163,003
Dichlormethan	CH_2Cl_2	$Cl-CH_2-Cl$	84,933
2,4-Dichlormethylbenzen	$C_7H_6Cl_2$		161,030

F. in °C	K. in °C	n_D	ϱ in kg · m^{-3}	Lösbarkeit
57 ... 58	230 ... 233			
− 17,5	179,2	1,5485/20,4°	1 304,8	swl. W.; l. E., D.
− 24,4	172	1,5457/21°	1 288,1	swl. W.; l. E., D., Bz.
54	173,7	1,5210/80,3°	1 260,2/55°	0,008 W. 30°; ll. h. E., D., l. Bz., Sk., Tchl.; wl. k. E.
	177 ... 178	1,457	1 210,9	
− 155	− 28		1 486/− 30°	l. E., D.; unl. W.
57				l. E., D.
45	209 ... 210	1,5578/60°		0,45 W.; ll. E., D.
58	211/99,2 kPa	1,5554/60°		wl. W.; l. E., D., Bz.
67	218 ... 220			mb. E., D.
68	253			
68	233			l. E.
− 96,7	40,7	1,4237	1 336	2 W.; mb. E., D.
	195		1 245,97	

Name	Summenformel	Strukturformel	M
2,5-Dichlormethylbenzen	$C_7H_6Cl_2$		161,030
3,4-Dichlormethylbenzen	$C_7H_6Cl_2$		161,030
Dichlormonobrommethan	$CHCl_2Br$		163,834
1,4-Dichlornaphthalen	$C_{10}H_6Cl_2$		197,063
1,5-Dichlornaphthalen	$C_{10}H_6Cl_2$		197,063
2,3-Dichlornitrobenzen	$C_6H_3O_2NCl_2$		192,001
2,4-Dichlornitrobenzen	$C_6H_3O_2NCl_2$		192,001
2,5-Dichlornitrobenzen	$C_6H_3O_2NCl_2$		192,001
2,6-Dichlornitrobenzen	$C_6H_3O_2NCl_2$		192,001
3,4-Dichlornitrobenzen	$C_6H_3O_2NCl_2$		192,001
3,5-Dichlornitrobenzen	$C_6H_3O_2NCl_2$		192,001
1,1-Dichlorpropan	$C_3H_6Cl_2$	$Cl-CH-CH_2-CH_3$ mit Cl	112,986
1,2-Dichlorpropan	$C_3H_6Cl_2$	$Cl-CH_2-CH-CH_3$ mit Cl	112,986

F. in °C	K. in °C	n_D	ϱ in kg · m⁻³	Lösbarkeit
5	199		1 253,5	
	197 … 199			
− 56,9	90,1	1,5012/15°	2 005,5/15°	
68	147/1,6 kPa	1,6228/76°	1 300/76°	unl. W.; wl. E.; ll. Pr., D., Es.
107	subl.			unl. W.; l. E., D.
61	257 … 258		1 449,4/80°	unl. W.; ll. E., D.
33	154/2,0 kPa		1 439,0/80°	unl. W.; ll. h. E.; mb. D.
55	266		1 439,0/75°	unl. W.; wl. k. E.; ll. Bz., Tchl.
72,5	130/1,1 kPa		1 409,4/80°	unl. W.; wl. k. E.
43	255 … 256		1 451,4/80°	unl. W.; wl. k. E.
65			1 427,8/80°	unl. W.; wl. E.
	85 … 87	1,4467	1 143/10°	mb. D.
	96,8	1,4388	1 165,6	0,28 W. 25°; ll. E., D.

Name	Summenformel	Strukturformel	M
1,3-Dichlorpropan	$C_3H_6Cl_2$	$Cl-CH_2-CH_2-CH_2-Cl$	112,986
2,2-Dichlorpropan	$C_3H_6Cl_2$	$CH_3-\overset{\displaystyle Cl}{\underset{\displaystyle Cl}{C}}-CH_3$	112,986
Diethanolamin	$C_4H_{11}O_2N$	$HO-CH_2-CH_2$ $\diagdown$ NH $HO-CH_2-CH_2$ $\diagup$	105,139
Diethylamin	$C_4H_{11}N$	$CH_3-CH_2-NH-CH_2-CH_3$	73,138
N,N-Diethylaminobenzen	$C_{10}H_{15}N$	$-N\big\langle\,^{CH_2-CH_3}_{CH_2-CH_3}$	149,235
Diethyldisulfid	$C_4H_{10}S_2$	$CH_3-CH_2-S-S-CH_2-CH_3$	122,251
Diethylether	$C_4H_{10}O$	$CH_3-CH_2-O-CH_2-CH_3$	74,122
N,N'-Diethylkohlensäurediamid	$C_5H_{12}ON_2$	$N-CH_2-CH_3$ CO $N-CH_2-CH_3$	116,163
Diethylsulfon	$C_4H_{10}O_2S$	$CH_3-CH_2-SO_2-CH_2-CH_3$	122,186
Diethylthioether	$C_4H_{10}S$	$CH_3-CH_2-S-CH_2-CH_3$	90,187
Difluormethan	CH_2F_2	$H-\overset{\displaystyle F}{\underset{\displaystyle F}{C}}-H$	52,024
Difluormonochlormethan	$CHClF_2$	$Cl-\overset{\displaystyle F}{\underset{\displaystyle F}{C}}-H$	86,469
1,2-Dihydoxyanthrachinon	$C_{14}H_8O_4$	CO ... OH OH CO	240,215
1,4-Dihydroxyanthrachinon	$C_{14}H_8O_4$	CO ... OH CO OH	240,215
2,3-Dihydroxybenzaldehyd	$C_7H_6O_3$	HO $HO-$ ... $-CHO$	138,123
2,4-Dihydroxybenzaldehyd	$C_7H_6O_3$	$-CHO$ $HO-$ ... $-OH$	138,123
1,2-Dihydroxybenzen	$C_6H_6O_2$	$-OH$ $-OH$	110,112

F. in °C	K. in °C	n_D	ϱ in kg · m^{-3}	Lösbarkeit
	125	1,4362/25°	1 177,0/25°	0,273 W. 25°; ll. E., D.
− 34,6	69,7	1,4471	1 095,7/15°	l. E.
28	217 ... 218/20,0 kPa	1,4776	1 096,6	mb. W., E.; swl. D., Bz.
− 48	55,9	1,3871/19°	704,5/25°	mb. W.; l. E., D.
− 38,8	216,5	1,54105/22°	935,07	wl. W.; ll. E., Tchl. Es., D.
	151,5 ... 153/99,3 kPa	1,50633	992,7	swl. W.; mb. E., D.
− 116,4	34,6	1,3526	736,27/0°	7,5 W. 16°; mb. E., Tchl.; l. Bz.
112,5	263		1 041,5	ll. W., E., D.
73 ... 74	248		1 057/100°	15,6 W. 16°; l. E., D.; ll. Bz.
− 102,1	92	1,44233	836,4/21°	swl. W.; l. E., D.
	− 51,6			l. E.; unl. W.
− 160	− 40,86			l. W.
289 ... 290	430			0,034 W. 100°; l. E., D., Bz., Es., Sk.
200 ... 202	subl. z.			l. E., D., Bz.
108	235 z.			wl. W.; ll. E.
135	220 ... 228/2,9 kPa			ll. W., E., D.; wl. Lg., Bz.
105	240	1,5403/112 ... 114°	1 344	45,14 W.; l. D., Bz., Tchl.; ll. E.

Name	Summenformel	Strukturformel	M
1,3-Dihydroxybenzen	$C_6H_6O_2$	OH, —OH	110,112
1,4-Dihydroxybenzen	$C_6H_6O_2$	HO—⟨⟩—OH	110,112
2,3-Dihydroxybenzenkarbonsäure	$C_7H_6O_4$	—COOH, HO OH	154,122
2,4-Dihydroxybenzenkarbonsäure	$C_7H_6O_4$	HO—⟨⟩—COOH, OH	154,122
3,4-Dihydroxybenzenkarbonsäure	$C_7H_6O_4$	HO—⟨⟩—COOH, OH	154,122
D-Dihydroxybutandisäure	$C_4H_6O_6$	HOOC—CH—CH—COOH, OH OH	150,088
D-Dihydroxybutandisäurediethylester	$C_8H_{14}O_6$	CH_3—CH_2—OOC—CH—OH, HO—CH—COO—CH_2—CH_3	206,195
D-Dihydroxybutandisäuredimethylester	$C_6H_{10}O_6$	CH_3—OOC—CH—OH, HO—CH—COO—CH_3	178,141
L-Dihydroxybutandisäure	$C_4H_6O_6$	HOOC—CH—CH—COOH, OH OH	150,088
D,L-Dihydroxybutandisäure	$C_4H_6O_6$	HOOC—CH(OH)—CH(OH)—COOH	150,088
meso-Dihydroxybutandisäure	$C_4H_6O_6$	HOOC—CH—CH—COOH, OH OH	150,088
2,2'-Dihydroxydiphenyl	$C_{12}H_{10}O_2$	OH OH	186,210
4,4'-Dihydroxydiphenyl	$C_{12}H_{10}O_2$	HO—⟨⟩—⟨⟩—OH	186,210
Di-(hydroxyethyl)-ether	$C_4H_{10}O_3$	HO—CH_2—CH_2 \ O, HO—CH_2—CH_2 /	106,121
2,2-Di-(hydroxymethyl)-propan-1,3-diol	$C_5H_{12}O_4$	HO—CH_2 \ /CH_2—OH, C, HO—CH_2 / \CH_2—OH	136,147
Dihydroxypropanon	$C_3H_6O_3$	HO—CH_2—CO—CH_2—OH	90,079
1,1-Diiodethan	$C_2H_4I_2$	I \ I—CH—CH_3	281,862
1,2-Diiodethan	$C_2H_4I_2$	I—CH_2—CH_2—I	281,862
Diiodmethan	CH_2I_2	I—CH_2—I	267,836
1,2-Dimethoxybenzen	$C_8H_{10}O_2$	—O—CH_3, —O—CH_3	138,166
Dimethylamin	C_2H_7N	CH_3—NH—CH_3	45,084

F. in °C	K. in °C	n_D	ϱ in kg · m^{-3}	Lösbarkeit
110,7	280,8 177/2,0 kPa		1 271,5/15°	147 W. 12°; 229 W. 30°; 144 E. 9°; ll. D.; l. Bz.
170,3	285/97,3 kPa	1,5204/197 … 198°	1 358	6,16 W. 15°; ll. E., D.; 0,02 Bz.
204	z.			l. W., E., D.
213	266 … 277 z.			0,26 W. 17°; ll. h. W., E., D.
199	z.			1,85 W. 14° 10 W. 60°; 27,8 W. 80°; ll. E.; l. D.
170	z.	1,468 3/148 … 150°	1 759/18°	139,4 W.; 343,4 W. 100°; 25,6 E. 15°; 0,39 D. 15°; l. Pr.; unl. Bz., Tchl.
17	162/2,5 kPa	1,446 77	1 204	l. W., E.; mb. D.
90	137 … 142			ll. W., E.; l. D.
170	z.		1 759/18°	l. W., E.; wl. D.
203 … 206	z.	1,500 0/65 … 70°		20,6 W.; 184,9 W. 100°; 2,08 E. 15°; 1,08 D. 15°
140	z. 250		1 666	125 W. 15°; l. E.; wl. D.
109	326	1,589 7/124 … 125°	1 342	wl. W.; l. E., D., sd. W., Bz., Es.
162 … 163	342			wl. sd. W.; l. E., D.
− 10,45	245		1 132/0°	ll. W., E., Es., Pr.; unl. D., Bz., M., Sk.
260,5	z.			5,56 W. 18°
80				ll. k. W.; wl. k. E., k. D., Pr.; l. sd. W., sd E., sd. D.; unl. Lg.
	177 … 179		2 840/0°	unl. W.; ll. E., D.
81 … 82	z.		2 132/10°	wl. W.; l. E., D.
4	181 z.	1,744 28/15°	3 325,4	1,42 W.; l. D.; mb. E.
22,5	207		1 081,1/21°	l. E., D.; wl. W.
− 96	7		686,5/− 6°	ll. W.

Name	Summenformel	Strukturformel	M
N,N-Dimethylaminobenzen	$C_8H_{11}N$		121,181
1,2-Dimethylbenzen	C_8H_{10}		106,167
1,3-Dimethylbenzen	C_8H_{10}		106,167
1,4-Dimethylbenzen	C_8H_{10}		106,167
3,3-Dimethylbutan-2-on	$C_6H_{12}O$		100,160
2,3-Dimethylhydroxybenzen	$C_8H_{10}O$		122,166
2,4-Dimethylhydroxybenzen	$C_8H_{10}O$		122,166
2,5-Dimethylhydroxybenzen	$C_8H_{10}O$		122,166
2,6-Dimethylhydroxybenzen	$C_8H_{10}O$		122,166
3,4-Dimethylhydroxybenzen	$C_8H_{10}O$		122,166
3,5-Dimethylhydroxybenzen	$C_8H_{10}O$		122,166
N,N'-Dimethylkohlensäurediamid	$C_3H_8ON_2$		88,109
N,N-Dimethylmethanamid	C_3H_7ON		73,094
1,2-Dimethylnaphthalen	$C_{12}H_{12}$		156,227

F. in °C	K. in °C	n_D	ϱ in kg · m⁻³	Lösbarkeit
2,5	193,1	1,5582	955,7	swl. W.; l. Bz., E., D.
− 27,9	143,6	1,5041	874,5	swl. W.; ll. E., D.
− 53,3	139	1,4978	864,1	swl. W.; ll. E., D.
13,3	138,4	1,4968	861,1	swl. W.; ll. E., D.
− 52,5	106,5		799,9/16°	2,44 W. 15°; l. E., D.; ll. Pr.
75	218			wl. W.; l. E.
26	211,5	1,5420/14°	1036	swl. W.; mb. E., D.
75	211,5	1,5101/78 ... 80°	1169/15°	wl. W.; l. E.; ll. D.
49	203			l. sd. W., E.
62,5	225	1,5203/71 ... 72°	1022,1/17°	l. W., E.; mb. D.
65	219,5	1,5101/79 ... 80°		wl. W.; l. E.
99,5 ... 100	268 ... 270 z.	1,4339/118 ... 119°	1142	l. W.; wl. k. E.; swl. D.
− 55	153	1,42938/22,4°	950	
	139/2,0 kPa	1,6146/19°	1019	unl. W.

Name	Summenformel	Strukturformel	M
1,4-Dimethylnaphthalen	$C_{12}H_{12}$		156,227
1,6-Dimethylnaphthalen	$C_{12}H_{12}$		156,227
2,3-Dimethylnaphthalen	$C_{12}H_{12}$		156,227
2,6-Dimethylnaphthalen	$C_{12}H_{12}$		156,227
2,7-Dimethylnaphthalen	$C_{12}H_{12}$		156,227
2,2-Dimethylpropan	C_5H_{12}		72,150
2,4-Dimethylpyridin	C_7H_9N		107,155
2,6-Dimethylpyridin	C_7H_9N		107,155
Dimethylthioether	C_2H_6S	$H_3C—S—CH_3$	62,133
2,4-Dinitroaminobenzen	$C_6H_5O_4N_3$		183,123
2,6-Dinitroaminobenzen	$C_6H_5O_4N_3$		183,123
4,6-Dinitro-2-aminohydroxybenzen	$C_6H_5O_5N_3$		199,123
1,5-Dinitroanthrachinon	$C_{14}H_6O_6N_2$		298,211

F. in °C	K. in °C	n_D	ϱ in kg $\cdot$ m^{-3}	Lösbarkeit
− 20	265	1,615 67/16°	1 016	unl. W.; ll. E.; mb. D.
	262 ... 263	1,608 9/16,3°	1 004,9/16,3°	unl. W.
104	265 ... 266	1,570 0/107°	1 008	unl. W.; wl. E.; l. D.
110 ... 111	261 ... 262	1,561 1/106°	1 142/0°	unl. W.; wl. E.
96 ... 97	262	1,561 1/106°		unl. W.; wl. k. E.; ll. Bz.
− 20	9,5	1,382 33	613/0°	l. D., E.; unl. W.
	157	1,498 4/25°	949,3/0°	ll. k. W., E., D.; unl. sd. W.
	143,0	1,495 3/25°	942,0/0°	mb. W. unter 45°; ll. E., D.
− 83,2	38		846	l. D., E.; unl. W.
176		1,659 3/177°	1 615/14°	unl. k. W.; swl. sd. W.; 0,76 E. 21°
137		1,659 8/176°		unl. W.; 0,52 E. 21°; l. h. Bz., D.
169,9		1,623 1/165 ... 170°		0,14 W. 22°; l. E., Bz., Es.; swl. D.
422	subl.			unl. W., E., D.; ll. sd. Nitrobenzen

Name	Summenformel	Strukturformel	M
2,7-Dinitroanthrachinon	$C_{14}H_6O_6N_2$		298,211
1,2-Dinitrobenzen	$C_6H_4O_4N_2$		168,109
1,3-Dinitrobenzen	$C_6H_4O_4N_2$		168,109
1,4-Dinitrobenzen	$C_6H_4O_4N_2$		168,109
2,3-Dinitrohydroxybenzen	$C_6H_4O_5N_2$		184,108
2,4-Dinitrohydroxybenzen	$C_6H_4O_5N_2$		184,108
2,5-Dinitrohydroxybenzen	$C_6H_4O_5N_2$		184,108
2,6-Dinitrohydroxybenzen	$C_6H_4O_5N_2$		184,108
3,4-Dinitrohydroxybenzen	$C_6H_4O_5N_2$		184,108
3,5-Dinitrohydroxybenzen	$C_6H_4O_5N_2$		184,108
1,3-Dinitronaphthalen	$C_{10}H_6O_4N_2$		218,168
1,5-Dinitronaphthalen	$C_{10}H_6O_4N_2$		218,168
1,8-Dinitronaphthalen	$C_{10}H_6O_4N_2$		218,168

F. in °C	K. in °C	n_D	ϱ in kg · m^{-3}	Lösbarkeit
280	subl.			wl. E., D.; l. sd. Es.
118	319/103,0 kPa	1,5204/125 ... 128°	1 565/17°	0,01 k. W.; 0,38 sd. W.; 3,8 E. 25°; 33 sd. E.; 27,1 Tchl. 18°; 5,66 Bz. 18°
89,8	297	1,5502/94 ... 95°	1 575/18°	0,065 W. 30°; 0,32 sd. W.; 3,5 E.; 32,4 Tchl. 18°; 39,4 Bz. 18°
172	299/103,6 kPa	1,5101/186 ... 188°	1 625/18°	0,008 k. W.; 0,18 sd. W.; 0,4 E.; 1,82 Tchl. 18°; 2,56 Bz. 18°
144			1 681	wl. k. W.; ll. h. E., D.
114		1,5795/125 ... 127°	1 683/24°	0,50 W. 18°; 4,76 sd. W.; 3,95 E.; 3,07 D. 15°
105 ... 105,5		1,5700/119 ... 120°		wl. W., k. E.; ll. h. E., D.
64	subl.	1,5897/82 ... 83°	1 645	wl. k. W.; ll. sd. E., D., sd. W.; l. Bz., Tchl.
134			1 672	ll. E., D.
122			1 702	ll. E., D.; l. Bz., Tchl., swl. Pe.
144	subl.			unl. W.; l. E.
217,5	subl.			unl. W.; wl. E., k. Bz.; l. Es., sd. Pyridin
172		1,5897/191 ... 192°		unl. W.; 0,189 E. (80 %) 19°; 0,72 Bz. 19°; wl. Tchl.

Name	Summenformel	Strukturformel	M
1,6-Dinitronaphth-2-ol	$C_{10}H_6O_5N_2$		234,168
2,4-Dinitronaphth-1-ol	$C_{10}H_6O_5N_2$		234,168
1,3-Dioxan	$C_4H_8O_2$		88,106
1,4-Dioxan	$C_4H_8O_2$		88,106
Diphenyl	$C_{12}H_{10}$		154,211
Diphenylamin	$C_{12}H_{11}N$		169,226
Diphenyl-2,2'-dikarbonsäure	$C_{14}H_{10}O_4$		242,231
Diphenyldisulfid	$C_{12}H_{10}S_2$		218,339
Diphenylenoxid	$C_{12}H_8O$		168,195
Diphenylether	$C_{12}H_{10}O$		170,210
Diphenylethin	$C_{14}H_{10}$		178,233
1,2-Diphenylhydrazin	$C_{12}H_{12}N_2$		184,240
Diphenylmethan	$C_{13}H_{12}$		168,238
Diphenylmethanol	$C_{13}H_{12}O$		184,237
Diphenylsulfon	$C_{12}H_{10}O_2S$		218,27
Diphenylthioether	$C_{12}H_{10}S$		186,27
Dipropylamin	$C_6H_{15}N$		101,191
Dipropylether	$C_6H_{14}O$		102,176
Dizyandiamid	$C_2H_4N_4$		84,080
Dodekan	$C_{12}H_{26}$	$CH_3-(CH_2)_{10}-CH_3$	170,336

F. in °C	K. in °C	n_D	ϱ in kg · m^{-3}	Lösbarkeit
195 z.	–			swl. sd. W.; l. E., D., Tchl.
138		1,6598/138 ... 142°		unl. k. W.; wl. E., D., sd. W., Bz.; l. Es.
– 42	106	1,41652	1 034,2	mb. A., D.; l. W.
11,3	101,4	1,4232	1 032,9	mb. W , E., D.
70,5	256,1	1,5882/77°	989,6/77°	unl. W.; 9,98 E.; l. D., Bz., Tchl.
53	302	1,6231/63 ... 64°	1 159	0,03 W. 25°; 56 E.; ll. D., Es.; l. Lg., Bz.
228 ... 229	subl.	1,5502/217 ... 219°		wl. W.; l. E., D.
61	191 ... 192/2,0 kPa			unl. W.; l. E., D., Sk., Bz.
82,8	287	1,6079/99,3°	1 088,6/99,3°	wl. k. W.; 9,1 E. (90 %) 21°; ll. D.; l. Bz.
29	259	1,5809	1 072,8	unl. W.; ll. E.; mb. D.
60	170/2,5 kPa	1,6231/72°	966/99,8°	unl. W.; ll. h. E., D.; l. Bz.
126 ... 127	z.	1,6011/104 ... 105°	1 158/16°	swl. W.; 5,3 E. 16°; l. D.
27	264,7	1,56957/16°	1 005,92	unl. W.; l. E., D., Tchl.
69	298,5			0,05 W.; ll. E., D.; l. Lg., Tchl. Es., Tetrachlormethan
128 ... 129	379	1,5611/119 ... 121°	1 252	unl. k. W.; wl. sd. W., k. E.; l. h. E., D. Bz.
– 21,5	296	1,635/18,5°	1 117,5/15°	unl. W.; ll. h. E.; mb. D., Sk.; l. Bz.
– 63	109,2	1,40455/19,5°	738,4	l. W., E.; mb. D.
– 122	90,6	1,38318/14,5°	736,0	0,30 W.; mb. E., D.
209	z.	1,5502/194 ... 196°	1 404/14°	2,26 W. 13°; 1,26 E. 13°; 0,01 D. 13°; ll. h. W.; unl. Bz.
– 12	214,5	1,4216	751,1	unl. W.; mb. E., D.

Name	Summenformel	Strukturformel	M
Dodekan-1-ol	$C_{12}H_{26}O$	$CH_3-(CH_2)_{10}-CH_2-OH$	186,335
Dodekansäure	$C_{12}H_{24}O_2$	$CH_3-(CH_2)_{10}-COOH$	200,320
Eikosan	$C_{20}H_{42}$	$CH_3-(CH_2)_{18}-CH_3$	282,552
Epoxychlorpropan	C_3H_5OCl	$H_2C-CH-CH_2-Cl$ $\diagdown O \diagup$	92,525
Epoxyethan	C_2H_4O	$H_2C\!-\!\!-\!\!-\!CH_2$ $\diagdown O \diagup$	44,053
Ethan	C_2H_6	CH_3-CH_3	30,069
Ethanal	C_2H_4O	CH_3-CHO	44,053
Ethanalol	$C_2H_4O_2$	$HO-CH_2-CHO$	60,052
Ethanalsäure	$C_2H_2O_3$	$OHC-COOH$	74,036
Ethanamid	C_2H_5ON	$CH_3-CO-NH_2$	59,068
Ethandial	$C_2H_2O_2$	$OHC-CHO$	58,037
Ethandiamid	$C_2H_4O_2N_2$	$H_2N-CO-CO-NH_2$	88,066
Ethandiol	$C_2H_6O_2$	$HO-CH_2-CH_2-OH$	62,068
Ethandioylchlorid	$C_2O_2Cl_2$	$Cl-CO-CO-Cl$	126,927
Ethandisäure	$C_2H_2O_4$	$HOOC-COOH$	90,035
Ethandisäurediethylester	$C_6H_{10}O_4$	$COO-CH_2-CH_3$ $\mid$ $COO-CH_2-CH_3$	146,143
Ethandisäuredimethylester	$C_4H_6O_4$	$COO-CH_3$ $\mid$ $COO-CH_3$	118,089
Ethandisäuredinitril	C_2N_2	$N\equiv C-C\equiv N$	52,035
Ethanol	C_2H_6O	CH_3-CH_2-OH	46,069
Ethanolamin	C_2H_7ON	$H_2N-CH_2-CH_3-OH$	61,083
Ethanoylbromid	C_2H_3OBr	$CH_3-CO-Br$	122,954
Ethanoylchlorid	C_2H_3OCl	$CH_3-CO-Cl$	78,498
N-Ethanoylaminobenzen	C_8H_9ON	⬡$-NH-CO-CH_3$	135,165
Ethanoylbenzen	C_8H_8O	CH_3-CO-⬡	120,151
O-Ethanoyl-2-hydroxybenzenkarbonsäure	$C_9H_8O_4$	⬡$-COOH$ $\diagdown O-CO-CH_3$	180,160
Ethanpersäure	$C_2H_4O_3$	$CH_3-CO-O-OH$	76,052
Ethansäure	$C_2H_4O_2$	CH_3-COOH	60,052
Ethansäureanhydrid	$C_4H_6O_3$	CH_3-CO $\diagdown O$ $CH_3-CO\diagup$	102,090
Ethansäurebenzylester	$C_9H_{10}O_2$	$CH_3-COO-CH_2-$⬡	150,177
Ethansäurebutylester	$C_6H_{12}O_2$	$CH_3-COO-(CH_2)_3-CH_3$	116,160
Ethansäureethylester	$C_4H_8O_2$	$CH_3-COO-CH_2-CH_3$	88,106
Ethansäure-(3-methylbutyl)-ester	$C_7H_{14}O_2$	$CH_3-COO-(CH_2)_2-CH\diagup^{CH_3}_{\diagdown CH_3}$	130,186

F. in °C	K. in °C	n_D	ϱ in kg · m⁻³	Lösbarkeit
24	255 ... 259	1,436 5/42°	830,9/24°	swl. W.; l. E., D.
44	225/13,3 kPa	1,426 4/60°	864/60°	unl. W.; ll. E., D.; l. Bz.
38	205/2,0 kPa	1,434/42,9°	777,9/37°	unl. W.; l. E.; mb. D.
− 48	117	1,441 9/11,6°	1 180,1	swl. W.; mb. E., D.
− 111,3	10,7	1,359 7	887,0/6°	mb. W., E., D.
− 172	− 88,5		1,356 2	swl. W.; l. E.
− 123	20,2	1,331 57	788,3/13°	mb. W., E., D.
96 ... 97			1 366/100°	ll. W., h. E.; wl. D.
z.	−			ll. W.; l. E.
82	221	1,427 4/78,3°	1 159	220 W.; 850 W. 60°; 65 E.; 370 E. 60°
15	51/103,4 kPa	1,382 8	1 140	ll. W.; l. E., D.
419 z.	−		1 667	0,037 W. 7°; 0,6 sd. W.; swl. E., D.
− 11,2	197,4 100/2,1 kPa	1,430 2	1 113,1	mb. W., E.; 11,0 D.
− 12	63,5	1,433 95/12,9°	1 488/13°	l. D.
189,5	subl.		1 901/25°	9,5 W.; 120 W. 90°; 23,7 E. 15°; 23,6 D. unl. Bz., Tchl.
− 40,6	185	1,401	1 078,5	wl. W.; mb. E., D.
54	163	1,391 5/57°	1 147,9/54°	l. E.; wl. W.
− 27,9	− 21,2		2,335	350 ml W. 30°; 2 600 ml E.; 500 ml D.
− 114,2	78,37	1,362 32	789,3	mb. W., D.
10,5	171	1,453 9	1 022	mb. W., E.; l. E.; wl. Bz.
− 96,5	76,7	1,453 70/15,8°	1 663/15°	l. Bz.; wl. D.
− 112	50,9	1,389 76	1 105,1	l. Bz.
114	305	1,520 4/136 ... 137°	1 211/4°	0,54 W. 25°; 3,5 W. 80°; 21,3 E.
19,7	202,3	1,534 27/19,1°	1 023,8/25°	unl. W.; l. E., D., Bz., Tchl.
136 ... 137	140 z.	1,505		0,25 W. 15°; 5 D. 18°; swl. Bz.
0,1	expl. 110			l. W., E., D.
16,6	118,1	1,371 82	1 049,2	mb. W., E., D.
− 73	139,4	1,388 5/25°	1 082	mb. E., D.; l, Bz., Tchl.; z. h. W.
− 51,5	214,9	1,523 2	1 057/16°	swl. W.; mb. E., D.
− 76,8	126,5	1,391 4/25°	882,4/18°	mb. E., D.; swl. W.
− 83	77,1	1,372 57	899,7	8,53 W.; mb. E., D., Tchl.
	142	1,401 4	867,0	0,25 W. 15°; mb. E., D.

Name	Summenformel	Strukturformel	M
Ethansäuremethylester	$C_3H_6O_2$	$CH_3-COO-CH_3$	74,079
Ethansäure-(2-methylpropyl)-ester	$C_6H_{12}O_2$	$CH_3-COO-CH_2-CH\big\langle{}^{CH_3}_{CH_3}$	116,160
Ethansäurenitril	C_2H_3N	CH_3-CN	41,052
Ethansäurepentylester	$C_7H_{14}O_2$	$CH_3-COO-(CH_2)_4-CH_3$	130,186
Ethansäurepropylester	$C_5H_{10}O_2$	$CH_3-COO-CH_2-CH_2-CH_3$	102,133
Ethanthiol	C_2H_6S	CH_3-CH_2-SH	62,133
Ethen	C_2H_4	$CH_2=CH_2$	28,054
Ethin	C_2H_2	$CH\equiv CH$	26,038
Ethoxybenzen	$C_8H_{10}O$	⬡$-O-CH_2-CH_3$	122,166
Ethoxyethanol	$C_4H_{10}O_2$	$CH_3-CH_2-O-CH_2-CH_2-OH$	90,122
Ethoxyethansäure	$C_4H_8O_3$	$CH_3-CH_2-O-CH_2-COOH$	104,105
Ethylamin	C_2H_7N	$CH_3-CH_2-NH_2$	45,084
N-Ethylaminobenzen	$C_8H_{11}N$	⬡$-NH-CH_2-CH_3$	121,182
Ethylbenzen	C_8H_{10}	CH_3-CH_2-⬡	106,167
Ethylbenzylether	$C_9H_{12}O$	$CH_3-CH_2-O-CH_2-$⬡	136,193
N-Ethylkohlensäurediamid	$C_3H_8ON_2$	$CH_3-CH_2-NH-CO-NH_2$	88,109
2-Ethylpropandisäure	$C_5H_8O_4$	$CH_3-CH_2-CH\big\langle{}^{COOH}_{COOH}$	132,116
Ethylpropylether	$C_5H_{12}O$	$CH_3-CH_2-O-CH_2-CH_2-CH_3$	88,149
Flavon	$C_{15}H_{10}O_2$		222,243
Fluorbenzen	C_6H_5F	⬡$-F$	96,104
Fluoren	$C_{13}H_{10}$		166,222
2-Fluorethanol	C_2H_5OF	$F-CH_2-CH_2-OH$	64,059
Fluorethansäure	$C_2H_3O_2F$	$F-CH_2-COOH$	78,043
Fluormethan	CH_3F	CH_3-F	34,033
D-Fruktose	$C_6H_{12}O_6$		180,157
Furan	C_4H_4O		68,075

F. in °C	K. in °C	n_D	ϱ in kg · m^{-3}	Lösbarkeit
− 98,1	56,9	1,359 35	924,4	mb. E., D., l. W.
− 98,9	118	1,390 7	871,1	0,67 W.; mb. E., D.
− 44,9	81,6	1,345 96/16,5°	783	mb. W.
− 70,8	149,3	1,403 1	875,6	mb. E., D.
− 92,5	101,6	1,384 38	890,8/18°	1,47 W. 16°; mb. E., D.
− 144	35	1,430 55	845,4/26°	wl. W.; l. E., D.
− 169,5	− 103,9	1,363/ − 100°	1,260 4	wl. E.
− 81,8	− 83,8		1,174 7	100 ml W. 18°; 600 ml E. 18°; 2 500 ml Pr. 15°
− 30,2	170,1	1,508 5	966,6	unl. W.; l. E.; mb. D.
	135,1	1,929 7	1 407,97	mb. W., E., D.
66 … 68	206 z.	1,419 4	1 102	ll. W., E., D.
− 80,6	16,6		688/15°	mb. W., E., D.
− 63,5	206	1,555 93	963,1	l. E., D.; wl. W.
− 93,9	136,2	1,498 57/15°	866,9	swl. W.; mb. E., D.
	185	1,495 5	949	unl. W.; mb. E., D.
92	z.		1 213/18°	ll. W., E.; unl. D.
111,5	z. 160			l. W., E., D., Bz. Tchl.
< − 79	63,85	1,369 48	733	2,07 W.; mb. E., D.
99				unl. W.; ll. E., D.; l. Lg.
− 41,2	85	1,466 7	1 022,5	0,154 W. 30°; mb. E., D.
115	293 … 295	1,589 8/133°	1 203/0°	unl. W.; wl. k. E.; ll. D.; l. Bz., Sk.
− 26,5	103,4	1,364 70/18,4°	1 111,24/18,3°	mb. W., E., D.
33	165			l. W., E.
− 141,8	− 78,4			ll. D., E.
102 … 104	z.	1,510 1/108 … 110	1669/18°	355 W.; 8,5 E. 18°; l. D.
	32	1,421 7/19,3	938,8/19,7°	unl. W.; ll. E., D.; l. Bz.

Name	Summenformel	Strukturformel	M
Furan-2-karbonsäure	$C_5H_4O_3$	HC——CH, HC C—COOH, O	112,085
Furfural	$C_5H_4O_2$	HC——CH, HC C—CHO, O	96,086
Furfuralkohol	$C_5H_6O_2$	HC——CH, HC C—CH$_2$—OH, O	98,101
D-Galaktose	$C_6H_{12}O_6$	HO—CH$_2$—C—C—C—C—CHO (H OH OH H / OH H H OH)	180,157
D-Glukonsäure	$C_6H_{12}O_7$	HO—CH$_2$—(CHOH)$_4$—COOH	196,157
Glukose	$C_6H_{12}O_6$	HO—CH$_2$—C—C—C—C—CHO (H H OH H / OH OH H OH)	180,157
Guanidin	CH_5N_3	H$_2$N—C—NH$_2$, NH	59,071
Heptadekan	$C_{17}H_{36}$	CH$_3$—(CH$_2$)$_{15}$—CH$_3$	240,471
Heptan	C_7H_{16}	CH$_3$—(CH$_2$)$_5$—CH$_3$	100,203
Heptanal	$C_7H_{14}O$	CH$_3$—(CH$_2$)$_5$—CHO	114,187
Heptan-1-ol	$C_7H_{16}O$	CH$_3$—(CH$_2$)$_5$—CH—OH	116,202
Heptan-4-on	$C_7H_{14}O$	CH$_3$—CH$_2$—CH$_2$ CO / CH$_3$—CH$_2$—CH$_2$	114,187
Heptansäure	$C_7H_{14}O_2$	CH$_3$—(CH$_2$)$_5$—COOH	130,186
Hexabrombenzen	C_6Br_6	Br—C$_6$(Br)$_4$—Br	551,520
Hexabromethan	C_2Br_6	Br$_3$C—CBr$_3$	503,446
Hexachlorbenzen	C_6Cl_6	Cl—C$_6$(Cl)$_4$—Cl	284,784
Hexachlorethan	C_2Cl_6	Cl$_3$C—CCl$_3$	236,740
gamma-Hexachlorzyklohexan	$C_6H_6Cl_6$	Cl H / H Cl / Cl H / H Cl / Cl H / H Cl	290,831

F. in °C	K. in °C	n_D	ϱ in kg · m^{-3}	Lösbarkeit
132 ... 133	subl. Va.			2,7 W. 0°; 3,85 W. 15°; 26 sd. W.; I. E.; II. D.
− 36,5	161,6	1,52608	1 159,8	8,3 W.; II. E., D.
	170 ... 171	1,4852	1 135,7	mb. W., D., E.; I. Bz.
165,5	z.			10,3 W. 0°; 68 W. 25°
130 ... 132	z.			I. W.; unl. E., D.
146	z. 200	1,5101/142 ... 145°	1 544/25°	54,32 W. 0,5°; 120,5 W. 30°; 243,8 W. 50°; I. E.; unl. D.
50	z.			ll. W., E.
22,5	303	1,43581/23,7°	776,6/23°	unl. W.; I. E., D.
− 90	98,4	1,3877	683,8	0,005 W. 15°; ll. E.; mb. D., Tchl.
− 43,7	155	1,4077/25°	821,9/15°	wl. W.; I. E.; mb. D.
− 34,6	176	1,42045/16°	818,5	swl. W.; mb. E., D.
− 34	144,2	1,40732/22°	817,5	swl. W.; mb. E., D.
− 10	222	1,42146	921,6/14°	0,24 W. 15°; I. E., sd. Pr.; unl. D.
316	subl.			unl. W., E., D.; I. Bz.
148 ... 149 z.	−		3 823	unl. W.; wl. sd. E., D.; ll. Sk.
227,6	326	1,5299/250 ... 255°	2 044/23°	unl. W. k. E.; swl. sd. E.; ll. sd. D., sd. Bz.
187	185,5/103,4 kPa		2 091	unl. W.; ll. E., D.
112,2	20/4,0 kPa	1,5101/171°	1 850	unl. W.; I. D., Pr., E., Tchl., Es., 1,4-Dioxan

Name	Summenformel	Strukturformel	M
Hexadekan	$C_{16}H_{34}$	$CH_3—(CH_2)_{14}—CH_3$	226,445
Hexadekan-1-ol	$C_{16}H_{34}O$	$CH_3—(CH_2)_{14}—CH_2—OH$	242,443
Hexadekansäure	$C_{16}H_{32}O_2$	$CH_3—(CH_2)_{14}—COOH$	256,427
Hexadek-1-en	$C_{16}H_{32}$	$CH_3—(CH_2)_{13}—CH=CH_2$	224,429
Hexa-2,4-diendisäure	$C_6H_6O_4$	$HOOC—CH=CH—CH=CH—COOH$	142,111
Hexa-2,4-diensäure	$C_6H_8O_2$	$CH_3—CH=CH—CH=CH—COOH$	112,128
Hexahydroxyzyklohexan	$C_6H_{12}O_6$		180,157
Hexamethylentetramin	$C_6H_{12}N_4$		140,188
Hexan	C_6H_{14}	$CH_3—(CH_2)_4—CH_3$	86,177
Hexanal	$C_6H_{12}O$	$CH_3(CH_2)_4—CHO$	100,160
Hexan-2,5-dion	$C_6H_{10}O_2$	$CH_3—CO—CH_2—CH_2—CO—CH_3$	114,144
Hexandisäure	$C_6H_{10}O_4$	$HOOC—(CH_3)_4—COOH$	146,143
Hexandisäuredimethylester	$C_8H_{14}O_4$	$CH_3—OOC—(CH_2)_4—COO—CH_3$	174,196
D-Hexanhexol	$C_6H_{14}O_6$		182,173
Hexan-1-ol	$C_6H_{14}O$	$CH_3—(CH_2)_4—CH_2—OH$	102,176
Hexan-2-on	$C_6H_{12}O$	$CH_3—CO—CH_2—CH_2—CH_2—CH_3$	100,160
Hexan-3-on	$C_6H_{12}O$	$CH_3—CH_2—CO—CH_2—CH_2—CH_3$	100,160
Hexansäure	$C_6H_{12}O_2$	$CH_3—(CH_2)_4—COOH$	116,160
Hexansäurenitril	$C_6H_{11}N$	$CH_3—(CH_2)_4—CN$	97,160
Hex-1-en	C_6H_{12}	$CH_3(CH_2)_3—CH=CH_2$	84,161
Hex-1-in	C_6H_{10}	$CH_3—(CH_2)_3—C\equiv CH$	82,145
Hex-2-in	C_6H_{10}	$CH_3—(CH_2)_2—C\equiv C—CH_3$	82,145
Hex-3-in	C_6H_{10}	$CH_3—CH_2—C\equiv C—CH_2—CH_3$	82,145
Hydantoin	$C_3H_4O_2N_2$		100,077
Hydrinden	C_9H_{10}		118,178
Hydrind-1-on	C_9H_8O		132,162
Hydrind-2-on	C_9H_8O		132,162

F. in °C	K. in °C	n_D	ϱ in kg · m⁻³	Lösbarkeit
17,8	156/1,9 kPa	1,4368	775,1	unl. W.; mb. E., D.; ll. Bz.
50 ... 51	189,5/2,0 kPa	1,4391/51°	809,7/64°	unl. W.; l. E., D., Bz.
62,65	219/2,7 kPa	1,4303/70°	853/62°	unl. W.; 9,3 E. 19°; l. D.
4	155/2,0 kPa	1,442/19°	780,7	l. D.
298 z.	–			0,02 k. W.; l. k. E.; l. sd. Es.; swl. D.
134,5	228 z.			ll. E., D.; wl. k. W.; l. h. W.
225	319/2,0 kPa		1752/15°	16,3 W. 19°; unl. E., D.
263 z.	subl. Va.			81,3 W. 12°; 3,2 E. 12°; unl. D.; 8,1 Tchl. 12°
−94,3	68,6	1,3754	659,5	0,01 W. 15°; l. E., D., Tchl.
	128	1,42785	837,0/15°	ll. E., D.; unl. W.
−9	194/100,5 kPa	1,449	970	mb. W., E., D.
151	265/13,3 kPa		1360/25°	1,44 W. 15°; ll. E.; 0,87 D. 19°
8,5	112/1,3 kPa	1,42864	1062,6	
166,1	290/0,4 kPa	1,4936/156 ... 157°	1489	15,6 W. 18°; 0,07 E. 14°; unl. D.
−51,6	155,8	1,41790	820,4	wl. W.; l. E.; mb. D.
−56,9	127,2		830/0°	swl. W.; mb. E., D.
	124	1,39889/22°	813,0/22°	swl. W., mb. E., D.
−3,9	205	1,4149/25°	929,4	unl. W.; l. E., D.
−79,4	163,9	1,40529/25°	809	unl. W.; ll. E., D.
−98,5	63,5	1,3870	673,2	l. E., D.; unl. W.
−150	71,5	1,402/19°	719,3/15°	l. E., D.; unl. W.
−92	83,7	1,414/21°	735,2/15°	l. E., D.; unl. W.
−51	79 ... 80	1,422	724	l. E., D.; unl. W.
220				40 h. W.; 1,6 sd. E.; unl. D.
	177	1,53703/21,4°	965,2	unl. W.; mb. E., D.
42	243 ... 245	1,56084/44,75°	1099/42°	wl. W.; ll. E.; l. D.
61	220 ... 225 z.	1,5377/66°	1071/67°	unl. W.; ll. E., D.

Name	Summenformel	Strukturformel	M
2-Hydroxy-4-aminobenzenkarbonsäure	$C_7H_7O_3N$	$H_2N-\langle\bigcirc\rangle-COOH$, OH	153,137
1-Hydroxyanthrazen	$C_{14}H_{10}O$		194,232
2-Hydroxyanthrazen	$C_{14}H_{10}O$		194,232
2-Hydroxybenzaldehyd	$C_7H_6O_2$	$\langle\bigcirc\rangle-CHO$, $-OH$	122,123
3-Hydroxybenzaldehyd	$C_7H_6O_2$	CHO, $-OH$	122,123
4-Hydroxybenzaldehyd	$C_7H_6O_2$	$HO-\langle\bigcirc\rangle-CHO$	122,123
2-Hydroxybenzamid	$C_7H_7O_2N$	$\langle\bigcirc\rangle-CO-NH_2$, $-OH$	137,138
Hydroxybenzen	C_6H_6O	$\langle\bigcirc\rangle-OH$	94,113
2-Hydroxybenzenkarbonsäure	$C_7H_6O_3$	$\langle\bigcirc\rangle-COOH$, $-OH$	138,123
2-Hydroxybenzenkarbonsäuremethyl-ester	$C_8H_8O_3$	$\langle\bigcirc\rangle-OOC-CH_3$, $-OH$	152,149
2-Hydroxybenzenkarbonsäurephenyl-ester	$C_{13}H_{10}O_3$	$\langle\bigcirc\rangle-COO-\langle\bigcirc\rangle$, $-OH$	214,220
Hydroxybenzen-2-sulfonsäure	$C_6H_6O_4S$	$\langle\bigcirc\rangle-OH$, $-SO_3H$	174,17
Hydroxybutandisäure	$C_4H_6O_5$	$HOOC-CH_2-CH-COOH$, OH	134,088
D,L-2-Hydroxybutansäure	$C_4H_8O_3$	$CH_3-CH_2-CH-COOH$, OH	104,105
L-3-Hydroxybutansäure	$C_4H_8O_3$	$HC_3-CH-CH_2-COOH$, OH	104,105
4-Hydroxybutansäure	$C_4H_8O_3$	$HO-CH_2-CH_2-CH_2-COOH$	104,105
2-Hydroxychinolin	C_9H_7ON		145,160
6-Hydroxychinolin	C_9H_7ON	$HO-$	145,160

F. in °C	K. in °C	n_D	ϱ in kg · m^{-3}	Lösbarkeit
220 z.	−			ll. W., E.; wl. D.
150 … 153	z.			unl. W.; ll. E., D.
254 … 258 z.	−			unl. W.; ll. E., D.; l. Pr.
1,6	196,5	1,573 58/19,7^c	1 166,9	1,7 W. 86°; mb. E., D.; 75,7 Bz. 12°
106	240	1,5502/124 … 125°		2,8 W. 43°; ll. E., D.; 67 Bz. 61°
116	subl.	1,579 5/119 … 121°	1 129/130°	1,3 W. 30^c; ll. E., D.; 3,8 Bz. 65°
140	181,5/1,9 kPa	1,5502/151 … 152°	1 174,9/140°	wl. k. W.; l. E., D.
41	181,4	1,5409/40°	1 054,5/45°	8,2 W. 15°; mb. W. 65,3°, E., D.; l. Sk., Tchl.
155 … 156	subl. 76/Va. z. 200	1,5204/155 … 157°	1 443	0,18 W.; 1,32 W. 70°; 49,6 E. 15°; 50,5 D. 15°; ll. Tchl
− 8,6	101/1,6 kPa	1,538/18^c	1 184,3	0,074 W. 30°; mb. E., D.; l. Es., Sk.
a) 42 b) 38,8 c) 28,5	172 … 173/1,6 kPa	1,561 1/80 … 81°	1 155,3/50°	0,015 W. 25°; 53,8 E. 25°; ll. D., Bz., Tchl.
55 z.	−		1 155/16°	l. W., E.
100	140 z.		1 595	ll. W., E.; 8,4 D. 15°
43 … 44	255 … 260 z. 140/1,9 kPa			ll. W.
49 … 50	130/1,6 kPa			ll. W., E., D.; unl. Bz.
< − 17	z.			ll. W.
199 … 200	subl.			swl. W.; ll. E., D.
193	> 360	1,6126/192 … 196°		swl. D., k. W.; wl. E.

Name	Summenformel	Strukturformel	M
8-Hydroxychinolin	C_9H_7ON		145,160
4-Hydroxy-1-ethanoylbenzen	$C_8H_8O_2$	$CH_3-CO--OH$	136,150
Hydroxyethansäure	$C_2H_4O_3$	$HO-CH_2-COOH$	76,052
Hydroxyethansäureethylester	$C_4H_8O_3$	$HO-CH_2-COO-CH_2-CH_3$	104,105
1-Hydroxy-2-methoxybenzen	$C_7H_8O_2$	$-O-CH_3$ $-OH$	124,139
2-Hydroxy-3-methoxybenzenkarbonsäure	$C_8H_8O_4$	$COOH$ $-OH$ $-O-CH_3$	168,149
2-Hydroxy-2-methylpropansäure	$C_4H_8O_3$	H_3C H_3C $C-COOH$ OH	104,105
2-Hydroxy-3-methylpropansäurenitril	C_4H_7ON	H_3C H_3C $C-C\equiv N$ OH	85,105
2-Hydroxynaphthalen-1-karbonsäure	$C_{11}H_8O_3$	$COOH$ $-OH$	188,182
3-Hydroxynaphthalen-2-karbonsäure	$C_{11}H_8O_3$	$-COOH$ $-OH$	188,182
2-Hydroxyphenylmethanol	$C_7H_8O_2$	$-CH_2-OH$ $-OH$	124,139
Hydroxypropandisäure	$C_3H_4O_5$	$COOH$ $HO-CH$ $COOH$	120,162
2-Hydroxypropan-2-nitril	C_4H_7ON	CH_3-C-CH_3 HO $C\equiv N$	85,105
2-Hydroxypropansäure	$C_3H_6O_3$	$CH_3-CH-COOH$ OH	90,079
2-Hydroxypropansäureethylester	$C_5H_{10}O_3$	$CH_3-CH-COO-CH_2-CH_3$ OH	118,132
2-Hydroxypropansäurenitril	C_3H_5ON	$CH_3-CH-C\equiv N$ OH	71,079
2-Hydroxypropan-1,2,3-trikarbonsäure-Monohydrat	$C_6H_{10}O_8$	CH_2-COOH $HO-C-COOH \cdot H_2O$ CH_2-COOH	210,140

F. in °C	K. in °C	n_D	ϱ in kg · m⁻³	Lösbarkeit
75 ... 76	266,9	1,6131/82 .. 84°		swl. k. W.; wl. D.; ll. E., h. Bz., Tchl.
109			1 109,0/109°	l. W. 22°; l. E., D.
a) 78 ... 79 b) 63	z.			l. W., E., D.
	160		1 083/23°	ll. E., D.
28,3	205	1,5341/35°	1 128,70/21°	1,88 W.15°; l. E., D., Es., Tchl.
151	z.			
79	212			ll. W., E., D.; wl. Bz.
– 19	82/3,1 kPa	1,40002/19	932/19°	ll. W., E., D.; wl. Pe.
156 ... 157 z.				swl. W.; ll. E., D., Bz.
216				unl. k. W.; wl. h. W.; ll. E., D.; l. Bz., Tchl.
86	subl.		1 161/25°	6,7 W. 22°; ll. sd. W., E., D.; 1,9 Bz. 18°
184	subl. 110			ll. W., E.; wl. D.
– 19	82/3,1 kPa	1,6996	932/19°	ll. W., E., Bz., D.
18	119/1,6 kPa	1,44145	1 249/15°	mb. W., E., D.
	154,5	1,4125	1 031/19°	ll. E., D.; mb. W.
– 40,0	183 z.	1,40582/18,4°	988	mb. W.; l. D., E.; unl. Pe.
153	z.	1,4584/170 ... 173°	1 542	73,3 W.; 75,91 E. 15°; 2,26 D. 15°

Name	Summenformel	Strukturformel	M
6-Hydroxypurin	$C_5H_4ON_4$		136,113
Imidazol	$C_3H_4N_2$		68,078
Inden	C_9H_8		116,162
Indigo	$C_{16}H_{10}O_2N_2$		262,267
Indol	C_8H_7N		117,150
Indoxyl	C_8H_7ON		133,149
Iodbenzen	C_6H_5I		204,010
2-Iodbenzenkarbonsäure	$C_7H_5O_2I$		248,020
3-Iodbenzenkarbonsäure	$C_7H_5O_2I$		248,020
4-Iodbenzenkarbonsäure	$C_7H_5O_2I$	$I-\bigcirc-COOH$	248,020
Iodethan	C_2H_5I	CH_3-CH_2-I	155,966
2-Iodethanol	C_2H_5OI	$I-CH_2-CH_2-OH$	171,965
Iodethansäure	$C_2H_3O_2I$	$I-CH_2-COOH$	185,949
Iodmethan	CH_3I	H_3CI	141,939
1-Iodpentan	$C_5H_{11}I$	$CH_3-CH_2-CH_2-CH_2-CH_2-I$	198,046
2-Iodpropan	C_3H_7I	$H_3C{>}CH-I$ (H_3C)	169,993
3-Iodprop-1-en	C_3H_5I	$CH_3=CH-CH_2-I$	167,977
alpha-Ionon	$C_{13}H_{20}O$		192,300

F. in °C	K. in °C	n_D	ϱ in kg · m^{-3}	Lösbarkeit
z. 150	–			0,07 W. 19°; 1,4 sd. W.; wl. E.; l. D.
90	165 ... 168/2,7 kPa		1 030,3/101°	ll. W., E.; wl. D.; l. Tchl.
– 2	182,4	1,577 3/18,5	999,4/15°	unl. W.; mb. E., D.; l. Pr., Sk.
390 ... 392 z.	subl.		1 350	unl. W.; wl. sd. E., D., Tchl.; l. h. Es., h. Aminobenzen
53	253	1,601 1/74 ... 75°		l. h. W., Bz., Lg.; ll. E., D.
85	110			l. W., E., D.; ll. Pr.
– 31,3	188,6	1,621 45/18,5	1 822,8/25°	0,034 W. 30°; l. E., Tchl.; mb. D.
162 ... 163		1,579 5/169 ... 170°	2 249/25°	swl. k. W.; l. E., D.
187 ... 188	subl. z.		2 171/25°	wl. W., E., D.
267	subl. z.		2 184/25°	wl. W., E., D.
– 110,9	72,3	1,513 07	1 933,0	0,40 W.; l. E., D., Bz., Tchl.
	176 ... 177 z. 86 ... 87/ 3,3 kPa	1,571 34	2 196,8	l. W., E., D.
83	z.			l. W., E., D.
– 66,1	42,5	1,529 73	2 279	mb. E., D.
– 85,6	157,0	1,495 48	1 517	unl. W.; l. E., mb. D.
– 91,1	89,5	1,499 69	1 713,7/15°	0,14 W.; mb. E., D.
– 99,3	103,1	1,495 48	1 847,1/12°	l. E., D., Tchl.
	135/2,3 kPa	1,498 4/22,3°	932	wl. W.; mb. E., D.; l. Tchl.

Name	Summenformel	Strukturformel	M
beta-Ionon	$C_{13}H_{20}O$		192,300
Kampher	$C_{10}H_{16}O$		152,236
Kamphersäure	$C_{10}H_{16}O_4$		200,234
Kamphan	$C_{10}H_{18}$		138,252
Kamphen	$C_{10}H_{16}$		136,236
Kaprolaktam	$C_6H_{11}ON$		113,159
Karbamidsäureethylester	$C_3H_7O_2N$	$H_2N\text{—}COO\text{—}CH_2\text{—}CH_3$	89,094
Karbamidsäurephenylester	$C_7H_7O_2N$		137,138
Karbanilsäureethylester	$C_9H_{11}O_2N$		165,191
Kohlenoxysulfid	COS	$O=C=S$	60,07
Kohlensäureamidhydrazid	CH_5ON_3	$H_2N\text{—}NH\text{—}CO\text{—}NH_2$	75,070
Kohlensäurediamid	CH_4ON_2	$H_2N\text{—}CO\text{—}NH_2$	60,055
Kohlensäuredichlorid	$COCl_2$	$Cl\text{—}CO\text{—}Cl$	98,916
Kohlensäurediethylester	$C_5H_{10}O_3$		118,132
Kohlensäurediphenylester	$C_{13}H_{10}O_3$		214,220
Kohlenstoffdisulfid	CS_2	$S=C=S$	76,13
Kohlensuboxid	C_3O_2	$O=C=C=C=O$	68,032

F. in °C	K. in °C	n_D	ϱ in kg · m^{-3}	Lösbarkeit
	140/2,4 kPa	1,5198/18,9°	946	wl. W.; mb. E., D.; l. Tchl., Bz.
178,8	204		1 000/0°	0,15 k. W.; 190 E. 12°; ll. D., Bz., Tchl.; l. Pr., Sk.
187		1,439/207 ... 209°	1 186	0,62 W. 12°; 3,2 W. 80°; ll. E., D.; l. Pr.; unl. Tchl.
156 ... 157	160			unl. W.; l. E., D.
50	161,5	1,4564/50°	822,3/78°	unl. W.; ll. E., D.
69,2	139/1,6 kPa			
49,6	185,25	1,41439/52°	1 048,2/60°	35,0 W. 11°; 380,7 W. 40°; 211 E. 22°; ll. Bz., Tchl. D.
143		1,5204/57 ... 58°	1 079,2/60°	unl. W.; ll. E.
52	152/1,9 kPa	1,53764/30,4°	1 106/30°	wl. k. W.; ll. E., D.; l. Bz.
− 138,2	− 50,2		2,721	54 ml W.; 800 ml E. 22°; 1 500 ml M. 22°
96				ll. W., E.; unl. D., Bz., Tchl.
132,7	z.	1,4683/156°	1 335	77,9 W. 5°; 109,4 W. 21°; 5,32 E.; 7,24 E. 40°; swl. D.; unl. Tchl.
− 126	8		1 432/0°	z. k. W.; ll. Bz., Es., D., M.
− 43,0	126	1,38523	974/13°	unl. W.; mb. D., E.
78	301 ... 302		1 272/14°	unl. W.; l. E., D., Es., Bz.; ll. h. E.
− 108,6	46,45	1,62935/15	1 263,2	0,18W. 16°; 0,15 W. 30°; mb. E., D., Bz.
− 111,3	7	1,45384/0°	1 114/0°	ll. Sk.; z. W.

Name	Summenformel	Strukturformel	M
Kumarin	$C_9H_6O_2$		146,145
Kumaron	C_8H_6O		118,135
Limonen	$C_{10}H_{16}$		136,236
Maltose	$C_{12}H_{22}O_{11}$		342,299
D-Mannose	$C_6H_{12}O_6$		180,157
Melamin	$C_3H_6N_6$		126,121
L-Menthol	$C_{10}H_{20}O$		156,267
2-Merkaptobenzthiazol	$C_7H_5NS_2$		167,24
Methan	CH_4		16,043
Methanal	CH_2O		30,026
Methanamid	CH_3ON	$HCO-NH_2$	45,041
Methanol	CH_4O	CH_3-OH	32,043
Methansäure	CH_2O_2	$HCOOH$	46,026
Methansäureethylester	$C_3H_6O_2$	$HCOO-CH_3-CH_3$	74,079

F. in °C	K. in °C	n_D	ϱ in kg · m^{-3}	Lösbarkeit
71	161,25/ 1,9 kPa	1,6011/63 ... 64°	935	unl. k. W.; l. h. W., E., Tchl.; ll. D.
< − 18	173 ... 175	1,56897/16,3°	1067,9/25°	unl. W.; l. D., E.
− 96,6	177,8	1,47271/19,6°	842	unl. W.; mb. E., D.
102,5	−		1540	79 W. 21°; 140 W. 50°; 569 W. 96° wl. E.; unl. D.
132	−	1,5101/136 ... 139°	1539	248 W. 17°; wl. E.; unl. D.
< 250	subl.		1573/250°	0,029 W. 15°; ll. h. W.; wl. h. A.; unl. D.
41,6	216,4	1,4541/37°	899/15°	0,04 k. W.; ll. E., D.; l. Pe., Es., Tchl.
181	z.		1420	l. sd. E.; swl. D.; unl. W.
− 184	− 164			5,6 ml W. 0°; 52 ml. E. 0°; 106,6 ml D. 0°
− 92	− 21		815/ − 20°	ll. W.; l. E., D.
2,5	105/1,5 kPa	1,4427	1133,9	mb. W., E.; swl. D., Bz.
− 97,68	64,7	1,33057/15°	792,3	mb. W., E., D.
8,4	100,5	1,37137	1225,9/18°	mb. W., E., D.
− 80,5	54,1	1,35975	922,4	ll. W. 18°; l. E., D.

Name	Summenformel	Strukturformel	M
Methansäuremethylester	$C_2H_4O_2$	$HCOO—CH_3$	60,052
Methanthiol	CH_4S	$CH_3—SH$	48,11
2-Methoxyaminobenzen	C_7H_9ON		123,154
4-Methoxyaminobenzen	C_7H_9ON		123,154
4-Methoxyazetophenon	$C_9H_{10}O_2$		150,177
2-Methoxybenzaldehyd	$C_8H_8O_2$		136,150
4-Methoxybenzaldehyd	$C_8H_8O_2$		136,150
Methoxybenzen	C_7H_8O		108,140
4-Methoxybenzenkarbonsäure	$C_8H_8O_3$		152,149
1-Methoxynaphthalen	$C_{11}H_{10}O$		158,199
2-Methoxynaphthalen	$C_{11}H_{10}O$		158,199
Methylamin	CH_5N	$CH_3—NH_2$	31,057
2-Methylaminobenzen	C_7H_9N		107,155
3-Methylaminobenzen	C_7H_9N		107,155
4-Methylaminobenzen	C_7H_9N		107,155
N-Methylaminoethansäure	$C_3H_7O_2N$	$CH_3—NH—CH_2—COOH$	89,094
Methylbenzen	C_7H_8		92,140
2-Methylbenzensulfochlorid	$C_7H_7O_2SCl$		190,64
4-Methylbenzensulfochlorid	$C_7H_7O_2SCl$		190,64
2-Methylbenzensulfonsäure	$C_7H_8O_3S$		172,20
4-Methylbenzensulfonsäure	$C_7H_8O_3S$		172,20

F. in °C	K. in °C	n_D	ϱ in kg · m^{-3}	Lösbarkeit
−99,8	31,8	1,3415/25°	974,2	mb. E., D.; l. W.
−121,0	5,8/100,2 kPa		896,1/0°	wl. W.; ll. E., D.
5,2	225	1,5754	1 092,3	l. E., D.; swl. W.
57,2	243	1,5559/67°	1 060,5/67°	swl. W.; ll. E., D.
38	260 138/2,0 kPa	1,54684/41,3°	1 081,8/41°	l. E., D.; wl. W.
38	243 ... 244 122/2,7 kPa	1,5597	1 133	unl. W.; l. E., ll. D.
−0,02	247 150/3,3 kPa	1,576/12,7° 1,5703/25°	1 130,1/13° 1 119,2/25°	0,2 W. 15°; mb. E., D.
−37,2	153,8	1,5179	1 012,4/0°	wl. W.; l. E., D.
184,2	275 ... 280	1,5000/197 ... 199°	1 385/4°	0,04 W. 18°; ll. sd. W., E., D.; l. Es. Tchl.
< −10	269	1,6232/14°	1 096,3/14°	unl. W.; ll. E., D.
72,5	271	1,5897/79 ... 80°		unl. W.; wl. E.; ll. D.; l. Bz., Sk.
−92,5	−6,5		1,3425/15°	97 200 ml W. 25°; l. E.; mb. D.
a) −24,4 b) −16,3	199,84	1,57276	998,6	1,50 W. 25°; ll. E., D.
−43,6	202,2	1,5707/15°	989,1	wl. W.; mb. E., D.
45	200,4	1,5534/45°	933,9/79°	0,74 W. 21°; 240 E. 22°; ll. D.
210 ... 215 z.	−			ll. W.; wl. E.; unl. D.
−95,3	110,8	1,49985/15°	871,6/15°	0,057 W. 30°; mb. E., D., Bz.; l. Es., Tchl., Sk., Pr.
10	126/1,3 kPa	1,5565	1 338,3	l. D.
69	146/2,0 kPa		1 261/76°	l. E., D.; ll. Bz.; unl. W.
67,5	128,8/3,3 kPa			l. W., W.; unl. D.
38	140/2,6 kPa			l. W., E., D.

Name	Summenformel	Strukturformel	M
2-Methylbuta-1,3-dien	C_5H_8	$H_2C{=}CH{-}C{=}CH_2$ $\quad\quad\quad\;\; CH_3$	68,118
2-Methylbutan	C_5H_{12}	$H_3C{\diagdown}$ $\quad\quad CH{-}CH_2{-}CH_3$ $H_3C{\diagup}$	72,150
3-Methylbutanal	$C_5H_{10}O$	$H_3C{\diagdown}$ $\quad\quad CH{-}CH_2{-}CHO$ $H_3C{\diagup}$	86,133
3-Methylbutanamid	$C_5H_{11}ON$	$H_3C{\diagdown}$ $\quad\quad CH{-}CH_2{-}CO{-}NH_2$ $H_3C{\diagup}$	101,148
2-Methylbutan-1-ol	$C_5H_{12}O$	$H_3C{-}CH_2{-}CH{-}CH_2{-}OH$ $\quad\quad\quad\quad\;\; CH_3$	88,149
2-Methylbutan-2-ol	$C_5H_{12}O$	$\quad\quad\quad\quad\; CH_3$ $H_3C{-}CH_2{-}\overset{\textstyle |}{\underset{\textstyle |}{C}}{-}CH_3$ $\quad\quad\quad\quad\; OH$	88,149
3-Methylbutan-1-ol	$C_5H_{12}O$	$CH_3{\diagdown}$ $\quad\quad CH{-}CH_2{-}CH_2{-}OH$ $CH_3{\diagup}$	88,149
3-Methylbutansäure	$C_5H_{10}O_2$	$CH_3{\diagdown}$ $\quad\quad CH{-}CH_2{-}COOH$ $CH_3{\diagup}$	102,133
3-Methylbutansäureethylester	$C_7H_{14}O_2$	$H_3C{\diagdown}$ $\quad\quad CH{-}CH_2{-}COO{-}CH_2{-}CH_3$ $H_3C{\diagup}$	130,186
2-Methylchinolin	$C_{10}H_9N$		143,188
3-Methylchinolin	$C_{10}H_9N$		143,188
4-Methylchinolin	$C_{10}H_9N$		143,188
6-Methylchinolin	$C_{10}H_9N$		143,188
8-Methylchinolin	$C_{10}H_9N$		143,188
Methylethylether	C_3H_8O	$CH_3{-}O{-}CH_2{-}CH_3$	60,096
2-Methylhexan	C_7H_{16}	$CH_3{-}CH{-}(CH_2)_3{-}CH_3$ $\quad\quad\; CH_3$	100,203
2-Methylhydroxybenzen	C_7H_8O		108,140

F. in °C	K. in °C	n_D	ϱ in kg · m^{-3}	Lösbarkeit
≈ -120	34,08	1,422 07/18,3°	684,9/16°	mb. E., D.; unl. W.
$-158,6$	27,95	1,361 27/6,95°	620,6/19°	unl. W.; l. E., D.
-51	92	1,389 30	783,1	mb. E., D.; l. Tchl., W.
135	230 ... 232		965	l. E., D., W.
	128		815,2/25°	2,67 W.; mb. E., D.
11,9	102	1,405 2	806,6/25°	12,5 W. 10°; mb. E., D.; l. Bz. Tchl.
$-117,2$	131,3	1,405 3	813,0	2,67 W.; mb. E., D.
$-37,6$	176,7	1,404 3	933,2/17°	4,24 W.; mb. E., D.
$-99,3$	134,7	1,387 38/18,4°	866,3	mb. D., E., Bz.
-2	247,6	1,609 09/25,4°	1 058,5	swl. W.; l. E., D., Tchl.
16 ... 17	259,6	1,617 1	1 067,3	swl. W.; l. D., E.
9 ... 10	246,2	1,620 6	1 086,8	wl. W.; mb. E., D.
-22	258,6	1,614 1/23°	1 065,4	wl. W.; l. E., D.
	247,8	1,616 2/20,8°	1 071,9	swl. W.; l. E., D.
7,9			726,0/0°	ll. W.; mb. E., D.
$-119,1$	90	1,385 09	678,9	l. E., D.; unl. W.
31	191	1,545 3	1 046,5	2,6 W. 25°; mb. h. E., D., l. Tchl.

Name	Summenformel	Strukturformel	M
3-Methylhydroxybenzen	C_7H_8O		108,140
4-Methylhydroxybenzen	C_7H_8O		108,140
3-Methylindol	C_9H_9N		131,177
Methylisonitril	C_2H_3N	$CH_3-N{\equiv}C$	41,052
2-Methyl-5-isopropyl-hydroxybenzen	$C_{10}H_{14}O$		150,220
Methylisothiozyanat	C_2H_3NS	$CH_3-N{=}C{=}S$	73,11
N-Methylkohlensäurediamid	$C_2H_6ON_2$	$CH_3-NH-CO-NH_2$	74,082
1-Methylnaphthalen	$C_{11}H_{10}$		142,200
2-Methylnaphthalen	$C_{11}H_{10}$		142,200
2-Methylpentan	C_6H_{14}	$CH_3-CH-CH_2-CH_2-CH_3$ $\quad\quad\ \ \vert$ $\quad\quad\ CH_3$	86,177
4-Methylpentansäure	$C_6H_{12}O_2$	$\begin{matrix}H_3C\diagdown\\ \quad\quad CH-CH_2-CH_3-COOH\\ H_3C\diagup\end{matrix}$	116,160
4-Methylpent-3-en-2-on	$C_6H_{10}O$	$\begin{matrix}H_3C\diagdown\\ \quad\quad C{=}CH-CO-CH_3\\ H_3C\diagup\end{matrix}$	98,144
2-Methylpropan	C_4H_{10}	$\begin{matrix}H_3C\diagdown\\ \quad HC-CH_3\\ H_3C\diagup\end{matrix}$	58,123
2-Methylpropanal	C_4H_8O	$\begin{matrix}H_3C\diagdown\\ \quad\quad CH-CHO\\ H_3C\diagup\end{matrix}$	72,107
2-Methylpropan-1-ol	$C_4H_{10}O$	$\begin{matrix}H_3C\diagdown\\ \quad\quad CH-CH_2-OH\\ H_3C\diagup\end{matrix}$	74,122
2-Methylpropansäure	$C_4H_8O_2$	$\begin{matrix}H_3C\diagdown\\ \quad\quad CH-COOH\\ H_3C\diagup\end{matrix}$	88,106
2-Methylpropansäureethylester	$C_6H_{12}O_2$	$\begin{matrix}H_3C\diagdown\\ \quad\quad CH-COO-CH_2-CH_3\\ H_3C\diagup\end{matrix}$	116,160
2-Methylpropansäuremethylester	$C_5H_{10}O_2$	$\begin{matrix}H_3C\diagdown\\ \quad\quad CH-COO-CH_3\\ H_3C\diagup\end{matrix}$	102,133

F. in °C	K. in °C	n_D	ϱ in kg · m⁻³	Lösbarkeit
10,9	202	1,542 5/18°	1 033,6	2,42 W. 25°; 4,4 W. 88°; mb. D., E.; l. Tchl.
36,5	202	1,539 5	1 034,7	2,29 W. 40°; mb. h. E., D.
95	266	1,5700/100°		0,05 W. 16°; l. D., Lg., Bz., Tchl.; ll. E.
− 45	59,6	1,524 5/40°	756/4°	10 W. 15°; l. D.; mb. E.
51,5	233,5	1,609	969/24°	0,09 W. 19°; 0,14 W. 40°; 357 E. (91 %); 385 D.; l. Es., Sk., Tchl.
35	119	1,4584/106 ... 108°	1 069,1/37°	unl. W.; mb. E.; ll. D.
102	z.		1 204	ll. W., E.; swl. D.
− 22	240 121 ... 123/ 2,7 kPa	1,621 2/13,6°	1 000,5/19°	unl. W.; ll. E., D.
34,1	214 ... 242	1,602 6/40°	993,9/40°	unl. W.; ll. E., D.
− 153,7	60,3	1,373 5	654	l. D., E.; unl. W.
− 35	199	1,396 7/70°	925	l. D., E.; wl. W.
− 59	131,4	1,442 8/21°	854,2/21°	mb. E., D.; 3 W.
− 145	− 10,2		2,672 6	13,1 ml W. 17°; 1 346 ml. E 17°; 2 838 mlD. 18°
− 65,9	61	1,373 02	793,8	8,8 W.; mb. E., D.
− 108	108	1,393 7	802,7	10 W. 15°; mb. E., D.
− 47	154,4	1,393 00	968,2/0°	20 W.; mb. E., D.
− 88,2	110,7	1,390 3	870,9	mb. E., D.; wl. W.
− 84,7	92,3	1,384 0	890,6	mb. E., D.; wl. W.

Name	Summenformel	Strukturformel	M
2-Methylpropen	C_4H_8	$\begin{array}{l} H_3C \\ \diagdown \\ C=CH_2 \\ \diagup \\ H_3C \end{array}$	56,107
2-Methylpropensäure	$C_4H_6O_2$	$CH_2{=}\underset{\underset{CH_3}{\mid}}{C}{-}COOH$	86,090
2-Methylpropensäureethylester	$C_6H_{10}O_2$	$CH_2{=}\underset{\underset{CH_3}{\mid}}{C}{-}COO{-}CH_2{-}CH_3$	114,144
2-Methylpyridin	C_6H_7N		93,128
3-Methylpyridin	C_6H_7N		93,128
4-Methylpyridin	C_6H_7N		93,128
Methylzyklohexan	C_7H_{14}	$\begin{array}{c} CH_2{-}CH_2 \\ CH_2 \qquad CH{-}CH_3 \\ CH_2{-}CH_2 \end{array}$	98,188
1-Methylzyklohexanol	$C_7H_{14}O$	$\begin{array}{c} CH_2{-}CH_2 \qquad CH_3 \\ CH_2 \qquad\quad C \\ CH_2{-}CH_2 \qquad OH \end{array}$	114,187
2-Methylzyklohexanol	$C_7H_{14}O$	$\begin{array}{c} CH_2{-}CH_2 \\ CH_2 \qquad CH{-}OH \\ CH_2{-}CH{-}CH_3 \end{array}$	114,187
3-Methylzyklohexanol	$C_7H_{14}O$	$\begin{array}{c} CH_2{-}CH_2 \\ CH_2 \qquad CH{-}OH \\ CH{-}CH_2 \\ CH_3 \end{array}$	114,187
4-Methylzyklohexanol	$C_7H_{14}O$	$\begin{array}{c} CH_2{-}CH_2 \\ CH_3{-}CH \qquad CH{-}OH \\ CH_2{-}CH_2 \end{array}$	114,187
2-Methylzyklohexanon	$C_7H_{12}O$	$\begin{array}{c} CH_2{-}CH_2 \\ CH_2 \qquad CH{-}CH_3 \\ CH_2{-}CO \end{array}$	112,171
3-Methylzyklohexanon	$C_7H_{12}O$	$\begin{array}{c} CH_2{-}CH_2 \\ CH_2 \qquad CH{-}CH_3 \\ CO{-}CH_2 \end{array}$	112,171
4-Methylzyklohexanon	$C_7H_{12}O$	$\begin{array}{c} CH_2{-}CH_2 \\ CO \qquad CH{-}CH_3 \\ CH_2{-}CH_2 \end{array}$	112,171
Methylzyklopentan	C_6H_{12}	$\begin{array}{c} CH_2{-}CH_2 \\ \qquad\qquad CH{-}CH_3 \\ CH_2{-}CH_2 \end{array}$	84,161
Monofluordichlormethan	$CHFCl_2$	$H{-}\underset{\underset{Cl}{\mid}}{\overset{\overset{Cl}{\mid}}{C}}{-}F$	102,923

F. in °C	K. in °C	n_D	ϱ in kg · m^{-3}	Lösbarkeit
− 139	− 6,6			unl. W.; ll. E., D.
16	60 ... 63/1,6 kPa	1,431 43	1 015	ll. h. W.; mb. E., D.
	117	1,414	907	swl. W.; mb. E., D.
− 69,9	128	1,498 3/25°	950/15°	ll. W.; mb. E., D.
	143,4	1,503 8/25°	961,3/15°	mb. E., D., W.
	143,1	1,502 9/25°	957,1/15°	mb. W., E., D.
	113		1 017/24°	unl. W.; l. Bz., D., E.
26	155	1,458 74	938,7/12°	unl. W.; l. E., D.
a) − 21,2 ... − 20,5	a) 166,5	a) 1,4611	a) 923,8	swl. W.; l. D.; mb. E.
b) − 9,5 ... − 9,2	b) 165	b) 1,4640	b) 933,7	
− 47	a) 174 ... 175	a) 1,454 97/ 21,8°	a) 914,5/ 21,8°	1,03 W.; mb. E., D.
	b) 173 ... 174	b) 1,454 03/ 21,8°	b) 917,3/ 21,8°	
	a) 173 ... 174,5/ 99,3 kPa	a) 1,453 07/ 20,7°	a) 911,8/ 20,7°	swl. W.; l. D.; mb. E.
	b) 173 ... 174/100,0 kPa	b) 1,454 27/ 21,5°	b) 912,9/ 21,5°	
− 20 ... − 15	162 ... 163	1,449 2/16,7°	924,6/18°	l. E., D.; unl. W.
− 89	169	1,4464/17,8°	896,1	l. E., D.; unl. W.
− 41	170	1,445 1	913,2	l. E., D.; unl. W.
− 142,4	72	1,412 6/15°	753,3/15°	
− 135	8,9		1 421/0°	l. E., D.; unl. W.

Name	Summenformel	Strukturformel	*M*
Monofluortrichlormethan	$CFCl_3$	$Cl-\overset{\overset{\displaystyle F}{\displaystyle \|}}{\underset{\underset{\displaystyle Cl}{\displaystyle \|}}{C}}-Cl$	137,368
Morpholin	C_4H_9ON	$O\overset{\displaystyle CH_2-CH_2}{\underset{\displaystyle CH_2-CH_2}{}}NH$	87,121
Naphthalen	$C_{10}H_8$		128,173
Naphthalen-2,6-disulfonsäure	$C_{10}H_8O_6S_2$	$HO_3S-\text{[Ring]}-SO_3H$	288,29
Naphthalen-1-karbonsäure	$C_{11}H_8O_2$	COOH	172,183
Naphthalen-2-karbonsäure	$C_{11}H_8O_2$	$-COOH$	172,183
Naphthalen-1-sulfonsäure	$C_{10}H_8O_3S$	SO_3H	208,23
Naphthalen-2-sulfonsäure	$C_{10}H_8O_3S$	$-SO_3H$	208,23
Naphtho-1,2-chinon	$C_{10}H_6O_2$	$\overset{\displaystyle CO}{\underset{\displaystyle CH}{}}\overset{\displaystyle CO}{\underset{\displaystyle CH}{}}$	158,156
Naphtho-1,4-chinon	$C_{10}H_6O_2$	$\overset{\displaystyle CO}{\underset{\displaystyle CO}{}}\overset{\displaystyle CH}{\underset{\displaystyle CH}{}}$	158,156
Naphth-1-ol	$C_{10}H_8O$	OH	144,173
Naphth-2-ol	$C_{10}H_8O$	$-OH$	144,173
Naphth-1-ol-5-sulfonsäure	$C_{10}H_8O_4S$	OH / SO_3H	224,23
Naphth-1-ol-8-sulfonsäure	$C_{10}H_8O_4S$	HO_3S OH	224,23
Naphth-2-ol-6-sulfonsäure	$C_{10}H_8O_4S$	$HO_3S-\text{[Ring]}-OH$	224,23

F. in °C	K. in °C	n_D	ϱ in kg · m^{-3}	Lösbarkeit
−111	23,7	1,386 5/18,5°	1 494/17,2°	l. E., D.; unl. W.
	128		1 000,7	mb. W., E., D.
80,4	217,9	1,590 0/85°	1 168/22°	0,003 W. 25°; 9,5 E. 19,5°; 80 E. 60°.
167/Va.				
161	300	1,579 5/179 ... 181°		500 E. 70°; ll. D., Sk., Tchl.; 59,25 Bz. 21°; 750 Bz. 70°; swl. sd. W.; ll. h. E.
185	> 300	1,579 5/195 ... 198°	1 077/100°	wl. h. W.; ll. E., D.; l. Lg.
90	100 z.			ll. W., E.; wl. D.
105 ... 116 z.			1 441/25°	wl. E., D.; ll. W.
115 ... 120 z.				wl. E., Bz.
125,5	subl.		1 422	swl. k. W.; wl. h. W.; ll. D., Es., Sk.; l. E., Bz., Tchl.
96,1	278 ... 280	1,622 4/99°	1 286/10° 1 095,4/99°	unl. k. W.; wl. h. W.; ll. E., D.; l. Bz.
123	285 ... 286	1,601 1/135 ... 136°	1 263/10° 1 100/130°	0,075 W. 25°; ll. E., D.; l. Tchl.
110 ... 120				l. W.
106 ... 107	z.−1 H$_2$O 180			ll. W.
125				ll. W., E.; unl. D.

Name	Summenformel	Strukturformel	M
Naphth-2-ol-7-sulfonsäure	$C_{10}H_8O_4S$	HO$_3$S—⬡⬡—OH	224,23
Naphthyl-1-amin	$C_{10}H_9N$	NH$_2$ auf ⬡⬡	143,187
Naphthyl-2-amin	$C_{10}H_9N$	⬡⬡—NH$_2$	143,187
Natriumethylat-Diethanolat	$C_6H_{17}O_3Na$	$CH_3—CH_2—ONa \cdot 2\ C_2H_5OH$	160,188
Natriummethylat	CH_3ONa	$CH_3—ONa$	54,024
3-Nitroaminobenzen	$C_6H_6O_2N_2$	NH$_3$ ⬡—NO$_3$	138,126
4-Nitroaminobenzen	$C_6H_6O_2N_2$	O_2N—⬡—NH$_2$	138,126
2-Nitro-4-aminohydroxybenzen	$C_6H_6O_3N_2$	OH ⬡—NO$_2$ NH$_2$	154,124
3-Nitro-4-aminohydroxybenzen	$C_6H_6O_3N_2$	OH ⬡—NO$_2$ NH$_2$	154,124
4-Nitro-2-aminohydroxybenzen	$C_6H_6O_3N_2$	OH ⬡—NH$_2$ NO$_2$	154,124
5-Nitro-2-aminohydroxybenzen	$C_6H_6O_3N_2$	OH ⬡—NH$_2$ O_2N—	154,124
1-Nitroanthrachinon	$C_{14}H_7O_4N$	NO$_2$ ⬡CO⬡CO	253,214
2-Nitroanthrachinon	$C_{14}H_7O_4N$	⬡CO⬡CO—NO$_2$	253,214
2-Nitrobenzaldehyd	$C_7H_5O_3N$	CHO ⬡—NO$_2$	151,121
3-Nitrobenzaldehyd	$C_7H_5O_3N$	CHO ⬡—NO$_2$	151,121

F. in °C	K. in °C	n_D	ϱ in kg · m⁻³	Lösbarkeit
89	150 z.			ll. W., E.; unl. D., Bz.
50	160/1,6 kPa	1,6703/51°	1 108/50°	0,17 W.; ll. E., D.
110	306,1	1,6353/125 ... 126°	1 049/116°	ll. h. W.; l. E., D., Bz.; unl. k. W.
−2 C₂H₅OH 200	z.			ll. E.; z. W.
z.				ll. M.; z. W.
114	170/1,5 kPa	1,5795/116 ... 117°	1 398/18°	0,114 W.; 7,05 E.; 7,89 D.; 2,45 Bz.
147,8	100/1,8 Pa	1,6598/153 ... 155°	1 424	0,077 W.; 2,2 W. 100°; 5,84 E.; 6,10 D.; 1,98 Bz.
131				l. W., E.
154				l. W., E., D.
143		1,6535/140 ... 143°		wl. k. W.; ll. E., D.
202				l. W., sd. E., Es.
232,5 ... 233,5	270/0,93 kPa subl.			unl. W.; swl. E., D.; l. Es.
184,5	subl.			unl. W.; wl. E., D.; ll. Tchl.
a) 43,5 b) 40,4	153/3,1 kPa	1,5611/50 ... 51°		0,23 W. 25°; ll. E.
58	164/3,1 kPa	1,5611/67 ... 68°	12664/60°	0,16 W. 25°; ll. h. E., D.; l. Tchl.

Name	Summenformel	Strukturformel	M
4-Nitrobenzaldehyd	$C_7H_5O_3N$	$O_2N-\langle\bigcirc\rangle-CHO$	151,121
Nitrobenzen	$C_6H_5O_2N$	$\langle\bigcirc\rangle-NO_2$	123,111
2-Nitrobenzenkarbonsäure	$C_7H_5O_4N$	COOH $\langle\bigcirc\rangle-NO_2$	167,121
3-Nitrobenzenkarbonsäure	$C_7H_5O_4N$	COOH $\langle\bigcirc\rangle-NO_2$	167,121
4-Nitrobenzensulfonsäure	$C_6H_5O_5NS$	$O_2N-\langle\bigcirc\rangle-SO_3H$	203,169
Nitroethan	$C_2H_5O_2N$	$CH_3-CH_2-NO_2$	75,067
2-Nitrohydroxybenzen	$C_6H_5O_3N$	OH $\langle\bigcirc\rangle-NO_2$	139,110
3-Nitrohydroxybenzen	$C_6H_5O_3N$	OH $\langle\bigcirc\rangle-NO_2$	139,110
4-Nitrohydroxybenzen	$C_6H_5O_3N$	$O_2N-\langle\bigcirc\rangle-OH$	139,110
Nitromethan	CH_3O_2N	CH_3-NO_2	61,040
2-Nitromethoxybenzen	$C_7H_7O_3N$	NO_2 $\langle\bigcirc\rangle-O-CH_3$	153,137
4-Nitromethoxybenzen	$C_7H_7O_3N$	$CH_3-O-\langle\bigcirc\rangle-NO_2$	153,137
2-Nitromethylbenzen	$C_7H_7O_2N$	CH_3 $\langle\bigcirc\rangle-NO_2$	137,138
3-Nitromethylbenzen	$C_7H_7O_2N$	CH_3 $\langle\bigcirc\rangle-NO_2$	137,138
4-Nitromethylbenzen	$C_7H_7O_2N$	$O_2N-\langle\bigcirc\rangle-CH_3$	137,138
1-Nitronaphthalen	$C_{10}H_7O_2N$	NO_2	173,171
2-Nitronaphthalen	$C_{10}H_7O_2N$	$-NO_2$	173,171
2-Nitronaphth-1-ol	$C_{10}H_7O_3N$	OH $-NO_2$	189,171

F. in °C	K. in °C	n_D	ϱ in kg · m⁻³	Lösbarkeit
106,5	subl.	1,5299/138 ... 139°	1496/0°	wl. k. W.; ll. E.; l. D., Bz.
5,7	210,9	1,55291	12034	0,19 W.; 0,27 W. 55°; ll. E., D.; l. Bz.
147 ... 147,5		1,5101/174 ... 176°	1575/4°	0,68 W.; 2,82 E. 11°; 2,16 D. 11°; 0,05 Tchl. 11°; swl. Bz.; unl. Lg.
140 ... 141		1,5299/157 ... 158°	1494/4°	0,31 W.; 3,14 E. 12°; 2,52 D. 10°; 0,57 Tchl. 10°; swl. Bz.; unl. Lg. ll. h. E.
− 50	114	1,39007/24,3	1050,2	unl. W.; mb. E., D.; l. Tchl.
45,1	217	1,5611/77 ... 78°	1294,5/45°	0,32 W. 38°; 1,08 W. 100°; 245 E. 15°; 95,0 D. 15°
97	194/9,3 kPa	1,5403/145 ... 147°	1485	1,35 W. 25°; 13,3 W. 90°; 221 E. 170°; 143,7 D. 16°; l. Bz.
113,6	279 z.	1,5897/117 ... 119°	1280,9/114°	1,52 W. 25°; 29,1 W. 90°; 150,9 E. 14°; 130,4 D. 14°; l. Tchl.
− 29	100,9	1,3806/22	1132,2/25°	wl. W.; l. E., D.
9,4	132 ... 133/ 1,3 kPa	1,5619	1252,7	0,169 W. 30°; mb. E., D.; unl. k. W.
54	258 ... 260	1,5707/60	1233	0,007 W. 15°; 0,059 W. 30°; l. E.; ll. D.
a) 9,6 b) − 3,9	222,3	1,544/25	1163	0,065 W. 30°; mb. E., D.; l. Bz., Pe., Tchl.
16	230 ... 231	1,5492/15	1157,1	0,050 W. 30°; mb. E., D.; l. Bz.
51,4	238	1,5299/64	1122,7/55°	0,044 W. 30°; l. E., Bz.; ll. D.
61,5	304	1,6126/93 ... 94°	1222,6/62°	unl. W.; l. E.; ll. Sk., D., Tchl.
79	182/1,9 kPa			unl. W.; ll. E., D.
128				swl. W.; wl. F

Name	Summenformel	Strukturformel	M
4-Nitronaphth-1-ol	$C_{10}H_7O_3N$		189,171
1-Nitronaphth-2-ol	$C_{10}H_7O_3N$		189,171
4-Nitrophenylhydrazin	$C_6H_7O_2N_3$		153,140
Nitrosobenzen	C_6H_5ON		107,112
Nonadekan	$C_{19}H_{40}$	$CH_3-(CH_2)_{17}-CH_3$	268,525
Nonan	C_9H_{20}	$CH_3-(CH_2)_7-CH_3$	128,257
Nonanal	$C_9H_{18}O$	$CH_3-(CH_2)_7-CHO$	142,241
Nonandisäure	$C_9H_{16}O_4$	$HOOC-(CH_2)_7-COOH$	188,223
Nonan-1-ol	$C_9H_{20}O$	$CH_3-(CH_2)_7-CH_2-OH$	144,256
Nonan-2-on	$C_9H_{18}O$	$CH_3-CO-(CH_2)_6-CH_3$	142,241
Nonansäure	$C_9H_{18}O_2$	$CH_3-(CH_2)_7-COOH$	158,240
Non-1-en	C_9H_{18}	$CH_3-(CH_2)_6-CH=CH_2$	126,242
Oktadeka-9,12-diensäure	$C_{18}H_{32}O_2$	$CH_3-(CH_2)_4-CH=CH-CH_2$ $HOOC-(CH_2)_7-CH=CH$	280,450
Oktadekan	$C_{18}H_{38}$	$CH_3-(CH_2)_{16}-CH_3$	254,498
Oktadekan-1-ol	$C_{18}H_{38}O$	$CH_3-(CH_2)_{16}-CH_2-OH$	270,498
Oktadekansäure	$C_{18}H_{36}O_2$	$CH_3-(CH_2)_{16}-COOH$	284,481
alpha-Oktadeka-9,12,15-triensäure	$C_{18}H_{30}O_2$	$CH_3-CH_2-CH=CH-CH_2-CH=CH$ $HOOC-(CH_2)_7-CH=CH-CH_2$	278,434
cis-Oktadek-9-ensäure	$C_{18}H_{34}O_2$	$CH_3-(CH_2)_7-CH=CH-(CH_2)_7-COOH$	282,465
rans-Oktadek-9-ensäure	$C_{18}H_{34}O_2$	$CH_3-(CH_2)_7-CH=CH-(CH_2)_7-COOH$	282,465
Oktan	C_8H_{18}	$CH_3-(CH_2)_6-CH_3$	114,230
Oktanal	$C_8H_{16}O$	$CH_3-(CH_2)_6-CHO$	128,214
Oktandisäure	$C_8H_{14}O_4$	$HOOC-(CH_2)_6-COOH$	174,196
Oktan-1-ol	$C_8H_{18}O$	$CH_3-(CH_2)_6-CH_2-OH$	130,292
Oktan-2-ol	$C_8H_{18}O$	$CH_2-(CH_2)_5-CH-CH_3$ OH	130,292
Oktan-2-on	$C_8H_{16}O$	$CH_3-CO-(CH_2)_5-CH_3$	128,214
Oktansäure	$C_8H_{16}O_2$	$CH_3-(CH_2)_6-COOH$	144,213
Okt-1-en	C_8H_{16}	$CH_3-(CH_2)_5-CH=CH_2$	112,215
Okt-1-in	C_8H_{14}	$CH_3-(CH_2)_5-C\equiv CH$	110,199

F. in °C	K. in °C	n_D	ϱ in kg · m^{-3}	Lösbarkeit
164				l. sd. W.; ll. E., Es.
103				swl. E., W.; ll. D.
157	z.			l. h. W., E., D., Tchl.; wl. W , Bz.
68	57 ... 59/ 2,4 kPa			unl. W.; l. E., D., Tchl.; wl. Lg.
32	330	1,436/34,6°	772,0/40°	unl. W.; l. D.; wl. E.
− 53,9	150,6	1,412/18°	717,7	unl. W.; ll. E., D.
106,5	286,5/13,3 kPa	1,430 3/110,6°	1 029	l. h. W.
	185	1,424 17/18,5°	825,5/19°	l. E., D.
− 5	104 ... 105/ 1,7 kPa 213,5	1,433 5	827,4	unl. W.; mb. E., D.
− 8,2	195,3	1,418 17/15°	826,1/15°	unl. W.; l. E., D.
− 6	186 ... 187	1,421/15°	821,7/13°	l. E., D.; wl. W.
	146,8	1,414/21°	730,2	l. E., D.; wl. W.
− 9	228/1,9 kPa	1,471/15°	902,5	mb. D., E.; unl. W.
28 ... 29	177/2,0 kPa	1,434 9/35,2°	775,4/30°	unl. W.; l. E.; ll. D., Pr., Hexan
59	210,5/2,0 kPa	1,433 9/69 ... 70°	812,4/59°	unl. W.; l. E., D.
69,4	291/13,3 kPa	1,433 2/70°	838,6/80°	swl. W.; 2,5 k. E.; 19,7 E. 40°; 22 Bz. 23°; l. sk., Tchl.; ll. D.
	197/0,53 kPa 157/1,33 kPa		905	unl. W.; mb. E., D.; 10 Pe. 18°; l. Sk., Lg.
14	203 ... 205/ 0,67 kPa	1,462 0	889,6/25°	unl. W.; mb. E., D.; l. Bz. Tchl.
51,6	28/13,3 kPa	1,433 9/88 ... 90°	851/79°	unl. W.; l. E., D., Bz., Tchl.
− 56,5	125,8	1,397 6	702,4	0,001 W. 16°; l. E., D.
	169	1,421 7	821,1	l. E., D.; wl. W.
410	279/13,3 kPa			0,14 W. 15°; 0,81 E. 15°
− 16,3	194 ... 195	1,430 4/20,5	827	swl. W.; mb. E., D.
− 38,6	179	1,426 0	819,9	0,15 W. 15°; l. E., D.
− 16	172,9	1,416 13	817,9	unl. W.; mb. E., D.
16,3	238,5	1,408 5/70°	910	unl. k. W.; 0,25 W. 100°; l. Bz., Tchl., Sk.; mb. E., D.
− 104	123	1,408 7	715,5	l. E., D.; unl. W.
− 80	126	1,417 2	747,0	l. E., D.; unl. W.

Name	Summenformel	Strukturformel	M
Paraldehyd	$C_6H_{12}O_3$		132,159
Pentabrombenzen	C_6HBr_5		472,594
Pentachlorbenzen	C_6HCl_5		250,339
Pentachlorethan	C_2HCl_5	$Cl_2C—CHCl_2$	202,295
Pentachlorhydroxybenzen	C_6HOCl_5		266,338
Pentadekan	$C_{15}H_{32}$	$CH_3—(CH_2)_{13}—CH_3$	212,418
Pentadekansäure	$C_{15}H_{30}O_2$	$CH_3—(CH_2)_{13}—COOH$	242,401
Penta-1,2-dien	C_5H_8	$CH_3—CH_2—CH=C=CH_2$	68,118
Penta-1,3-dien	C_5H_8	$CH_3—CH=CH—CH=CH_2$	68,118
Penta-1,4-dien	C_5H_8	$CH_2=CH—CH_2—CH=CH_2$	68,118
Pentan	C_5H_{12}	$CH_3—(CH_2)_3—CH_3$	72,150
Pentanal	$C_5H_{10}O$	$CH_3—(CH_2)_3—CHO$	86,133
Pentan-1,5-diol	$C_5H_{12}O_2$	$HO—CH_2—(CH_2)_3—CH_2—OH$	104,149
Pentan-2,4-dion	$C_5H_8O_2$	$CH_3—CO—CH_2—CO—CH_3$	100,117
Pentandisäure	$C_5H_8O_4$	$HOOC—(CH_2)_3—COOH$	132,116
Pentandisäurediethylester	$C_9H_{16}O_4$	$CH_3—CH_2—OOC—CH_2$ CH_2 $CH_3—CH_2—OOC—CH_2$	188,223
Pentandisäuredinitril	$C_5H_6N_2$	$N≡C—CH_2$ CH_2 $N≡C—CH_2$	94,116
Pentan-1-ol	$C_5H_{12}O$	$CH_3—(CH_2)_3—CH_2—OH$	88,149
Pentan-2-ol	$C_5H_{12}O$	$CH_3—CH_2—CH_2—CH—CH_3$ OH	88,149
Pentan-2-on	$C_5H_{10}O$	$CH_3—CO—CH_2—CH_2—CH_3$	86,133
Pentan-4-on-1-al	$C_5H_8O_2$	$CH_3—CO—CH_2—CH_2—CHO$	100,117
Pentan-4-onsäure	$C_5H_8O_3$	$CH_3—CO—CH_2—CH_2—COOH$	116,116
Pentan-4-onsäureethylester	$C_7H_{12}O_3$	$CH_3—CO—CH_2—CH_2—COO—CH_2—CH_3$	144,170
Pentansäure	$C_5H_{10}O_2$	$CH_3—(CH_2)_3—COOH$	102,132
Pent-1-en	C_5H_{10}	$CH_3—CH_2—CH_2—CH=CH_2$	70,134

F. in °C	K. in °C	n_D	ϱ in kg · m^{-3}	Lösbarkeit
12,6	124	1,4049	992,3	12 W. 13°; 6 W. 100°; mb. E., D., Tchl.
159 … 160	subl.			unl. W.; wl. E., D.; l. Es., Tchl., Bz.
85 … 86	275 … 277		1 834,2/16°	unl. W.; swl. k. E.; l. sd. E., Bz., Sk.; ll. D .
− 29	161,9	1,5054/15°	1 688,1/15°	unl. W.; mb. E., D.
191	310 z.	1,5502/205 … 206°	1 978/22°	unl. W.; ll. E., D.; l. Bz.
9,9	265	1,431/25°	768,4	ll. D., E.; unl. W.
52,5	212/2,1 kPa	1,4254/80°	842,3/80°	l. D.
	44,9	1,4149	692,57	
	42	1,4340/15°	682,7/15°	l. D.
− 148,8	26			
− 130,8	36,2	1,3577	633,7/15°	unl. W.; mb. E., D.
− 91,5	103,7	1,4080/15°	818,5/11°	wl. W.; ll. E., D.
	238 … 239 133 … 134/ 1,9 kPa	1,4499	994/18°	mb. W., E.; wl. D.
− 23,2	137,7	1,4509/16,7°	977/19°	12,5 W.; mb. E., D.; l. Bz., Es., Tchl., Pr.
97 … 98	302 … 304 z.	1,5101/142 … 145° 1,4339/98 … 100°	1 429/14,5°	83,3 W. 14°; ll. E., D.; l. Bz., Tchl.; swl. Pe.
− 23,8	233,7	1,42414	1 027,0/15°	swl. W.; ll. E.; l. D.
− 29	281*	1,4365/23,2°	995/15°	l. W., E.; unl. D.
− 78,5	138	1,41173/15°	826,6/15°	swl. W.; mb. E., D.
	119	1,4053	806,8/25°	13,5 W.; mb. E., D.
− 77,8	102	1,3895	811,9/15°	swl. W.; mb. E., D.
< − 21	186 … 188	1,4263	1 018,4/21°	mb. W., E., D.
33,5	245 z.	1,4429/17°	1 143/17°	ll. W., E., D.
	205,2	1,4234/15°	1 013,46	ll. W.; mb. E., D.
− 34,6	187	1,4099/15°	943,5/15°	3,7 W. 16°; mb. E., D.
− 138	30	1,3715	640,5	ll. E., D.; unl. W.

Name	Summenformel	Strukturformel	M
Pent-1-in	C_5H_8	$CH_3-C(H_2)_3-C\equiv CH$	68,118
Phenanthren	$C_{14}H_{10}$		178,233
Phenanthrenchinon	$C_{14}H_8O_2$		208,216
Phenazin	$C_{12}H_8N_2$		180,209
Phenoxazin	$C_{12}H_9ON$		183,209
N-Phenyl-2-aminoethansäure	$C_8H_9O_2N$	$-NH-CH_2-COOH$	151,165
Phenylaminomethan	C_7H_9N	$-CH_2-NH_2$	107,155
Phenylbrommethan	C_7H_7Br	$-CH_2-Br$	171,036
2-Phenylchinolin-4-karbonsäure	$C_{16}H_{11}O_2N$	COOH	249,268
Phenylchlormethan	C_7H_7Cl	$-CH_2-Cl$	126,585
Phenyldibrommethan	$C_7H_6Br_2$	$-CH-Br$ $-Br$	249,932
Phenyldichlormethan	$C_7H_6Cl_2$	$-CH-Cl$ $-Cl$	161,030
Phenylethanal	C_8H_8O	$-CH_2-CHO$	120,151
2-Phenylethanol	$C_8H_{10}O$	$-CH_2-CH_2-OH$	122,167
Phenylethanoylchlorid	C_8H_7OCl	$-CH_2-CO-Cl$	154,596
Phenylethansäure	$C_8H_8O_2$	$-CH_2-COOH$	136,150
Phenylethansäureethylester	$C_{10}H_{12}O_2$	$-CH_2-COO-CH_2-CH_3$	164,204
Phenylethansäurenitril	C_8H_7N	$-CH_2-C\equiv N$	117,150
Phenylethen	C_8H_8	$-CH=CH_2$	104,151
Phenylhydrazin	$C_6H_8N_2$	$-NH-NH_2$	108,143

F. in °C	K. in °C	n_D	ϱ in kg · m⁻³	Lösbarkeit
– 95	40	1,4079/180°	688,2/25°	ll. E., D.; unl. W.
100	340,2	1,657/130°	1 063/101°	unl. W.; 2,62 E. 16°; 10,08 sd. E.; 8,93 D. 15,5°; 16,72 Bz. 15,5°; 33 M. 16°; l. Es., Sk., Tchl.
207	> 360		1 405	swl. k. W.; wl. h. W.; l. A.; 0,54 Bz.; ll. D., h. Es.
171	> 360 subl.			l. E.; wl. D. Bz.
156	subl.			ll. E., D., Bz., Tchl.; wl. Lg.
127	z.			l. W., E.; wl. D.
36	184,5	1,54406/19,5°	982,6/19°	mb. W., E., D.
– 3,9	198	1,5742/22°	1 443/17°	unl. W.; mb. E., D.
215,1		1,6353/218 ... 219°		unl. k. W.; 6 sd. E.; 0,4 sd. Bz.; l. sd. W.
– 39,0	179,3	1,5415/15,4°	1 102,6/18°	unl. k. W.; mb. E., D.
0 ... 1	156/3,1 kPa	1,541	1 510/15°	unl. W.; ll. Bz.; mb. E., D.
– 17	205,2	1,5515/19,4°	1 255,7/14°	mb. E., D.; unl. W.
33 ... 34	193 ... 194	1,5255/19,6°	1 027	swl. W.; mb. E., D.
– 27	219,4	1,5240	1 034	mb. E., D.; wl. W.
	96/1,9 kPa		1 168	ll. D.; z. W., z. E.
78	144/1,6 kPa	1,5000/95 ... 96°	1 228 1 080,9/80°	1,80 W. 25°; ll. E., D., Tchl.
	227 120/2,7 kPa	1,4992/18°	1 031	mb. D., E.; unl. W.
– 24,6	233 ... 234	1,52422/20,2°	1 016	mb. E., D.; unl. W.
	145,8	1,5434/17°	907,4	swl. W.; mb. E., D.
19,6	144/2 kPa	1,60813/20,3°	1 097/23°	wl. k. W.; mb. E., D.; l. Tchl., Bz.

Name	Summenformel	Strukturformel	M
d,l-Phenylhydroxyethansäure	$C_8H_8O_3$	⬡—CH—COOH / OH	152,149
d,l-Phenylhydroxyethansäurenitril	C_8H_7ON	⬡—CH—C≡N / OH	133,149
Phenylmethanol	C_7H_8O	⬡—CH$_2$OH	108,140
N-Phenylnaphthyl-1-amin	$C_{16}H_{13}N$	NH—⬡ naphthyl	219,285
N-Phenylnaphthyl-2-amin	$C_{16}H_{13}N$	naphthyl—NH—⬡	219,285
3-Phenylpropansäure	$C_9H_{10}O_2$	⬡—CH$_2$—CH$_2$—COOH	150,177
trans-3-Phenylpropenal	C_9H_8O	⬡—C—H ‖ H—C—CHO	132,162
3-Phenylprop-3-en-1-ol	$C_9H_{10}O$	⬡—CH=CH—CH$_2$—OH	134,177
cis-Phenylpropensäure	$C_9H_8O_2$	⬡—C—H ‖ HOOC—C—H	148,161
trans-Phenylpropensäure	$C_9H_8O_2$	⬡—C—H ‖ H—C—COOH	148,161
Phenyltrichlormethan	$C_7H_5Cl_3$	⬡—CCl$_3$	195,476
Phosphorsäuretriethylester	$C_6H_{15}O_4P$	CH_3—CH_2—O, O—CH_2—CH_3 P / CH_3—CH_2—O, O	182,156
Phosphorsäuretriphenylester	$C_{18}H_{15}O_4P$	(⬡—O)$_3$P=O	326,288
alpha-Pinen	$C_{10}H_{16}$	bicyclic structure	136,236

F. in °C	K. in °C	n_D	ϱ in kg $\cdot$ m^{-3}	Lösbarkeit
120,5	z.	1,5101/137 ... 138°	1 361/4°	15,97 W.; 20,85 W. 24°; ll. E., D.
22	z. 170		1 116	unl. W.; l. E., D.
-15,3	205,2	1,539 38/22,1°	1 042,7/19°	4 W. 17°; 66,7 E. (50 %); mb. D., Tchl.; l. Pr.
62	224/1,6 kPa	1,671 5/69°		ll. D.; l. E., Bz., Es., Tchl.; wl. W.
108	237/2,0 kPa	1,659 8/123 ... 124°		l. k. E., D., sd. Bz.; ll. Tchl.; unl. W.
48 ... 49	280	1,5101/53 ... 54°	1 071,2/49°	0,59 W.; ll. E.; l. D., Lg.
−7,5	127/2,1 kPa	1,619 49	1 049,7	swl. W.; mb. E., D.
34	139,4/1,9 kPa	1,575 4/36°	1 044,0	wl. W.; ll. E., D.
a) 68 b) 58 c) 42	125/2,5 kPa		1 284	0,69 W. 18°; ll. E., D.
132,5	300		1 245	0,04 W. 18°; 23,8 E.; ll. D.; 5,9 Tchl. 17°; l. Bz., Es., Sk.
−5,0	213 ... 214	1,558 4/19,2°	1 380/14°	unl. W.; l. E., D., Bz.
−56,5	216	1,406 2	1 068,2	z. W.; l. D., E.
49,5	245/1,5 kPa		1 205,5/58°	l. E., D., Bz., Tchl.; unl. W.
−55	155,8	1,465 8	858,2	mb. E., D., Tchl.; swl. W.

Name	Summenformel	Strukturformel	M
beta-Pinen	$C_{10}H_{16}$		136,236
Piperazin	$C_4H_{10}N_2$		86,136
Piperidin	$C_5H_{11}N$		85,149
Piperonal	$C_8H_6O_3$		150,134
Propan	C_3H_8	$CH_3{-}CH_2{-}CH_3$	44,096
Propanal	C_3H_6O	$CH_3{-}CH_2{-}CHO$	58,079
Propanaldiol	$C_3H_6O_3$	$HO{-}CH_2{-}\underset{\underset{OH}{\mid}}{CH}{-}CHO$	90,079
Propandiamid	$C_3H_6O_2N_2$	$\underset{\underset{CO{-}NH_2}{\mid}}{\overset{\overset{CO{-}NH_2}{\mid}}{CH_2}}$	102,093
Propan-1,2-diol	$C_3H_8O_2$	$CH_3{-}\underset{\underset{OH}{\mid}}{CH}{-}CH_2{-}OH$	76,095
Propan-1,3-diol	$C_3H_8O_2$	$HO{-}CH_2{-}CH_2{-}CH_2{-}OH$	76,095
Propandisäure	$C_3H_4O_4$	$\underset{\underset{COOH}{\mid}}{\overset{\overset{COOH}{\mid}}{CH_2}}$	104,062
Propandisäurediethylester	$C_7H_{12}O_4$	$\underset{\underset{COO{-}CH_2{-}CH_3}{\mid}}{\overset{\overset{COO{-}CH_2{-}CH_3}{\mid}}{CH_2}}$	160,169
Propansäuredinitril	$C_3H_2N_2$	$\underset{\underset{C{\equiv}N}{\diagdown}}{\overset{\overset{C{\equiv}N}{\diagup}}{H_2C}}$	66,062
Propan-1-ol	C_3H_8O	$CH_3{-}CH_2{-}CH_2{-}OH$	60,095
Propan-2-ol	C_3H_8O	$CH_3{-}\underset{\underset{OH}{\mid}}{CH}{-}CH_3$	60,095
Propanolepoxid	$C_3H_6O_2$	$H_2C{-}CH{-}CH_2{-}OH$ (O-Epoxid)	74,080
Propanolon	$C_3H_6O_2$	$CH_3{-}CO{-}CH_2{-}OH$	74,080
Propanon	C_3H_6O	$CH_3{-}CO{-}CH_3$	58,079
Propanonal	$C_3H_4O_2$	$CH_3{-}CO{-}CHO$	72,063
Propanonsäure	$C_3H_4O_3$	$CH_3{-}CO{-}COOH$	88,063

F. in °C	K. in °C	n_D	ϱ in kg · m^{-3}	Lösbarkeit
− 50	164	1,4812	870,8	unl. W.; l. E., D.
104	145 ... 146	1,446/113°		ll. W., E.; unl. D.
− 9	106	1,4535/19°	862,2	mb. W., E., D.
37	263	1,5795/44 ... 45°		0,35 W.; 0,66 W. 78°; 125 E.; 700 sd. E.; mb. D.; l. sd. W.
− 189,9	− 42,06	1,2957	2019,6	6,4 ml W. 17,8°; 783 ml E. 16,6°; 925 ml D. 16,6°
− 81	48	1,3646/19°	807	20 W.; mb. E., D.
138			1453/18°	wl. W., E., D.
170		1,4842/182 ... 185°		8,3 W. 8°; unl. E., D.
	188 ... 189		1040,3/19°	mb. W. E.; 12 D.; l. Bz.
	116/2,7 kPa	1,4398	1059,7	mb. W., E.; ll. Bz., D.
135,6	z. 140 ... 150		1631/15°	139,4 W. 15°; l. E.; 8,7 D. 15°
− 49,8	198,9	1,4142	1055,0	l. W., Bz., Tchl.; mb. E., D.
32	105 ... 107/ 0,9 kPa	1,41463/34,2°	1051/32°	13,3 W.; 40 E.; 20 D.; 10 Tchl.; l. Bz.
− 126	97,2	1,38543	803,5	mb. W., D., E.; l. Bz.
− 89,5	82,0	1,37757	785,4	mb. W., E., D.
	162 ... 163 z. 62/2,0 kPa	1,4350/16°	1111/22°	mb. W., E., D.; unl. Bz.
− 17	145 ... 146 z. 54/2,4 kPa	1,4295	1080,1	mb. W., E., D.
− 95	56,1	1,35886/19,4°	795	mb. W., E., D.
	72	1,4002/17,5°	1045,5/24°	l. W.; ll. E., D.
13,6	165 z.	1,43025/15,3°	1264,9/25°	mb. W., E., D.

Name	Summenformel	Strukturformel	M
Propansäure	$C_3H_6O_2$	$CH_3—CH_2—COOH$	74,079
Propansäureethylester	$C_5H_{10}O_2$	$CH_3—CH_2—COO—CH_2—CH_3$	102,133
Propansäuremethylester	$C_4H_8O_2$	$CH_3—CH_2—COO—CH_3$	88,106
Propansäurenitril	C_3H_5N	$CH_3—CH_2—C≡N$	55,079
Propan-1,2,3-trikarbonsäure	$C_6H_8O_6$	$HOOC—CH—CH_2—COOH$ $\mid$ $CH_2—COOH$	176,126
Propantriol	$C_3H_8O_3$	$CH_2—CH—CH_2$ $\mid \quad \mid \quad \mid$ $OH \quad OH \quad OH$	92,094
Propen	C_3H_6	$CH_3—CH=CH_2$	42,080
Propenal	C_3H_4O	$CH_2=CH—CHO$	56,064
Propenamid	C_3H_5ON	$H_2C=CH—CO—NH_2$	71,079
Prop-2-en-1-ol	C_3H_6O	$CH_2=CH—CH_2—OH$	58,079
Propensäure	$C_3H_4O_2$	$CH_2=CH—COOH$	72,063
Propensäureethylester	$C_5O_8H_2$	$CH_2=CH—COO—CH_2—CH_3$	100,117
Propensäurenitril	C_3H_3N	$CH_2=CH—C≡N$	53,063
Propin	C_3H_4	$CH_3—C≡CH$	40,065
Prop-2-in-1-ol	C_3H_4O	$HC≡C—CH_2—OH$	56,064
Propiophenon	$C_9H_{10}O$	$CH_3—CH_2—CO—\bigcirc$	134,177
Propylamin	C_3H_9N	$CH_3—CH_2—CH_2—NH_2$	59,111
i-Propylbenzen	C_9H_{12}	H_3C $\quad CH—\bigcirc$ H_3C	120,194
Pyrazin	$C_4H_4N_2$		80,089
Pyrazol	$C_3H_4N_2$		68,078
Pyrazolon	$C_3H_4ON_2$		84,077
Pyren	$C_{16}H_{10}$		202,255
Pyridazin	$C_4H_4N_2$		80,089
Pyridin	C_5H_5N		79,101
Pyridin-2-karbonsäure	$C_6H_5O_2N$	—COOH	123,111

F. in °C	K. in °C	n_D	ϱ in kg · m^{-3}	Lösbarkeit
−19,7	140,7	1,3872	998,5/15°	mb. W., E., D.; l. Tchl.
−73,9	99,1	1,38385	890,7	1,7 W.; mb. E., D.
	79,7	1,3775	917,0/18°	mb. E., D.; wl. W.
−91,9	97,1	1,3681/19°	784	11,9 W. 40°; 29 W. 100°; l. D.; mb. E.
166	z.			40,52 W. 14°; ll. E.; l. D. 18°
17,9	172 ... 173 1,5 kPa	1,4729	1 261,3	mb. E., W.; unl. D., Tchl.
−185,2	−47		674/79°	28 ml W. 10°; ll. k. E., k. Es.
−88	52 ... 53	1,39975	838,9	26,7 W.; ll. E., D.
84,5	87/0,27 kPa	1,460	1 122/30°	63 Pr., 86 E., 155 M., 0,35 Bz., 215,5 W.
−129	97,1	1,411 52/15°	870,3/0°	mb. W., E., D.; l. Bz.
13	140 ... 141	1,422/16°	1 062/16°	mb. W., D., E.; l. Bz.
	98,5	1,405	924	
−82	78	1,3907/22°	811	
−104,7	−23,3		1787	ll. E.; l. D., Bz.; wl. W.
−17	114 ... 115	1,43064	971,5	l. W.; mb. E., D.
21	218	1,5290/15,9°	1 013,3/16°	l. E., D.; unl. W.
−83	47,8	1,39006/16,6°	718,6	l. W., D., E.
−96,9	152,5	1,4930	862	unl. W.; l. E., D., Bz.
54	116		1 031/61°	ll. E., D.; mb. W.; l. Tchl.
70	186 ... 188		1 001,8/99,8°	ll. W., E., D.; l. Bz.
165	subl. z.			l. W., E.; swl. D.
150	260/8,0 kPa 393	1,6877/175 ... 178°	1 277/0°	unl. W.; 1,37 E. 16°; 3,08 sd. E.; ll. D. 16,54 M. 18°
−8	208	1,5231/23,5°	1 104/23°	mb. W.; ll. E., D.; l. Bz.; unl. Lg.
−42	115,5	1,50920	977,2/25°	mb. W., E., D.; l. Bz.
137	subl.			ll. W.; 9,5 E.; swl. D., Bz., Tchl.

Name	Summenformel	Strukturformel	M
Pyridin-3-karbonsäure	$C_6H_5O_2N$		123,111
Pyridin-4-karbonsäure	$C_6H_5O_2N$		123,111
Pyrrol	C_4H_5N		67,090
Pyrrolidin	C_4H_9N		71,122
Pyrrolin	C_4H_7N		69,106
Saccharin	$C_7H_5O_3NS$		183,18
Salpetersäureethylester	$C_2H_5O_3N$	$CH_3-CH_2-O-NO_2$	91,066
Salpetrigsäureethylester	$C_2H_5O_2N$	CH_3-CH_2-O-NO	75,067
Salpetrigsäuremethylester	CH_3O_2N	CH_3-O-NO	61,040
Schwefelsäurediethylester	$C_4H_{10}O_4S$	CH_3-CH_2-O $\searrow SO_2$ CH_3-CH_2-O $\nearrow$	154,18
Schwefelsäuredimethylester	$C_2H_6O_4S$	$CH_3-O-SO_2-O-CH_3$	126,13
Schwefelsäuremonoethylester	$C_2H_6O_4S$	$CH_3-CH_2-O-SO_2-OH$	126,13
Schwefelsäuremonomethylester	CH_4O_4S	CH_3-O-SO_2-OH	112,10
Schwefligsäurediethylester	$C_4H_{10}O_3S$	CH_3-CH_2-O $\searrow SO$ CH_3-CH_2-O $\nearrow$	138,18
D-Sorbit-Semihydrat	$C_6H_{14}O_6 \cdot {}^1/_2\,H_2O$	$HO-CH_2-[CH(OH)]_4-CH_2 \cdot {}^1/_2 H_2O$ OH	191,181
L-Sorbose	$C_6H_{12}O_6$		180,157
2-Sulfobenzenkarbonsäure	$C_7H_6O_5S$		202,18
3-Sulfobenzenkarbonsäure	$C_7H_6O_5S$		202.18
4-Sulfobenzenkarbonsäure	$C_7H_6O_5S$		202,18
Sulfoethansäure-Monohydrat	$C_2H_6O_6S$	$HO_3S-CH_2-COOH \cdot H_2O$	158,13

F. in °C	K. in °C	n_D	ϱ in kg · m^{-3}	Lösbarkeit
236 ... 237	subl.	1,4936/240 ... 241°		ll. h. W., h. E.; swl. D., k. W.
315 ... 316	subl. z.			wl. D., Bz., k. W.; swl. sd. E.
	130	1,50347/19,7°	969,1	wl. Bz., W.; ll. E., D.
	88		852/22°	mb. W., E., D.
	90/99,7 kPa	1,4664	909,7	ll. W.; mb. E., D .
228	subl.	1,5204/244°	828	0,43 W. 25°; 3,1 E.; wl. D., Bz.
− 102	87,7	1,38484/21,5°	1105/22°	3,09 W. 55°; mb. E., D.
	17		900/16°	mb. E.; l. D.; swl. W.
− 17	− 12		991/ − 15°	l. E., D.
− 24,5	96/2,0 kPa	1,40171/15°	1186,7/19°	unl. W.; l. Bz.; mb. E., D.
− 32	188,5	1,3874	1327,8	l. D., Bz.; mb. E.
	280 z.	1,40100/18,1°	1316/17°	ll. W.; l. E., D.
< − 30	z.			ll. W.; l. E.; mb. D.
	158	1,4198/11°	1077,2	l. E., D.
85 ... 93	−	1,5101/88 ... 91°		mb. W.; swl. k. E.; ll. h. E.; l. Es.
154			1612/17°	83 W. 17°; swl. E.; unl. D.
141				ll. W., E.; unl. D.
141				ll. W., E., D.; unl. Bz.
259 ... 260				ll. W., E., D.
84 ... 86	z. ≈ 245			I. W.; ll. E.; unl. D.

Name	Summenformel	Strukturformel	M
D-Terpineol	$C_{10}H_{18}O$		154,25:
1,2,3,4-Tetrachlorbenzen	$C_6H_2Cl_4$		215,89·
1,2,3,5-Tetrachlorbenzen	$C_6H_2Cl_4$		215,89·
1,2,4,5-Tetrachlorbenzen	$C_6H_2Cl_4$		215,89·
Tetrachlor-1,4-chinon	$C_6O_2Cl_4$		245,87:
1,1,1,2-Tetrachlorethan	$C_2H_2Cl_4$	Cl_3C-CH_2-Cl	167,850
1,1,2,2-Tetrachlorethan	$C_2H_2Cl_4$	$Cl_2-CH-CH-Cl_2$	167,850
Tetrachlorethen	C_2Cl_4	$Cl_2C=CCl_2$	165,834
Tetrachlormethan	CCl_4	CCl_4	153,823
Tetradekan	$C_{14}H_{30}$	$CH_3-(CH_2)_{12}-CH_3$	198,391
Tetradekan-1-ol	$C_{14}H_{30}O$	$CH_3-(CH_2)_{12}-CH_2-OH$	214,390
Tetradekansäure	$C_{14}H_{28}O_2$	$CH_3-(CH_2)_{12}-COOH$	228,374
Tetradek-1-en	$C_{14}H_{28}$	$CH_3-(CH_2)_{11}-CH=CH_2$	196,375
Tetrafluormethan	CF_4		88,005
Tetrahydrofuran	C_4H_8O		72,107
Tetrahydrofurfurylmethanol	$C_5H_{10}O_2$		102,133
Tetrahydronaphthalen	$C_{10}H_{12}$		132,205

F. in °C	K. in °C	n_D	ϱ in kg · m^{-3}	Lösbarkeit
37 ... 38	104/2,0 kPa	1,4819	939/15°	wl. W.; l. E.
a) 47,5 b) 42,0	254			unl. W.; wl. E.; ll. D., Sk.
51	246			wl. k. E.; ll. Bz., Sk.; l. D.
139	243 ... 246		1734/10°	unl. W.; wl. sd. E.; l. D., Bz., Sk.
290	subl.			unl. W.; wl. Sk., Tchl.; l. sd. E., D., Bz.; ll. sd. Es.
	130,5	1,48162/23,2	1542/26°	unl. W.; mb. E., D.
−42,5	146,2	1,4942	1600,2	unl. W.; mb. E., D.
−22,4	121,1	1,50547	1620,7	unl. W.; mb. E., D.
−22,9	76,7	1,46305/15°	1596	0,077 W. 25°; mb. E., D.; l. Bz., Tchl.
5,5	252,6	1,4459	764,5	ll. D., E.; unl. W.
38	159 ... 161/ 1,3 kPa			l. E.; ll. D.
53,8	250,5/ 13,3 kPa	1,4305/60	862,2/54°	unl. W.; l. E., Bz., Es., Tchl.; wl. D.
−12	246		775	ll. E., D.; wl. W.
−184	−128		3940	
−108,5	65,6 ... 65,8	1,4050	889,2	ll. W.; l. E., D.
	72 ... 73/ 2,0 kPa	1,4517	1049,5	mb. W., E., D.
−30	207,2	1,5461/20,2	973,2/18°	unl. W.; ll. E., D.

Name	Summenformel	Strukturformel	M
Tetramethylammoniumhydroxid	$C_4H_{13}ON$	$\left[\begin{array}{c} H_3C \\ H_3C \end{array} N \begin{array}{c} CH_3 \\ CH_3 \end{array}\right]^+ OH^-$	91,153
Tetramethythiuramdisulfid	$C_6H_{12}N_2S_4$	$\begin{array}{c} CH_3 \\ CH_3 \end{array} N-C-S-S-C-N \begin{array}{c} CH_3 \\ CH_3 \end{array}$ $\underset{S}{\parallel}\quad\underset{S}{\parallel}$	240,41
2,3,4,6-Tetranitro-1-methyl-5-amino-benzen	$C_7H_5O_8N_5$	NH_2, O_2N-, $-NO_2$, H_3C-, $-NO_2$, NO_2	287,145
Thiazol	C_3H_3NS	$HC{-}{-}N$ $\parallel\quad\parallel$ $HC\quad CH$ $\diagdown_S\diagup$	85,12
2-Thiol-benzenkarbonsäure	$C_7H_6O_2S$	⬡ $-COOH$ $-SH$	154,18
Thiokohlensäurediamid	CH_4N_2S	$H_2N-C-NH_2$ $\underset{S}{\parallel}$	76,12
Thiokohlensäuredichlorid	$CSCl_2$	$S=C\begin{array}{c} Cl \\ Cl \end{array}$	114,98
Thiophen	C_4H_4S	$HC{-}{-}{-}CH$ $\parallel\quad\parallel$ $HC\quad CH$ $\diagdown_S\diagup$	84,14
Thiolbenzen	C_6H_6S	⬡ $-SH$	110,17
Thiuramdisulfid	$C_2H_4N_2S_4$	$H_2N-C-S-S-C-NH_2$ $\underset{S}{\parallel}\qquad\underset{S}{\parallel}$	184,31
Tribromethanal	C_2HOBr_3	Br_3C-CHO	280,741
Tribromethanol	$C_2H_3OBr_3$	Br_3C-CH_2-OH	282,757
Tribrommethan	$CHBr_3$	$CHBr_3$	252,731
Trichlorethanal	C_2HOCl_3	Cl_3C-CHO	147,388
Trichlorethanal-Hydrat	$C_2H_3O_2Cl_3$	$Cl_3-CH(OH)_2$	165,404
Trichlorethanoylchlorid	C_2OCl_4	$Cl_3C-CO-Cl$	181,833
Trichlorethansäure	$C_2HO_2Cl_3$	$Cl_3C-COOH$	163,388
Trichlorethen	C_2HCl_3	$ClCH=CCl_2$	131,389
1,2,3-Trichlorbenzen	$C_6H_3Cl_3$	Cl, ⬡ $-Cl$, $-Cl$	181,449
1,2,4-Trichlorbenzen	$C_6H_3Cl_3$	$Cl-$⬡$-Cl$, Cl	181,449
1,3,5-Trichlorbenzen	$C_6H_3Cl_3$	Cl, $Cl-$⬡$-Cl$	181,449

F. in °C	K. in °C	n_D	ϱ in kg · m⁻³	Lösbarkeit
63	z.			220 W. 15°; mb. W. 63°; swl. E.; unl. D.
155 ... 156			1 290	l. Tchl.; wl. E., D.; unl. W.
z.	−		1 900	
	116,8	1,5969	1 198	mb. W.; l. E., D.
164 ... 165	subl.			wl. h. W.; ll. E.; l. Es., D.
180	z.	1,648 3/137 ... 138°	1 405	9 k. W.; swl. k. E.; wl. D.
	73,5	1,544 24	1 508,5/15°	l. D.
− 40	84	1,528 736	1 070,5/15°	unl. W.; l. E., Bz.
	168,3	1,586 13/23,2°	1 078/22°	unl. W.; ll. E.; mb. D.
153 z.	−			unl. W., D.; z. sd. E.
	174		2 665/25°	l. E., D.
80	92 ... 93/ 1,3 kPa			l. W.
8,05	149,6	1,600 5/15°	2 889,9	0,319 W. 30°; mb. E., D.; l. Bz., Tchl., Pe.
51,6	96		1 908	474 W. 17°; 250 E. 14°
	118		1 629/16°	mb. D.
57,5	197,5	1,460 3/60,8°	1 629,8/61°	120,1 W. 25°; l. E., D.
− 73	87,2	1,477 7	1 466,0/18°	mb. E., D.; swl. W.
53 ... 54	218 ... 219			wl. E.; ll. D.; unl. W.
17	213	1,567 1	1 446/26°	ll. D., E.; unl. W.
63	208,4			l. E.; ll. D.; unl. W.

Name	Summenformel	Strukturformel	M
2,3,4-Trichlorhydroxybenzen	$C_6H_3OCl_3$	Cl—⟨benzene⟩—OH, Cl Cl	197,448
2,3,5-Trichlorhydroxybenzen	$C_6H_3OCl_3$	OH ⟨benzene⟩ Cl— —Cl, Cl	197,448
2,4,6-Trichlorhydroxybenzen	$C_6H_3OCl_3$	Cl HO—⟨benzene⟩—Cl Cl	197,448
Trichlormethan	$CHCl_3$	$H-C\begin{smallmatrix}Cl\\Cl\\Cl\end{smallmatrix}$	119,378
Trichlornitromethan	CO_2NCl_3	$\begin{smallmatrix}Cl\\Cl\\Cl\end{smallmatrix}C-NO_2$	164,376
1,1,1-Trichlorpropan	$C_3H_5Cl_3$	$Cl_3C-CH_2-CH_3$	147,432
1,1,2-Trichlorpropan	$C_3H_5Cl_3$	$Cl-CH-CH-CH_3$, Cl Cl	147,432
1,2,3-Trichlorpropan	$C_3H_5Cl_3$	$Cl-CH_2-CH-CH_2Cl$, Cl	147,432
1,2,2-Trichlorpropan	$C_3H_5Cl_3$	$Cl-CH_2-C-CH_3$, Cl Cl	147,432
Tridekan	$C_{13}H_{28}$	$CH_3-(CH_2)_{11}-CH_3$	184,364
Tridekan-1-ol	$C_{13}H_{28}O$	$CH_3-(CH_3)_{11}-CH_2-OH$	200,363
Tridekan-7-on	$C_{13}H_{26}O$	$CH_3-(CH_2)_5-\overset{O}{\overset{\|}{C}}-(CH_2)_5-CH_3$	198,348
Tridekansäure	$C_{13}H_{26}O_2$	$CH_3-(CH_2)_{11}-COOH$	214,347
Tridek-1-en	$C_{13}H_{26}$	$CH_3-(CH_2)_{10}-CH=CH_2$	182,348
Triethanolamin	$C_6H_{15}O_3$	$\begin{smallmatrix}HO-CH_2-CH_2\\HO-CH_2-CH_2\end{smallmatrix}N-CH_2-CH_2-OH$	149,189
Triethylamin	$C_6H_{15}N$	$\begin{smallmatrix}CH_3-CH_2\\CH_3-CH_2\end{smallmatrix}N-CH_2-CH_3$	101,191
Trifluormethan	CHF_3	$H-C\begin{smallmatrix}F\\F\\F\end{smallmatrix}$	70,014
1,2,3-Trihydroxybenzen	$C_6H_6O_3$	OH HO—⟨benzene⟩—OH	126,112
1,2,4-Trihydroxybenzen	$C_6H_6O_3$	OH HO—⟨benzene⟩—OH	121,612

F. in °C	K. in °C	n_D	ϱ in kg · m^{-3}	Lösbarkeit
80 ... 81				
62	253	1,5725/70°		l. E., D., Lg.; swl. sd. W.
68	244,5	1,5611/85°	1 490,1/75°	ll. E., D.; swl. W.
− 63,5	61,21	1,44309/25°	1 498,45/15°	0,82 W.; ll. E., D.
− 64	111,9	1,46075/23°	1 651	0,17 W. 18°; mb. E., D.
	145 ... 150			
	140		1 372/25°	
− 14,7	156,8		1 394	l. E., D.; unl. W.
	123		1 318/25°	
− 5,4	234	1,4258	756,2	ll. E., D.; unl. W.
30,6	155/2,0 kPa		822,3/31°	unl. W.
33	264			l. E., D.
51	236/13,3 kPa	1,4249/70°		ll. D., E.; unl. W.
− 22	232,7		797,7	ll. D., E.; unl. W.
21,2	206 ... 207 2,0 kPa	1,4852	1 124,2	mb. W., E.; wl. D.
− 114,8	89,5	1,4003	722,9	mb. W. unterhalb 18,7°; 16,6 W.; 2,0 W 65°; l. E., D.
− 163	− 82,2			l. W.
132,8	309 (293 z.)	1,5611/133 ... 135°	1 453	44 W. 13°; ll. E., D.; swl. Bz., Sk., Tchl.
141				ll. W., E., D.; swl. Bz., Tchl.

Name	Summenformel	Strukturformel	M
1,3,5-Trihydroxybenzen	$C_6H_6O_3$		126,112
Triiodmethan	CHI_3		393,732
Trimethylamin	C_3H_9N		59,111
1,3,5-Trimethylbenzen	C_9H_{12}		120,194
2,2,3-Trimethylbutan	C_7H_{16}		100,203
2,4,6-Trimethylpyridin	$C_8H_{11}N$		121,182
1,2,3-Trinitrobenzen	$C_6H_3O_6N_3$		213,106
1,2,4-Trinitrobenzen	$C_6H_3O_6N_3$		213,106
1,3,5-Trinitrobenzen	$C_6H_3O_6N_3$		213,106
2,4,6-Trinitrochlorbenzen	$C_6H_2O_6N_3Cl$		247,551
2,4,6-Trinitrohydroxybenzen	$C_6H_3O_7N_3$		229,106
2,3,4-Trinitromethylbenzen	$C_7H_5O_6N_3$		227,133

F. in °C	K. in °C	n_D	ϱ in kg $\cdot$ m^{-3}	Lösbarkeit
217 ... 219	subl.			1,07 W.; l. E., D.
119	subl. expl. 210		4008/17°	unl. W.; 1,5 E. (90 %) 18°; ll. sd. E.; 18,5 D.; l. Es., Sk., Tchl.
−124	3,5		2 580,4/17°	ll. W., E.; l. D.
−52,7	164,6	1,498 04/17,1°	863,4	unl. W.; l. E., D.
−25	80,9	1,389 40	689,2	ll. D., E.; unl. W.
	171	1,4959/25°	917	20,8 W. 6°; 1,8 W. 100°; l. E.; mb. D.
127				10 sd. E.; unl. W.
61			1 730/15°	5,45 E. 15°; 7,13 D. 15°; 14,08 Bz. 15°; swl. W.
123	subl. z.	1,561 1/128 ... 130°	1 477,5/152°	0,04 k. W.; 1,9 E. 16°; 1,5 D. 17°; 6,2 Bz. 16°
83	z.	1,579 5/91 ... 92°	1 797	swl. W.; ll. sd. E.; wl. D.; l. Lg.
122,5	subl. expl. > 300°	1,589 7/145 ... 146°	1 767/19°	1,2 W.; 7,2 sd. W.; 66,2 sd. E.; 2,1 D.
112	z. 290		1 620	wl. k. E.; ll. D.; unl. W.

Name	Summenformel	Strukturformel	M
2,4,5-Trinitromethylbenzen	$C_7H_5O_6N_3$		227,13
2,4,6-Trinitromethylbenzen	$C_7H_5O_6N_3$		227,13
2,4,5-Trinitronaphth-1-ol	$C_{10}H_5O_7N_3$		279,16
Triphenylchlormethan	$C_{19}H_{15}Cl$	$C-Cl$	278,78
Triphenylmethan	$C_{19}H_{16}$	$CH-$	244,33
Triphenylmethanol	$C_{19}H_{16}O$	$C-OH$	260,33
Triphenylphosphin	$C_{18}H_{15}P$	$P-$	262,29
Undekan	$C_{11}H_{24}$	$CH_3-(CH_2)_9-CH_3$	156,31
Undekanal	$C_{11}H_{22}O$	$CH_3-(CH_2)_9-C{\overset{O}{\underset{H}{\diagup}}}$	170,29
Undekan-1-ol	$C_{11}H_{24}O$	$CH_3-(CH_2)_9-CH_2-OH$	172,31
Undekan-6-on	$C_{11}H_{22}O$	$CH_3-(CH_2)_4-\underset{\underset{O}{\|}}{C}-(CH_2)_4-CH_3$	170,29
Undekansäure	$C_{11}H_{22}O_2.$	$CH_3-(CH_2)_9-COOH$	186,29
Undek-1-en	$C_{11}H_{22}$	$CH_3-(CH_2)_8-CH=CH_2$	154,29
Xanthen	$C_{13}H_{10}O$		182,22

F. in °C	K. in °C	n_D	ϱ in kg · m^{-3}	Lösbarkeit
104	z. 291		1 620	wl. k. E.; ll. D.; l. Pr.; unl. W.
80,8	z. > 335	1,5611/91 ... 93°	1 654	1,64 W. 22°; 10 E. 58°; l. D.
189 z.	–			l. Es ; wl. E., Bz., D., sd. W.
112	230 ... 235/ 2,7 kPa			ll. Bz., Sk.; l. Tchl.; wl. E., D.
93	359	1,5839/99°	1 014/99°	unl. W.; wl. k. E.; ll. h. E., D.; l. Tchl., Bz.
162,5	380	1,5611/170 ... 172°	1 188	unl. W.; ll. E., D., Bz.
79	> 360		1 194	unl. W.; l. E., Bz.; ll. D.
−25,6	195,8	1,4173	740,25	ll. D., E.
−4	117/2,4 kPa	1,4334	830	l. E., D.; unl. W.
11	131/2,0 kPa	1,4404	833,4/23°	l. D., E.; unl. W.
15	226	1,42682/25°	824,7	l. E., D.; unl. W.
29,3	228/21,3 kPa	1,4203/70°	890,5	l. D.; unl. W.
−49	192,7	1,4284	750,32	
100,5	315			swl. W.; wl. l. E.; l. D., Tchl., Bz. Sk.

Name	Summenformel	Strukturformel	M
Xanthon	$C_{13}H_8O_2$		196,205
Zyanamid	CH_2N_2	$H_2N—C≡N$	42,040
Zyanethansäure	$C_3H_3O_2N$	$N≡C—CH_2—COOH$	85,062
Zyansäure	$CHON$	$HO—C≡N$	43,025
Zyanurchlorid	$C_3N_3Cl_3$		184,412
Zyanursäure	$C_3H_3O_3N_3$		129,075
Zyklobutan	C_4H_8	$H_2C—CH_2$ / $H_2C—CH_2$	56,107
Zykloheptan	C_7H_{14}		98,188
Zykloheptanon	$C_7H_{12}O$		112,171
Zyklohexa-1,3-dien	C_6H_8		80,129
Zyklohexan	C_6H_{12}		84,161
Zyklohexankarbonsäure	$C_7H_{12}O_2$		128,171
Zyklohexanol	$C_6H_{12}O$		100,160
Zyklohexanon	$C_6H_{10}O$		98,144
Zyklohexanonoxim	$C_6H_{11}ON$		113,159
Zyklohexen	C_6H_{10}		82,145
Zyklohexylamin	$C_6H_{13}N$		99,175

F. in °C	K. in °C	n_D	ϱ in kg · m⁻³	Lösbarkeit
173 ... 174	349 ... 350 97,3 kPa	1,5898/181 ... 182°		0,7 k. E., 8,5 sd. E.; wl. D., Bz., Lg., h. W.
43 ... 44	140/2,5 kPa	1,4418/48°	1 072,9/48°	ll. W., E.; wl. Sk.; l. D., Bz. Tchl.
65,6	108/2,0 kPa			l. W., E., D.; wl. Tchl. Bz.
− 86	z.		1 140/0°	l. k. W., D., Es.
146	190		1 320	ll. E., Tchl.; l. sd. D., Es., swl. W.
> 360°	z.		2 500/19°	0,25 W. 17°; 0,1 E. 21°; wl. D.
< − 80	11 ... 12	1,3752/0°	703/0°	unl. W.; ll. Pr.; mb. E., D.
− 12	118	1,4440	809,9	unl. W.; ll. E., D.
	179 ... 181	1,4604/21°	950,0/21°	unl. W.; l. D.; ll. E.
89	80,4	1,4744	840,5	unl. W.; l. E.; ll. D.
6,6	80,8	1,4268 0	779,1	unl. W.; mb. E., D.
31,2	232 ... 233	1,4561/33,8°	1 025,3/34°	0,20 W. 15°; ll. E., D.
23,9	160,6	1,4657	936,9	5,67 W. 15°; l. E., D., Sk.; mb. Bz.
− 26	155,8	1,4507/19°	946,6	l. W., E., D.
90	204			
− 103,7	82,98	1,4469	810,2	unl. W.; l. E., D.
− 21	134	1,43176	819,1	wl. W., E., D.

Name	Summenformel	Strukturformel	M
Zyklooktatetraen	C_8H_8	$\begin{array}{l} HC{=}CH{-}CH{=}CH \\ \mid \qquad\qquad \mid \\ HC{=}CH{-}CH{=}CH \end{array}$	104,151
Zyklopenta-1,3-dien	C_5H_6	$\begin{array}{l} HC{-}CH \\ \parallel \quad\diagdown CH \\ HC{-}CH_2 \end{array}$	66,102
Zyklopentan	C_5H_{10}	$\begin{array}{l} H_2C{-}CH_2 \\ \mid \quad\diagdown CH_2 \\ H_2C{-}CH_2 \end{array}$	70,134
Zyklopentanon	C_5H_8O	$\begin{array}{l} H_2C{-}CH_2 \\ \mid \quad\diagdown C{=}O \\ H_2C{-}CH_2 \end{array}$	84,118
Zyklopropan	C_3H_6	$\begin{array}{l} H_2C \\ \quad\diagdown CH_2 \\ H_2C \end{array}$	42,080

Raum für Ergänzungen

F. in °C	K, in °C	n_D	ϱ in kg · m^{-3}	Lösbarkeit
ca. − 27	42/2,3 kPa	1,5394	925	l. D.
− 97,2	42,5	1,4542/4,1°	804,7/19°	unl. W.; mb. E., D., Bz.
− 93,3	49,5	1,4039/20,5°	751,0	unl. W.; mb. E., D.
− 52,8	130,5	1,4366	941,6/22°	wl. W.; mb. E., D.
− 127	− 34,5/ 100,0 kPa		720/ − 79°	unl. W.; ll. E., D.

5. Siedetemperaturen azeotroper Gemische

Azeotrope Gemische bestehen aus bestimmten Stoffen verschiedener Siedetemperaturen, die in einem bestimmten Mischungsverhältnis eine gemeinsame, konstante Siedetemperatur haben. Diese Siedetemperatur ist von dem der reinen Stoffe verschieden.

Spalte K. der reinen Stoffe und K. des azeotropen Gemisches: Die Siedetemperaturen sind in diesen Spalten für 101,325 kPa angegeben.

5.1. Binäre Gemische

Bestandteile	K. des reinen Stoffes in °C	K. des azeotropen Gemisches in °C	Masseanteil des Stoffes I in %
Stoff I			
Benzen	80,12		100
Stoff II			
Butanon	79,6	78,4	62
Hexan	68,6	68,9	19
Zyklohexan	80,8	77,8	52,2
Stoff I			
Butan-1-ol	117,5		100
Stoff II			
Chlorbenzen	131,7	107,2	56
1,3-Dimethylbenzen	139	116,5	71,5
Di-2-methylpropyl-ether	122,4	112,8	45
Methansäurebutylester	106,9	105,8	24
Methylbenzen	110,8	105,5	27
Nitroethan	114	108,0	43
Nitromethan	100,9	98	30
Zyklohexan	80,8	79,8	10
Stoff I			
Butan-2-ol	99,5		100
Stoff II			
1,4-Dioxan	101,4	98,8	≈ 40
Dipropylether	90,6	87	≈ 22
Nitromethan	100,9	91,0	53,5
Propansäureethylester	99,1	85,5	62
Stoff I			
Butanon	79,6		100
Stoff II			
Ethansäureethylester	77,1	77,0	18
Heptan	98,4	77,0	75
Hexan	68,6	64,3	29,5
Methylzyklohexan	100,9	77,7	80
Zyklohexan	80,8	71,8	40
Stoff I			
2-Chlorethanol	128,6		100
Stoff II			
Methylbenzen	110,8	106,8	24,2
Trichlorethen	87,2	88,55	25
Stoff I			
1,3-Dimethylbenzen	139		100

Bestandteile	K. des reinen Stoffes in °C	K. des azeotropen Gemisches in °C	Masseanteil des Stoffes I in %
Stoff II			
Butansäure	164	138,5	94
Chlorethansäure	189	139	93
Methansäure	100,5	94,2	30
Stoff I			
1,4-Dioxan	101,4		100
Stoff II			
1-Brombutan	100,3	98,0	47
1,3-Dimethylbenzen	139	136,0	40,4
Heptan	98,4	91,85	44
Methylzyklohexan	100,9	93,7	≈ 45
Methylzyklopentan	72	71,5	≈ 5
Nitromethan	100,9	100,55	43,5
Stoff I			
Ethandiol	197,4		100
Stoff II			
Aminobenzen	184,4	180,55	24
Dibutylether	142,4	140,0	6,4
N,N-Dimethylaminobenzen	193	175,85	33,5
Di-3-methylbutyl-ether	170 ... 175	161,4	22
Di-2-methylpropyl-ether	122,4	121,9	7
Ethoxybenzen	170,1	161,45	19
N-Ethylaminobenzen	206	183,7	43
Ethylbenzylether	185	169,0	22
Methoxybenzen	153,8	150,45	10,5
N-Methylaminobenzen	193,8	181,6	40,2
4-Methylmethoxybenzen	176,5	166,6	22,8
Nitrobenzen	210,9	185,9	59
2-Nitromethylbenzen	222,3	188,55	48,5
3-Nitromethylbenzen	230 ... 231	192,5	≈ 57
4-Nitromethylbenzen	238	192,4	63,5
Propoxybenzen	190 ... 191	171,0	26
Stoff I			
Ethanol	78,37		100
Stoff II			
Benzen	80,12	68,0	32,7
2-Brompropan	59,4	55,5	88,5
Butanon	79,6	75,7	34
Dipropylether	90,6	74,5	44
Ethansäureethylester	77,1	71,8	30,6
Ethylpropylether	63,85	60,0	15
Heptan	98,4	72,0	48
Hexan	68,6	58,6	21
Kohlenstoffdisulfid	46,45	42,4	9
Methylbenzen	110,8	76,8	68
Nitromethan	100,9	75,95	73,2
Propensäureethylester	99,8	77,5	72,7
Tetrachlormethan	76,7	64,9	15,8
Trichlorethen	87,2	70,8	28
Trichlormethan	61,21	59,4	7
Zyklohexan	80,8	64,9	30,5
Stoff I			
Ethansäure	118,1		100
Stoff II			
Benzen	80,12	98,5	1,5
1,3-Dimethylbenzen	139	115,4	72,5
Methylbenzen	110,8	100,5	22,4
Oktan	125,8	105,1	52,6

Bestandteile	K. des reinen Stoffes in °C	K. des azeotropen Gemisches in °C	Masseanteil des Stoffes I in %
Stoff I			
Heptan	98,4		100
Stoff II			
Methansäure	100,5	78,2	43
Stoff I			
Hexan	68,6		100
Stoff II			
2-Brompropan	59,4	59,3	1,5
Trichlormethan	61,21	60	28
Stoff I			
Hydroxybenzen	181,4		100
Stoff II			
Benzaldehyd	178	185,6	51
Stoff I			
Methanol	64,7		100
Stoff II			
Benzen	80,12	57,9	38,5
1-Brombutan	100,3	63,5	59
2-Brompropan	59,4	49,0	14,5
1,2-Dichlorethan	83,7	59,5	34,5
Dipropylether	90,6	63,8	72
Ethanal	20,2	63,2	65
Ethylpropylether	63,85	55,8	28
Heptan	98,4	59,1	51,5
Hexan	68,6	50,0	27
Iodmethan	42,4	37,8	4,5
Methansäureethylester	54,1	51,0	16
Methylpropylether	41	38,85	≈ 10
Nitromethan	100,9	64,55	92
Propanon	56,1	55,5	12
Tetrachlormethan	76,7	55,7	21
Thiophen	84	59,55	55
Trichlorethen	87,2	59,4	34
Trichlormethan	61,21	53,5	12
Zyklohexan	80,8	54,2	37
Stoff I			
3-Methylbutan-1-ol	131,3		100
Stoff II			
Chlorbenzen	131,7	124,3	36
1,2-Dimethylbenzen	143,6	128	60
1,3-Dimethylbenzen	139	127	53
1,4-Dimethylbenzen	138,4	126,8	51
1,4-Dioxan	101,4	131,3	97,5
Stoff I			
2-Methylhydroxybenzen	191		100
Stoff II			
Ethansäurephenylester	195,8	198,6	37,1
Oktan-2-on	172,9	191,5	96,4
Stoff I			
2-Methylpropan-1-ol	108		100

Bestandteile	K. des reinen Stoffes in °C	K. des azeotropen Gemisches in °C	Masseanteil des Stoffes I in %
Stoff II			
Benzen	80,12	79,8	9
1-Brombutan	100,3	98,6	13
Di-2-methylpropyl-ether	122,4	106,2	≈ 65
Dipropylether	90,6	89,5	12
Methylbenzen	110,8	101,1	44
Nitroethan	114	102,5	60
Nitromethan	100,9	94,55	43,5
Tetrachlormethan	76,7	67,0	21,3
Trichlorethen	87,2	74,0	32,3
Zyklohexan	80,8	78,1	14
Stoff I			
2-Methylpropan-2-ol	82,6		100
Stoff II			
Dipropylether	90,6	79	52
Stoff I			
Phenylmethanol	205,2		100
Stoff II			
Hydroxybenzen	181,4	206,0	93
4-Methylhydroxybenzen	202	207	62
Nitrobenzen	210,9	204	62
2-Nitromethylbenzen	222,3	204,75	91
Stoff I			
Propan-1-ol	97,2		100
Stoff II			
Benzen	80,12	77,1	16,9
Chlorbenzen	131,7	96,5	80
1,3-Dimethylbenzen	139	97,1	94
1,4-Dioxan	101,4	95,3	55
Ethanal	20,2	86,7	14
Ethansäurepropylester	101,6	94,0	62
Hexan	68,6	65,6	4
Kohlenstoffdisulfid	46,45	45,65	5,5
Methylbenzen	110,8	92,6	49
Nitroethan	114	94,7	77
Oktan	125,8	95,0	74
Propansäureethylester	99,1	93,4	51
Tetrachlormethan	76,7	72,8	12
Zyklohexan	80,8	74,3	20
Stoff I			
Propan-2-ol	82		100
Stoff II			
Benzen	80,12	71,9	30
2-Brompropan	59,4	57,7	7,0
Dipropylether	90,6	77,9	45
Ethansäureethylester	77,1	74,8	23
Ethansäure-methylethyl-ester	90 ... 93	80,1	52
Ethylpropylether	63,85	62	10
Heptan	98,4	74,6	50,5
Hexan	68,6	61,0	22
Kohlenstoffdisulfid	46,45	44,2	7,6
Methylbenzen	110,8	80,6	58
Nitromethan	100,9	79,4	71,8
Tetrachlormethan	76,7	67,0	18
Trichlorethen	87,2	74,0	28,9
Zyklohexan	80,8	68,6	33

Bestandteile	K. des reinen Stoffes in °C	K. des azeotropen Gemisches in °C	Masseanteil des Stoffes I in %
Stoff I			
Propanon	56,1		100
Stoff II			
2-Brompropan	59,4	54,1	42
1-Chlorpropan	46,4	45,8	15
Ethansäure-3-methylbutyl-ester	142	31,3	97,5
Heptan	98,4	55,85	89,5
Hexan	68,6	49,7	59
2-Methylbutan	27,95	25,7.	12
Stoff I			
Propen-2-ol	97,1		100
Stoff II			
1-Brombutan	100,3	89,5	30
Chlorbenzen	131,7	96,5	82,5
Ethanal	20,2	87,0	11
Ethansäurepropylester	101,6	94,5	52
Methylbenzen	110,8	92,3	52
Stoff I			
Kohlenstoffdisulfid	46,45		100
Stoff II			
Ethansäureethylester	77,1	46,0	92,7
Methansäure	100,5	42,55	83
Nitromethan	100,9	44,25	90,0
Pentan	36,2	35,7	10
Stoff I			
Tetrachlormethan	76,7		100
Stoff II			
Ethansäurepropylester	101,2	74,7	57
Butanon	79,6	73,8	71
Stoff I			
Wasser	100		100
Stoff II			
Bromwasserstoff	− 66,8	126	52,1
Butan-1-ol	117,5	92,4	44,5
Butan-2-ol	99,5	88,5	32
Butanon	79,6	73,6	11,3
2-Chlorethanol	128,6	80,55	59,5
Chlorwasserstoff	− 85	108,5	79,8
Diethylether	34,6	34,15	1,3
Dibutylether	142,4	94,1	33,4
1,2-Diaminoethan	116,5	118,5	15,25
1,2-Dichlorethan	83,7	72	8,2
1,4-Dioxan	101,4	87,0	18,4
Ethanol	78,37	78,15	4,42
Ethansäureethylester	77,15	70,4	7,9
Hydroxybenzen	181,4	99,6	90,8
Iodwasserstoff	− 35,4	127	43,2
Methansäure	100,5	107,3	77,5
Methylbenzen	110,8	84,1	19,6
3-Methylbutan-1-ol	131,3	95,2	49,6
3-Methylbutan-2-ol	113 … 114	91,0	33,0
2-Methylpropan-1-ol	108	89,9	33,2
2-Methylpropan-2-ol	82,6	79,9	11,75
2-Methylzyklohexanol	165 … 166	98,4	80
Oktan-1-ol	194 … 195	99,4	90
Pentan-1-ol	138	95,4	53,3
Phenylmethanol	205,2	99,85	91

Bestandteile	K. des reinen Stoffes in °C	K. des azeotropen Gemisches in °C	Masseanteil des Stoffes I in %
Propan-1-ol	97,2	87,75	28,2
Propan-2-ol	82	80,3	12,0
Propen-2-ol	97,1	88,05	27,5
Salpetersäure	86 z.	120,5	31,5
Schwefelsäure	330 z.	338	1,7
Tetrachlorethen	146,2	87,1	16
Trichlormethan	61,2	56,1	2,5
Zyklohexanol	160,6	97,9	77
Stoff I			
Zyklohexanol	160,6		100
Stoff II			
Di-3-methylbutyl-ether	170 ... 175	159,5	78
Ethoxybenzen	170,1	159,2	72
Furfural	161,6	156,5	94,5
Hydroxybenzen	181,4	82,45	10,6
Methoxybenzen	153,8	152,45	30

5.2. Ternäre Gemische

Stoff I	Masseanteil in %	Stoff II	Masseanteil in %	Stoff III	Masseanteil in %	K.
Wasser	20,2	Chlorwasserstoff	5,3	Chlorbenzen	74,5	96,6
Wasser	64,8	Chlorwasserstoff	15,8	Hydroxybenzen	19,4	107,33
Wasser	0,81	Kohlenstoffdisulfid	75,21	Propanon	23,98	38,04
Wasser	1,09	Kohlenstoffdisulfid	92,36	Ethanol	6,55	41,35
Wasser	7,7	Ethanol	18,3	Benzen	74	64,68
Wasser	8,62	Propen-2-ol	9,33	Benzen	82,05	68,3
Wasser	8,5	Propan-1-ol	9,0	Benzen	82,5	68,5
Wasser	3,4	Tetrachlormethan	86,3	Ethanol	10,3	61,8
Wasser	5	1,2-Dichlorethan	78	Ethanol	17	66,7
Methanol	10	Kohlenstoffdisulfid	39,9	Bromethan	50,1	33,9

6. Dampfdruck

Die Tabelle enthält für Wasser und einige oft gebrauchte Lösungsmittel den zu verschiedenen Temperaturen gehörenden Dampfdruck. Der Druck wird in kPa angegeben.

6.1. Dampfdruck des Wassers

°C	kPa	°C	kPa	°C	kPa
0	0,611	50	12,334	100	101,325
5	0,872	55	15,737	105	120,577
10	1,228	60	19,916	110	142,868
15	1,705	65	25,003	115	169,213
20	2,338	70	31,157	120	198,597
25	3,168	75	38,543	125	232,034
30	4,242	80	47,343	130	270,538
35	5,624	85	57,809	135	313,094
40	7,375	90	70,096	140	377,942
45	9,583	95	84,513	145	415,433

°C	kPa	°C	kPa	°C	kPa
150	476,228	200	1 554,404	300	8 590,334
155	543,102	210	1 906,937	310	9 869,055
160	618,083	220	2 319,329	320	11 290,644
165	710,169	230	2 796,57	330	13 171,236
170	792,362	240	3 374,123	340	14 611,065
175	892,673	250	3 974,980	350	16 532,187
180	1 003,118	260	4 691,348	360	18 650,892
185	1 122,681	270	5 500,934	370	21 023,924
190	1 254,404	280	6 413,873		
195	1 397,272	290	7 439,282		

Bei Siedetemperatur ist der Dampfdruck einer Flüssigkeit gleich dem von außen auf die Flüssigkeit wirkenden Druck. Die Tabelle nennt die Siedetemperatur bei einem bestimmten äußeren Druck in kPa bzw. den Dampfdruck für bestimmte Temperaturen.

6.2. Siedetemperatur verschiedener Lösungsmittel in Abhängigkeit vom äußeren Druck

Lösungsmittel	K. in °C bei kPa										
	1,333	2,0	2,666	3,333	6,666	13,332	101,325	506,625	1 013,25	1 519,875	202
Aminobenzen	72,3	78,3	83,0	87,2	100,9	–	184,4	–	–	–	22
Benzen	– 12,5	– 8	– 5	– 2	12,1	26,4	80,1	144	180	204	22
Chlorbenzen	26,2	32,8	37,2	41	52,3	–	131,7	–	–	–	–
Diethylether	– 49	– 43	– 39	– 34	– 25	– 12,3	34,6	89	121	141	15
1,2-Dichlorethan	– 12,3	– 6	– 1	3	16	29,7	83,7	–	–	–	–
1,3-Dimethylbenzen, techn.	23	34	41	48	60	78	140	203	245	277	29
Ethanol	– 2,3	4	8	11	22	34,9	78,4	126	152	169	18
Ethansäure	17,4	24	29	33	47	63,2	118,1	179	213	235	25
Ethansäureethylester	– 14,1	– 8	– 3	1	13	26,1	77,1	136	169	192	20
Hexan	– 24,8	– 16	– 14	– 11	2	16,2	68,6	132	166	190	20
Kohlenstoffdisulfid	– 44	– 40	– 35	– 31	– 18	– 4,8	45,5	105	139	169	19
Methanol	– 15,7	– 10	– 6	– 3	9	20,9	64,7	112	128	154	16
Methansäure	15,8	17,9	19,6	22	30,7	–	100,5	–	–	–	–
Methansäure-dimethylamid	39	44	47	50	60	88	153	–	–	–	–
Methylbenzen	5	13	18	23	36,3	51,8	110,8	173	215	241	26
Monochlorethan	– 65,8	–	–	–	–	– 31,6	13,1	64	93	112	12
Propan-1-ol	14,2	20	24	28	40	52,5	97,2	147	175	194	20
Propanon	– 32	– 25	– 21	– 17,3	– 5	7,3	56,1	113	144	165	18
Pyridin	15,4	21,5	26,3	30,3	42,2	–	115,5	–	–	–	–
Tetrachlormethan	– 20	– 14	– 9	– 5	8	22,2	76,7	140	177	202	22
Tetrahydronaphthalen	83	88	93	98	114	134	207,2	–	–	–	–
1,1,2-Trichlorethen	– 11	– 4	2	6	18	32	87,2	145	180	197	22

7. Verdampfungswärme

Die molare bzw. spezifische Verdampfungswärme ist die Wärmemenge, die man benötigt, um eine bestimmte Stoffmenge bzw. Masse eines Stoffes (1 mol bzw. 1 g) aus dem flüssigen Zustand in Dampf gleicher Temperatur zu überführen. In den Tabellen sind neben der Meßtemperatur die Verdampfungswärmen in kJ für 1 mol und in J für 1 g angegeben. (Die Meßtemperatur entspricht nicht immer der Siedetemperatur der Stoffe bei 101,325 kPa.)

7.1. Verdampfungswärme anorganischer Stoffe

Stoff	Meßtemperatur in °C	Verdampfungswärme in kJ · mol^{-1}	in J · g^{-1}	Stoff	Meßtemperatur in °C	Verdampfungswärme in kJ · mol^{-1}	in J · g^{-1}
Aluminiumchlorid	180,2	112,21	841,55	Borfluorid	– 100,9	19,26	283,47
Ammoniak	– 33,4	23,36	1 373,27	Brom	58	30,98	193,85
Antimon(III)-chlorid	187	60,71	265,86	Bromwasserstoff	– 69,9	16,50	203,90
Antimon(V)-chlorid	67	48,57	162,45				
Arsen(III)-chlorid	130,4	31,82	175,85				

Stoff	Meßtemperatur in °C	Verdampfungswärme in in kJ·mol⁻¹	in J·g⁻¹

Stoff	Meßtemperatur in °C	Verdampfungswärme in kJ·mol⁻¹	in J·g⁻¹
Chlor	$-34,1$	18,42	259,58
Chlorwasserstoff	$-84,3$	15,07	413,24
Dischwefeldichlorid	138	36,43	270,05
Distickstoffoxid	$-88,7$	23,82	540,10
Distickstofftetraoxid	21,2	38,14	414,49
Eisen(III)-chlorid	319	25,12	154,91
Eisenpentakarbonyl	105	37,68	192,59
Fluor	-188	4,70	175,85
Fluorwasserstoff	17	30,23	1 510,60
Germanium (IV)-chlorid	84	29,43	137,33
Iod	184	25,92	100,27
Iodwasserstoff	$-37,2$	18,13	141,93
Kohlendioxid	-60	16,08	365,09
Kohlenmonoxid	-192	5,90	211,01
Nickeltetrakarbonyl	40	29,31	171,66
Phosphor (weiß)	282	52,42	1 695,65
Phosphor(III)-chlorid	78	29,56	215,20
Phosphor(V)-chlorid	162	64,90	311,92
Phosphoroxychlorid	105,4	35,09	1 373,27
Phosphorwasserstoff	$-87,78$	14,65	431,24

Stoff	Meßtemperatur in °C	Verdampfungswärme in kJ·mol⁻¹	in J·g⁻¹
Quecksilber	357	59,45	296,43
Quecksilber(II)-chlorid	304	59,03	221,06
Quecksilber(II)-iodid	354	59,87	131,47
Salpetersäure (100 %ig)	86	30,35	481,48
Sauerstoff	-183	6,82	213,32
Schwefel	444,6	86,92	270,89
Schwefel(IV)-oxid	$-10,0$	25,54	399,84
Schwefel(VI)-oxid	44,8	42,71	533,40
Schwefelsäure (100 %ig)	326	50,16	511,21
Schwefelwasserstoff	$-60,4$	18,84	552,66
Siliziumtetrachlorid	57	25,67	151,14
Siliziumwasserstoff	$-111,6$	12,35	384,35
Stickstoff	$-195,8$	5,57	460,55
Stickstoffmonoxid	$-151,8$	13,82	241,16
Sulfurchlorid	69,5	32,49	240,74
Thionylchlorid	75,7	31,82	267,12
Titanium(IV)-chlorid	136	34,96	184,22
Trichlormonosilan	31,7	26,80	198,04
Wasser	100	40,65	2 257,10
Wasserstoff	$-252,8$	0,92	460,55
Zink	906	114,84	175,85
Zinn(IV)-chlorid	112	33,03	126,86
Zyanwasserstoff	25,7	28,05	1 038,33

7.2. Verdampfungswärme organischer Stoffe

Stoff	Meßtemperatur in °C	Verdampfungswärme in kJ·mol⁻¹	in J·g⁻¹
Aminobenzen	181	40,61	435,43
Azetophenon	203	38,81	322,38
Benzaldehyd	178,6	38,43	362,16
Benzochin-1,4-on	25	62,80	579,87
Benzen	80,2	30,86	394,82
Benzenkarbonsäure	110	86,16	707,57
Benzenkarbonsäure-nitril	191	46,05	445,89
Benzophenon	36	78,29	429,15
Brombenzen	155,9	37,68	239,90
1-Brombutan	100	32,66	238,65
Bromethan	38	27,63	253,72
Brommethan	3,2	23,95	252,05
Buta-1,3-dien	22,5	21,02	388,54
Butan	1	23,45	403,61
Butan-1-ol	117	43,96	594,53
Butan-2-ol	99,6	41,87	565,22
Butan-2-on	78,2	31,99	443,80
Butansäure	163	42,04	477,30
Butansäureethylester	118,9	36,34	312,34
But-1-en	-5	22,61	404,03
But-2-en	19	22,48	401,10
Buten-2-säure	138	39,36	456,36

Stoff	Meßtemperatur in °C	Verdampfungswärme in kJ·mol⁻¹	in J·g⁻¹
Chlorbenzen	131,7	36,43	323,22
1-Chlorbutan	78,5	30,98	334,94
Chlorethan	13	25,12	390,21
2-Chlorethanol	128,6	41,45	514,98
Chlorethansäure	50,4	28,60	303,54
Chlormethan	20	20,14	399,00
2-Chlormethylbenzen	158,1	38,48	304,38
1-Chlorpropan	46	27,63	351,69
Dekahydronaphthalen	119,7	41,03	296,43
Dekan	159,9	35,80	252,05
Dekansäure	175	35,17	195,52
1,2-Diaminoethan	20	46,89	780,42
1,2-Dibromethan	130,8	36,43	193,85
Dibutylether	142,4	36,84	282,61
1,2-Dichlorethan	82,3	27,84	323,64
Dichlorethansäure	194,4	42,71	330,76
Dichlorethen	30	29,81	307,73
Dichlormethan	40,4	27,97	329,50
Dichlormonofluor-methan	-15	26,25	254,73
Dichlortetrafluorethan	-30	24,91	145,70
Diethylamin	58	27,80	381,0
N,N-Diethylamino-benzen	215,2	46,31	309,82

Stoff	Meßtemperatur in °C	Verdampfungswärme in kJ·mol⁻¹	in J·g⁻¹
Diethylether	30	27,84	375,97
Difluordichlormethan	−29,84	20,22	167,47
Difluormonochlormethan	−15	18,84	217,67
1,2-Dihydroxybenzen	36	80,81	732,69
1,4-Dihydroxybenzen	78,5	99,23	900,16
Dimethylamin	7,3	26,50	588,25
Dimethylether	−24,8	21,54	467,25
1,2-Dimethylbenzen	144,4	36,63	344,99
1,3-Dimethylbenzen	139	36,43	343,99
1,4-Dimethylbenzen	138,4	36,01	339,13
Dimethylphenylamin	192,7	44,38	365,93
Dimethylthioether	17,9	28,01	450,92
1,2-Dinitrobenzen	60	86,67	514,98
1,3-Dinitrobenzen	49	81,22	483,58
Diphenyl	225,3	48,57	314,85
Dodekansäure	301	57,36	286,38
Epoxyethan	15	25,54	579,87
Ethan	−93	16,20	540,10
Ethanal	20	25,12	571,50
Ethandiol	197	48,99	799,68
Ethanol	70	39,36	856,20
Ethanoylchlorid	51	28,47	362,16
Ethansäure	118,2	24,41	406,12
Ethansäureethylester	70	32,24	366,35
Ethansäureanhydrid	137	39,40	386,02
Ethansäuremethylester	57,3	30,14	406,12
Ethansäurenitril	80	29,89	728,50
Ethansäurepropylester	110,4	33,08	324,48
Ethen	−40	13,15	475,20
Ethin	0	16,54	636,39
Ethylamin	16,5	27,21	602,90
Ethylbenzen	21	42,29	400,68
Furan	31,2	27,21	399,84
Furfural	162	43,12	447,99
Heptan	98,5	32,66	325,73
Heptan-1-ol	25	56,94	489,86
Heptan-4-on	143,5	36,17	316,52
Hexachlorethan	185,8	50,24	212,27
Hexan	68,7	29,31	339,97
Hexan-1-ol	25	54,43	532,98
Hydroxybenzen	181	48,15	510,79
Kohlensäuredichlorid	8,3	25,12	254,14
Kohlenstoffdisulfid	46,3	26,71	350,85
Leichtbenzin K. 60 ... 120 °C	20		251,21
Methan	−159	9,25	577,78
Methanal	−21	21,60	719,71
Methanol	64,5	35,29	1103,22
Methansäure	101	21,44	502,41
Methansäureethylester	53,3	30,14	406,12
Methansäuremethylester	31,3	28,26	470,60
Methanthiol	6	24,58	511,21
Methylamin	−6,7	26,84	862,48
N-Methylaminobenzen	193,6	45,36	422,87
2-Methylaminobenzen	199,3	41,03	382,67
4-Methylaminobenzen	200	41,16	384,35
Methylbenzen	110,8	31,82	345,83
2-Methylbuta-1,3-dien	25	26,25	385,19
2-Methylbutan-2-ol	20	46,05	523,35
3-Methylhydroxybenzen	201,6	45,64	422,87

Stoff	Meßtemperatur in °C	Verdampfungswärme in kJ·mol⁻¹	in J·g⁻¹
2-Methylpropan-1-ol	20	44,80	615,88
3-Methylpropan-2-ol	82,8	39,73	535,91
Methylzyklohexan	25	35,38	360,48
Monochlortrifluormethan	−80	15,53	149,05
Monofluortrichlormethan	23,4	25,20	183,38
Naphthalen	218	40,19	314,01
2-Nitroaminobenzen	41	79,97	578,62
3-Nitroaminobenzen	63	88,34	638,49
4-Nitroaminobenzen	89	103,41	749,44
Nitrobenzen	209,6	48,99	397,75
2-Nitrohydroxybenzen	31	73,27	526,70
3-Nitrohydroxybenzen	57,5	91,69	659,42
4-Nitrohydroxybenzen	72	87,92	632,21
Nitromethan	101,1	34,75	568,57
2-Nitromethylbenzen	143,2	47,10	343,32
3-Nitromethylbenzen	154,1	49,74	363,00
4-Nitromethylbenzen	158,4	49,86	363,83
Nonan-1-ol	25	60,29	417,84
Oktadekansäure	374	66,40	322,62
cis-Oktadek-9-ensäure	233	62,80	222,92
Oktan	25	41,75	363,41
Oktan-1-ol	25	58,62	450,08
Pentachlorethan	20	38,06	188,41
Pentan	36	25,79	357,55
Pentan-1-ol	25	52,13	590,34
Pentansäure	184,6	44,05	431,24
Phenylmethanol	204	50,49	466,83
Piperidin	105,8	31,69	372,63
Propan	−20	13,40	399,00
Propan-1-ol	97,2	41,28	686,64
Propan-2-ol	82,3	40,03	665,70
Propanon	56,2	29,31	504,51
Propansäure	141	28,34	382,67
Propantriol	195	76,07	826,89
Propen	−47,1	18,42	438,36
Propenal	52,2	28,47	506,60
Prop-2-en-1-ol	96	39,69	682,45
Pyridin	114,1	35,59	450,08
Schwerbenzin K. 100 ... 150 °C	20		385,19
Terpentinöl K. 150 ... 175 °C	20		293,08
1,1,2,2-Tetrachlorethan	145	38,69	230,27
Tetrachlorethen	120,7	34,75	209,34
Tetrachlormethan	77	29,98	194,69
Tetradekansäure	328	61,55	269,63
Tetrafluormethan	−128	13,02	147,79
Tetrahydronaphthalen	207,3	43,88	322,85
Trichlorethen	85,7	31,53	239,90
Trichlormethan	61,5	29,73	249,11
Trifluormonochlormethan	−80	15,62	149,26
1,2,3-Trihydroxybenzen	169,9	89,18	707,57
Trimethylamin	3	23,03	388,54
Zyklohexan	80,9	30,73	365,09
Zyklohexanol	160	42,29	422,87
Zyklohexanon	29,2	44,88	456,36
Zyklohexen	81,6	30,48	370,53

8. Erweichungspunkte von Glas, Keramik und feuerfesten Massen

Der Erweichungspunkt eines Stoffes ist die Temperatur, bei der ein aus dem Stoff geformter Körper in sich zusammenzusinken beginnt. Die Gebrauchstemperatur liegt meist 100 °C und mehr unter dem Erweichungspunkt.

Erweichungspunkt in °C	Stoff	Erweichungspunkt in °C	Stoff	Erweichungspunkt in °C	Stoff
490 ... 520	Bleiglas	1 530 ... 1 610	Steinzeug	2 180	Chromit
540 ... 580	Preßglas	1 730 ... 1 770	Silikatsteine	2 250	Chrommagnesit
550 ... 600	gewöhnliches	1 670	Hartporzellan	2 250	Siliziumkarbid
	Röhrenglas	1 690	Hartsteingut	2 430	Zirkonsteine
600	Spiegelglas	1 810	Andalusit	2 500	Zirkon
600 ... 700	Geräteglas	1 820	Sillimanit	2 680	Zirkonoxid
1 145	Kieselglas	1 825	Marquardtmasse	2 800	Magnesiumoxid
1 300 ... 1 600	Schamotte	1 990	Chromerzstein	3 000	Thoriumoxid
1 350 ... 1 400	Quarzschamotte	2 050	Aluminiumoxid	sublimiert ab	Graphit
1 400	Quarz	2 050	Korundstein	3 900	
1 400 ... 1 450	Magnesit	2 100	Magnesiaspinell		

9. Dichte von festen und flüssigen Stoffen

Die Dichte eines Stoffes ist definiert als das Verhältnis von Masse zu Volumen.

$$\varrho = \frac{\text{Masse}}{\text{Volumen}}$$

Die Dichte wird einheitlich in $kg \cdot m^{-3}$ angegeben. Die Dichte der Elemente, reiner anorganischer bzw. organischer Stoffe sind aus den jeweiligen Tabellen zu entnehmen.

9.1. Dichte technisch wichtiger Stoffe

Stoff	Dichte bei 20 °C in $kg \cdot m^{-3}$	Stoff	Dichte bei 20 °C in $kg \cdot m^{-3}$	Stoff	Dichte bei 20 °C in $kg \cdot m^{-3}$
Anthrazit	1 350 ... 1 700	Braunkohlenteeröl	800 ... 900	Fensterglas	2 480
Asbest	2 100 ... 2 800	für Dieselmotoren		Fichtenharz	1 090
Ätzkali	2 044	Buna S	920	Flachs, lufttrocken	1 500
Ätznatron	2 130	Butylstearat	859	Flugbenzin	700 ... 750
Basalt	2 600 ... 3 300	Chromgelb	6 000	Flußsand	1 520 ... 1 640
Baumwollfaser	1 470 ... 1 500	Dachschiefer	2 770 ... 2 840	Gabbro	2 550 ... 2 980
Beton, Leicht-	300 ... 1 600	Diabas	2 780 ... 2 950	Gasöl	840 ... 860
Beton, Naturbims-	700 ... 1 000	Dieselöl	850 ... 880	Gichtstaub	250 ... 350
Beton, Schwer-	1 900 ... 2 800	Dinasstein	1 550 ... 1 920	Glas	2 400 ... 2 600
Bienenwachs	959 ... 967	Diorit	2 700 ... 2 980	Glyptalharz	1 050
Bimsstein	370 ... 900	Diphenylmethan	1 060 (25 °C)	Gneis	2 660 ... 2 720
Bleiglas (25 % PbO)	2 890	Eis (0 °C)	850 ... 918	Granit	2 300 ... 3 100
Bleiweiß	6 400 ... 6 460	Elfenbein	1 830 ... 1 920	Graphit, Natur	2 000 ... 2 500
Borglas	2 510	Erde	1 300 ... 2 000	Grauwacke	2 670 ... 2 740
Braunkohle	1 200 ... 1 400	Erdwachs, Ozokerit	940	Grobkohle	1 200 ... 1 500

Stoff	Dichte bei 20 °C in kg · m⁻³	Stoff	Dichte bei 20 °C in kg · m⁻³	Stoff	Dichte bei 20 °C in kg · m⁻³
Gummi, arabischer	1 310 … 1 450	Meerschaum	990 … 1 280	Silikasteine	2 380 … 2 430
Guttapercha	1 010	Mennige	9 070	Sillimanit	2 450 … 2 500
Hanffaser, lufttrocken	1 550	Motorenbenzin	720 … 750	Sinteraluminium- pulver (SAP)	2 800
Harnstofform- aldehydharz	1 450 … 1 500	Motorenbenzin mit 10 % Alkohol	740 … 760	Sprenggelatine	1 500
Hartgummi	1 150 … 1 500	Motorenbenzol	860 … 880	Steinkohlenteer- Heizöl	1 040 … 1 080
Hartholz	1 200 … 1 400	Mullit	≈ 2 200	Steinkohlenteeröl (Dieselm.)	950 … 970
Hartporzellan	2 300 … 2 500	Muschelkalk	2 400	Thomasschlacke	3 300 … 3 500
Harz	1 070	Natronglas, weiches	2 450	Ton, trocken	1 600
Hochofenschlacke	2 500 … 3 000	Papier	700 … 1 200	Tonschiefer	2 700 … 2 760
Holz	400 … 1 200	Paraffin	860 … 920	Torf, Trocken- gestochen	200 … 800
Holzkohle, luftfrei	1 400 … 1 500	Pech	1 050 … 1 350	Trikresylphos- phat C II	1 179
Holzschliff- faserplatten	250 … 500	Perbunan	960	Vulkanfiber	1 100 … 1 500
Kalk, gebrannter	900 … 1 300	Petroleum	800 … 820	Wachs, Bienen-	959 … 967
Kasein	1 350	Phenolform- aldehydharz	1 260 … 1 340	Wachs, Zeresin-	910 … 940
Kautschuk, roh	910 … 960	Plexiglas M 222	1 180	Wolle	1 200 … 1 400
Kies, trocken	1 800 … 1 850	Plexigumm BB	1 070	Zechenkoks	1 600 … 1 900
Klinker	2 600 … 2 700	Polierrot	5 200	Zelluloid	1 400
Knochen	1 700 … 2 000	Portlandzemente, frisch	3 100 … 3 200	Zemente, Port- land, frisch	3 100 … 3 200
Koks, Zechen-	1 600 … 1 900	Porzellan	2 300	Ziegelmauer- werk, frisch	1 570 … 1 630
Kolophonium	1 070 … 1 090	Pyrex-Glas	2 250	Ziegelstein	1 400 … 2 000
Kork	200 … 350	Quarzglas	2 200	Ziegelstein, hochporös	1 710 … 1 810
Korund	3 500 … 4 000	Ruß	1 700 … 1 800	Zucker, weißer	1 610
Kronglas	2 450 … 2 720	Sand, trocken	1 580 … 1 650	Ziegelmauerwerk, trocken	1 420 … 1 460
Lackbenzin	760 … 810	Schamottesteine	2 500 … 2 700	Ziegelstein, Klinker	1 600 … 1 900
Leder, lohgares	860	Schellack	1 200		
Leichtbenzin	650 … 720	Schiefer	2 650 … 2 790		
Leim	1 270	Schlacke, Hochofen	2 500 … 3 000		
Magnesitsteine	2 400 … 2 700	Schmirgel	4 000		
Marmor	2 620 … 2 840	Seide	1 370		
Mauerziegel	2 600 … 2 700				

9.2. Dichte von Legierungen

Legierung	Zusammensetzung in %	Dichte in kg · m⁻³
Stähle[1]:		
Alustahl	20 Al	6 300
Austenitstahl	18 Cr, 8 Ni, ≦ 0,1 C	7 800
Chrom–Nickelstahl	25 Cr, 20 Ni, 0,5 Si, 0,12 C	7 900
Chrom–Nickel–Wolframstahl	15 Cr, 13 Ni, 2,5 W, 1,5 Si, 1,0 Mn, 0,45 C	7 970
Chromstahl	6,0 Cr, 1,5 Si, 0,5 C	7 700
Flußstahl FNCT	3,5 Ni, 0,4 Cr, 0,3 C	7 850
Invarstahl	36 Ni, 0,2 C	8 000
Kobaltstahl	15 Co	7 800
Kobaltstahl	35 Co	8 000
Nickel–Manganstahl	15 Ni, 5 Mn	8 030
Nickelstahl	36 Ni	8 130
Nirostastahl	20 Cr, 8 Ni, 0,2 Si, 0,2 Co, 0,2 Mn	7 300 … 7 400
Remanit 1880	18 Cr, 8 Ni	7 860
Stahl	1 C	7 830
Ventilstahl	4 Si, 2,8 Cr, 0,4 Mn, 0,4 C	7 750
Wolframstahl	6 W	8 200

[1] Der Eisengehalt ist nicht angegeben.

Legierung	Zusammensetzung in %	Dichte in $kg \cdot m^{-3}$
Sonstige Legierungen:		
Aluminium–Kupfer	10 Al, 90 Cu	7 690
Aluminium–Kupfer	5 Al, 95 Cu	8 370
Aluminium–Kupfer	3 Al, 97 Cu	8 690
Aluminium–Zink	91 Al, 9 Zn	2 800
Antimon–Blei	≈ 93 Pb, ≈ 7 Sb	11 000
Blei–Lot	67 Pb, 33 Sn	9 400
Blei–Zinn	87,5 Pb, 12,5 Sn	10 600
Blei–Zinn	84 Pb, 16 Sn	10 330
Blei–Zinn	77,8 Pb, 22,2 Sn	10 050
Blei–Zinn	63,7 Pb, 36,3 Sn	9 430
Blei–Zinn	46,7 Pb, 53,3 Sn	8 730
Blei–Zinn	30,5 Pb, 69,5 Sn	8 240
Bronze	90 Cu, 10 Sn	8 780
Bronze	85 Cu, 15 Sn	8 890
Bronze	80 Cu, 20 Sn	8 740
Bronze	78 Cu, 22 Sn	8 700
Duralumin	90,3 ... 96,3 Al, 5,5 ... 2,5 Cu, 2 ... 0,5 Mg, 1,2 ... 0,5 Mn, 1 ... 0,2 Si	2 750 ... 2 870
Elektron	95,7 Mg, 4,0 Al, 0,3 Mn	1 760
Glockenmetall	75 ... 80 Cu, 25 ... 20 Sn	≈ 8 800
Gold–Kupfer	98 Au, 2 Cu	18 840
Gold–Kupfer	96 Au, 4 Cu	18 360
Gold–Kupfer	94 Au, 6 Cu	17 950
Gold–Kupfer	92 Au, 8 Cu	17 520
Gold–Kupfer	90,00 Au, 10 Cu	17 160
Gold–Kupfer	88 Au, 12 Cu	16 810
Gold–Kupfer	86 Au, 14 Cu	16 470
Gußeisen, weißes	97 Fe, 3 C	7 580 ... 7 730
Kadmium–Zinn	32 Cd, 68 Sn	7 700
Konstantan	60 Cu, 40 Ni	8 880
Lagermetall (Weißmetall)	75 Pb, 19 Sb, 5 Sn, 1 Cu	9 500
Lautal	≈ 94 Al, ≈ 4 Cu, ≈ 2 Si	≈ 2 750
Magnalium	90 Al, 10 Mg	2 500
Magnalium	70 Al, 30 Mg	2 000
Mangal	98,5 Al, 1,5 Mn	2 750
Manganin	84 Cu, 12 Mn, 4 Ni	8 500
Mangan–Kupfer	5 Mn, 95 Cu	8 800
Messing, gelb (Guß)	70 Cu, 30 Zn	8 440
Messing, gelb, gewalzt		8 560
Messing, gelb, gezogen		8 700
Messing, rot	90 Cu, 10 Zn	8 800
Messing, weiß	50 Cu, 50 Zn	8 200
Monelmetall	71 Ni, 27 Cu, 2 Fe	8 900
Neusilber	26,3 Cu, 36,6 Zn, 36,8 Ni	8 300
Neusilber	52 Cu, 26 Zn, 22 Ni	8 450
Neusilber	59 Cu, 30 Zn, 11 Ni	8 340
Neusilber	63 Cu, 30 Zn, 6 Ni	8 300
Nickelin	80 Cu, 20 Ni	8 770
Phosphorbronze	79,7 Cu, 10 Sn, 9,5 Sb, 0,8 P	8 800
Platin–Iridium	90 Pt, 10 Ir	21 620
Platin–Iridium	85 Pt, 15 Ir	21 620
Platin–Iridium	66,67 Pt, 33,33 Ir	21 870
Platin–Iridium	5 Pt, 95 Ir	22 380
Roheisen, graues	2,5 ... 5 C	6 700 ... 7 600
Roheisen, weißes	2,5 ... 5 C	7 000 ... 7 800
Rosesches Metall	50 Bi, 25 Pb, 25 Sn	10 700
Schnellschneidmetalle		
Akrit	38 Co, 30 Cr, 16 W, 9 Ni, 3 Mo, 2 ... 3 C, 1 ... 2 Fe	9 000
Kaedit	47 Co, 33 Cr, 15 W, 3 C, 2 Fe	≈ 9 000
Widia	90 Wolframkarbid, 10 Co	14 400
Sikromal	90 ... 76 Fe, 6 ... 20 Cr, 0,6 ... 4,0 Al, 0,5 ... 1 Si, < 0,12 C	7 600 ... 7 800
Skleron	12 Zn, 3 Cu, 0,6 Mn, 0,08 Li, ≦ 0,5 Fe, ≦ 0,5 Si	2 900 ... 3 000
Silumin	12 ... 14 Si, 88 ... 86 Al	2 500 ... 2 650
Temperguß	≈ 96 Fe, 0,6 ... 1,4 Si, 0,2 ... 3 C, 0,1 ... 0,2 Cu, 0,07 ... 0,6 Mn, 0,06 ... 0,12 P, 0,03 .. 0,5 S	7 200 ... 7 600
Woodsches Metall	50 Bi, 25 Pb, 12,5 Cd, 12,5 Sn	10 560

9.3. Dichte wäßriger Lösungen

Die Dichte dieser Lösungen wurde bei einer Meßtemperatur von 20 oder 15 °C bestimmt und ist auf die Dichte des Wassers bei 4 °C = 1,0000 g · cm^{-3} bezogen. (Ma.-% $\approx$ Masseanteile in %, Vol.-% $\approx$ Volumenanteile in %.)

Ethanol bei 20°/4 °C

Dichte in kg · m^{-3}	Ma.-%	Vol.-%	Dichte in kg · m^{-3}	Ma.-%	Vol.-%	Dichte in kg · m^{-3}	Ma.-%	Vol.-%
998	0,15	0,19	928	43,52	51,17	858	74,03	80,46
996	1,22	1,54	926	44,47	52,17	856	74,86	81,17
994	2,34	2,95	924	45,41	53,15	854	75,68	81,87
992	3,50	4,40	922	46,34	54,12	852	76,50	82,57
990	4,70	5,90	920	47,26	55,07	850	77,32	83,26
988	5,94	7,44	918	48,17	56,02	848	78,14	83,94
986	7,25	9,05	916	49,08	56,95	846	78,95	84,61
984	8,60	10,72	914	49,99	57,87	844	79,76	85,28
982	10,01	12,45	912	50,89	58,79	842	80,58	85,94
980	11,47	14,24	910	51,78	59,69	840	81,38	86,60
978	12,97	16,06	908	52,66	60,58	838	82,19	87,25
976	14,50	17,92	906	53,54	61,45	836	82,99	87,89
974	16,05	19,81	904	54,42	62,32	834	83,79	88,52
972	17,59	21,66	902	55,30	63,18	832	84,59	89,15
970	19,11	23,48	900	56,18	64,04	830	85,37	89,76
968	20,60	25,26	898	57,05	64,89	828	86,15	90,36
966	22,04	26,97	896	57,91	65,73	826	86,92	90,95
964	23,45	28,64	894	58,78	66,56	824	87,70	91,53
962	24,82	30,25	892	59,64	67,39	822	88,47	92,11
960	26,15	31,80	890	60,50	68,21	820	89,24	92,69
958	27,44	33,30	888	61,36	69,03	818	90,00	93,26
956	28,68	34,74	886	62,22	69,83	816	90,76	93,81
954	29,90	36,13	884	63,08	70,63	814	91,50	94,34
952	31,09	37,49	882	63,93	71,43	812	92,23	94,86
950	32,24	38,80	880	64,78	72,22	810	92,95	95,38
948	33,36	40,06	878	65,63	73,00	808	93,67	95,88
946	34,45	41,28	876	66,48	73,78	806	94,38	96,37
944	35,52	42,48	874	67,33	74,54	804	95,09	96,85
942	36,58	43,65	872	68,17	75,30	802	95,78	97,32
940	37,62	44,80	870	69,01	76,06	800	96,48	97,77
938	38,64	45,92	868	69,85	76,80	798	97,16	98,21
936	39,63	47,00	866	70,69	77,55	796	97,84	98,65
934	40,62	48,05	864	71,52	78,28	794	98,51	99,08
932	41,60	49,10	862	72,36	79,02	792	99,16	99,49
930	42,57	50,15	860	73,20	79,74			

Methanol bei 20°/4 °C

Dichte in kg · m^{-3}	Ma.-%	Dichte in kg · m^{-3}	Ma.-%	Dichte in kg · m^{-3}	Ma.-%	Dichte in kg · m^{-3}	Ma.-%
998,2	0	972,5	16	948,3	32	919,6	48
996,5	1	971,0	17	946,6	33	917,6	49
994,8	2	969,6	18	945,0	34	915 6	50
993,1	3	968,1	19	943,3	35	913,5	51
991,4	4	966,6	20	941,6	36	911,4	25
989,6	5	965,1	21	939,8	37	909,4	53
988,0	6	963,6	22	938,1	38	907,3	54
986,3	7	962,2	23	936,3	39	905,2	55
984,7	8	960,7	24	934,5	40	903,2	56
983,1	9	959,2	25	932,7	41	901,0	57
981,5	10	957,6	26	930,9	42	898,8	58
979,9	11	956,2	27	929,0	43	896,8	59
978,4	12	954,6	28	927,2	44	894,6	60
976,8	13	953,1	29	925,2	45	892,4	61
975,4	14	951,5	30	923,4	46	890,2	62
974,0	15	949,9	31	921,4	47	887,9	63

Dichte in kg · m⁻³	Ma.-%	Dichte in kg · m⁻³	Ma.-%	Dichte in kg · m⁻³	Ma.-%	Dichte in kg · m⁻³	Ma.-%
885,6	64	864,1	73	839,4	83	814,6	92
883,4	65	861,6	74	836,6	84	811,8	93
881,1	66	859,2	75	834,0	85	809,0	94
878,7	67	856,7	76	831,4	86	806,2	95
876,3	68	851,8	78	828,6	87	803,4	96
873,8	69	849,4	79	825,8	88	800,5	97
871,5	70	846,9	80	823,0	89	797,6	98
869,0	71	844,6	81	820,2	90	794,8	99
866,5	72	842,0	82	817,4	91	791,7	100

Ethansäure (Essigsäure) bei 20°/4 °C

Dichte in kg · m⁻³	Ma.-% CH_3COOH	g · l⁻¹	mol · l⁻¹	Dichte in kg · m⁻³	Ma.-% CH_3COOH	g · l⁻¹	mol · l⁻¹
999,6	1	9,996	0,166	1 043,8	35	365,3	6,086
1 001,2	2	20,02	0,333	1 048,8	40	419,5	6,986
1 002,5	3	30,08	0,501	1 053,4	45	474,0	7,886
1 004,0	4	40,16	0,669	1 057,5	50	528,8	8,806
1 005,5	5	50,28	0,837	1 061,1	55	583,6	9,718
1 006,9	6	60,41	1,006	1 064,2	60	638,5	10,63
1 008,3	7	70,58	1,175	1 066,6	65	693,3	11,55
1 009,7	8	80,78	1,345	1 068,5	70	748,0	12,46
1 011,1	9	91,00	1,515	1 069,6	75	802,2	13,36
1 012,5	10	101,3	1,687	1 070,0	80	856,0	14,25
1 013,9	11	111,5	1,857	1 068,9	85	908,6	15,13
1 015,4	12	121,8	2,028	1 066,1	90	959,5	15,98
1 016,8	13	132,2	2,201	1 065,2	91	969,3	16,14
1 018,2	14	142,5	2,373	1 064,3	92	979,2	16,31
1 019,5	15	152,9	2,546	1 063,2	93	988,8	16,47
1 020,9	16	163,3	2,719	1 061,9	94	998,2	16,62
1 022,3	17	173,8	2,894	1 060,5	95	1 007	16,77
1 023,6	18	184,2	3,067	1 058,8	96	1 016	16,92
1 025,0	19	194,8	3,244	1 057,0	97	1 025	17,04
1 026,3	20	205,3	3,419	1 054,9	98	1 034	17,22
1 032,6	25	258,2	4,300	1 052,4	99	1 042	17,35
1 038,4	30	311,5	5,187	1 049,8	100	1 050	17,48

Methansäure (Ameisensäure) bei 20°/4 °C

Dichte in kg · m⁻³	Ma.-% $HCOOH$	g · l⁻¹	mol · l⁻¹	Dichte in kg · m⁻³	Ma.-% $HCOOH$	g · l⁻¹	mol · l⁻¹
1 002,0	1	10,02	0,218	1 110,9	46	511,0	11,10
1 004,5	2	20,09	0,437	1 120,8	50	560,4	12,18
1 007,0	3	30,21	0,656	1 129,6	54	609,9	13,25
1 009,4	4	40,37	0,877	1 138,2	58	660,1	14,34
1 011,7	5	50,58	1,099	1 147,4	62	711,3	15,45
1 014,2	6	60,85	1,322	1 156,6	66	763,3	16,58
1 017,1	7	71,19	1,547	1 165,6	70	815,9	17,73
1 019,6	8	81,57	1,772	1 175,3	74	869,6	18,89
1 022,2	9	91,99	1,997	1 181,9	78	921,8	20,03
1 024,7	10	102,5	2,227	1 186,1	80	948,8	20,61
1 029,7	12	123,6	2,686	1 189,7	82	975,5	21,19
1 034,6	14	144,8	3,146	1 193,0	84	1 002	21,77
1 039,4	16	166,3	3,613	1 197,7	86	1 030	22,38
1 044,2	18	187,9	4,083	1 201,3	88	1 057	22,97
1 053,8	22	231,8	5,036	1 204,5	90	1 084	23,55
1 063,4	26	276,5	6,008	1 207,9	92	1 111	24,14
1 073,0	30	321,8	6,994	1 211,8	94	1 139	24,75
1 082,4	34	368,0	7,996	1 215,9	96	1 167	25,36
1 092,0	38	414,9	9,014	1 218,4	98	1 194	25,94
1 101,6	42	462,6	10,05	1 221,3	100	1 221	26,53

Phosphorsäure bei 20°/4 °C

Dichte in kg · m^{-3}	Ma.-% H_3PO_4	g · l^{-1}	mol · l^{-1}	Dichte in kg · m^{-3}	Ma.-% H_3PO_4	g · l^{-1}	mol · l^{-1}
1 003,8	1	10,04	0,102	1 254	40	501,6	5,118
1 009,2	2	20,18	0,206	1 293	45	581,9	5,938
1 020,0	4	40,80	0,416	1 335	50	667,5	6,811
1 030,9	6	61,85	0,631	1 379	55	758,5	7,740
1 042,0	8	83,36	0,851	1 426	60	855,6	8,731
1 053,2	10	105,3	1,074	1 476	65	958,8	9,784
1 064,7	12	127,8	1,304	1 526	70	1 068	10,90
1 076,4	14	150,7	1,538	1 579	75	1 184	12,08
1 088,4	16	174,1	1,777	1 633	80	1 306	13,33
1 100,8	18	198,1	2,021	1 689	85	1 436	14,65
1 113,4	20	222,7	2,272	1 746	90	1 571	16,03
1 126,3	22	247,8	2,529	1 770	92	1 628	16,61
1 139,5	24	273,5	2,791	1 794	94	1 686	17,20
1 152,9	26	299,8	3,059	1 819	96	1 746	17,82
1 166,5	28	326,6	3,333	1 844	98	1 807	18,44
1 180,5	30	354,2	3,614	1 870	100	1 870	19,08
1 216	35	425,6	4,333				

Salpetersäure bei 20°/4 °C

Dichte in kg · m^{-3}	Ma.-% HNO_3	g · l^{-1}	mol · l^{-1}	Dichte in kg · m^{-3}	Ma.-% HNO_3	g · l^{-1}	mol · l^{-1}
1 003,6	1	10,04	0,159	1 252,7	41	513,6	8,150
1 009,1	2	20,18	0,320	1 259,1	42	528,8	8,392
1 014,6	3	30,44	0,483	1 265,5	43	544,2	8,636
1 020,1	4	40,80	0,647	1 271,9	44	559,6	8,880
1 025,6	5	51,28	0,814	1 278,3	45	575,2	9,128
1 031,2	6	61,87	0,982	1 284,7	46	591,0	9,379
1 036,9	7	72,58	1,153	1 291,1	47	606,8	9,629
1 042,7	8	83,42	1,324	1 297,5	48	622,8	9,883
1 048,5	9	94,37	1,497	1 304,0	49	639,0	10,14
1 054,3	10	105,4	1,673	1 310,0	50	655,0	10,39
1 060,2	11	116,6	1,850	1 316,0	51	671,2	10,65
1 066,1	12	127,9	2,030	1 321,9	52	687,4	10,91
1 072,1	13	139,4	2,212	1 327,8	53	703,7	11,16
1 078,1	14	150,9	2,395	1 333,6	54	720,1	11,42
1 084,2	15	162,6	2,580	1 339,3	55	736,6	11,69
1 090,3	16	174,9	2,768	1 344,9	56	753,1	11,95
1 096,4	17	186,4	2,958	1 350,5	57	769,8	12,22
1 102,6	18	198,5	3,150	1 356,0	58	786,5	12,48
1 108,8	19	210,7	3,344	1 361,4	59	803,2	12,75
1 115,0	20	223,0	3,539	1 366,7	60	820,0	13,01
1 121,3	21	235,5	3,737	1 371,9	61	836,9	13,28
1 127,6	22	248,1	3,937	1 376,9	62	853,7	13,55
1 134,0	23	260,8	4,139	1 381,8	63	870,5	13,81
1 140,4	24	273,7	4,343	1 386,6	64	887,4	14,08
1 146,9	25	286,7	4,550	1 391,3	65	904,3	14,35
1 153,4	26	299,9	4,759	1 395,9	66	921,3	14,62
1 160,0	27	313,2	4,954	1 400,4	67	938,3	14,89
1 166,6	28	326,6.	5,183	1 404,8	68	955,3	15,16
1 173,3	29	340,3	5,400	1 409,1	69	972,3	15,43
1 180,0	30	354,0	5,618	1 413,4	70	989,4	15,70
1 186,7	31	367,9	5,838	1 417,6	71	1 006	15,93
1 193,4	32	381,9	6,060	1 421,8	72	1 024	16,25
1 200,2	33	396,1	6,286	1 425,8	73	1 041	16,52
1 207,1	34	410,4	6,513	1 429,8	74	1 058	16,79
1 214,0	35	424,9	6,743	1 433,7	75	1 075	17,06
1 220,5	36	439,4	6,973	1 437,5	76	1 093	17,34
1 227,0	37	454,0	7,205	1 441,3	77	1 110	17,61
1 233,5	38	468,7	7,438	1 445,0	78	1 127	17,88
1 239,9	39	483,6	7,674	1 448,6	79	1 144	18,15
1 246,3	40	498,5	7,911	1 452,1	80	1 162	18,44

Dichte in kg · m⁻³	Ma.-% HNO₃	g · l⁻¹	mol · l⁻¹	Dichte in kg · m⁻³	Ma.-% HNO₃	g · l⁻¹	mol · l⁻¹
1 455,5	81	1 179	18,71	1 485,0	91	1 351	21,44
1 458,9	82	1 196	18,98	1 487,3	92	1 368	21,71
1 462,2	83	1 214	19,27	1 489,2	93	1 385	21,98
1 465,5	84	1 231	19,54	1 491,2	94	1 402	22,25
1 468,6	85	1 248	19,80	1 493,2	95	1 419	22,52
1 471,6	86	1 266	20,09	1 495,2	96	1 435	22,77
1 474,5	87	1 283	20,36	1 497,4	97	1 452	23,04
1 477,3	88	1 300	20,63	1 500,8	98	1 471	23,34
1 480,0	89	1 317	20,90	1 505,6	99	1 491	23,66
1 482,6	90	1 334	21,17	1 512,9	100	1 513	24,01

Salzsäure bei 20°/4 °C

Dichte in kg · m⁻³	Ma.-% HCl	g · l⁻¹	mol · l⁻¹	Dichte in kg · m⁻³	Ma.-% HCl	g · l⁻¹	mol · l⁻¹
1 003,2	1	10,03	0,275	1 098,0	20	219,6	6,022
1 008,2	2	20,16	0,553	1 108,3	22	243,8	6,686
1 018,1	4	40,72	1,117	1 118,7	24	268,5	7,363
1 027,9	6	61,67	1,691	1 129,0	26	293,5	8,049
1 037,6	8	83,01	2,276	1 139,2	28	319,0	8,748
1 047,4	10	104,7	2,871	1 149,3	30	344,8	9,416
1 057,4	12	126,9	3,480	1 159,3	32	371,0	10,27
1 067,5	14	149,5	4,100	1 169,1	34	397,5	10,90
1 077,6	16	172,4	4,728	1 178,9	36	424,4	11,64
1 087,8	18	195,8	5,370	1 185,5	38	451,6	12,38
				1 198,0	40	479,2	13,14

Schwefelsäure bei 20°/4 °C

Dichte in kg · m⁻³	Ma.-% H₂SO₄	g · l⁻¹	mol · l⁻¹	Dichte in kg · m⁻³	Ma.-% H₂SO₄	g · l⁻¹	mol · l⁻¹
1 005,1	1	10,05	0,103	1 218,5	30	365,6	3,728
1 011,8	2	20,24	0,206	1 226,7	31	380,3	3,877
1 018,4	3	30,55	0,312	1 234,9	32	395,2	4,029
1 025,0	4	41,00	0,418	1 243,2	33	410,3	4,183
1 031,7	5	51,59	0,526	1 251,5	34	425,5	4,338
1 038,5	6	62,31	0,635	1 259,9	35	441,0	4,496
1 045,3	7	73,17	0,746	1 268,4	36	456,6	4,655
1 052,2	8	84,18	0,858	1 276,9	37	472,5	4,817
1 059,1	9	95,32	0,972	1 285,5	38	488,5	4,981
1 066,1	10	106,6	1,087	1 294,1	39	504,7	5,146
1 073,1	11	118,0	1,203	1 302,8	40	521,1	5,313
1 080,2	12	129,6	1,321	1 311,6	41	537,8	5,483
1 087,4	13	141,4	1,442	1 320,5	42	554,6	5,655
1 094,7	14	153,3	1,563	1 329,4	43	571,6	5,827
1 102,0	15	165,3	1,685	1 338,4	44	588,9	6,004
1 109,4	16	177,5	1,810	1 347,6	45	606,4	6,183
1 116,8	17	189,9	1,936	1 356,9	46	624,2	6,364
1 124,3	18	202,4	2,064	1 366,3	47	642,2	6,548
1 131,8	19	215,0	2,192	1 375,8	48	660,4	6,733
1 139,4	20	227,9	2,324	1 385,4	49	678,8	6,921
1 147,1	21	240,9	2,456	1 395,1	50	697,6	7,113
1 154,8	22	254,1	2,591	1 404,9	51	716,5	7,305
1 162,6	23	267,4	2,726	1 414,8	52	735,7	7,501
1 170,4	24	280,9	2,864	1 424,8	53	755,1	7,699
1 178,3	25	294,6	3,004	1 435,0	54	774,9	7,901
1 186,2	26	308,4	3,144	1 445,3	55	794,9	8,095
1 194,2	27	322,4	3,287	1 455,7	56	815,2	8,311
1 202,3	28	336,6	3,432	1 466,2	57	835,7	8,521
1 210,4	29	351,0	3,579	1 476,8	58	856,5	8,733

Dichte in kg · m⁻³	Ma.-% H₂SO₄	g · l⁻¹	mol · l⁻¹	Dichte in kg · m⁻³	Ma.-% H₂SO₄	g · l⁻¹	mol · l⁻¹
1 487,5	59	877,6	8,950	1 727,2	80	1 382	14,07
1 498,3	60	899,0	9,166	1 738,3	81	1 408	14,36
1 509,1	61	920,6	9,386	1 749,1	82	1 434	14,62
1 520,0	62	942,4	9,609	1 759,4	83	1 460	14,89
1 531,0	63	964,5	9,834	1 769,3	84	1 486	15,15
1 542,1	64	986,9	10,09	1 778,6	85	1 512	15,42
1 553,3	65	1 010	10,30	1 787,2	86	1 537	15,66
1 564,6	66	1 033	10,53	1 795,1	87	1 562	15,93
1 576,0	67	1 056	10,77	1 802,2	88	1 586	16,17
1 587,4	68	1 079	11,00	1 808,7	89	1 610	16,42
1 598,9	69	1 103	11,25	1 814,4	90	1 633	16,65
1 610,5	70	1 127	11,49	1 819,5	91	1 656	16,88
1 622,1	71	1 152	11,75	1 824,0	92	1 678	17,11
1 633,8	72	1 176	11,99	1 827,9	93	1 700	17,33
1 645,6	73	1 201	12,24	1 831,2	94	1 721	17,55
1 657,4	74	1 226	12,50	1 833,7	95	1 742	17,76
1 669,2	75	1 252	12,77	1 835,5	96	1 762	17,97
1 681,0	76	1 278	13,03	1 836,4	97	1 781	18,16
1 692,7	77	1 303	13,29	1 836,1	98	1 799	18,34
1 704,3	78	1 329	13,55	1 834,2	99	1 816	18,52
1 715,8	79	1 355	13,82	1 830,5	100	1 831	18,68

Ammoniakwasser bei 15°/4 °C

Dichte in kg · m⁻³	Ma.-% NH₃	g · l⁻¹	mol · l⁻¹	Dichte in kg · m⁻³	Ma.-% NH₃	g · l⁻¹	mol · l⁻¹
998	0,45	4,5	0,264	938	16,22	152,1	8,930
996	0,91	9,1	0,534	936	16,82	157,4	9,241
994	1,37	13,6	0,799	934	17,42	162,7	9,553
992	1,84	18,2	1,069	932	18,03	168,1	9,870
990	2,31	22,9	1,345	930	18,64	173,4	10,18
988	2,80	27,7	1,626	928	19,25	178,6	10,49
986	3,30	32,5	1,908	926	19,87	184,2	10,81
984	3,80	37,4	2,196	924	20,49	189,3	11,14
982	4,30	42,2	2,478	922	21,12	194,7	11,43
980	4,80	47,0	2,760	920	21,75	200,1	11,75
978	5,30	51,8	3,041	918	22,39	205,6	12,07
976	5,80	56,6	3,323	916	23,03	210,9	12,38
974	6,30	61,4	3,605	914	23,68	216,3	12,70
972	6,80	66,1	3,881	912	24,33	221,9	13,03
970	7,31	70,9	4,163	910	24,99	227,4	13,35
968	7,82	75,7	4,445	908	25,65	232,9	13,67
966	8,33	80,5	4,727	906	26,31	238,3	13,99
964	8,84	85,2	5,002	904	26,98	243,9	14,32
962	9,35	89,9	5,278	902	27,65	249,4	14,64
960	9,91	95,1	5,584	900	28,33	255,0	14,97
958	10,47	100,3	5,889	898	29,01	260,5	15,30
956	11,03	105,4	6,188	896	29,69	266,0	15,62
954	11,60	110,7	6,500	894	30,37	271,5	15,94
952	12,17	115,9	6,796	892	31,05	277,0	16,26
950	12,72	121,0	7,105	890	31,75	282,6	16,60
948	13,31	126,2	7,410	888	32,50	288,6	16,94
946	13,88	131,3	7,709	886	33,25	294,6	17,30
944	14,46	136,5	8,014	884	34,10	301,4	17,70
942	15,04	141,7	8,320	882	34,95	308,3	18,10
940	15,63	146,9	8,625				

Kaliumhydroxid bei 15°/4 °C

Dichte in kg · m⁻³	Ma.-% KOH	g · l⁻¹	mol · l⁻¹	Dichte in kg · m⁻³	Ma.-% KOH	g · l⁻¹	mol · l⁻¹
1 008,3	1	10,08	0,176	1 208,3	22	265,8	4,738
1 017,5	2	20,35	0,363	1 228,5	24	294,8	5,255
1 026,7	3	30,80	0,549	1 248,9	26	324,7	5,788
1 035,9	4	41,44	0,739	1 269,5	28	355,5	6,337
1 045,2	5	52,26	0,929	1 290,5	30	387,2	6,902
1 054,4	6	63,26	1,128	1 311,7	32	419,7	7,481
1 063,7	7	74,46	1,327	1 333,1	34	453,3	8,080
1 073,0	8	85,84	1,530	1 354,9	36	487,8	8,688
1 082,4	9	97,42	1,736	1 376,9	38	523,2	9,326
1 091,8	10	109,2	1,946	1 399,1	40	559,6	9,975
1 110,8	12	133,3	2,376	1 421,5	32	597,0	10,64
1 129,9	14	158,2	2,820	1 444,3	44	635,5	11,33
1 149,3	16	183,9	3,278	1 467,3	46	675,0	12,03
1 168,8	18	210,4	3,750	1 490,7	48	715,5	12,75
1 188,4	20	237,7	4,237	1 514,3	50	757,2	13,87

Natriumhydroxid bei 20°/4 °C

Dichte in kg · m⁻³	Ma.-% NaOH	g · l⁻¹	mol · l⁻¹	Dichte in kg · m⁻³	Ma.-% NaOH	g · l⁻¹	mol · l⁻¹
1 009,5	1	10,10	0,252	1 241,1	22	273,0	6,823
1 020,7	2	20,41	0,510	1 262,9	24	303,1	7,575
1 031,8	3	30,95	0,773	1 284,8	26	334,0	8,347
1 042,8	4	41,71	1,042	1 306,4	28	365,8	9,142
1 053,8	5	52,69	1,317	1 327,9	30	398,4	9,957
1 064,8	6	63,89	1,597	1 349,0	32	431,7	10,79
1 075,8	7	75,31	1,882	1 369,6	34	465,7	11,64
1 086,9	8	86,95	2,173	1 390,0	36	500,4	12,51
1 097,9	9	98,81	2,469	1 410,1	38	535,8	13,39
1 108,9	10	110,9	2,772	1 430,0	40	572,0	14,30
1 130,9	12	135,7	3,391	1 449,4	42	608,7	15,21
1 153,0	14	161,4	4,034	1 468,5	44	646,1	16,15
1 175,1	16	188,0	4,698	1 487,3	46	684,2	17,10
1 197,2	18	215,5	5,386	1 506,5	48	723,1	18,07
1 219,1	20	243,8	6,093	1 525,3	50	762,7	19,06

Natriumchlorid bei 20°/4 °C

Dichte in kg · m⁻³	Ma.-% NaCl	g · l⁻¹	mol · l⁻¹	Dichte in kg · m⁻³	Ma.-% NaCl	g · l⁻¹	mol · l⁻¹
1 005,3	1	10,05	0,172	1 100,9	14	154,1	2,636
1 012,5	2	20,25	0,346	1 116,2	16	178,5	3,054
1 026,8	4	41,07	0,703	1 131,9	18	203,7	3,485
1 041,3	6	62,47	1,068	1 147,8	20	229,5	3,926
1 055,9	8	84,47	1,445	1 164,0	22	256,0	4,380
1 070,7	10	107,07	1,832	1 180,4	24	283,2	4,845
1 085,7	12	130,2	2,227	1 197,2	26	311,2	5,324

Natriumkarbonat bei 20°/4 °C[1])

Dichte in kg · m⁻³	Ma.-% Na_2CO_3	g · l⁻¹	mol · l⁻¹	Dichte in kg · m⁻³	Ma.-% Na_2CO_3	g · l⁻¹	mol · l⁻¹
1 008,6	1	10,086	0,095	1 081,6	8	86,52	0,816
1 019,0	2	20,38	0,192	1 092,2	9	98,29	0,927
1 029,4	3	30,88	0,291	1 102,9	10	110,2	1,039
1 039,8	4	41,59	0,392	1 113,6	11	122,4	1,154
1 050,2	5	52,51	0,495	1 124,4	12	134,9	1,272
1 060,6	6	63,63	0,600	1 135,4	13	147,6	1,392
1 071,1	7	74,97	0,707				

[1]) Die Konzentrationsangaben sind auf wasserfreies Natriumkarbonat bezogen.

10. Löslichkeit fester Stoffe

Diese Tabelle enthält Angaben über die Löslichkeit anorganischer und einiger organischer Stoffe in Wasser bei verschiedenen Temperaturen und über die Löslichkeit anorganischer Stoffe in organischen Lösungsmitteln sowie eine Umrechnungstabelle von Löslichkeiten in Gramm wasserfreier Substanz in 100 g Lösungsmittel auf Gramm wasserfreier Substanz in 100 g Lösung und umgekehrt.

Spalte Löslichkeit: Die Löslichkeit ist in Gramm wasserfreier Substanz in 100 g Lösungsmittel (Wasser) für 0, 20, 40, 60, 80 und 100 °C angegeben. Unter »wasserfreier Substanz« ist zu verstehen, daß die Werte auf wasserfreie Substanzen umgerechnet sind. In Klammern stehende Werte sind interpolierte Werte.

Spalte Konzentration der gesättigten Lösung Masseanteil in %: Die Konzentration ist in Gramm wasserfreier Substanz in 100 g der gesättigten Lösung angegeben. Die Werte gelten − wenn nicht anders vermerkt − für 20 °C.

Spalte Dichte der gesättigten Lösung: Angabe in $kg \cdot m^{-3}$

10.1. Löslichkeit anorganischer und einiger organischer Verbindungen in Wasser in Abhängigkeit von der Temperatur

Bodenkörper	Löslichkeit in $\frac{g}{100\ g\ H_2O}$ bei °C						Masseanteil der ges. Lsg. in % bei 20 °C	Dichte der gesättigten Lösung bei 20 °C
	0	20	40	60	80	100		
Aluminiumchlorid-6-Wasser	44,9	45,6	46,3	(47,0)	47,7	−	31,32	−
Aluminiumnitrat-9-Wasser	61	75,44	89	108	−	−	43,0	−
Aluminiumnitrat-8-Wasser	−	−	−	−	154 (90°)	166	−	−
Aluminiumsulfat-18-Wasser	31,2	36,44	45,6	58	73	89	26,7	1308
Ammoniumaluminium-sulfat-12-Wasser	2,60	6,59	12,36	21,1	35,2	109,2 (95°)	6,18	1045,9 (15,5°)
Ammoniumbromid	60,6	75,5	91,1	107,8	126,7	145,6	43,9	−
Ammoniumchlorid	29,7	37,56	46,0	55,3	65,6	77,3	27,3	1075
Ammoniumdihydrogen-phosphat	22,7	36,8	56,7	82,9	120,7	174	26,90	−
Ammoniumeisen(II)-sulfat-6-Wasser	17,8	26,9	38,5	53,4	73,0	−	21,20	1180
Ammoniumhydrogen-karbonat	11,9	21,22	36,6	59,2	109,2	355	17,5	1070
Ammoniumiodid	154,2	172,3	190,5	208,9	228,8	250,3	63,3	−
Ammoniummagnesium-phosphat	0,023	0,052	0,036	0,04	0,019	−	0,0519	−
Ammoniumnitrat	118,5	187,7	283	415	610	1000	65,0	1308
Ammoniumphosphat-3-Wasser	9,40	20,3	−	37,7 (50°)	−	−	16,87	1343,6 (14,5°)
Ammoniumsulfat	70,4	75,44	81,2	87,4	94,1	102	43,0	1247
Ammoniumthiozyanat	115	163	235	347	(525)	−	61,98	−
Antimon(III)-chlorid	601,6	931,5	1368,0	4531,0	−	−	90,31	−
Antimon(III)-sulfid	−	$1,75 \cdot 10^{-4}$ (18°)	−	−	−	−	$1,75 \cdot 10^{-4}$ (18°)	−
Arsen(V)-oxid	59,5	65,83	71,2	73,0	75,1	76,7	39,70	−
Arsen(III)-sulfid	−	$5,17 \cdot 10^{-5}$ (18°)	−	−	−	−	$5,17 \cdot 10^{-5}$ (18°)	−
Bariumchlorat	16,90	25,26	33,16	40,05	45,90	51,2	20,17	−
Bariumchlorid-2-Wasser	30,7	35,7	40,8	46,4	52,5	58,7	26,3	1280
Bariumchromat	−	$3,7 \cdot 10^{-4}$	−	−	−	−	$3,7 \cdot 10^{-4}$	−
Bariumhydroxid-8-Wasser	1,50	3,48	8,2	21,0	−	−	3,36	1040
Bariumhydroxid-3-Wasser	−	−	−	−	90,8	159 (109°)	−	−
Bariumkarbonat	−	$2,2 \cdot 10^{-3}$ (18°)	−	−	−	−	$2,2 \cdot 10^{-3}$ (18°)	−
Bariumnitrat	4,95	9,06	14,4	20,3	27,2	34,2	8,3	1069,1

Bodenkörper	Löslichkeit in $\frac{g}{100\ g\ H_2O}$ bei °C						Masseanteil der ges. Lsg. in % bei 20 °C	Dichte der gesättigten Lösung bei 20 °C
	0	20	40	60	80	100		
Bariumoxalat	–	$1,7 \cdot 10^{-2}$ (30°)	–	–	–	–	$1,7 \cdot 10^{-2}$ (30°)	–
Bariumsulfat	–	$2,4 \cdot 10^{-4}$	–	–	–	–	$2,4 \cdot 10^{-4}$	–
Bleibromid	0,4554	0,85	1,53	2,36	3,34	4,76	0,843	–
Bleichlorid	0,6728	0,99	1,45	1,98	2,62	3,31	0,98	1007
Bleichromat	–	$7 \cdot 10^{-6}$	–	–	–	–	$7 \cdot 10^{-6}$	–
Bleiiodid	0,0442	0,068	0,125	0,20	0,302	0,435	0,0679	–
Bleikarbonat	–	$1,1 \cdot 10^{-4}$	–	–	–	–	$1,1 \cdot 10^{-4}$	–
Bleinitrat	36,4	52,22	69,4	88,0	107,5	127,3	34,3	1400
Bleiphosphat	–	$13 \cdot 10^{-6}$	–	–	–	–	$13 \cdot 10^{-6}$	–
Bleisulfat	–	$4,1 \cdot 10^{-3}$	–	–	–	–	$4,1 \cdot 10^{-3}$	–
Bleisulfid	–	$8,6 \cdot 10^{-5}$ (18°)	–	–	–	–	$8,6 \cdot 10^{-5}$ (18°)	–
Bor(III)-oxid	1,1	2,2	4,0	6,2	9,5	15,7	2,15	–
Borsäure	2,66	5,042	8,7	14,8	23,6	39,7	4,8	1015
Chromium(VI)-oxid	163	166,72	171	176	189	199	62,5	1710,0 (16,5°)
Diammoniumhydrogen-phosphat	57,5	68,6	81,8	97,6	(115,5)	–	40,7	1343,6 (14,5°)
Dikaliumhydrogen-phosphat-6-Wasser	85,6	–	–	–	–	–	–	–
Dikaliumhydrogen-phosphat-3-Wasser	–	159	212,5	–	–	–	61,39	–
Dikaliumhydrogen-phosphat	–	–	–	266	–	–	–	–
Dinatriumhydrogen-phosphat-12-Wasser	1,63	7,7	–	–	–	–	7,2	1080
Dinatriumhydrogen-phosphat-7-Wasser	–	–	55,0	–	–	–	–	–
Dinatriumhydrogen-phosphat-2-Wasser	–	–	–	83,0	92,4	–	–	–
Dinatriumhydrogen-phosphat	–	–	–	–	–	104,1	–	–
Eisen(II)-chlorid-6-wasser	49,9	–	–	–	–	–	–	–
Eisen(II)-chlorid-4-Wasser	–	62,35	68,6	78,3	–	–	38,4	1490
Eisen(II)-chlorid-2-Wasser	–	–	–	–	90,1 (76,5°)	94,2	–	–
Eisen(III)-chlorid-6-Wasser	74,5	91,94	–	–	–	–	47,9	1520
Eisen(III)-chlorid-2-Wasser	--	–	–	373	–	–	–	–
Eisen(III)-chlorid	--	–	–	–	525,1	537	–	–
Eisen(II)-sulfat-7-Wasser	15,65	26,58	40,3	47,6 (50°)	–	–	21,0	1225
Eisen(II)-sulfat-1-Wasser	–	–	–	–	43,8	(31,6)	–	–
Eisen(II)-sulfid	–	$6,16 \cdot 10^{-4}$ (18°)	–	–	–	–	$6,16 \cdot 10^{-4}$ (18°)	–
Iod	–	$2,9 \cdot 10^{-2}$ (18°)	–	–	–	–	$2,9 \cdot 10^{-2}$	–
Iodsäure	249,5	269,0	295	331,9	378,1	443,6	72,9	–
Kadmiumchlorid-$^5/_2$-Wasser	90,1	111,4	–	–	–	–	52,7	1710
Kadmiumchlorid-1-Wasser	–	–	135,3	136,9	140,4	147	–	–
Kadmiumnitrat-9-Wasser	106	–	–	–	–	–	–	–
Kadmiumnitrat-4-Wasser	–	153	199	–	–	–	60,47	–
Kadmiumnitrat	–	–	–	619	646	682	–	–
Kadmiumsulfat-$^8/_3$-Wasser	75,75	76,69	79,26	81,9	84,6	–	43,4	1616
Kadmiumsulfid	–	$9 \cdot 10^{-7}$ (18°)	–	–	–	–	$9 \cdot 10^{-7}$ (18°)	–

Bodenkörper	Löslichkeit in $\frac{g}{100\ g\ H_2O}$ bei °C						Masse-anteil der ges. Lsg. in % bei 20 °C	Dichte der ge-sättigten Lösung bei 20 °C
	0	20	40	60	80	100		
Kaliumaluminium-sulfat-12-Wasser	2,96	6,01	13,6	33,3	72	109 (90°)	5,67	1053
Kaliumaluminiumsulfat-x-Wasser	–	–	–	–	–	154	–	–
Kaliumbromat	3,1	6,84	13,1	22,0	33,9	49,7	6,4	1048
Kaliumbromid	54,0	65,85	76,1	85,9	95,3	104,9	39,7	1370
Kaliumchlorat	3,3	7,3	14,5	25,9	39,7	56,2	6,8	1042
Kaliumchlorid	28,15	34,24	40,3	45,6	51,0	56,20	25,5	1174
Kaliumchromat	59,0	63,68	67,0	70,9	75,1	79,2	38,9	1378
Kaliumdichromat	4,68	12,49	26,3	45,6	73,0	103	11,1	1077
Kaliumdihydrogen-phosphat	14,3	22,7	33,9	48,6	68,0	–	18,50	–
Kaliumhexazyano-ferrat(II)-3-Wasser	15,0	28,87	42,7	56,0	68,9	(82,7)	22,4	1160
Kaliumhexazyano-ferrat(III)	29,9	46,0	59,5	70,9	81,8	91,6	31,51	1180
Kaliumhydrogenkarbonat	22,6	33,3	45,3	60,0	–	–	24,98	1180
Kaliumhydrogensulfat	36,3	51,4	76,3	–	–	121,6	33,95	–
Kaliumhydroxid-2-Wasser	95,3	111,88	–	–	–	–	52,8	1530
Kaliumhydroxid-1-Wasser	–	–	136,4	147	160	178	–	–
Kaliumiodat	4,7	8,11	12,9	18,5	24,8	32,3	7,5	1064
Kaliumiodid	127,8	144,51	161,0	176,2	191,5	208	59,1	1710
Kaliumkarbonat-$^3/_2$-Wasser	105,5	111,5	117	127	140	156	52,8	1580
Kaliumnitrat	13,25	31,66	63,9	109,9	169	245,2	24,1	1160
Kaliumoxalat-1-Wasser	–	35,88	–	–	–	–	26,4	–
Kaliumperchlorat	0,76	1,73	3,63	7,18	13,38	22,2	1,7	1008
Kaliumperiodat	0,168	0,42	0,93	2,16	4,44	7,87	0,418	–
Kaliumpermanganat	2,83	6,43	12,56	22,4	–	–	6,0	1040
Kaliumperoxosulfat	0,18	0,47	1,10	–	–	–	0,468	–
Kaliumpyrosulfit	27,5	44,9	63,9	85	108	133	30,99	–
Kaliumsulfat	7,33	11,11	14,79	18,2	21,29	24,10	10,0	1 080,7
Kaliumsulfit	106	107	108	109,5	111,5	114	51,69	–
Kaliumthiozyanat	177	218	–	–	–	–	68,55	1420
Kaliumzyanid	(63)	71,6 (25°)	–	81 (50°)	(95) (75°)	122 (103,3°)	41,73 (25°)	–
Kalziumchlorid-6-Wasser	60,3	74,53	–	–	–	–	42,7	1430
Kalziumchlorid-2-Wasser	–	–	128,1	136,8	147,0	159,0	–	–
Kalziumfluorid	–	$1,7 \cdot 10^{-3}$ (26°)	–	–	–	–	$1,7 \cdot 10^{-3}$ (26°)	–
Kalziumhydrogen-phosphat-2-Wasser	–	0,020 (24,5)	0,038	0,105	–	0,075	0,0199 (24,5)	–
Kalziumkarbonat	–	$1,5 \cdot 10^{-3}$ (18°)	–	–	–	–	$1,5 \cdot 10^{-3}$ (18°)	–
Kalziumnitrat-4-Wasser	101	129,39	196	–	–	–	56,4	–
Kalziumoxid-1-Wasser	0,130	0,1238	0,100	0,083	0,066	0,052	0,123	1001
Kalziumsulfat-2-Wasser	0,176	0,2036	0,2122	0,2047	0,1966	0,1619	0,204	1001
Kobaltchlorid-6-Wasser	41,9	53,62	69,5	–	–	–	34,9	–
Kobaltchlorid-2-Wasser	–	–	–	(90,5)	100	107,5	–	–
Kobaltnitrat-6-Wasser	83,5	100	126	169,5 (56°)	–	–	50,0	–
Kobaltnitrat-3-Wasser	–	–	–	163,2	217	–	–	–
Kobaltsulfat-7-Wasser	25,5	36,26	49,9	–	–	–	26,6	–
Kobaltsulfat-6-Wasser	–	–	–	55,0	–	–	–	–
Kobaltsulfat-1-Wasser	–	–	–	–	53,8	38,9	–	–
Kobaltsulfid	–	$3,79 \cdot 10^{-4}$ (18°)	–	–	–	–	$3,79 \cdot 10^{-4}$ (18°)	–
Kupfer(I)-chlorid	–	1,52 (25°)	–	–	–	–	1,497 (25°)	–
Kupfer(II)-chlorid-2-Wasser	70,65	77,0	83,8	91,2	99,2	107,9	43,5	1550
Kupfer(II)-nitrat-6-Wasser	81,8	125,25	–	–	–	–	55,6	–

Bodenkörper	Löslichkeit in $\frac{g}{100\ g\ H_2O}$ bei °C						Masseanteil der ges. Lsg. in % bei 20 °C	Dichte der gesättigten Lösung bei 20 °C
	0	20	40	60	80	100		
Kupfer(II)-nitrat-3-Wasser	–	–	160	179	208	(257)	–	–
Kupfer(II)-sulfat-5-Wasser	14,8	20,77	29,0	39,1	53,6	73,6	17,2	1196,5
Kupfer(II)-sulfid	–	$3,3\cdot10^{-5}$ (18°)	–	–	–	–	$3,3\cdot10^{-5}$ (18°)	–
Lithiumchlorid-2-Wasser	69,2	–	–	–	–	–	–	–
Lithiumchlorid-1-Wasser	–	82,82	90,4	100	113	(127,5)	45,3	1290
Lithiumchlorid	–	–	–	–	–	133	–	–
Lithiumhydroxid-1-Wasser	12,0	12,36	–	13,4 (50°)	14,9 (75°)	17,9	11,0	–
Lithiumkarbonat	–	1,33	–	–	–	–	1,31	–
Lithiumsulfat-1-Wasser	36,2	34,8	33,5	32,3	31,5	31,0	25,6	1230
Magnesiumchlorid-6-Wasser	52,8	54,57	57,5	60,7	65,87	72,7	35,3	1331
Magnesiumhydroxid	–	$9\cdot10^{-4}$ (18°)	–	–	–	–	$9\cdot10^{-4}$ (18°)	–
Magnesiumnitrat-6-Wasser	63,9	70,07	81,8	93,7	–	–	41,2	1388 (25°)
Magnesiumnitrat-2-Wasser	–	–	–	214,5	233	264	–	–
Magnesiumsulfat-7-Wasser	30,05 (10°)	35,6	45,4	–	–	–	26,25	1310
Magnesiumsulfat-6-Wasser	–	–	–	54,4	–	–	–	–
Magnesiumsulfat-1-Wasser	–	–	–	–	54,2 (83°)	(48,0)	–	–
Mangan(II)-chlorid-4-Wasser	63,6	73,62	88,7	(106) (58,1°)	–	–	42,4	1499
Mangan(II)-chlorid-2-Wasser	–	–	–	–	110,5	115	–	–
Mangan(II)-sulfat-7-Wasser	52,9	–	–	–	–	–	–	–
Mangan(II)-sulfat-5-Wasser	–	62,88	–	–	–	–	38,6	1487
Mangan(II)-sulfat-1-Wasser	–	–	60,0	58,6	45,5	35,5	–	–
Natriumaluminiumsulfat-12-Wasser	37,4	39,7	44,3	–	–	–	28,41	–
Natriumazetat-3-Wasser	36,3	46,42	65,4	138 (58°)	–	–	31,7	1170
Natriumbromat	25,8	38,32	48,8	62,6	75,8	90,8	27,7	1048
Natriumbromid-2-Wasser	79,5	90,49	105,8	–	–	–	47,5	1540
Natriumbromid	–	–	–	118	118,3	121,2	–	–
Natriumchlorat	80,5	98,82	115,2	(138)	(167)	204	49,7	–
Natriumchlorid-2-Wasser	35,60	–	–	–	–	–	–	–
Natriumchlorid	35,6	35,8	36,42	37,05	38,05	39,2	26,4	1201
Natriumchromat-10-Wasser	31,7	88,7	–	–	–	–	47	–
Natriumchromat-4-Wasser	–	–	95,3	115,1	–	–	–	–
Natriumchromat	–	–	–	–	124	125,9	–	–
Natriumdichromat-2-Wasser	163,2	180,16	220,5	283	385	–	64,3	–
Natriumdichromat	–	–	–	–	–	440	–	–
Natriumdihydrogen-phosphat-2-Wasser	57,7	85,2	138,2	–	–	–	46,0	–
Natriumdihydrogen-phosphat	–	–	–	179,3	207,3	248,4	–	–
Natriumfluorid	(3,6)	4,1	–	–	–	–	3,94	1040
Natriumformiat-2-Wasser	–	85,3	–	–	–	–	46,5	–
Natriumhydrogenkarbonat	6,89	9,6	12,7	16,0	19,7	23,6	8,76	1080
Natriumhydroxid-4-Wasser	43,2	–	–	–	–	–	–	–
Natriumhydroxid-1-Wasser	–	109,22	126	178	–	–	52,2	1550
Natriumhydroxid	–	–	–	–	313,7	341	–	–

Bodenkörper	Löslichkeit in $\frac{g}{100\ g\ H_2O}$ bei °C						Masseanteil der ges. Lsg. in % bei 20 °C	Dichte der gesättigten Lösung bei 20 °C
	0	20	40	60	80	100		
Natriumiodat-5-Wasser	2,48	–	–	–	–	–	–	–
Natriumiodat-1-Wasser	–	9,1	13,25	20,0	–	–	8,34	1077 (25°)
Natriumiodat	–	–	–	–	27,0	32,8	–	–
Natriumiodid-2-Wasser	159,1	179,37	204,9	257,1	–	–	64,2	1920
Natriumiodid	–	–	–	–	295	303	–	–
Natriumkarbonat-10-Wasser	6,86	21,66	–	–	–	–	17,8	1194,1
Natriumkarbonat-1-Wasser	–	–	48,9	46,2	44,5	44,5	–	–
Natriumnitrat	70,7	88,27	104,9	124,7	148	176	46,8	1380
Natriumnitrit	73,0	84,52	95,7	112,3	135,5	163	45,8	1330
Natriumperchlorat-1-Wasser	167	181	243	–	–	–	64,41	1757 (25°)
Natriumperchlorat	–	–	–	289	(304)	(324)	–	–
Natriumphosphat-12-Wasser	1,5	12,11	31	55	81	108	10,8	1106
Natriumpyrophosphat-10-Wasser	2,70	5,48	12,5	21,9	30,0	40,26	5,2	1050
Natriumpyrosulfit-7-Wasser	45,5	–	–	–	–	–	–	–
Natriumpyrosulfit	–	65,3	71,1	79,9	88,7	(100)	39,5	–
Natriumsulfat-10-Wasser	4,56	19,19	–	–	–	–	16,1	1150
Natriumsulfat	–	–	48,1	45,26	43,09	42,3	–	–
Natriumsulfid-9-Wasser	12,4	18,77	29,0	–	–	–	15,8	1180
Natriumsulfid-6-Wasser	–	–	–	39,1	49,2	–	–	–
Natriumsulfit-7-Wasser	14,2	26,9	–	–	–	–	21,2	1200
Natriumsulfit	–	–	37,0	33,2	29,0	26,6	–	–
Natriumthiosulfat-5-Wasser	52,5	70,07	102,6	–	–	–	41,2	1390
Natriumthiosulfat-2-Wasser	–	–	–	206,6	–	–	–	–
Natriumthiosulfat	–	–	–	–	245	266	–	–
Nickelchlorid-6-Wasser	51,7	55,30	–	–	–	–	35,6	1460
Nickelchlorid-4-Wasser	–	–	72,5	80,5	–	–	–	–
Nickelchlorid-2-Wasser	–	–	–	–	86,9	88,0	–	–
Nickelnitrat-6-Wasser	79,2	94,1	118,8	–	–	–	48,5	–
Nickelnitrat-2-Wasser	–	–	–	–	–	218,5	–	–
Nickelsulfat-7-Wasser	27,9	37,8	50,4	–	–	–	27,4	–
Nickelsulfat-6-Wasser	–	–	–	57,0	–	–	–	–
Nickelsulfat-1-Wasser	–	–	–	–	–	77,9	–	–
Nickelsulfid	–	$3,6 \cdot 10^{-4}$ (18°)	–	–	–	–	$3,6 \cdot 10^{-4}$ (18°)	–
Quecksilber(I)-bromid	–	$3,9 \cdot 10^{-6}$ (25°)	–	–	–	–	$3,9 \cdot 10^{-6}$ (25°)	–
Quecksilber(II)-bromid	–	0,62 (25°)	(0,96)	1,67	2,77	4,9	0,62 (25°)	–
Quecksilber(I)-chlorid	–	$0,23 \cdot 10^{-3}$	–	–	–	–	$0,23 \cdot 10^{-3}$	–
Quecksilber(II)-chlorid	4,29	6,61	9,6	13,9	24,2	54,1	6,2	1052
Quecksilber(I)-iodid	–	$0,02 \cdot 10^{-6}$ (25°)	–	–	–	–	$0,02 \cdot 10^{-6}$ (25°)	–
Quecksilber(II)-iodid (rot)	–	20 … 40 $\cdot 10^{-6}$ (18°)	–	–	–	–	20 … 40 $\cdot 10^{-6}$ (18°)	–
Quecksilber(II)-oxid (gelb)	–	5,2 … 15 $\cdot 10^{-6}$ (25°)	–	–	–	–	5,2 … 15 $\cdot 10^{-3}$ (25°)	–
Quecksilber(II)-oxid (rot)	–	4,24… $5,15 \cdot 10^{-3}$ (25°)	–	–	–	–	4,24… $5,15 \cdot 10^{-3}$ (25°)	–
Quecksilber(I)-sulfat	–	$60 \cdot 10^{-3}$ (25°)	–	–	–	–	$60 \cdot 10^{-3}$ (25°)	–
Quecksilbersulfid	–	$1,25 \cdot 10^{-6}$ (18°)	–	–	–	–	$1,25 \cdot 10^{-6}$ (18°)	–

Bodenkörper	Löslichkeit in $\frac{g}{100\ g\ H_2O}$ bei °C						Masseanteil der ges. Lsg. in % bei 20 °C	Dichte der gesättigten Lösung bei 20 °C
	0	20	40	60	80	100		
Silberarsenat	–	$8,5 \cdot 10^{-4}$	–	–	–	–	$8,5 \cdot 10^{-4}$	–
Silberbromid	–	$8,4 \cdot 10^{-6}$	–	–	–	–	$8,4 \cdot 10^{-6}$	–
Silberchlorid	–	$1,5 \cdot 10^{-4}$	–	–	–	–	$1,5 \cdot 10^{-4}$	–
Silberchromat	–	$2,6 \cdot 10^{-3}$	–	–	–	–	$2,6 \cdot 10^{-3}$	–
Silberiodid	–	$2,5 \cdot 10^{-7}$	–	–	–	–	$2,5 \cdot 10^{-7}$	–
Silberkarbonat	–	$3,2 \cdot 10^{-3}$	–	–	–	–	$3,2 \cdot 10^{-3}$	–
Silbernitrat	115	219,2	334,8	471	652	1024	68,6	2180
Silbersulfat	0,573	0,796	0,979	1,15	1,30	1,46	0,75	–
Silbersulfid	–	$1,4 \cdot 10^{-5}$	–	–	–	–	$1,4 \cdot 10^{-5}$	–
Silberzyanid	–	$2,2 \cdot 10^{-5}$	–	–	–	–	$2,2 \cdot 10^{-5}$	–
Strontiumbromid-6-Wasser	87,9	98	113	135	175	222,5	49,5	–
Strontiumchlorid-6-Wasser	44,1	53,85	66,6	85,2	–	–	35,0	1390
Strontiumchlorid-2-Wasser	–	–	–	–	92,3	102	–	–
Strontiumfluorid	–	$11,7 \cdot 10^{-3}$	–	–	–	–	$11,7 \cdot 10^{-3}$	–
Strontiumhydroxid-8-Wasser	0,35	0,70	1,50	3,13	7,02	24,2	0,69	–
Strontiumnitrat-4-Wasser	39,5	70,95	–	–	–	–	41,5	1393,8 (14,71°)
Strontiumnitrat	–	–	91,2	94,2	97,2	101,2	–	–
Strontiumoxalat	–	$4,6 \cdot 10^{-3}$	–	–	–	–	$4,6 \cdot 10^{-3}$	–
Strontiumsulfat	–	$1,14 \cdot 10^{-2}$	–	–	–	–	$1,14 \cdot 10^{-2}$	–
Thallium(I)-chlorid	0,17	0,33	0,60	1,02	1,60	2,38	0,329	–
Thallium(I)-karbonat	–	3,92	–	–	–	–	3,77	–
Thallium(I)-nitrat	3,81	9,528	20,9	46,2	111,0	413	8,7	–
Thallium(I)-sulfat	2,70	4,823	7,59	10,9	14,6	18,4 (99,7°)	4,6	–
Uranylnitrat-6-Wasser	98,0	125,76	163	203 (50°)	–	–	55,71	–
Zinkchlorid-3-Wasser	208	–	–	–	–	–	78,6	2080
Zinkchlorid-$^3/_2$-Wasser	–	367,53	–	–	–	–	78,6	2080
Zinkchlorid	–	–	453	488	541	614	–	–
Zinkhydroxid	–	$5,62 \cdot 10^{-4}$ (18°)	–	–	–	–	$5,62 \cdot 10^{-4}$ (18°)	–
Zinknitrat-6-Wasser	92,7	118,34	–	–	–	–	54,2	1670
Zinknitrat-4-Wasser	–	–	211,5	–	–	–	–	–
Zinknitrat-1-Wasser	–	–	–	700	1250 (73°)	–	–	–
Zinksulfat-7-Wasser	41,6	53,8	–	–	–	–	35	1470
Zinksulfat-6-Wasser	–	–	70,4	–	–	–	–	–
Zinksulfat-1-Wasser	–	–	–	76,5	66,7	60,5	–	–
Zink(II)-chlorid	83,9	269,8 (15°)	–	–	–	–	72,96 (15°)	2070

10.2. Löslichkeit anorganischer Verbindungen in organischen Lösungsmitteln bei 18 bis 20 °C

Die Löslichkeit ist in Gramm wasserfreier Substanz in 100 g reinem Lösungsmittel angegeben.

Bodenkörper	Löslichkeit in $\frac{g}{100\ g\ L.M.}$			
	Ethanol (absolut)	Methanol	Propanon	Pyridin
Aluminiumbromid	–	–	–	8,14 (25°)
Ammoniak	11,9	23,8	–	–
Ammoniumbromid	3,2	12,5	–	–
Ammoniumchlorid	0,6 (15°)	3,4	–	–
Ammoniumiodid	26,3 (25°)	–	–	–
Ammoniumnitrat	3,8	17,1	–	–
Ammoniumperchlorat	2,2 (25°)	6,8 (25°)	2,2 (25°)	–
Antimon(III)-chlorid	–	–	538	–

Bodenkörper	Löslichkeit in $\frac{g}{100 \text{ g L.M.}}$			
	Ethanol (absolut)	Methanol	Propanon	Pyridin
Bariumbromid	4,1	–	–	–
Bariumchlorid	–	2,2 (15°)	–	–
Bariumnitrat	–	0,5 (25°)	–	–
Bismut(III)-iodid	3,5	–	–	–
Bismut(III)-nitrat-5-Wasser	–	–	41,7	–
Bleichlorid	–	–	–	0,45
Bleiiodid	–	–	–	0,21 (15°)
Bleinitrat	0,04	1,4	–	5,8 (25°)
Borsäure	11 (25°)	–	0,5	–
Chlorwasserstoff	41	88,7	–	–
Eisen(III)-chlorid	–	–	63	–
Iod	19 (15°)	–	–	–
Kadmiumbromid	–	–	1,56	–
Kadmiumchlorid	1,5 (15°)	1,71 (15°)	–	0,8 (15°)
Kadmiumiodid	102 (15°)	–	25	0,43 (25°)
Kaliumbromid	0,14 (25°)	2 (25°)	0,02 (25°)	–
Kaliumchlorid	0,0034	0,5	–	–
Kaliumhydroxid	37 (30°)	–	–	–
Kaliumiodid	1,75	16,5	–	–
Kaliumthiozyanat	–	–	20,8 (22,5°)	–
Kaliumzyanid	0,9	4,9 (25°)	–	–
Kalziumbromid	53,5	–	–	–
Kalziumchlorid	–	–	–	1,66 (25°)
Kobaltchlorid	–	–	2,8	0,6 (25°)
Kobaltsulfat	–	1,04	–	–
Kobaltsulfat-7-Wasser	2,5 (3°)	5,5	–	–
Kupfer(II)-chlorid	–	–	2,9	0,35 (25°)
Kupfer(II)-chlorid-2-Wasser	–	–	8,9 (15°)	–
Kupfer(II)-iodid	–	–	–	1,74 (25°)
Kupfersulfat	–	1,05	–	–
Kupfersulfat-5-Wasser	1,1 (3°)	15,6	–	–
Lithiumbromid	72 (25°)	–	–	–
Lithiumchlorid	24	–	2,3 (25°)	13,5 (28°)
Magnesiumbromid	–	–	–	0,5
Magnesiumsulfat	1,3 (3°)	1,2	–	–
Magnesiumsulfat-7-Wasser	–	41	–	–
Natriumbromid	2,3	17,4	–	–
Natriumchlorid	0,07	1,41	–	–
Natriumchromat	–	0,35 (25°)	–	–
Natriumiodid	43,1 (22,5°)	77,7 (22,5°)	–	–
Natriumnitrat	0,036 (25°)	0,41	–	–
Natriumnitrit	0,31	4,4	–	–
Nickelchlorid	10	–	–	–
Nickelchlorid-6-Wasser	53,7	–	–	–
Nickelsulfat	–	4 (15°)	–	–
Nickelsulfat-7-Wasser	2,2	20 (15°)	–	–
Phosphor	0,31	–	–	–
Quecksilber(II)-bromid	23 (25°)	46 (25°)	–	–
Quecksilber(II)-chlorid	49 (25°)	53	143	25
Quecksilber(II)-iodid	2,2 (25°)	3,4 (25°)	2 (25°)	32
Quecksilber(II)-zyanid	9,5 (25°)	32 (25°)	–	65
Schwefel	0,05	0,03	2,5 (25°)	–
Silberchlorid	–	–	–	1,9
Silbernitrat	2,1	3,7	0,44	36,6
Strontiumchlorid-6-Wasser	–	63,3 (6°)	–	–

Bodenkörper	Löslichkeit in $\dfrac{g}{100\ g\ L.M.}$			
	Ethanol (absolut)	Methanol	Propanon	Pyridin
Zerium(III)-chlorid	–	–	–	1,58 (0°)
Zinkchlorid	–	–	43,5	2,6
Zinksulfat	–	0,65	–	–
Zinksulfat-7-Wasser	–	5,9	–	–

10.3. Umrechnungstabelle von Gramm Substanz/100 g Lösungsmittel auf Gramm Substanz/100 g Lösung und umgekehrt

Spalte A enthält die gewünschte Konzentration des gelösten Stoffes in Gramm Substanz/100 g Lösung (= Ma.- %).
Spalte B enthält die Anzahl Gramm des Stoffes, die in 100 g Lösungsmittel gelöst sind.

A	Einer									
	0	1	2	3	4	5	6	7	8	9
Zehner					B					
0	0,00	1,01	2,04	3,09	4,17	5,26	6,38	7,53	8,70	9,89
10	11,11	12,36	13,64	14,94	16,28	17,65	19,05	20,48	21,95	23,46
20	25,00	26,58	28,21	29,87	31,58	33,33	35,14	36,99	38,89	40,85
30	42,86	44,93	47,06	49,25	51,52	53,85	56,25	58,73	61,29	63,93
40	66,67	69,49	72,41	75,44	78,57	81,19	85,19	88,68	92,30	96,08
50	100,00	104,08	108,33	112,77	117,39	122,22	127,27	132,56	138,10	143,90
60	150,00	156,41	163,16	170,27	177,78	185,71	194,12	203,03	212,50	222,58
70	233,33	244,83	257,14	270,37	284,62	300,00	316,67	334,78	354,55	376,19
80	400,00	426,32	455,56	488,24	525,00	566,67	614,29	669,23	733,33	809,09
90	900	1 011	1 150	1 329	1 567	1 900	2 400	3 233	4 900	9 900

A	Zehntel									
	0,0	0,1	0,2	0,3	0,4	0,5	0,6	0,7	0,8	0,9
Einer					B					
0	0,000	0,100 1	0,200 4	0,300 9	0,401 6	0,502 5	0,603 6	0,704 9	0,806 5	0,908 2
1	1,010	1,112	1,215	1,317	1,420	1,523	1,626	1,729	1,833	1,937
2	2,041	2,145	2,249	2,354	2,459	2,564	2,669	2,775	2,881	2,987
3	3,093	3,199	3,306	3,413	3,520	3,627	3,734	3,842	3,950	4,058
4	4,167	4,275	4,384	4,493	4,603	4,712	4,822	4,932	5,042	5,152
5	5,263	5,374	5,485	5,597	5,708	5,820	5,932	6,045	6,157	6,270
6	6,383	6,496	6,610	6,724	6,838	6,952	7,066	7,181	7,296	7,411
7	7,527	7,643	7,759	7,875	7,991	8,108	8,225	8,342	8,460	8,578
8	8,696	8,814	8,932	9,051	9,170	9,290	9,409	9,529	9,649	9,769
9	9,890	10,01	10,13	10,25	10,38	10,50	10,62	10,74	10,86	10,99

Beispiele zur Arbeit mit der Tabelle

1. *Bei 20°C lösen sich 35,8 g Natriumchlorid in 100 g Wasser. Wieviel Prozent Natriumchlorid enthält die Lösung?*

   Gegeben: Löslichkeit von NaCl in 100 g Wasser bei   *Gesucht:* Prozentgehalt an Natriumchlorid
   20 °C: 35,8 g

   Nach der Tabelle, Spalte B, liegt der Wert 35,8 g zwischen 35,14 und 36,99. Dem entspricht in der Spalte A eine Löslichkeit von 26...27%
   Durch Interpolieren erhält man den genauen Wert von 26,35%. Die Lösung enthält 26,35% NaCl.

2. *Eine bei 25°C gesättigte alkoholische Ammoniumiodidlösung enthält 20,82% NH₄I. Wieviel Gramm NH₄I sind in 100 g Ethanol enthalten?*

   Gegeben: 20,82%ige alkoholische Ammoniumiodid-   *Gesucht:* Masse an NH₄I in 100 g Ethanol
   lösung   bei 25 °C

Dem Wert 20,82 der Spalte A entspricht ein Wert der Spalte B zwischen 25,00 und 26,85. Durch Interpolieren erhält man den genauen Wert:

$$26,3 \frac{g\,NH_4I}{100\,g\,Lösungsmittel}$$

100 g Ethanol enthalten bei 25 °C maximal 26,3 g Ammoniumiodid.

3. *Wieviel Gramm Kupfersulfat-5-Wasser müssen in 100 g Wasser gelöst werden, um eine 2,5 %ige Lösung zu erhalten?*

Gegeben: 2,5 %ige Lösung, d. h. 2,5 g Substanz   *Gesucht:* Substanz in 100 g Wasser
in 100 g Lösung

Dem Wert 2,5 der Spalte A der zweiten Tabelle entspricht der Wert 2,564 der Spalte B.

2,564 g Kupfersulfat-5-Wasser müssen in 100 g Wasser gelöst werden, um eine 2,5 %ige Lösung zu erhalten.

11. Löslichkeit von Gasen

Spalte α nennt den Bunsenschen Absorptionskoeffizienten. Darunter versteht man das von der Volumeneinheit des Lösungsmittels aufgenommene Gasvolumen (berechnet auf 0 °C und 101 308 Pa, wenn der Partialdruck des Gases 101,308 kPa beträgt.

Spalte λ: Absorptionskoeffizient wie α, bezogen auf einen Gesamtdruck von 101,308 kPa.

Spalte β gibt den Kuenenschen Absorptionskoeffizienten an. Darunter versteht man das auf 0 °C und 101,308 kPa reduzierte Volumen des Gases in ml, das von einem Gramm des Lösungsmittels bei einem Partialdruck des Gases von 101,308 kPa aufgenommen wird.

Spalte q: Masse des Gases in Gramm, das von 100 g Lösungsmittel bei einem Gesamtdruck von 101,308 kPa aufnommen wird.

Spalte $g \cdot l^{-1}$: Masse des Gases in Gramm, das bei der jeweiligen Temperatur und einem Gesamtdruck von 101,308 kPa in einem Liter des Lösungsmittels löslich ist.

11.1. Löslichkeit von Ammoniak in Wasser

Temperatur in °C	Normaldruck			erhöhter Druck in $n \cdot 101{,}308$ kPa					
				2		5		10	
	q	α	$g \cdot l^{-1}$	q	$g \cdot l^{-1}$	q	$g \cdot l^{-1}$	q	$g \cdot l^{-1}$
0	89,9	1 176	907,2	130,4	1 303,7	–	–	–	–
10	68,4	989	764,7	–	–	376,2	3 762,6	–	–
20	51,8	702	541,5	71,82	716,5	159,6	1 593,1	–	–
30	40,8	–	406,2	–	–	–	–	468,2	4 661,3
40	33,8	–	335,3	45,77	454,1	82,81	821,7	170,3	1 689,7
50	28,4	–	280,6	–	–	–	–	–	–
60	23,8	–	234,0	29,03	285,4	53,85	529,5	89,85	882,4
70	19,4	–	189,7	–	–	–	–	–	–
80	15,4	–	149,7	16,41	159,5	36,05	350,3	59,23	575,6
90	11,4	–	110,0	–	–	–	–	–	–
100	7,4	–	70,9	7,18	68,8	22,85	219,0	40,85	391,5

11.2. Löslichkeit von Bromwasserstoff in Wasser bei Normaldruck

Temperatur in °C	l	q	$g \cdot l^{-1}$
–25	–	255,0	2 544
–15	–	239,0	2 388
0	612	221,2	2 211,5
25	533	193,0	1 839,3
50	469	171,5	1 694,5
75	406	150,5	1 467,1
100	345	130,0	1 245,8

11.3. Löslichkeit von Chlor in Wasser bei Normaldruck

Temperatur in °C	l	q	$g \cdot l^{-1}$
0	4,61	1,46	14,6
10	3,148	0,9972	9,97
20	2,299	0,7293	7,28
30	1,799	0,5723	5,70
50	1,225	0,3925	3,88
70	0,862	0,2793	2,73
90	0,39	0,127	1,23
100	0,00	0,000	0,00

11.4. Löslichkeit von Chlor in Tetrachlormethan bei Normaldruck

Temperatur in °C	α	$g \cdot l^{-1}$
0	97,7	314,6
19	54,8	176,5
40	34,2	110,1

11.5. Löslichkeit von Chlorwasserstoff in Wasser bei Normaldruck

Temperatur in °C	l	q	α	$g \cdot l^{-1}$
−24	−	101,2	−	1011
0	517	84,2	525,2	842
20	442	72,1	−	720
30	412	67,3	−	670
50	362	59,6	−	589

11.6. Löslichkeit von Ethan in Wasser bei Normaldruck

Temperatur in °C	α	$g \cdot l^{-1}$
0	0,09874	0,1339
10	0,06561	0,08897
20	0,04724	0,06406
30	0,03624	0,04914
40	0,02915	0,03953
50	0,02459	0,03334
60	0,02177	0,02952
70	0,01948	0,02642
80	0,01826	0,02476
90	0,0176	0,02387
100	0,0172	0,02332

11.7. Löslichkeit von Ethen in Wasser bei Normaldruck

Temperatur in °C	α	$g \cdot l^{-1}$
0	0,226	0,285
10	0,162	0,204
20	0,122	0,154
30	0,098	0,113

11.8. Löslichkeit von Ethin in Wasser bei Normaldruck

Temperatur in °C	α	$g \cdot l^{-1}$
0	1,73	2,03
10	1,31	1,53
20	1,03	1,21
30	0,84	0,98

11.9. Löslichkeit von Kohlendioxid in Wasser bei Normaldruck

Temperatur in °C	α	q	$g \cdot l^{-1}$
0	1,713	0,3346	3,38
10	1,194	0,2318	2,36
20	0,878	0,1688	1,73
25	0,759	0,1449	1,50
30	0,665	0,1257	1,31
40	0,530	0,0973	1,05
50	0,436	0,0761	0,86
60	0,359	0,0576	0,71

11.10. Löslichkeit von Kohlendioxid in Wasser bei erhöhtem Druck

Druck in MPa	Temperatur in °C					
	20		60		100	
	β	$g \cdot l^{-1}$	β	$g \cdot l^{-1}$	β	$g \cdot l^{-1}$
2,451	16,3	32,2	–	–	–	–
3,922	22,0	47,2	8,5	16,5	–	–
4,902	25,7	50,7	10,2	19,8	–	–
5,883	–	–	12,1	23,5	–	–
6,804	–	–	14,2	27,6	6,5	12,3
7,844	–	–	16,3	31,7	7,4	14,0
8,824	–	–	18,8	36,5	–	–
9,005	–	–	21,4	41,6	9,7	18,4
10,785	–	–	24,3	47,2	10,8	20,5
12,746	–	–	–	–	12,7	24,1
14,707	–	–	–	–	15,1	28,6

11.11. Löslichkeit von Kohlenmonoxid in Wasser bei Normaldruck

Temperatur in °C	α	$g \cdot l^{-1}$
0	0,03537	0,044
20	0,02319	0,029
40	0,01775	0,022
50	0,01615	0,020
60	0,01488	0,019
80	0,01430	0,018
100	0,01411	0,0175

11.12. Löslichkeit von Methan in Wasser bei Normaldruck

Temperatur in °C	α	$g \cdot l^{-1}$
0	0,05563	0,040
20	0,03308	0,024
40	0,02369	0,017
50	0,02134	0,015
60	0,01954	0,014
80	0,01770	0,013
100	0,0170	0,012

11.13. Löslichkeit von Methan in Schwefelsäure bei Normaldruck

Lösungsmittel	Temperatur in °C	α	$g \cdot l^{-1}$
Schwefelsäure 40 %	20	0,0158	0,011
Schwefelsäure 60 %	20	0,013	0,009
Schwefelsäure 96 %	20	0,031	0,022

11.14. Löslichkeit von Sauerstoff in verschiedenen Lösungsmitteln bei Normaldruck

Lösungsmittel	Temperatur in °C	α	q	$g \cdot l^{-1}$
Silber	200	0,138	0,00188	–
	400	0,085	0,00116	–
	800	0,346	0,00470	–
	1024	21,5	0,295	–
Wasser	0	0,04889	0,006945	0,070
	20	0,03103	0,004339	0,044
	40	0,02306	0,003082	0,033
	60	0,01946	0,002274	0,028
	80	0,01761	0,001381	0,025
	100	0,0170	0,00000	0,026
Benzen	19	0,163	–	0,233
	25	0,1905	–	0,272
Dimethylbenzen	16	0,169	–	0,241
Ethanol	20	0,143	–	0,204
Ethansäureethylester	20	0,163	–	0,233
Methanol	10	0,280	–	0,400
	20	0,237	–	0,339
	30	0,194	–	0,277
Propanon	10	0,257	–	0,367
	15	0,237	–	0,339
	25	0,194	–	0,277
Tetrachlormethan	18	0,230	–	0,329

11.15. Löslichkeit von Schwefeldioxid in Wasser bei Normaldruck

Temperatur in °C	q	l	$g \cdot l^{-1}$
10	15,39	56,647	153,9
20	10,64	39,374	106,6
40	5,54	18,766	55,84
50	4,14	–	41,90
70	2,61	–	26,69
90	1,805	–	18,70

11.16. Löslichkeit von Schwefeldioxid in Kupfer bei Normaldruck

Temperatur in °C	α	q
1 123	13,8	0,453
1 327	21,4	0,705
1 400	25,4	0,835
1 500	28,8	0,950

11.17. Löslichkeit von Schwefelwasserstoff in Wasser bei Normaldruck

Temperatur in °C	α	$g \cdot l^{-1}$
0	4,670	7,188
10	3,399	5,232
20	2,582	3,974
40	1,660	2,555
50	1,392	2,143
60	1,190	1,832
80	0,917	1,411
100	0,81	1,25

11.18. Löslichkeit von Stickstoff in Wasser bei Normaldruck

Temperatur in °C	α	q	$g \cdot l^{-1}$
0	0,023 54	0,002 942	0,029 6
20	0,015 45	0,001 901	0,019 4
40	0,011 84	0,001 391	0,014 9
50	0,010 88	0,001 216	0,013 7
60	0,010 23	0,001 052	0,012 9
80	0,009 58	0,000 660	0,012 0
100	0,009 5	0,000 00	0,011 9

11.19. Löslichkeit von Luftstickstoff[1]) in Wasser bei erhöhtem Druck

Druck in MPa	Temperatur in °C			
	50		100	
	β	$g \cdot l^{-1}$	β	$g \cdot l^{-1}$
24,51	0,273	0,339	0,266	0,320
49,03	0,533	0,662	0,516	0,621
98,05	1,011	1,255	0,986	1,187
294,2	2,534	3,146	2,546	3,066
490,3	3,720	4,619	3,799	4,575
980,5	6,123	7,602	6,256	7,534

11.20. Löslichkeit von Stickstoff in Metallen bei Normaldruck

Lösungsmittel	Temperatur in °C	α	q
Molybdän	800	0,19	0,0023
	1 000	0,11	0,0014
	1 200	0,04	0,0005
Eisen	910	1,57	0,0250
	1 000	1,41	0,0225
	1 100	1,24	0,0198

11.21. Löslichkeit von Wasserstoff in Wasser bei Normaldruck

Temperatur in °C	α	q	$g \cdot l^{-1}$
0	0,02148	0,0001922	0,0019
20	0,01819	0,0001603	0,0016
40	0,01644	0,0001384	0,0015
50	0,0160	0,0001287	0,0014
60	0,0160	0,0001178	0,0014
80	0,0160	0,000079	0,0014
100	0,0160	0,000000	0,0014

11.22. Löslichkeit von Wasserstoff in Wasser bei erhöhtem Druck

Druck in MPa	Temperatur in °C					
	0		50		100	
	β	$g \cdot l^{-1}$	β	$g \cdot l^{-1}$	β	$g \cdot l^{-1}$
2,53	0,536	0,0482	0,407	0,0370	0,462	0,0437
5,06	1,068	0,0960	0,809	0,0736	0,912	0,0855
10,13	2,130	0,1915	1,612	0,1466	1,805	0,1693
30,39	6,139	0,5518	4,695	0,4271	5,220	0,4895
60,78	11,626	1,045	9,017	0,8202	9,994	0,9372
101,31	18,001	1,618	14,404	1,3102	15,775	1,480

[1]) 98,815 Vol.-% N_2 + 1,185 Vol.-% Ar

11.23. Löslichkeit von Wasserstoff in Metallen bei Normaldruck

Lösungsmittel	Temperatur in °C	α	q	β
Titanium (ausgeglüht)	20	1 840	3,66	403
	400	1 750	3,48	384
	800	640	1,27	140
Vanadium (ausgeglüht)	300	353	0,56	–
	400	216	0,342	–
	600	58	0,092	–
Tantal	400	401	0,217	24
	500	204	0,1105	13
	600	104,4	0,0565	6,3
Chromium	400	0,02	0,00003	–
	800	0,07	0,00009	–
	1 200	0,40	0,00051	–
Palladium	300	18,85	0,01473	3,3
	600	10,67	0,00835	1,8
	1 000	9,04	0,00706	1,55

12. Dissoziationsgrad und Dissoziationskonstanten von Elektrolyten

12.1. Dissoziationsgrad von Säuren in 1 N Lösung bei 18 °C

Name der Säure	Formel	Dissoziationsgrad
Sehr starke Säuren		1 ... 0,7
Salpetersäure	HNO_3	0,82
Chlorwasserstoffsäure	HCl	0,784
Chlorwasserstoffsäure	HCl	0,876[1]
Bromwasserstoffsäure	HBr	0,899[1]
Iodwasserstoffsäure	HI	0,901[1]
Chlorsäure	$HClO_3$	0,878[1]
Perchlorsäure	$HClO_4$	0,88[1]
Starke Säuren		0,7 ... 0,2
Schwefelsäure	H_2SO_4	0,510
Ethandisäure (Oxalsäure)	$C_2H_2O_4$	0,50[2]
Mäßig starke Säuren		0,2 ... 0,01
Phosphorsäure	H_3PO_4	0,170[1]
Fluorwasserstoffsäure	HF	0,07
Dihydroxybutandisäure (Weinsäure)	$C_4H_6O_6$	0,082[2]
Schwache Säuren		0,01 ... 0,001
Ethansäure (Essigsäure)	CH_3COOH	0,004
Sehr schwache Säuren		unter 0,001
Kohlensäure	H_2CO_3	0,0017[2]
Schwefelwasserstoff	H_2S	0,0007[2]
Zyanwasserstoffsäure	HCN	0,0001[2]
Borsäure	H_3BO_3	0,0001[2]

[1]) Die Werte gelten für 0,5 N Lösungen bei 25 °C.
[2]) Die Werte sind für 0,1 N Lösungen bestimmt (Dissoziation in erster Stufe).

12.2. Dissoziationsgrad von Basen in 1 N Lösung bei 18 °C

Name der Base	Formel	Dissoziationsgrad
Sehr starke Basen		1,0 ... 0,7
Kaliumhydroxid	KOH	0,77
Natriumhydroxid	NaOH	0,73
Bariumhydroxid	$Ba(OH)_2$	0,69
Bariumhydroxid	$Ba(OH)_2$	0,92[1])
Tetramethylammoniumhydroxid	$[(CH_3)_4N]-OH$	0,96
Starke Basen		0,7 ... 0,2
Lithiumhydroxid	LiOH	0,63
Kalziumhydroxid	$Ca(OH)_2$	0,90[1])
Strontiumhydroxid	$Sr(OH)_2$	0,93[1])
Mäßig starke Basen		0,2 ... 0,01
Silberhydroxid	AgOH	–
Schwache Basen		0,01 ... 0,001
Ammoniumhydroxid	NH_4OH	0,004
Sehr schwache Basen		unter 0,001
Aluminiumhydroxid	$Al(OH)_3$	–

[1]) Die hohen Werte für Kalzium-, Strontium- und Bariumhydroxid gelten für $\frac{n}{64}$-Lösungen bei 25 °C (α geht mit zunehmender Verdünnung gegen 1).

12.3. Mittlerer Dissoziationsgrad von Salzen in 0,1 N Lösung

Salztyp	Beispiel	Dissoziationsgrad
A^+B^-	KCl	0,86
$A^{2+}(B^-)_2$	$BaCl_2$	0,72
$(A^+)_2B^{2-}$	K_2SO_3	0,72
$A^{2+}B^{2-}$	$CuSO_4$	0,45

12.4. Dissoziationskonstanten anorganischer Säuren bei Konzentrationen zwischen 0,1 und 0,01 N wäßrigen Lösungen

Säure	Formel	Stufe	°C	Konstante in $mol \cdot l^{-1}$
Aluminiumhydroxid	H_3AlO_3		25	$6 \cdot 10^{-12}$
arsenige Säure	H_3AsO_3	I	20	$4 \cdot 10^{-10}$
		II	20	$3 \cdot 10^{-14}$
Arsensäure	H_3AsO_4	I	18	$5,62 \cdot 10^{-3}$
		II	18	$1,70 \cdot 10^{-7}$
		III	18	$3,95 \cdot 10^{-12}$
Borsäure	H_3BO_3	I	≈ 20	$7,3 \cdot 10^{-10}$
		II	≈ 20	$1,8 \cdot 10^{-13}$
		III	≈ 20	$1,6 \cdot 10^{-14}$
Chromiumsäure	H_2CrO_4	II	25	$3,20 \cdot 10^{-7}$
Fluorwasserstoffsäure (10^{-4} N)	H_2F_2		25	$3,53 \cdot 10^{-4}$
Germaniumsäure	H_2GeO_3	I	25	$0,9 \cdot 10^{-9}$
		II	25	$1,9 \cdot 10^{-13}$
Iodsäure	HIO_3		25	$1,9 \cdot 10^{-13}$
Metakieselsäure	H_2SiO_3	I	20	$10^{-9,7}$
		II	20	10^{-12}
Orthokieselsäure	H_4SiO_4	I	30	$2,2 \cdot 10^{-10}$
		II	30	$2,0 \cdot 10^{-12}$
		III	30	$1 \cdot 10^{-12}$
		IV	30	$1 \cdot 10^{-12}$

Säure	Formel	Stufe	°C	Konstante in mol·l⁻¹
Kohlensäure, scheinbare Dissoziations-	H_2CO_3	I	25	$4{,}31 \cdot 10^{-7}$
konstante		II	25	$5{,}61 \cdot 10^{-11}$
phosphorige Säure	H_3PO_3	I	18	$1{,}0 \cdot 10^{-2}$
		II	18	$2{,}6 \cdot 10^{-7}$
Phosphorsäure	H_3PO_4	I	25	$7{,}52 \cdot 10^{-3}$
		II	25	$6{,}23 \cdot 10^{-8}$
		III	25	$3{,}5 \cdot 10^{-13}$
Pyrophosphorsäure	$H_4P_2O_7$	I	18	$1{,}4 \cdot 10^{-1}$
		II	18	$3{,}2 \cdot 10^{-2}$
		III	18	$1{,}7 \cdot 10^{-6}$
		IV	18	$6{,}0 \cdot 10^{-9}$
Salpetersäure	HNO_3		20	$\approx 1{,}2$
salpetrige Säure (0,5 N)	HNO_2		12,5	$4{,}6 \cdot 10^{-4}$
Schwefelsäure	H_2SO_4	II	20	$1{,}20 \cdot 10^{-2}$
Schwefelwasserstoff	H_2S	I	18	$9{,}1 \cdot 10^{-8}$
		II	18	$1{,}1 \cdot 10^{-12}$
schweflige Säure	H_2SO_3	I	18	$1{,}54 \cdot 10^{-2}$
		II	18	$1{,}02 \cdot 10^{-7}$
selenige Säure	H_2SeO_3	I	18	$2{,}88 \cdot 10^{-3}$
		II	18	$9{,}55 \cdot 10^{-9}$
Selensäure	H_2SeO_4		25	fast wie H_2SO_4
Stickstoffwasserstoffsäure	HN_3		18	$2{,}14 \cdot 10^{-5}$
tellurige Säure	H_2TeO_3	I	25	$3 \cdot 10^{-3}$
		II	25	$2 \cdot 10^{-8}$
Tellursäure	H_2TeO_4	I	18	$2{,}09 \cdot 10^{-8}$
		II	18	$6{,}46 \cdot 10^{-12}$
Tellurwasserstoffsäure	H_2Te		25	$1{,}88 \cdot 10^{-4}$
Thioschwefelsäure	$H_2S_2O_3$	II	25	$1 \cdot 10^{-2}$
Periodsäure	HIO_4		25	$2{,}3 \cdot 10^{-2}$
hypochlorige Säure	$HClO$		18	$2{,}95 \cdot 10^{-8}$
hypoiodige Säure	HIO		20	$2 \ldots 3 \cdot 10^{-11}$
hypophosphorige Säure	$H_4P_2O_6$	I	≈ 20	$6{,}4 \cdot 10^{-3}$
		II	≈ 20	$1{,}55 \cdot 10^{-3}$
		III	20	$5{,}4 \cdot 10^{-8}$
		IV	20	$9{,}4 \cdot 10^{-11}$
Zinnsäure	$SnO_2 \cdot n\,H_2O$		25	$4 \cdot 10^{-10}$
Zyansäure	$HCNO$		20	$2{,}2 \cdot 10^{-4}$
Zyanwasserstoffsäure	HCN		25	$4{,}79 \cdot 10^{-10}$

12.5. Dissoziationskonstanten anorganischer Basen

Base	Formel	Stufe	°C	Konstante in mol·l⁻¹
Ammoniumhydroxid	NH_4OH		25	$1{,}79 \cdot 10^{-5}$
Berylliumhydroxid	$Be(OH)_2$	II	25	$5 \cdot 10^{-11}$
Bleioxid, rot	$PbO \cdot H_2O$		25	$2{,}7 \cdot 10^{-4}$
Bleioxid, weiß			25	$9{,}6 \cdot 10^{-4}$
Deutammoniumdeutoxid	ND_4OD		25	$\approx 1{,}1 \cdot 10^{-5}$
Hydrazin	$N_2H_4 \cdot H_2O$		20	$1{,}4 \ldots 1{,}7 \cdot 10^{-6}$
Hydroxylamin	$NH_2OH \cdot H_2O$		20	$1{,}07 \cdot 10^{-8}$
Kalziumhydroxid	$Ca(OH)_2$		25	$3{,}74 \cdot 10^{-3}$
Silberhydroxid	$AgOH$		25	$1{,}1 \cdot 10^{-4}$
Zinkhydroxid	$Zn(OH)_2$	II	25	$1{,}5 \cdot 10^{-9}$

12.6. Dissoziationskonstanten organischer Säuren in wäßrigen Lösungen

Säure	Formel	Stufe	°C	Konstante in mol·l⁻¹
4-Aminobenzensulfonsäure	$C_6H_7O_3NS$	–	25	$5{,}81 \cdot 10^{-4}$
Askorbinsäure	$C_6H_8O_6$	I	24	$7{,}94 \cdot 10^{-5}$
Benzendikarbonsäure-1,2	$C_8H_6O_4$	II	25	$4{,}7 \cdot 10^{-6}$

Säure	Formel	Stufe	°C	Konstante in mol $\cdot$ l^{-1}
Benzenkarbonsäure	$C_7H_6O_2$	–	25	$6,46 \cdot 10^{-5}$
Benzensulfonsäure	$C_6H_6O_3S$	–	25	$2 \cdot 10^{-1}$
Butandisäure	$C_4H_6O_4$	I	25	$6,4 \cdot 10^{-5}$
		II	25	$3,3 \cdot 10^{-6}$
Chlorethansäure	$C_2H_3O_2Cl$	–	25	$1,4 \cdot 10^{-3}$
1,2-Dihydroxybenzen ⎫		–	20	$1,4 \cdot 10^{-10}$
1,3-Dihydroxybenzen ⎬	$C_6H_6O_2$	–	25	$1,55 \cdot 10^{-10}$
1,4-Dihydroxybenzen ⎭		–	20	$4,5 \cdot 10^{-11}$
d-Dihydroxybutandisäure	$C_4H_6O_6$	I	25	$1,04 \cdot 10^{-3}$
		II	25	$4,55 \cdot 10^{-5}$
meso-Dihydroxybutandisäure	$C_4H_6O_6$	I	25	$6,0 \cdot 10^{-4}$
		II	25	$1,53 \cdot 10^{-5}$
Ethandisäure	$C_2H_2O_4$	I	25	$5,9 \cdot 10^{-2}$
		II	25	$6,4 \cdot 10^{-5}$
Ethansäure	$C_2H_4O_2$	–	25	$1,76 \cdot 10^{-5}$
2-Hydroxybenzenkarbonsäure	$C_7H_6O_3$	I	19	$1,07 \cdot 10^{-3}$
		II	18	$4,0 \cdot 10^{-14}$
Hydroxybutandisäure	$C_4H_6O_5$	I	25	$3,8 \cdot 10^{-4}$
		II	25	$7,4 \cdot 10^{-6}$
Hydroxyethansäure	$C_2H_4O_3$	–	18	$1,48 \cdot 10^{-4}$
2-Hydroxypropansäure	$C_3H_6O_3$	–	100	$8,4 \cdot 10^{-4}$
Methansäure	CH_2O_2	–	20	$1,765 \cdot 10^{-4}$
2-Methylhydroxybenzen ⎫		–	25	$6,3 \cdot 10^{-11}$
3-Methylhydroxybenzen ⎬	C_7H_8O	–	25	$9,8 \cdot 10^{-11}$
4-Methylhydroxybenzen ⎭		–	25	$6,7 \cdot 10^{-11}$
2-Nitrohydroxybenzen		–	25	$6,8 \cdot 10^{-8}$
3-Nitrohydroxybenzen	$C_6H_5O_3N$	–	25	$5,3 \cdot 10^{-9}$
4-Nitrohydroxybenzen		–	25	$7 \cdot 10^{-8}$
Hydroxybenzen	C_6H_6O	–	20	$1,28 \cdot 10^{-10}$
Propandisäure	$C_3H_4O_4$	I	25	$1,40 \cdot 10^{-3}$
		II	25	$2,03 \cdot 10^{-6}$

12.7. Dissoziationskonstanten organischer Basen in wäßrigen Lösungen

Base	Formel	Stufe	°C	Konstante in mol $\cdot$ l^{-1}
1-Aminonaphthalen ⎫		–	25	$8,36 \cdot 10^{-11}$
2-Aminonaphthalen ⎭	$C_{10}H_9N$	–	25	$1,29 \cdot 10^{-10}$
Aminobenzen	C_6H_7N	–	25	$3,82 \cdot 10^{-10}$
Benzylamin	C_7H_9N	–	25	$2,35 \cdot 10^{-5}$
Chinolin	C_9H_7N	–	25	$6,3 \cdot 10^{-10}$
1,2-Diaminobenzen	$C_6H_8N_2$	–	21	$2,35 \cdot 10^{-10}$
4,4-Diaminodiphenyl	$C_{12}H_{12}N_2$	I	30	$9,3 \cdot 10^{-10}$
		II	30	$5,6 \cdot 10^{-11}$
Diaminoethan	$C_2H_8N_2$	–	25	$8,5 \cdot 10^{-5}$
Diethylamin	$C_4H_{11}N$	–	25	$9,60 \cdot 10^{-4}$
N,N-Diethylaminobenzen	$C_{10}H_{15}N$	–	25	$3,65 \cdot 10^{-8}$
Dimethylamin	C_2H_7N	–	25	$5,20 \cdot 10^{-4}$
N,N-Dimethylaminobenzen	$C_8H_{11}N$	–	25	$1,15 \cdot 10^{-9}$
Diphenylamin	$C_{12}H_{11}N$	–	15	$7,6 \cdot 10^{-14}$
Ethylamin	C_2H_7N	–	25	$3,4 \cdot 10^{-4}$
N-Ethylanilin	$C_8H_{11}N$	–	25	$1,29 \cdot 10^{-9}$
Kohlensäurediamid	CH_4ON_2	–	25	$1,5 \cdot 10^{-14}$
Methylamin	CH_5N	–	25	$4,38 \cdot 10^{-4}$
N-Methylaminobenzen	C_7H_9N	–	25	$5 \cdot 10^{-10}$
2-Nitroaminobenzen ⎫		–	0	$0,6 \cdot 10^{-5}$
3-Nitroaminobenzen ⎭	$C_6H_6O_2N_2$	–	0	$2,7 \cdot 10^{-5}$
Phenylhydrazin	$C_6H_7N_2$	–	40	$1,6 \cdot 10^{-9}$
Pyrazol	$C_3H_4N_2$	–	25	$3,0 \cdot 10^{-12}$
Pyridin	C_5H_5N	–	20	$1,71 \cdot 10^{-9}$
Triethylamin	$C_6H_{15}N$	–	25	$5,65 \cdot 10^{-4}$
Trimethylamin	C_3H_9N	–	25	$5,45 \cdot 10^{-5}$

12.8. Löslichkeitsprodukte von in Wasser schwer löslichen Elektrolyten

Die in der Tabelle aufgeführten Löslichkeitsprodukte (L) sind, wenn nicht anders vermerkt, auf die Temperatur 25 °C bezogen.

Elektrolyt	L in $mol^n \cdot l^{-n}$	Elektrolyt	L in $mol^n \cdot l^{-n}$
AgBr	$6,3 \cdot 10^{-15}$	$Fe(OH)_3$	$3,8 \cdot 10^{-38}$ (18 °C)
AgCN	$7 \cdot 10^{-15}$	FeS	$3,7 \cdot 10^{-19}$
AgSCN	$1,16 \cdot 10^{-12}$	Hg_2Cl_2	$1,1 \cdot 10^{-18}$
Ag_2CO_3	$6,15 \cdot 10^{-12}$	Hg_2I_2	$3,7 \cdot 10^{-29}$
AgCl	$1,56 \cdot 10^{-10}$	HgS	$4 \cdot 10^{-53}$ (18 °C)
Ag_2CrO_4	$4 \cdot 10^{-12}$	Hg_2S	$1 \cdot 10^{-47}$ (18 °C)
AgI	$1,5 \cdot 10^{-16}$	$KClO_4$	$1 \cdot 10^{-2}$
Ag_2S	$5,7 \cdot 10^{-51}$	$Mg(NH_4)PO_4$	$2,5 \cdot 10^{-13}$
As_2S_3	$4 \cdot 10^{-29}$ (18 °C)	$Mn(OH)_2$	$4 \cdot 10^{-14}$ (18 °C)
$BaCO_3$	$8 \cdot 10^{-9}$	MnS	$5,6 \cdot 10^{-16}$ (18 °C)
$BaCrO_4$	$2,3 \cdot 10^{-10}$	$Ni(OH)_2$	$1,6 \cdot 10^{-14}$
$BaSO_4$	$1,08 \cdot 10^{-10}$	$PbCO_3$	$1,5 \cdot 10^{-13}$
Bi_2S_3	$1,6 \cdot 10^{-72}$ (18 °C)	$PbCl_2$	$1,7 \cdot 10^{-5}$
$Ca(COO)_2 \cdot H_2O$	$2,57 \cdot 10^{-9}$	$PbCrO_4$	$1,77 \cdot 10^{-14}$
$CaHPO_4$	$5 \cdot 10^{-6}$	PbS	$1,1 \cdot 10^{-29}$
$Ca_3(PO_4)_2$	$1 \cdot 10^{-25}$	$PbSO_4$	$1,8 \cdot 10^{-8}$
$CaSO_4$	$6,26 \cdot 10^{-5}$	$Sn(OH)_2$	$5 \cdot 10^{-26}$
$CaSO_4 \cdot 2 H_2O$	$1,3 \cdot 10^{-4}$	$Sn(OH)_4$	$1 \cdot 10^{-56}$
$Co(OH)_3$	$2,5 \cdot 10^{-43}$	SnS	$1 \cdot 10^{-28}$
$Cr(OH)_3$	$6,7 \cdot 10^{-31}$	$SrCO_3$	$9,42 \cdot 10^{-10}$
$CuCO_3$	$2,36 \cdot 10^{-10}$	$SrSO_4$	$2,8 \cdot 10^{-7}$
$Cu(OH)_2$	$5,6 \cdot 10^{-20}$	$Zn(OH)_2$	$4 \cdot 10^{-16}$ (20 °C)
CuS	$4 \cdot 10^{-38}$	ZnS	$7 \cdot 10^{-26}$
$FeCO_3$	$2,1 \cdot 10^{-11}$		

13. Van-der-Waalssche Konstanten

Stoff	a in $kPa \cdot l^2 \cdot mol^{-2}$	b in $l \cdot mol^{-1}$
H_2	24,82	0,0267
CO_2	365	0,0427
NH_3	405,30	0,036
Cl_2	656	0,0561
SO_2	695	0,051
C_2H_4	483	0,0570
N_2	136,78	0,0385
O_2	137,80	0,0318
CO	147	0,0395
C_2H_6	547,15	0,0638
C_2H_2	445,83	0,0514

14. Verteilungskoeffizienten

Der Verteilungskoeffizient ist das Verhältnis der Gleichgewichtskonzentrationen c_1/c_2 des zu verteilenden Stoffes in 2 Flüssigkeitsschichten, die sich nicht oder nur teilweise mischen.
c_1 ist die Gleichgewichtskonzentration des zu verteilenden Stoffes (in mol $\cdot$ l^{-1}) in der Schicht, welche hauptsächlich die an 1. Stelle genannte Flüssigkeit enthält; c_2 ist die Gleichgewichtskonzentration dieses Stoffes in der 2. Schicht.

Lösungsmittelsystem	Zu verteilender Stoff	Konzentrationen im Gleichgewicht in mol $\cdot$ l^{-1}		c_1/c_2	°C
Stoff 1 – Stoff 2		Stoff 1	Stoff 2		
Wasser – Benzen	Ethanol	0,867	0,834	1,04	25
		5,677	4,195	1,35	
Wasser – Benzen	Propanon	0,2200	0,2065	1,066	25
		1,2083	1,2045	1,033	
		2,2167	2,3947	0,926	
Wasser – Tetrachlormethan	Ethanol	0,406	0,0097	41,8	25
		1,477	0,0553	41,8	
Wasser – Tetrachlormethan	Hydroxybenzen	0,605	0,0247	2,44	25
		0,489	1,47	0,332	
		0,525	2,49	0,211	
Wasser – Diethylether	Ethanol	0,252	0,356	0,707	25
		2,215	4,118	0,538	
Wasser – Diethylether	Benzenkarbonsäure	0,00090	0,0639	0,0141	10
		0,00249	0,226	0,110	
Wasser – Diethylether	Ethansäure	0,01323	0,00610	2,17	
		0,1341	0,06355	2,11	
		0,1260	0,7413	1,70	
Wasser – Diethylether	Methanol	0,0577	0,0058	8,5	0
		0,0582	0,0063	9,2	10 … 20
Wasser – Methylbenzen	Propanon	0,0338	0,0165	2,05	20
		0,0332	0,0165	1,95	30

Analytische Tabellen

15. Maßanalytische Äquivalente

Die Tabellen enthalten für einige beim maßanalytischen Arbeiten gebräuchliche Titriermittel Angaben über die Masse eines gesuchten Stoffes in mg (bzw. g), die einem ml (bzw. l) des Titriermittels der angegebenen Normalität äquivalent ist (Masse in mg/ml Titriermittel). Außerdem sind die zu diesen Angaben gehörenden Logarithmen aufgeführt worden. Näheres zur Maßanalyse siehe »Rechenpraxis in Chemieberufen« und »Laborpraxis-Einführung und quantitative Analyse«.

15.1. Titriermittel Salzsäure, Schwefelsäure oder Salpetersäure

Gesuchter Stoff	Normalität 0,1 N Masse	Gesuchter Stoff	Normalität 0,1 N Masse
KOH	5,6106	NH_4OH	3,5046
$KHCO_3$	10,0115	$(NH_4)_2CO_3$	4,8043
K_2CO_3	6,9103	NH_4Cl	5,3491
$Na_2B_4O_{10} \cdot 10\ H_2O$	19,0684	NH_4NO_3	8,0043
NaOH	3,9997	$(NH_4)_2SO_4$	6,6067
$NaHCO_3$	8,4007	Li_2CO_3	3,6946
$Na_2CO_3 \cdot 2\ H_2O$	7,1010	$Ba(OH)_2$	8,5672
$Na_2CO_3 \cdot 10\ H_2O$	14,3070	CaO	2,8040
N	1,4007	$Ca(OH)_2$	3,7047
Casein 6,37	8,9223	$CaCO_3$	5,0045
Eiweiß 6,25	8,7542	MgO	2,0152
Gelatine 5,55	7,7737	$MgCO_3$	4,2157
Hautsubstanz 5,62	7,8718	CO_2	2,2005
NH_3	1,7030	$CO_3{}^{2-}$	3,0005
$NH_4{}^+$	1,8038		

15.2. Titriermittel Natronlauge oder Kalilauge

Gesuchter Stoff		Normalität 0,1 N Masse	Gesuchter Stoff	Normalität 0,1 N Masse
HBr		8,0912	HCOOH	4,6026
HCl		3,6461	CH_3COOH	6,0052
HI		12,7912	$(COOH)_2$	4,5018
HNO_3		6,3013	$(COOH)_2 \cdot 2\ H_2O$	6,3033
$HClO_4$		10,0459	$KHC_4H_4O_6$	18,8178
H_2SO_4		4,9037	$C_4H_6O_6$	7,5044
$SO_3{}^{2-}$		4,0029	Al	0,8994
$SO_4{}^{2-}$		4,8029	Al_2O_3	1,6994
H_3PO_4	Methyl-	9,7995	B	1,081
$PO_4{}^{3-}$	orange	9,4971	B_2O_3	3,4809
P_2O_5		7,0972	H_3BO_3	6,1832
H_3PO_4	Phenol-	4,8998		
$PO_4{}^{3-}$	phthalein	4,7496		
P_2O_5		3,5486		

15.3. Titriermittel Kaliumpermanganat

Gesuchter Stoff	Normalität 0,1 N Masse	Gesuchter Stoff	Normalität 0,1 N Masse
O	0,79997	$FeSO_4 \cdot 7 H_2O$	27,80111
H_2O_2	1,7007	$(NH_4)_2Fe(SO_4)_2 \cdot 6 H_2O$	39,213
HCOOH	2,3013	$Fe(SO_4)_3 \cdot 9 H_2O$	28,10002
$(COOH)_2$	4,5018	Mn	1,6481
$(COOH)_2 \cdot 2 H_2O$	6,3033	MnO	2,1281
$(COOHNa)_2$	6,7000	MnO_2	2,6081
HNO_2	2,3507	PbO_2	11,9599
$NaNO_2$	3,4498	Sb	6,0875
$NaNO_3$	2,8332	Sb_2O_3	7,2875
N_2O_4	4,6006	V	5,0941
Ca	2,0040	V_2O_5	9,0940
CaO	2,8040	SO_2	3,2029
$Ca(OH)_2$	3,7047	SO_3	4,0029
$CaCO_3$	5,0045	$S_2O_3{}^{2-}$	5,6059
Cr	1,7332	H_2SO_3	4,1037
Cr_2O_3	2,5332	HSCN	5,9086
$CrO_4{}^{2-}$	3,8665	SCN^-	5,8078
Cu	6,3546	S_2O_8	9,6056
Fe	5,5847	U	11,9015
FeO	7,1846	U_3O_8	14,0347
Fe_2O_3	7,9846		

15.4. Titriermittel Silbernitrat

Gesuchter Stoff	Normalität 0,1 N Masse	Gesuchter Stoff	Normalität 0,1 N Masse
Br^-	7,9904	HI	12,7912
HBr	8,0912	KI	16,6003
KBr	11,9002	NaI	14,9894
NaBr	10,2894	NH_4I	14,4943
NH_4Br	9,7942	CN^-	2,6018
Cl^-	3,5453	HCN	2,7026
$BaCl_2$	10,4118	KCN	6,5116
$CaCl_2$	5,5493	NaCN	4,9007
HCl	3,6461	SCN^-	5,8078
KCl	7,4551	HSCN	5,9086
$MgCl_2$	4,7606	KSCN	9,7176
NaCl	5,8443	NaSCN	8,1067
NH_4Cl	5,3491	NH_4SCN	7,6116
I^-	12,6905		

15.5. Titriermittel Kaliumdichromat

Gesuchter Stoff	Normalität 0,1 N Masse
Fe	5,5847
FeO	7,1846

15.6. Titriermittel Ammoniumthiozyanat

Gesuchter Stoff	Normalität 0,1 N Masse	Gesuchter Stoff	Normalität 0,1 N Masse
Ag	10,7868	AsO_4^{3-}	4,6306
$AgNO_3$	16,9873	Cu	6,3546
As	2,4974	Hg	10,0295
AsO_3^{3-}	4,0973	HgO	10,8295

15.7. Titriermittel Natriumthiosulfat

Gesuchter Stoff	Normalität 0,1 N Masse	Gesuchter Stoff	Normalität 0,1 N Masse
Cl^-	3,5453	Na	1,1495
Br^-	7,9904	Cr	1,7332
I^-	12,6905	Cr_2O_3	2,5332
HClO	2,6230	K_2CrO_4	6,4730
NaClO	3,7221	$K_2Cr_2O_7$	4,9031
$HClO_3$	1,4077	$Na_2Cr_2O_7$	4,3661
$KClO_3$	2,0425	Cu	6,3546
$NaClO_3$	1,7740	$CuSO_4$	15,9604
BrO_3^-	2,1317	$CuSO_4 \cdot 5\ H_2O$	24,9680
$KBrO_3$	2,7833	Fe	5,5847
HI	12,7912	Fe_2O_3	7,9846
IO_3^-	2,9150	$FeCl_3$	16,2206
HIO_3	2,9318	$FeSO_4$	15,1905
IO_4^-	2,3863	$FeSO_4 \cdot 7\ H_2O$	27,8011
HIO_4	2,3989	$[Fe(CN)_6]^{4-}$	21,1953
H_2O_2	1,7007	$[Fe(CN)_6]^{3-}$	21,1953
As	3,7461	$Na_2S_2O_3 \cdot 5\ H_2O$	24,8174
MnO_2	4,3468	CN^-	1,3009
C_6H_5OH	1,5687	HCN	1,3513
CO	7,0026	SCN^-	2,9039
$Ca(OH)_2$	14,819	HSCN	2,9543

15.8. Titriermittel Iod -Kaliumiodid

Gesuchter Stoff	Normalität 0,1 N Masse	Gesuchter Stoff	Normalität 0,1 N Masse
As	3,7461	PO_3^{3-}	3,9486
As_2O_3	4,4960	H_3PO_3	4,0998
AsO_3^{3-}	6,1460	S	1,603
As_2O_5	5,7460	H_2S	1,7038
Sb	6,0875	NaHS	2,8029
Sb_2O_3	7,2875	Na_2S	3,9020
$KSbOC_4H_4O_6 \cdot {}^1/_2\ H_2O$	16,6964	SO_2	3,2029
Hg	10,0295	H_2SO_3	4,1037
$HgCl_2$	13,5748	$NaHSO_3$	5,2028
HgO	10,8295	$Na_2S_2O_3$	15,8098
$HgClNH_2$	12,6033	$Na_2S_2O_3 \cdot 5\ H_2O$	24,8174
Sn	5,9345	$S_2O_3^{2-}$	11,2118
SnO	6,7345	$N_2H_4 \cdot H_2SO_4$	3,2530

15.9. Titriermittel Zerium(IV)-sulfat

Gesuchter Stoff	Normalität 0,1 N Masse	Gesuchter Stoff	Normalität 0,1 N Masse
As	3,7461	NO_2^-	4,6006
As_2O_3	4,9460	HNO_2	4,7013
AsO_3^{3-}	6,1460	$S_2O_3^{2-}$	11,2118
$(COOH)_2$	4,5018	Sb	6,0875
$(COONa)_2$	6,7000	Sb_2O_3	7,2875
$C_4H_6O_6$	1,5009	Sn	5,9345
Fe	5,5847	Sr	4,381
$[Fe(CN)_6]^{4-}$	21,1953	Tl	10,2185
Hg	20,059	U	11,9015
HgO	21,6589	V	5,0941

15.10. Titriermittel Kaliumbromat

Gesuchter Stoff	Normalität 0,1 N Masse	Gesuchter Stoff	Normalität 0,1 N Masse
As	3,7461	Sb	6,0875
As_2O_3	4,9460	Sb_2O_3	7,2875
AsO_3^{3-}	6,1460	Sn	5,9345
Bi	6,9660	S	0,4008
Bi_2O_3	7,7660	Tl	10,2185

15.11. Titriermittel EDTA[1])

Gesuchter Stoff	Indikator	Farbumschlag	Normalität 0,1 N Masse
Kationen			
Ag	Murexid	gelb–purpur	21,5736
Al	Chromazurol S	violett–orange	2,6982
Ba	Phthaleinpurpur	rotviolett–blaßviolett	13,733
Bi	Brenzkatechinviolett	blau–gelb	20,8980
Ca	Eriochromschwarz T	rot–blau	4,008
Cd	Eriochromschwarz T	rot–blau	11,241
Ce	PAN[2])	gelb–rot	14,012
Co	Murexid	gelb–purpur	5,8933
Cr	Eriochromschwarz T	blau–rot	5,1996
Cu(II)	Chromazurol S	blau–grün	6,3546
Fe(III)	Sulfosalizylsäure	rot–gelblich	5,5847
Ga	Gallozyanin	blau–rot	6,972
Hg(II)	Eriochromschwarz T	blau–weinrot	20,059
In	Eriochromschwarz T	weinrot–blau	11,482
K	Eriochromschwarz T	grün–rot	7,8197
La	Xylenolorange	rotviolett–gelb	13,8906
Mg	Eriochromschwarz T	weinrot–blau	2,4305
Mn	Eriochromschwarz T	weinrot–blau	5,4938
Na	Eriochromschwarz T	rot–grün	2,2990
Ni	Murexid	gelb–blauviolett	5,870
Pb	Eriochromschwarz T	rot–blau	20,72
Pd	Murexid	gelb–purpur	10,64
Sc	Eriochromschwarz T	rot–blau	4,4956
Sn	Xylenolorange	gelb–rot	11,869
Sr	Phthaleinpurpur	rotviolett–blaßviolett	8,762
Th	Brenzkatechinviolett	rot–gelb	23,2038
Ti	Eriochromschwarz T	blau–violett	4,790
Tl(III)	PAN[2])	rot–gelb	20,437
Zn	Eriochromschwarz T	rot–blau	6,538
Zr	Sulfosalizylsäure	farblos–orange	9,122

[1]) Dinatriumsalz der Ethylendiamintetraessigsäure
[2]) α-Pyridyl-β-azonaphthol.

Gesuchter Stoff	Indikator	Farbumschlag	Normalität 0,1 N Masse
Anionen			
Br	Murexid	gelb–violett	15,9808
Cl	Murexid	gelb–violett	7,0906
CN	Murexid	gelb–violett	10,4071
F	Eriochromschwarz T	rot–grün	3,7997
I	Murexid	gelb–violett	25,3804
PO_4	Eriochromschwarz T	rot–grün	9,4971
P_2O_5	Eriochromschwarz T	rot–grün	7,0972
SO_4	Phthaleinpurpur	rotviolett–blaßviolett	9,6058
WO_4	Murexid	orange–violett	24,7848

16. pH-Werte und Indikatoren

16.1. Umrechnungstabellen pH und c_{H^+} und umgekehrt

Umrechnungsformel:

$$pH = -\lg c_{H^+}$$
$$c_{H^+} = 10^{-pH}$$

Beim Berechnen von pH-Werten bzw. Wasserstoffionenkonzentrationen nach dieser Tabelle ist für n stets ein ganzer Teil der pH-Zahl bzw. der Dezimalzahl des Exponenten zu setzen. Will man aus einer bekannten Wasserstoffionenkonzentration den pH-Wert berechnen, so muß der Wert der Wasserstoffionenkonzentration als Produkt aus einem Dezimalbruch zwischen 0 und 1 in der Form 0, ... und der Zehnerpotenz vorliegen.

pH	c_{H^+}	pH	c_{H^+}	pH	c_{H^+}
n, 00	$1,000 \cdot 10^{-n}$	n, 34	$0,457 \cdot 10^{-n}$	n, 67	$0,214 \cdot 10^{-n}$
n, 01	$0,977 \cdot 10^{-n}$	n, 35	$0,447 \cdot 10^{-n}$	n, 68	$0,209 \cdot 10^{-n}$
n, 02	$0,955 \cdot 10^{-n}$	n, 36	$0,437 \cdot 10^{-n}$	n, 69	$0,204 \cdot 10^{-n}$
n, 03	$0,933 \cdot 10^{-n}$	n, 37	$0,427 \cdot 10^{-n}$	n, 70	$0,200 \cdot 10^{-n}$
n, 04	$0,912 \cdot 10^{-n}$	n, 38	$0,417 \cdot 10^{-n}$	n, 71	$0,195 \cdot 10^{-n}$
n, 05	$0,891 \cdot 10^{-n}$	n, 39	$0,407 \cdot 10^{-n}$	n, 72	$0,191 \cdot 10^{-n}$
n, 06	$0,871 \cdot 10^{-n}$	n, 40	$0,398 \cdot 10^{-n}$	n, 73	$0,186 \cdot 10^{-n}$
n, 07	$0,851 \cdot 10^{-n}$	n, 41	$0,389 \cdot 10^{-n}$	n, 74	$0,182 \cdot 10^{-n}$
n, 08	$0,832 \cdot 10^{-n}$	n, 42	$0,380 \cdot 10^{-n}$	n, 75	$0,178 \cdot 10^{-n}$
n, 09	$0,813 \cdot 10^{-n}$	n, 43	$0,372 \cdot 10^{-n}$	n, 76	$0,174 \cdot 10^{-n}$
n, 10	$0,794 \cdot 10^{-n}$	n, 44	$0,363 \cdot 10^{-n}$	n, 77	$0,170 \cdot 10^{-n}$
n, 11	$0,776 \cdot 10^{-n}$	n, 45	$0,355 \cdot 10^{-n}$	n, 78	$0,166 \cdot 10^{-n}$
n, 12	$0,759 \cdot 10^{-n}$	n, 46	$0,347 \cdot 10^{-n}$	n, 79	$0,162 \cdot 10^{-n}$
n, 13	$0,741 \cdot 10^{-n}$	n, 47	$0,339 \cdot 10^{-n}$	n, 80	$0,159 \cdot 10^{-n}$
n, 14	$0,724 \cdot 10^{-n}$	n, 48	$0,331 \cdot 10^{-n}$	n, 81	$0,155 \cdot 10^{-n}$
n, 15	$0,708 \cdot 10^{-n}$	n, 49	$0,324 \cdot 10^{-n}$	n, 82	$0,151 \cdot 10^{-r}$
n, 16	$0,692 \cdot 10^{-n}$	n, 50	$0,316 \cdot 10^{-n}$	n, 83	$0,148 \cdot 10^{-1}$
n, 17	$0,676 \cdot 10^{-n}$	n, 51	$0,309 \cdot 10^{-n}$	n, 84	$0,145 \cdot 10^{-n}$
n, 18	$0,661 \cdot 10^{-n}$	n, 52	$0,302 \cdot 10^{-n}$	n, 85	$0,141 \cdot 10^{-n}$
n, 19	$0,646 \cdot 10^{-n}$	n, 53	$0,295 \cdot 10^{-n}$	n, 86	$0,138 \cdot 10^{-n}$
n, 20	$0,631 \cdot 10^{-n}$	n, 54	$0,288 \cdot 10^{-n}$	n, 87	$0,135 \cdot 10^{-n}$
n, 21	$0,617 \cdot 10^{-n}$	n, 55	$0,282 \cdot 10^{-n}$	n, 88	$0,132 \cdot 10^{-n}$
n, 22	$0,603 \cdot 10^{-n}$	n, 56	$0,275 \cdot 10^{-n}$	n, 89	$0,129 \cdot 10^{-n}$
n, 23	$0,589 \cdot 10^{-n}$	n, 57	$0,269 \cdot 10^{-n}$	n, 90	$0,126 \cdot 10^{-n}$
n, 24	$0,575 \cdot 10^{-n}$	n, 58	$0,263 \cdot 10^{-n}$	n, 91	$0,123 \cdot 10^{-n}$
n, 25	$0,562 \cdot 10^{-n}$	n, 59	$0,257 \cdot 10^{-n}$	n, 92	$0,120 \cdot 10^{-n}$
n, 26	$0,550 \cdot 10^{-n}$	n, 60	$0,251 \cdot 10^{-n}$	n, 93	$0,118 \cdot 10^{-n}$
n, 27	$0,537 \cdot 10^{-n}$	n, 61	$0,246 \cdot 10^{-n}$	n, 94	$0,115 \cdot 10^{-n}$
n, 28	$0,525 \cdot 10^{-n}$	n, 62	$0,240 \cdot 10^{-n}$	n, 95	$0,112 \cdot 10^{-n}$
n, 29	$0,513 \cdot 10^{-n}$	n, 63	$0,234 \cdot 10^{-n}$	n, 96	$0,110 \cdot 10^{-n}$
n, 30	$0,501 \cdot 10^{-n}$	n, 64	$0,229 \cdot 10^{-n}$	n, 97	$0107 \cdot 10^{-n}$
n, 31	$0,490 \cdot 10^{-n}$	n, 65	$0,224 \cdot 10^{-n}$	n, 98	$0,105 \cdot 10^{-n}$
n, 32	$0,479 \cdot 10^{-n}$	n, 66	$0,219 \cdot 10^{-n}$	n, 99	$0,102 \cdot 10^{-n}$
n, 33	$0,468 \cdot 10^{-n}$				

16.2. Temperaturabhängigkeit des Ionenprodukts, der Wasserstoff- bzw. Hydroxidionenkonzentration und des pH-Wertes des reinen Wassers

Temperatur in °C	Ionenprodukt K_w in mol^2 · l^{-2}	p_{K_w}	c_{H^+} bzw. c_{OH^-} in mol·l^{-1}	pH
0	$0,13 \cdot 10^{-14}$	14,89	$0,36 \cdot 10^{-7}$	7,44
18	$0,74 \cdot 10^{-14}$	14,13	$0,86 \cdot 10^{-7}$	7,07
20	$0,86 \cdot 10^{-14}$	14,07	$0,93 \cdot 10^{-7}$	7,03
22	$1,01 \cdot 10^{-14}$	14,00	$1,0 \cdot 10^{-7}$	7,00
25	$1,27 \cdot 10^{-14}$	13,90	$1,13 \cdot 10^{-7}$	6,95
30	$1,89 \cdot 10^{-14}$	13,73	$1,37 \cdot 10^{-7}$	6,86
50	$5,95 \cdot 10^{-14}$	13,23	$2,96 \cdot 10^{-7}$	6,53
100	$74 \cdot 10^{-14}$	12,13	$8,6 \cdot 10^{-7}$	6,07

16.3. pH-Wert der wäßrigen Lösungen einiger Elektrolyte bei 18 °C

pH = 1,05	0,1 N Mineralsäuren	pH = 2,87	0,1 N Ethansäure (Essigsäure)
pH = 1,18	0,1 N Ethandisäure (Oxalsäure)	pH = 3,73	0,1 N Kohlensäure
pH = 1,47	0,1 N schweflige Säure	pH = 4,02	0,1 N Schwefelwasserstoff
pH = 1,52	0,1 N Phosphorsäure	pH = 5,16	0,1 N Zyanwasserstoffsäure
pH = 2,18	0,1 N salpetrige Säure	pH = 11,13	0,1 N Ammoniumhydroxid
pH = 2,38	1 N Ethansäure (Essigsäure)	pH = 13,18	0,1 N Alkalilauge

16.4. Indikatoren

In Tabelle 16.4 sind die Umschlagbereiche, Farbänderungen, Gebrauchslösungen und Zugabemengen der aufgeführten Indikatoren zusammengestellt.
Ein A in der Spalte «Gebrauchslösung» bedeutet *alkoholische* Lösung, W heißt *wäßrige* Lösung.
Die in Tropfen angegebene Zusatzmenge des Indikators ist für etwa 200 ml Gesamtlösung bestimmt.

Indikator	Grenz-pH des Umschlag-bereiches	Umschlagfarben		Gebrauchslösung		Indikator-zusatz (Tropfen)
Methylviolett	0,1 … 1,5	gelb	blau	0,05 % in	W	5
Metanilgelb	1,2 … 2,3	rot	gelb	0,1 % in	W	2
m-Kresolpurpur	1,2 … 2,8	rot	gelb	0,04 % in 90 %	A	1
Thymolblau	1,2 … 2,8	rot	gelb	0,1 % in 20 %	A	1 … 5
p-Xylenolblau	1,2 … 2,8	purpurrot	gelbbraun	0,04 % in 90 %	A	1 … 5
Benzopurpurin	1,2 … 4,0	violett	orange	0,5 % in 90 %	A	1 … 3
Tropäolin 00	1,3 … 3,2	rot	gelb	1 % in	W	1
Methylviolett	1,5 … 3,2	blau	violett	0,01 % in	W	5
Benzylorange	1,9 … 3,3	rot	gelb	0,04 % in	W	1 … 3
Dinitrophenol	2,4 … 4,0	farblos	gelb	0,1 % in 50 %	A	1 … 2
Dimethylgelb	2,9 … 4,0	rot	gelb	0,1 % in 90 %	A	1
Bromchlorphenolblau	3,0 … 4,6	gelb	purpur	0,04 % in 90 %	A	1
Bromphenolblau	3,0 … 4,6	gelb	blau	0,1 % in 20 %	A	1
Kongorot	3,0 … 5,2	blau	rot	1 % in	W	1
Methylorange	3,1 … 4,4	rot	orangegelb	0,1 % in	W	1 … 3
Naphthylamin-1	3,5 … 5,7	rot	gelb	0,01 % in 60 %	A	1 … 3
Alizarinsulfosaures Natrium (Alizarin S)	3,7 … 5,2	gelb	violett	0,1 % in	W	1
Bromkresolgrün	3,8 … 5,4	gelb	blau	0,04 % in 90 %	A	1
Bromkresolblau	4,0 … 5,6	gelb	blau	0,1 % in 20 %	A	1
Methylrot	4,2 … 6,3	rot	gelb	0,2 % in 90 %	A	1 … 5
Lackmus (S) (Lackmoid)	4,4 … 6,6	rot	blau	0,2 % in 90 %	A	1
Chlorphenolrot	4,8 … 6,6	gelb	rot	0,1 % in 20 %	A	1
p-Nitrophenol	5,0 … 7,0	farblos	gelb	0,1 % in	W	1 … 5
Lackmus	5,0 … 8,0	rot	blau	1 % in	W	1

Indikator	Grenz-pH des Umschlag-bereiches	Umschlagfarben		Gebrauchslösung		Indikator-zusatz (Tropfen)
Bromkresolpurpur	5,2 ... 6,8	gelb	purpur	0,1 % in 20 %	A	1
Bromphenolrot	5,2 ... 6,8	gelb	rot	0,1 % in 20 %	A	1
Nitrazingelb	6,0 ... 7,0	gelb	violett	0,1 % in	W	1 ... 3
Bromthymolblau	6,0 ... 7,6	gelb	blau	0,1 % in 20 %	A	1
Neutralrot	6,8 ... 8,0	rot	gelb	0,1 % in 70 %	A	1
Rosolsäure	6,8 ... 8,0	gelbbraun	rot	0,1 % in 90 %	A	1
Phenolrot	6,8 ... 8,4	gelb	rot	0,1 % in 20 %	A	1
o-Kresolrot	7,2 ... 8,8	gelb	purpur	0,1 % in 20 %	A	1
α-Naphtholphthalein	7,3 ... 8,7	rosa	grün	0,1 % in 33 %	A	1 ... 5
Brillantgelb	7,4 ... 8,5	gelb	braunrot	0,1 % in	W	1 ... 3
Kurkumin	7,4 ... 8,6	gelb	rot	0,1 % in	W	
m-Kresolpurpur	7,4 ... 9,0	gelb	purpur	0,04 % in 90 %	A	1
Tropäolin 000	7,6 ... 8,9	gelbgrün	rosa	1 % in	W	1
Thymolblau	8,0 ... 9,6	gelb	blau	0,1 % in 20 %	A	1 ... 5
p-Xylenolblau	8,0 ... 9,6	gelbbraun	blau	0,04 % in 90 %	A	1 ... 5
o-Kresolphthalein	8,2 ... 9,8	farblos	rot	0,02 % in 90 %	A	1 ... 5
Phenolphthalein	8,2 ... 10,0	farblos	rot	0,1 % in 70 %	A	1 ... 5
p-Xylenolphthalein	9,3 ... 10,5	farblos	blau	0,1 % in 90 %	A	1
Thymolphthalein	9,3 ... 10,5	farblos	blau	0,1 % in 90 %	A	1 ... 5
Alkaliblau 6B	9,4 ... 14,0	blaurot	orange	0,1		W	1 ... 5
Alizaringelb RS	10,0 ... 12,0	gelb	braunrot	0,1 % in 50 %	A	1
β-Naphtholviolett	10,0 ... 12,0	orange	violett	0,04 % in	W	1 ... 3
Alizaringelb GG (Salizylgelb)	10,1 ... 12,1	hellgelb	dkl. orange	0,1 % in 50 %	A	1 ... 5
Kurkumin	10,2 ... 11,8	rot	orange	0,1 % in	W	
Nitramin	10,8 ... 13,0	farblos	braun	0,1 % in 70 %	A	2
Tropäolin 0 (Rezorsingelb)	11,0 ... 13,0	gelb	braunrot	0,1 % in	W	2 ... 5

17. Puffergemische

Die Tabelle enthält wichtige Puffergemische, d. h. Gemische der Lösungen von schwachen Säuren bzw. schwachen Basen und zugehörigen Salzen, die bei Säure- bzw. Alkalizusatz oder bei Verdünnung ihren pH-Wert[1]) praktisch nicht ändern. Puffergemische bestehen gewöhnlich aus zwei Lösungen A und B, mit denen man je nach dem Mischungsverhältnis einen Puffer mit festliegendem pH-Wert herstellen kann. Die Dissoziationskonstanten der Säure bzw. Base bestimmen den Anwendungsbereich des Gemisches.

In der Tabelle 17.1 sind für einige Puffergemische Zusammensetzung und Anwendung aufgeführt.

In der Tabelle 17.2 sind die pH-Bereiche angegeben, in denen die Puffergemische (Tabelle 17.1) verwendet werden können.

Anmerkung: *Für Puffergemische dürfen nur reinste Chemikalien und kohlendioxidfreies Wasser verwendet werden.*

17.1. Pufferlösungen

1. *Kaliumchlorid-Salzsäure nach Clark und Lubs*

    Lösung A: 0,2 N Kaliumchloridlösung.
    Lösung B: 0,2 N Salzsäure.
    Anwendung: 100 ml Lösung A + x ml Lösung B mit Wasser auf 400 ml auffüllen.

2. *Glykokoll-Puffer nach Sörensen*

    Lösung A: 7,505 g Aminoethansäure (Glykokoll) + 5,85 g Natriumchlorid mit Wasser auf 1 000 ml auffüllen.
    Lösung B: a) 0,1 N Salzsäure.
                b) 0,1 N Natronlauge.
    Anwendung: A + B = 100 ml.

---

[1]) Nach G. Jander/K. F. Jahr: Maßanalyse Bd. 1.

3. *Zitratpuffer nach Sörensen*

Lösung A: 21,008 g 2-Oxypropantrikarbonsäure-1,2,3 (Zitronensäure; $C_6H_8O_7 \cdot H_2O$) + 200 ml
1 N Natronlauge mit Wasser auf 1000 ml auffüllen.
Lösung B: a) 0,1 N Salzsäure.
          b) 0,1 N Natronlauge.
Anwendung: A + B = 100 ml.

4. *Kaliumhydrogenphthalat nach Clark und Lubs*

Lösung A: 0,2 M Kaliumhydrogenphthalatlösung.
Lösung B: a) 0,1 N Salzsäure.
          b) 0,1 N Natronlauge.
Anwendung: 50 ml Lösung A + x ml Lösung B mit Wasser auf 200 ml auffüllen.

5. *Zitronensäure-Phosphat-Puffer nach McIloaine*

Lösung A: 0,2 M Dinatriumhydrogenphosphatlösung.
Lösung B: 0,1 M 2-Oxypropantrikarbonsäure-1,2,3 (Zitronensäure).
Anwendung: A + B = 100 ml.

6. *Puffer nach Theorell und Stenhagen*

Lösung A: Die je 100 ml 1 N Natronlauge entsprechenden Mengen an 2-Oxypropantrikarbon-
säure-1,2,3 (Zitronensäure) und Phosphorsäurelösung werden in einem 1000-ml-
Meßkolben mit 3,54 g krist. Borsäure und 343 ml 1 N Natronlauge versetzt und dann
mit Wasser auf 1000 ml aufgefüllt.
Lösung B: 0,1 N Salzsäure.
Anwendung: 100 ml Lösung A + x ml Lösung B mit Wasser auf 500 ml auffüllen.

7. *Borat-Bernsteinsäure-Puffer nach Kolthoff*

Lösung A: 19,1 g Borax ($Na_2B_4O_7 \cdot 10 H_2O$) mit Wasser auf 1000 ml auffüllen.
Lösung B: 5,9 g Butandisäure (Bernsteinsäure) auf 1000 ml auffüllen.
Anwendung: A + B = 100 ml.

8. *Phosphatpuffer nach Sörensen*

Lösung A: 9,078 g Kaliumdihydrogenphosphat mit Wasser auf 1000 ml auffüllen.
Lösung B: 11,876 g Dinatriumhydrogenphosphat ($Na_2HPO_4 \cdot 2 H_2O$) auf 1000 ml auffüllen.
Anwendung: A + B = 100 ml.

9. *Borax-Kaliumhydrogenphosphat-Puffer nach Kolthoff*

Lösung A: 19,1 g Borax ($Na_2B_4O_7 \cdot 10 H_2O$) mit Wasser auf 1000 ml auffüllen.
Lösung B: 13,62 g Kaliumdihydrogenphosphat auf 1000 ml auffüllen.
Anwendung: A + B = 100 ml.

10. *Borsäure-Borax-Puffer nach Palitzsch*

Lösung A: 0,05 M Boraxlösung.
Lösung B: 0,2 M Borsäure.
Anwendung: A + B = 100 ml.

11. *Natriumborat-Puffer nach Sörensen und Clark*

Lösung A: 12,404 g Borsäure (H_3BO_3) + 100 ml 1 N Natronlauge mit Wasser auf 1000 ml auf-
füllen.
Lösung B: a) 0,1 N Salzsäure.
          b) 0,1 N Natronlauge.
Anwendung: A + B = 100 ml.

12. *Borsäure-Puffer nach Clark und Lubs*

Lösung A: 6,2 g Borsäure (H_3BO_3) mit 0,1 N Kaliumchloridlösung auf 1000 ml auffüllen.
Lösung B: 0,1 N Natronlauge.
Anwendung: 100 ml Lösung A + x ml Lösung B.

13. *Ammoniak-Ammoniumchlorid-Puffer*

Lösung A: 0,1 N Ammoniumhydroxid.
Lösung B: 0,1 N Ammoniumchloridlösung.
Anwendung: A + B = 100 ml.

14. *Soda-Salzsäure-Puffer nach Kolthoff*

Lösung A: 0,1 M Natriumkarbonatlösung.
Lösung B: 0,1 M Salzsäure.
Anwendung: 50 ml Lösung A + x ml Lösung B mit Wasser auf 100 ml auffüllen.

15. *Veronalpuffer nach Michaelis*

Stammlösung: 9,714 g ethansaures Natrium ($CH_3COONa \cdot 3 H_2O$) + 14,714 g Veronal-Natrium werden mit Wasser auf 500 ml aufgefüllt.

Anwendung: Von dieser Stammlösung werden jeweils 5 ml mit 2 ml 8,5 %iger Natriumchloridlösung sowie mit x ml 0,1 n Salzsäure und y ml Wasser versetzt. (Zahlenwerte von x und y siehe Tabelle 17.2).

16. *Pufferreihe nach Thiel, Schulz und Coch*

Innerhalb dieser Reihe weisen die einzelnen Stufen praktisch den gleichen Ionengehalt auf. Man benötigt dazu folgende Stammlösungen:

   I: 0,05 m Ethandisäure (Oxalsäure) und gleichzeitig
      0,20 m Borsäure.
  II: 0,20 m Borsäure und gleichzeitig
      0,05 m Butandisäure (Bernsteinsäure) sowie
      0,05 m Natriumsulfatlösung.
 III: 0,05 m Boraxlösung.
 IV: 0,05 m Natriumkarbonatlösung.

Wieviel ml je zweier Stammlösungen zur Einstellung eines bestimmten pH-Wertes zu mischen sind, entnimmt man der Tabelle 17.2.

17.2. pH-Bereiche der Pufferlösungen bei 18 °C

Aus der folgenden Tabelle kann man die ml Lösung B entnehmen, die man bei Verwendung der in der Kopfspalte mit ihrer Nummer verzeichneten Puffergemische anwenden muß, um den in der ersten (bzw. letzten) senkrechten Spalte angegebenen pH-Wert zu erreichen.

pH	Pufferlösung Nummer																			pH
	1	2a	2b	3a	3b	4a	4b	5	6	7	8	9	10	11a	11b	12	13	14		pH
1,0	194	100		100																
1,2	129	85		89																
1,4	83	71		80,2																
1,6	52,6	62		75,5																
1,8	33,2	54		71,8																
2,0	21,2	48		69,1					366,5											2,0
2,2	13,4	42		67,2		46,6		98,0	339,3											2,2
2,4		36		65,2		39,6		93,8	319,3											2,4
2,6		30		63,5		32,95		89,1	304,0											2,6
2,8		24		61,7		26,4		84,15	292,3											2,8
3,0		18		59,6		20,3		79,45	282,5	98,8										3,0
3,2		13		57,2		14,7		75,3	274,8	96,5										3,2
3,4		8,5		54,2		9,9		71,5	268,5	93,6										3,4
3,6				51,6		6,0		67,8	263,3	90,5										3,6
3,8				48		2,6		64,5	257,3	86,8										3,8
4,0				44			0,4	61,45	252,5	82,5										4,0
4,2				39,2			3,7	58,6	247,3	77,7										4,2
4,4				32			7,5	55,9	241,8	73,5										4,4
4,6				24			12,15	53,25	236,3	70,0										4,6
4,8				12			17,7	50,7	231,1	66,0										4,8
5,0					4		23,85	48,5	225,9	62,5										5,0
5,2					15		29,95	46,4	220,3	60,0										5,2
5,4					23,5		35,45	44,25	214,7	57,5	3,1									5,4
5,6					31		39,85	42,0	206,0	55,5	5,0									5,6
5,8					36		43,0	39,55	203,1	53,5	8,0	92,0								5,8
6,0					40,5		45,45	36,85	197,1		12,0	87,7								6,0
6,2					43,5		47,0	33,9	190,5		18,5	83,0								6,2
6,4					45,6			30,75	183,7		26,2	78,2								6,4
6,6								27,25	176,8		36,0	73,5								6,6
pH	1	2a	2b	3a	3b	4a	4b	5	6	7	8	9	10	11a	11b	12	13	14		pH

pH	1	2a	2b	3a	3b	4a	4b	5	6	7	8	9	10	11a	11b	12	13	14	pH
							Pufferlösung Nummer												
6,8								22,25	169,6		50,0	67,5	96,8						6,8
7,0								17,65	163,3		61,0	62,5	94,1						7,0
7,2								13,05	157,3		72,0	58,0	92,4						7,2
7,4								9,15	151,8		80,8	55,0	89,2						7,4
7,6								6,35	147,2		87,0	52,0	85,0						7,6
7,8								4,25	143,4		91,5	49,0	79,4	47,1					7,8
8,0								2,75	140,1		94,5	46,5	72,9	44,75					8,0
8,2									137,3			43,5	65,0	42,2		11,0	93,5		8,2
8,4									134,5			38,0	55,2	38,15		16,0	90,45		8,4
8,6									130,5			32,5	45,0	33,4		23,0	85,15		8,6
8,8									124,5			26,0	32,7	26,8		32,0	79,15		8,8
9,0		11,0							118,8			17,0	18,5	17,0		42,0	70,3		9,0
9,2		15,0							111,9			4,0	3,1	5,0		52,0	60,0		9,2
9,4		20,5							105,6						15,4	64,0	48,9		9,4
9,6		26,5							99,7						26,8	72,0	37,9		9,6
9,8		32,0							94,1						36,3	80,0	27,8		9,8
10,0		37,5							89,6						41,0	87,0	19,4		10,0
10,2		41,0							84,9						44,0		13,7	19,2	10,2
10,4		44,0							81,8						46,3			13,75	10,4
10,6		46,0							79,8						48,0			8,8	10,6
10,8		47,5							77,0						49,1			6,4	10,8
11,0		48,5							72,6						49,9			3,45	11,0
11,2		49,5							66,0									1,5	11,2
11,4		50,2							56,2										11,4
11,6		51,0							42,0										11,6
11,8		52,1							23,5										11,8
12,0		54,0							2,0										12,0
12,2		56,0																	12,2
12,4		60,3																	12,4
12,6		67,5																	12,6
12,8		77,5																	12,8
13,0		92,5																	13,0
pH	1	2a	2b	3a	3b	4a	4b	5	6	7	8	9	10	11a	11b	12	13	14	pH

pH-Bereich des Veronalpuffers nach Michaelis

pH	x	y	pH	x	y	pH	x	y	pH	x	y
2,8	15,65	2,35	4,4	10,8	7,2	6,0	7,15	10,85	7,6	4,25	13,75
3,0	15,3	2,7	4,6	10,2	7,8	6,2	6,9	11,1	7,8	3,4	14,6
3,2	15,0	3,0	4,8	9,5	8,5	6,4	6,8	11,2	8,0	2,65	15,35
3,4	14,5	3,5	5,0	8,8	9,2	6,6	6,6	11,4	8,2	1,95	16,05
3,6	14,05	3,95	5,2	8,3	9,7	6,8	6,4	11,6	8,4	1,4	16,6
3,8	13,3	4,7	5,4	7,9	10,1	7,0	6,0	12,0	8,6	0,8	17,2
4,0	12,5	5,5	5,6	7,65	10,35	7,2	5,6	12,4	8,8	0,6	17,4
4,2	11,65	6,35	5,8	7,4	10,6	7,4	5,05	12,95	9,0	0,4	17,6

pH-Bereich der Pufferreihe nach Thiel, Schulz und Coch

pH	Stammlösung				pH	Stammlösung			
	I	II	III	IV		I	II	III	IV
1,5	84,10	15,90			3,0		98,00	2,00	
2,0	34,30	65,70			3,5		89,85	10,15	
2,5	10,00	90,00			4,0		79,20	20,80	

pH	Stammlösung				pH	Stammlösung			
	I	II	III	IV		I	II	III	IV
4,5		69,10	30,90		8,0		35,90	64,10	
5,0		60,85	39,15		8,5		24,40	75,60	
5,5		55,20	44,80		9,0		8,30	91,70	
6,0		51,75	48,25		9,5			54,60	45,40
6,5		49,78	50,22		10,0			25,30	74,70
7,0		47,60	52,40		10,5			11,00	89,00
7,5		43,40	56,80		11,0			3,00	97,00

18. Analytische Faktoren

Aluminium

Wägeform	Berechnung als	Al	$Al_2(SO_4)_3$	$Al_2(SO_4)_3 \cdot 18\ H_2O$
Al_2O_3	F	0,5293	3,5555	6,5359

Antimon

Wägeform	Berechnung als	Sb	Sb_2O_3	Sb_2O_5	Sb_2S_3	Sb_2S_5
Sb_2O_4[1])	F	0,7919	0,9484	1,052	1,108	1,314
Pyrogallat $Sb(C_6H_5O_4)$	F	0,4632	0,5545	0,6153	0,6462	0,7682

Arsen

Wägeform	Berechnung als	As	As_2O_3	As_2O_5	AsO_3	AsO_4
Ag_3AsO_4	F	0,1620	0,2139	0,2485	0,2658	0,3004
Ag_2TlAsO_4	F	0,1340	0,1770	0,2056	0,2199	0,2485
$Mg_2As_2O_7$	F	0,4827	0,6373	0,7403	0,7919	0,8949
$(NH_4MgAsO_4)_2 \cdot H_2O$	F	0,3937	0,5199	0,6040	0,6460	0,7301

Barium

Wägeform	Berechnung als	Ba	$BaCO_3$	$BaCl_2$	$BaCl_2 \cdot 2\ H_2O$
$BaSO_4$	F	0,5884	0,8455	0,8922	1,0466
$BaCO_3$	F	0,6959		1,0552	1,2378
BaC_2O_4	F	0,6094	0,8757	0,9243	1,0839
$BaCrO_4$	F	0,5421	0,7790	0,8223	0,9642

[1]) Alle für die Wägeform angegebenen Werte sind empirische Faktoren, also solche, die sich aus der Praxis ergaben und die mit den stöchiometrischen Faktoren nicht genau übereinstimmen (gilt für gesamten Abschn. 18.).

Wägeform	Berechnung als	$Ba(NO_3)_2$	BaO	$Ba(OH)_2$	$Ba(OH)_2 \cdot 8 H_2O$
$BaSO_4$	F	1,1198	0,6570	0,7392	1,3517
$BaCO_3$	F	1,3243	0,7770	0,8683	1,5986
BaC_2O_4	F	1,1597	0,6804	0,7604	0,3999
$BaCrO_4$	F	1,0316	0,6053	0,6764	1,2453

Beryllium

Wägeform	Berechnung als	Be	BeO
BeO	F	0,3603	
$Be_2P_2O_7$	F	0,0939	0,2606

Bismut

Wägeform	Berechnung als	Bi
Bi_2O_3	F	0,8970
$BiPO_4$	F	0,6875
BiOI	F	0,5939
$BiCr(SCN)_6$	F	0,3429
Pyrogallat	F	0,6293

Blei

Wägeform	Berechnung als	Pb	PbO	PbS	$PbSO_4$	PbO_2
$PbSO_4$	F	0,6832	0,7360	0,7890		0,7888
$PbCrO_4$[1])	F	0,6411	0,6906	0,7403	0,9383	0,7401
$PbCl_2$	F	0,7450	0,8026	0,8603	1,0904	0,8601
Pb(OH)SCN	F	0,7340	0,7907	0,8476	1,0743	0,8474
PbO_2	F	0,9662	0,9331	1,0003	1,2678	
Salizylaldoxim $Pb(C_7H_6O_2N)_2$	F	0,4322	0,4655	0,4990	0,6325	0,4989
Pikrolonat $Pb(C_{10}H_7N_4O_5)_2$ $^3/_2 H_2O$	F	0,2724	0,2935	0,3146	0,3987	0,3145

Bor

Wägeform	Berechnung als	B	BO_2	BO_3	B_4O_7
B_2O_3	F	0,3106	1,2298	1,6894	1,1149

Chlor

Wägeform	Berechnung als	Cl	HCl	ClO₃	HClO₃	ClO₄	HClO₄
AgCl	F	0,2474	0,2550	0,5823	0,5893	0,6939	0,7009
KClO₄	F					0,7180	0,7255
Nitronverbindung $C_{20}H_{16}O_4 \cdot HClO_3$	F			0,2103	0,2128		
$C_{20}H_{16}O_4 \cdot HClO_4$	F					0,2409	0,2433
α-Dinaphthodimethyl-aminverbindung $(C_{10}H_7CH_2)_2NH \cdot HClO_3$	F			0,2186	0,2212		
$(C_{10}H_7CH_2)_2NH \cdot HClO_4$	F					0,2500	0,2525

Chromium

Wägeform	Berechnung als	Cr	Cr₂O₃	CrO₃	Cr₂O₇	CrO₄
Ag₂CrO₄	F	0,1567	0,2291	0,3014	0,3255	0,3497
BaCrO₄	F	0,2053	0,3000	0,3947	0,4263	0,4579
Cr₂O₃	F	0,6842		1,3158	1,4211	1,5263
PbCrO₄	F	0,1609	0,2351	0,3094	0,3341	0,3589

Eisen

Wägeform	Berechnung als	Fe	FeCl₂	FeCl₃	FeO
Fe₂O₃	F	0,6994	1,5875	2,0315	0,8998
Fe	F		2,2696	2,9045	1,2865

Wägeform	Berechnung als	Fe₂O₃	FeS₂	FeSO₄ · 7 H₂O	Fe₂(SO₄)₃
Fe₂O₃	F		1,5025	3,4818	2,5040
Fe	F	1,4297	2,1481	4,9781	3,5800

Fluor

Wägeform	Berechnung als	F	CaF₂	NaHF₂
CaF₂	F	0,4867		0,7940
PbClF	F	0,0726	0,1492	0,1185
LaF₃	F	0,2909	0,5978	0,4747

Germanium

Wägeform	Berechnung als	Ge
GeO₂	F	0,6941

Iod

Wägeform	Berechnung als	I	HI	IO_3
AgI	F	0,5405	0,5448	0,7450
PdI_2	F	0,7046	0,7102	0,9711
TlI	F	0,3831	0,3861	0,5280

Kadmium

Wägeform	Berechnung als	Cd	CdO
Cd	F		1,1423
CdO	F	0,8754	
$CdSO_4$	F	0,5392	0,6160
Pyridinthiozyanat $Cd(C_5H_5N)_4(CNS)_2$	F	0,2063	0,2356
Chinaldinat $Cd(O_{10}H_6O_2N)_2$	F	0,2461	0,2811
Anthranilat $Cd(C_7H_6O_2N)_2$	F	0,2922	0,3338
Merkaptobenzthiazol $Cd(C_7H_4NS_2)_2$	F	0,2527	0,2886
$Cd_2P_2O_7$	F	0,5638	0,6440

Kalium

Wägeform	Berechnung als	K	KCl	K_2O	K_2SO_4
KCl	F	0,5244		0,6318	1,1687
K_2SO_4	F	0,4488	0,8557	0,5406	
$KClO_4$	F	0,2822	0,5381	0,3399	0,6285

Kalzium

Wägeform	Berechnung als	Ca	CaO	$CaCO_3$	$CaCl_2$	CaF_2
CaO	F	0,7147		0,7848	1,9791	1,3923
$CaCO_3$	F	0,4004	0,5603		1,1089	0,7801
$CaSO_4$	F	0,2944	0,4119	0,7352	0,8152	0,5735
$CaC_2O_4 \cdot H_2O$	F	0,2745	0,3838	0,6850	0,7596	0,5344
$CaMoO_4$	F	0,2004	0,2804	0,5004	0,5549	0,3903
$CaWO_4$	F	0,1392	0,1948	0,3476	0,3855	0,2712
Pikrolonat $Ca(C_{10}H_7O_5N_4)_2 \cdot 8 H_2O$	F	0,0564	0,0789	0,1409	0,1562	0,1099

Kalzium (Fortsetzung)

Wägeform	Berechnung als	$Ca_3(PO_4)_2$	$Ca(NO_3)_2$	$CaSO_4$	$CaSO_4 \cdot$ 2 H_2O	$Ca_3(PO_4)_2 \cdot$ $Ca(OH)_2$
CaO	F	1,8437	2,9260	2,4276	3,0701	1,7915
$CaCO_3$	F	1,0330	1,6394	1,3602	1,7201	1,0037
$CaSO_4$	F	0,7595	1,2053		1,2647	0,7380
$CaC_2O_4 \cdot H_2O$	F	0,7076	1,1230	0,9317	1,1783	0,6876
$CaMoO_4$	F	0,5169	0,8204	0,6806	0,8608	0,5023
$CaWO_4$	F	0,3591	0,5699	0,4728	0,5980	0,3489
Pikrolonat $Ca(C_{10}H_7O_5N_4) \cdot$ 8 H_2O	F	0,1455	0,2309	0,1916	0,2423	0,1414

Kobalt

Wägeform	Berechnung als	Co	CoO
Co_3O_4	F	0,7342	0,9336
Co	F		1,2715
$Co(NH_4)PO_4 \cdot H_2O$	F	0,3102	0,3945
Pyridinthiozyanat $Co(C_5H_5N)_4(CNS)_2$	F	0,1199	0,1526
α-Nitroso-β-naphthol $Co(C_{10}H_6O_2N)_3 \cdot 2H_2O$	F	0,0964	0,1224
Anthranilat $Co(C_7H_6O_2N)_2$	F	0,1779	0,2263

Kohlenstoff

Wägeform	Berechnung als	C	CO_2	CO_3
CO_2	F	0,2729		1,3635
$CaCO_3$	F		0,4397	0,5996

Wägeform	Berechnung als	C_2H_2	CN	SCN
AgCl	F	0,0908		
CuO	F	0,1637		
AgCN	F		0,1943	
AgSCN	F			0,3500

Kupfer

Wägeform	Berechnung als	Cu	$CuCl_2$	Cu_2O	$CuSO_4$	$CuSO_4 \cdot 5 H_2O$
Cu	F		2,1158	1,1259	2,5116	3,9291
CuSCN	F	0,5225	1,1055	0,5883	1,3123	2,0529
CuO	F	0,7989	1,6904	0,8994	2,0064	3,1388

Wägeform	Berechnung als	Cu	$CuCl_2$	Cu_2O	$CuSO_4$	$CuSO_4 \cdot 5\,H_2O$
Pyridinthiozyanat $Cu(C_5H_5N)_2(CNS)_2$	F	0,1881	0,3979	0,2117	0,4723	0,7389
Cupron $Cu(O_{14}H_{11}O_2N)$	F	0,2200	0,4656	0,2477	0,5527	0,8646
Chinaldinat $Cu(C_{10}H_6O_2N)_2 \cdot H_2O$	F	0,1492	0,3157	0,1680	0,3748	0,5863
Salizylaldoxim $Cu(C_7H_6O_2N)_2$	F	0,1892	0,4004	0,2131	0,4753	0,7435

Lithium

Wägeform	Berechnung als	Li	Li_2O
Li_2SO_4	F	0,1263	0,2718
$2\,Li_2O \cdot 5\,Al_2O_3$	F	0,0487	0,1049
LiCl	F	0,1637	0,3524
Li_3PO_4	F	0,1798	0,3871

Magnesium

Wägeform	Berechnung als	Mg	MgO	$Mg(OH)_2$	$MgCO_3$	$MgCl_2$	$MgSO_4$
$Mg_2P_2O_7$	F	0,2184	0,3622	0,5241	0,7577	0,8556	1,0817
$Mg(NH_4)PO_4 \cdot 6\,H_2O$	F	0,0990	0,1642	0,2376	0,3436	0,3880	0,4905
MgO	F	0,6030		1,4470	2,0919	2,3623	2,9863
$MgSO_4$	F	0,2019	0,3349	0,4845	0,7005	0,7910	

Mangan

Wägeform	Berechnung als	Mn	MnO	MnO_2	MnO_4
MnO_2	F	0,6319	0,8160		0,3681
Mn_3O_4	F	0,7203	0,9301	1,1398	1,5594
$MnSO_4$	F	0,3638	0,4698	0,5758	0,7877
$Mn_2P_2O_7$	F	0,3871	0,4999	0,6126	0,8381
$Mn(NH_4)PO_4 \cdot H_2O$	F	0,2954	0,3815	0,4675	0,6396
Pyridinthiozyanat $Mn(C_5H_5N)_4(SCN)_2$	F	0,1127	0,1455	0,1763	0,2440

Molybdän

Wägeform	Berechnung als	Mo	MoO_4
MoO_3	F	0,6665	1,1112
$PbMoO_4$	F	0,2613	0,4356

Natrium

Wägeform	Berechnung als	Na	Na_2O	NaCl	Na_2CO_3
NaCl	F	0,3934	0,5303		0,9068
Na_2SO_4	F	0,3237	0,4364	0,8229	0,7462
$NaClO_4$	F	0,1878	0,2531	0,4773	0,4328
$NaMg(UO_2)_3 \cdot$ $(CH_3COO)_9 \cdot 6\ H_2O$	F	0,0154	0,0207	0,0390	0,0354
$NaZn(UO_2)_3 \cdot$ $(CH_3COO)_9 \cdot 6\ H_2O$	F	0,0149	0,0201	0,0380	0,0345

Nickel

Wägeform	Berechnung als	Ni	NiO	$NiSO_4 \cdot 7\ H_2O$
Ni	F		1,2726	4,7847
NiO	F	0,7858		3,7599
$NiSO_4$	F	0,3793	0,4827	1,8149
Dimethylglyoxim $Ni(C_4H_7O_2N_2)_2$	F	0,2032	0,2585	0,7921
Pyridinthiozyanat $Ni(C_5H_5N)_4(SCN)_2$	F	0,1195	0,1521	0,5717

Phosphor

Wägeform	Berechnung als	P	PO_2	P_2O_5	PO_3	P_2O_7	PO_4
MgP_2O_7	F	0,2783	0,5659	0,6378	0,7079	0,7816	0,8535
$Zn_2P_2O_7$	F	0,2033	0,4133	0,4658	0,5184	0,5709	0,6234
Ag_2TlPO_4	F	0,0601	0,1223	0,1378	0,1533	0,1689	0,1844
$P_2O_5 \cdot 24\ MoO_3$	F	0,0172	0,0350	0,0395	0,0439	0,0484	0,0528
$(NH_4)_3PO_4 \cdot$ $12\ MoO_2$[1])	F	0,0164	0,0333	0,0376	0,0418	0,0460	0,0503
$(NH_4)_3PO_4 \cdot$ $14\ MoO_3$[1])	F	0,0145	0,0295	0,0333	0,0370	0,0408	0,0445

Platin

Wägeform	Berechnung als	Pt
$(NH_4)_2PtCl_6$[1])	F	0,4402

[1]) siehe Fußnote S. 186

Quecksilber

Wägeform	Berechnung als	Hg	HgO	$HgCl_2$
Hg_2Cl_2	F	0,8498	0,9176	1,1502
Cr_2O_3	F	1,3198	1,4250	1,7863
Pyridinpyrochromat $Hg(C_5H_5N)_2Cr_2O_7$	F	0,3490	0,3768	0,4723
Anthranilat $Hg(C_7H_6O_2N)_2$	F	0,4242	0,4581	0,5742

Schwefel

Wägeform	Berechnung als	S	H_2S	SO_2	SO_3
$BaSO_4$	F	0,1374	0,1460	0,2745	0,3430

Wägeform	Berechnung als	SO_4	H_2SO_4	S_2O_3
$BaSO_4$	F	0,4116	0,4202	0,2402

Selen

Wägeform	Berechnung als	SeO_2	SeO_3
Se	F	1,4053	1,6079

Silber

Wägeform	Berechnung als	Ag	Ag_2O	$AgNO_3$
Ag	F		1,0742	1,5748
AgCl	F	0,7526	0,8084	1,1853
AgBr	F	0,5745	0,6171	0,9047

Silizium

Wägeform	Berechnung als	Si	SiO_3	Si_2O_7	SiO_4
SiO_2	F	0,4674	1,2663	1,3994	1,5326

Stickstoff

Wägeform	Berechnung als	NO_2	N_2O_5	NO_3	HNO_3	
Nitronnitrat $(C_{20}H_{16}N_4) \cdot HNO_3$	F	0,1226	0,1439	0,1652	0,1679	
α-Dinaphthodimethyl-aminnitrat $(C_{10}H_7CH_2)_2 \cdot NH \cdot HNO_3$	F	0,2553	0,2997	0,3441	0,3479	

Wägeform	Berechnung als	N	NH_3	NH_4	N_2O_5	NO_3
$(NH_4)_2PtCl_6$ [1])	F	0,0629	0,0764	0,0809	0,2423	0,2782

[1]) siehe Fußnote S. 186

Strontium

Wägeform	Berechnung als	Sr	SrS	$SrCO_3$	$SrSO_4$	$Sr(NO_3)_2$	$Sr(OH)_2 \cdot 8\,H_2O$
$SrCO_3$	F	0,5935	0,8107			1,2442	1,4335	1,8002
$SrC_2O_4 \cdot H_2O$	F	0,4525	0,6180	0,7623	0,9485	1,0928	1,3723
$SrSO_4$	F	0,4770	0,6516	0,8037		1,1522	1,4469

Tellur

Wägeform	Berechnung als	TeO_2	TeO_3
Te	F	1,2508	1,3762

Thallium

Wägeform	Berechnung als	Ti
TlI	F	0,6169
$Co(NH_3)_6 \cdot TlCl_6$	F	0,3535
Merkaptobenzthiazol $Tl(C_7H_4NS_2)$	F	0,5514

Thorium

Wägeform	Berechnung als	Th	ThO_2
ThO_2	F	0,8788	
$Th(NO_3)_4 \cdot 4\,H_2O$	F	0,4203	0,4782
Pikrolonat $Th(C_{10}H_7O_5N_4)_4 \cdot H_2O$	F	0,1781	0,2026

Titanium

Wägeform	Berechnung als	Ti
TiO_2	F	0,5995

Uranium

Wägeform	Berechnung als	U	UO_2
UO_2	F	0,8815	
U_3O_8	F	0,8480	0,9620
$Na_2U_2O_7$	F	0,7508	0,8518
$(UO_2)_2P_2O_7$	F	0,6667	0,7564

Vanadium

Wägeform	Berechnung als	V
V_2O_5	F	0,5602
$Pb_2V_2O_7$	F	0,1622
$AgVO_3$	F	0,2463
Ag_3VO_4	F	0,1162

Wasserstoff

Wägeform	Berechnung als H	
H_2O	F	0,1119

Wolfram

Wägeform	Berechnung als W	
WO_2	F	0,7930

Zerium

Wägeform	Berechnung als Ce	Ce_2O_3	
CeO_2	F	0,8141	0,9535
Ce_2O_3	F	0,8538	

Zink

Wägeform	Berechnung als Zn	ZnO	ZnS	$ZnCO_3$	$ZnCl_2$	$ZnSO_4$
Zn	F		1,2447	1,4904	1,9179	2,0845	2,4692
ZnO	F	0,8034		1,1974	1,5408	1,6747	1,9838
$Zn_2P_2O_7$	F	0,4291	0,5342	0,6396	0,8230	0,8945	1,0596
$Zn(NH_4)PO_4$	F	0,3665	0,4562	0,5462	0,7029	0,7640	0,9050
Pyridinthiozyanat $Zn(C_5H_5N)_2(SCN)_2$	F	0,1924	0,2395	0,2868	0,3691	0,4012	0,4752
Anthranilat $Zn(C_7H_6O_2N)_2$	F	0,1936	0,2410	0,2886	0,3714	0,4036	0,4781
Chinaldinat $Zn(C_{10}H_6O_2N)_2 \cdot H_2O$	F	0,1529	0,1903	0,2278	0,2932	0,3186	0,3774

Zinn

Wägeform	Berechnung als Sn	SnO_2
Sn	F		1,2696
SnO_2	F	0,7876	

19. Kryoskopische und ebullioskopische Konstanten von Lösungsmitteln

Die Tabelle enthält für einige Lösungsmittel die kryoskopischen und ebullioskopischen Konstanten sowie deren Logarithmen, die für die Bestimmung der molaren Masse durch Gefriertemperaturerniedrigung bzw. Siedetemperaturerhöhung geeignet sind. Bei **verdünnten** Lösungen ist die Gefriertemperaturerniedrigung bzw. die Siedetemperaturerhöhung der Molalität (Mole gelöster Stoffe je 1 000 g Lösungsmittel) direkt proportional (s. a. »Laborpraxis – Einführung und quantitative Analyse«)
Die molare Masse eines Stoffes kann nach folgenden Formeln berechnet werden:

$$M = E_g \frac{a \cdot 1000}{\Delta t_g \cdot b} \quad \text{und} \quad M = E_s \frac{a \cdot 1000}{\Delta t_s \cdot b}$$

M = molare Masse des gelösten Stoffes
E_g = kryoskopische Konstante des Lösungsmittels (Gefriertemperaturerniedrigung nach Auflösen eines Moles in 1 000 g Lösungsmittel)
E_s = ebullioskopische Konstante des Lösungsmittels (Siedetemperaturerhöhung nach Auflösen eines Moles in 1 000 g Lösungsmittel)
a = Masse des gelösten Stoffes in Gramm
b = Masse des Lösungsmittels in Gramm
$\Delta t_g = (t_{1g} - t_{2g})$ = Gefriertemperaturerniedrigung
$\Delta t_s = (t_{1s} - t_{2s})$ = Siedetemperaturerhöhung
t_{1g} bzw. t_{1s} = Gefrier- bzw. Siedetemperatur des reinen Lösungsmittels
t_{2g} bzw. t_{2s} = Gefrier- bzw. Siedetemperatur der Lösung

Lösungsmittel	F. in °C	E_g	lg E_g	K. in °C	E_s	lg E_s
Aminobenzen	− 6,2	5,87	76864	184,4	3,69	56703
Anthrachinon	266	14,8	17026	(377)	−	−
Benzen	5,49	5,07	70501	80,12	2,64	42160
Bromkampher	76 ... 77	11,87	07445	−	−	−
2-Bromnaphthalen	59	12,4	09342	(281 ... 282)	−	−
Diethylether	(− 116,4)	1,79	25285	34,6	1,83	26245
1,2-Dibromethan	10	12,5	09691	131,6	6,43	80821
1,4-Dioxan	11,3	4,7	67210	101,4	3,13	49554
Diphenyl	70,5	8,0	90309	256,1	7,06	84880
Ethanol	(− 114,2)	−	−	78,37	1,04	01703
Ethansäure	16,6	3,9	59106	118,1	3,07	48714
Ethansäureethylester	(− 83)	−	−	77,1	2,83	45179
Ethansäureanhydrid	(− 73)	−	−	139,4	3,53	54777
Hydroxybenzen	41	7,27	86153	181,4	3,6	55630
Kampher	178,8	40,0	60206	204	6,09	78462
Kohlenstoffdisulfid	(− 108,6)	−	−	46,45	2,29	35984
Naphthalen	80,4	6,9	83885	217,9	5,8	76343
Naphthen-2-ol	123	11,25	05115	(285 ... 286)	−	−
Nitrobenzen	5,7	6,89	83822	210,9	5,27	72181
Propanon	(− 95)	−	−	56,1	1,48	17026
Propansäure	(− 19,7)	−	−	140,7	3,51	54531
Pyridin	− 42	4,97	69636	115,5	2,69	42975
Tetrachlorethen	(− 22,4)	−	−	121,1	5,5	74036
Tetrachlormethan	− 22,9	29,8	47422	76,7	4,88	68842
Trichlorethansäure	57,5	12,1	08279	(197,5)	−	−
Trichlormethan	− 63,5	4,90	69020	61,21	3,80	57978
Wasser	0	1,86	26951	100	0,52	71600
Zyklohexan	6,6	20,2	30535	80,8	2,75	43933
Zyklohexanol	23,9	38,28	58297	(160,6)	−	−

Anmerkung: Die Bestimmung der molare Masse nach Beckmann liefert nur dann brauchbare Werte, wenn mit chemisch reinen Lösungsmitteln in verdünnter Lösung gearbeitet und die Temperatur mit einem Beckmann-Thermometer auf 0,005 °C genau abgelesen wird.

20. Elektrochemische Äquivalente

Die Tabelle enthält die Wertigkeiten, Äquivalentmassen und elektrochemische Äquivalente ($\ddot{A}_1$, $\ddot{A}_2$) von einigen Elementen und Anionen.

Spalte $\ddot{A}_1$ gibt die Masse in Milligramm an, die von 1 Amperesekunde abgeschieden wird:

$$\ddot{A}_1 \text{ in } \frac{\text{mg}}{\text{A} \cdot \text{s}}$$

Spalte $\ddot{A}_2$ gibt die Masse in Gramm an, die von 3 600 Amperesekunden abgeschieden wird:

$$\ddot{A}_2 \text{ in } \frac{\text{g}}{\text{A} \cdot \text{h}}$$

Angabe der Äquivalentmasse in g · mol^{-1} (s. auch »Rechenpraxis in Chemieberufen«).

20.1. Kationen

Element	Wertigkeit	Äquivalent-masse	$\ddot{A}_1$	$\ddot{A}_2$
Aluminium	III	8,9938	0,0932	0,3355
Antimon	III	40,58	0,4205	1,5138
Barium	II	68,67	0,7117	2,5621
Beryllium	II	4,5061	0,0467	0,1681
Blei	II	103,595	1,0737	3,8653
Bismut	III	69,66	0,7219	2,5988
Chromium	III	17,332	0,1796	0,6466
Eisen	II	27,923	0,2894	1,0418
Eisen	III	18,616	0,1929	0,6944
Gold	III	65,656	0,6804	2,4494
Kadmium	II	56,21	0,5825	2,0970
Kalium	I	39,098	0,4052	1,4587
Kalzium	II	20,04	0,2077	0,7477
Kobalt	II	29,4666	0,3054	1,0994
Kupfer	II	31,773	0,3293	1,1848
Lithium	I	6,941	0,0719	0,2588
Magnesium	II	12,1525	0,1259	0,4532
Mangan	II	27,469	0,2847	1,0249
Natrium	I	22,9898	0,2383	0,8579
Nickel	II	29,355	0,3042	1,0951
Platin	IV	48,7725	0,5055	1,8198
Quecksilber	I	200,59	2,0789	7,4840
Rubidium	I	85,478	0,8858	3,1889
Silber	I	107,868	1,1179	4,0244
Strontium	II	43,81	0,454	1,6344
Thallium	I	204,37	2,1180	7,6248
Wasserstoff	I	1,0079	0,0104	0,0374
Zaesium	I	132,905	1,3774	4,9586
Zink	II	32,69	0,3388	1,2197
Zinn	II	59,345	0,6150	2,2140

20.2. Anionen

Anion	Wertigkeit	Äquivalent-masse	$\ddot{A}_1$	$\ddot{A}_2$
Bromid	I	79,909	0,8282	2,9815
Chlorid	I	35,453	0,3674	1,3226
Fluorid	I	18,9984	0,1969	0,7088
Hydroxyl	I	17,0073	0,1763	0,6347
Iodid	I	126,9045	1,3152	4,7347
Karbonat	II	30,0046	0,3110	1,1196
Nitrat	I	62,0049	0,6426	2,3144
Sauerstoff	II	7,9997	0,0829	0,2984
Sulfat	II	48,0288	0,4979	1,7924
Sulfid	II	16,03	0,1661	0,5980

21. Elektrochemische Standardpotentiale, galvanische Elemente und Akkumulatoren, Weston-Normalelement und Eichflüssigkeiten für DK-Meter

Standardpotential: Als Standardpotential φ° eines Systems, dessen Elektrodenvorgang z. B. durch die Gleichung $Li \rightleftarrows Li^+ + e$ beschrieben wird, bezeichnet man die elektromotorische Kraft (EMK) einer Kette, deren eine Elektrode die Standardwasserstoffelektrode ist. Die andere Elektrode besteht aus einem Metall — im Beispiel Lithium Li/Li^+ — oder einem Nichtmetall oder ist mit dem Nichtmetall bei Atmosphärendruck gesättigt.
Beide Elektroden befinden sich in einer Lösung der entsprechenden Ionen. Die am Redoxsystem teilnehmenden gelösten Stoffe müssen in den Konzentrationseinheiten, alle gasförmigen Teilnehmer in den Druckeinheiten (Pa) vorliegen. Definitionsgemäß erhält die Standardwasserstoffelektrode das Potential $\varphi^\circ H_2 = \pm 0$ Volt.

Die Tabellenwerte beziehen sich auf wäßrige Lösungen, in denen die Ionenaktivität 1 beträgt, und auf Normalbedingungen (25 °C, 98,05 kPa). Tabelle 21.6 enthält die Standardpotentiale der gebräuchlichsten Bezugselektroden.
Wegen ihrer großen praktischen Bedeutung sind in Tabelle 21.7 die EMK-Werte galvanischer Elemente und Sammler aufgenommen worden.
Die Tabelle 21.8 enthält die Zusammensetzung des Weston-Normalelementes und seine EMK bei verschiedenen Temperaturen.

21.1. Standardpotentiale kationenbildender Elemente (Spannungsreihe)

Red	⇌	Ox	+	e	$\varphi°$ (in Volt)	Red	⇌	Ox	+	e	$\varphi°$ (in Volt)
Li	⇌	Li$^+$	+	1	− 3,02	Ga	⇌	Ga^{3+}	+	3	− 0,52
Rb	⇌	Rb$^+$	+	1	− 2,99	Fe	⇌	Fe^{2+}	+	2	− :,41
K	⇌	K$^+$	+	1	− 2,922	Cd	⇌	Cd^{2+}	+	2	− 0,402
Cs	⇌	Cs$^+$	+	1	− 2,92	In	⇌	In^{3+}	+	3	− 0,34
Ba	⇌	Ba^{2+}	+	2	− 2,90	Co	⇌	Co^{2+}	+	2	− 0,277
Sr	⇌	Sr^{2+}	+	2	− 2,89	Ni	⇌	Ni^{2+}	+	2	− 0,25
Ca	⇌	Ca^{2+}	+	2	− 2,87	Sn	⇌	Sn^{2+}	+	2	− 0,136
Na	⇌	Na$^+$	+	1	− 2,712	Pb	⇌	Pb^{2+}	+	2	− 0,126
La	⇌	La^{3+}	+	3	− 2,37	H$_2$	⇌	2 H$^+$	+	2	± 0,000
Hg	⇌	Hg^{2+}	+	2	− 2,34	Sb	⇌	Sb^{3+}	+	3	+ 0,2
H	⇌	H$^+$	+	1	− 2,10	Bi	⇌	Bi^{3+}	+	3	+ 0,28
Ti	⇌	Ti^{2+}	+	2	− 1,75	As	⇌	As^{3+}	+	3	+ 0,3
Be	⇌	Be^{2+}	+	2	− 1,70	Cu	⇌	Cu^{2+}	+	2	+ 0,337
Al	⇌	Al^{3+}	+	3	− 1,66	Tl	⇌	Tl^{3+}	+	3	+ 0,72
U	⇌	U^{4+}	+	4	− 1,4	Ag	⇌	Ag$^+$	+	1	+ 0,799 1
Mn	⇌	Mn^{2+}	+	2	− 1,05	Pd	⇌	Pd^{2+}	+	2	+ 0,83
Zn	⇌	Zn^{2+}	+	2	− 0,763	Hg	⇌	Hg^{2+}	+	2	+ 0,854
Cr	⇌	Cr^{3+}	+	3	− 0,74	Pt	⇌	Pt^{2+}	+	2	+ 1,2
Te	⇌	Te^{4+}	+	4	− 0,57	Au	⇌	Au^{3+}	+	3	+ 1,50

21.2. Standardpotentiale anionenbildender Elemente

Red	⇌	Ox	+	e	$\varphi°$ (in Volt)	Red	⇌	Ox	+	e	$\varphi°$ (in Volt)
2 H$^-$	⇌	H$_2$	+	2	− 2,23	2 I$^-$	⇌	I$_2$	+	2	+ 0,535
Te^{2-}	⇌	Te	+	2	− 0,92	2 Br$^-$	⇌	Br$_2$	+	2	+ 1,065
Se^{2-}	⇌	Se	+	2	− 0,78	2 Cl$^-$	⇌	Cl$_2$	+	2	+ 1,3587
S^{2-}	⇌	S	+	2	− 0,508	2 F$^-$	⇌	F$_2$	+	2	+ 2,85
O^{2-}	⇌	$^1/_2$ O$_2$	+	2	+ 0,401[1])						

¹) Der Wert +0,401 bezieht sich auf die der OH$^-$-Ionenaktivität 1 entsprechende O^{2-}-Konzentration.

21.3. Standardpotentiale von Ionen

Red	⇌	Ox	+	e	$\varphi°$ (in Volt)	Red	⇌	Ox	+	e	$\varphi°$ (in Volt)
Eu^{2+}	⇌	Eu^{3+}	+	1	− 0,43	Tl$^+$	⇌	Tl^{3+}	+	2	+ 1,25
Cr^{2+}	⇌	Cr^{3+}	+	1	− 0,41	Au$^+$	⇌	Au^{3+}	+	2	+ 1,29
V^{2+}	⇌	V^{3+}	+	1	− 0,20	Mn^{2+}	⇌	Mn^{3+}	+	1	+ 1,51
Ti^{3+}	⇌	Ti^{4+}	+	1	+ 0,1	Ce^{3+}	⇌	Ce^{4+}	+	1	+ 1,61
Sn^{2+}	⇌	Sn^{4+}	+	2	+ 0,15	Mn^{2+}	⇌	Mn^{4+}	+	2	+ 1,64
Cu$^+$	⇌	Cu^{2+}	+	1	+ 0,167	Pb^{2+}	⇌	Pb^{4+}	+	2	+ 1,69
Ti^{2+}	⇌	Ti^{3+}	+	1	+ 0,37	Co^{2+}	⇌	Co^{3+}	+	1	+ 1,84
Fe^{2+}	⇌	Fe^{3+}	+	1	+ 0,771	Ag$^+$	⇌	Ag^{2+}	+	1	+ 1,98
Hg$_2$$^{2+}$	⇌	2 Hg^{2+}	+	2	+ 0,91						

21.4. Standardpotentiale von Komplexionenumladungen

Red	$\rightleftharpoons$ Ox	$+ e$	φ° in Volt	Red	$\rightleftharpoons$ Ox	$+ e$	φ° in Volt
$[Co(CN_6)]^{4-}$	$\rightleftharpoons$ $[Co(CN)_6]^{3-}$	$+ 1$	$- 0,83$	$MnO_4{}^{2-}$	$\rightleftharpoons$ $MnO_4{}^-$	$+ 1$	$+ 0,54$
$[Mn(CN)_6]^{4-}$	$\rightleftharpoons$ $[Mn(CN)_6]^{3-}$	$+ 1$	$- 0,22$	$[W(CN)_8]^{4-}$	$\rightleftharpoons$ $[W(CN)_8]^{3-}$	$+ 1$	$+ 0,57$
$[Co(NH_3)_6]^{2+}$	$\rightleftharpoons$ $[Co(NH_3)_6]^{3+}$	$+ 1$	$+ 0,1$	$[Mo(CN)_6]^{4-}$	$\rightleftharpoons$ $[Mo(CN)_6]^{3-}$	$+ 1$	$+ 0,73$
$[Fe(CN)_6]^{4-}$	$\rightleftharpoons$ $[Fe(CN)_6]^{3-}$	$+ 1$	$+ 0,36$	$[IrCl_6]^{3-}$	$\rightleftharpoons$ $[IrCl_6]^{2-}$	$+ 1$	$+ 1,02$

21.5. Standardpotentiale von Metallen in alkalischer Lösung

Red	$\rightleftharpoons$ Ox	$+ e$	φ° in Volt	Red	$\rightleftharpoons$ Ox	$+ e$	φ° in Volt
Ca $+ 2\,OH^- \rightleftharpoons Ca(OH)_2$		$+ 2$	$- 3,02$	$H_2 \; + 2\,OH^- \rightleftharpoons 2\,H_2O$		$+ 2$	$0,828$
Sr $+ 2\,OH^- \rightleftharpoons Sr(OH)_2$		$+ 2$	$- 2,99$	Cd $\; + 2\,OH^- \rightleftharpoons Cd(OH)_2$		$+ 2$	$- 0,815$
Ba $+ 2\,OH^- \rightleftharpoons Ba(OH)_2$		$+ 2$	$- 2,97$	Re $\; + 8\,OH^- \rightleftharpoons ReO_4{}^- + 4\,H_2O$		$+ 7$	$- 0,81$
La $+ 3\,OH^- \rightleftharpoons La(OH)_3$		$+ 3$	$- 2,76$	Sn $\; + 3\,OH^- \rightleftharpoons HSnO_2{}^- + H_2O$		$+ 2$	$- 0,79$
Mg $+ 2\,OH^- \rightleftharpoons Mg(OH)_2$		$+ 2$	$- 2,67$	Co $\; + 2\,OH^- \rightleftharpoons Co(OH)_2$		$+ 2$	$- 0,73$
Th $+ 4\,OH^- \rightleftharpoons ThO_2 + 2\,H_2O$		$+ 4$	$- 2,64$	Ni $\; + 2\,OH^- \rightleftharpoons Ni(OH)_2$		$+ 2$	$- 0,66$
Hf $+ 4\,OH^- \rightleftharpoons HfO_2 + 2\,H_2O$		$+ 4$	$- 2,60$	Pb $\; + 3\,OH^- \rightleftharpoons HPbO_2{}^- + H_2O$		$+ 2$	$- 0,54$
Al $+ 4\,OH^- \rightleftharpoons H_2AlO_3{}^- + H_2O$		$+ 3$	$- 2,35$	Bi $\; + 3\,OH^- \rightleftharpoons BiO(OH) + H_2O$		$+ 3$	$- 0,46$
Zr $+ 4\,OH^- \rightleftharpoons H_2ZrO_3 + H_2O$		$+ 4$	$- 2,32$	Tl $\; + \; OH^- \rightleftharpoons TlOH$		$+ 1$	$- 0,344$
2 Be $+ 6\,OH^- \rightleftharpoons Be_2O_3{}^{2-} + 3\,H_2O$		$+ 4$	$- 2,28$	Cu $\; + 2\,OH^- \rightleftharpoons Cu(OH)_2$		$+ 2$	$- 0,224$
Mn $+ 2\,OH^- \rightleftharpoons Mn(OH)_2$		$+ 2$	$- 1,47$	Hg $\; + 2\,OH^- \rightleftharpoons HgO + H_2O$		$+ 2$	$+ 0,098$
Ga $+ 4\,OH^- \rightleftharpoons H_2GaO_3{}^- + H_2O$		$+ 3$	$- 1,22$	Pd $\; + 2\,OH^- \rightleftharpoons Pd(OH)_2$		$+ 2$	$+ 0,1$
Zn $+ 4\,OH^- \rightleftharpoons ZnO_2{}^{2-} + 2\,H_2O$		$+ 2$	$- 1,216$	2 Ir $+ 6\,OH^- \rightleftharpoons Ir_2O_3 + 3\,H_2O$		$+ 6$	$+ 0,1$
Cr $+ 4\,OH^- \rightleftharpoons CrO_2{}^{2-} + 2\,H_2O$		$+ 3$	$- 1,2$	Pt $\; + 2\,OH^- \rightleftharpoons Pt(OH)_2$		$+ 2$	$+ 0,16$
Fe $+ 2\,OH^- \rightleftharpoons Fe(OH)_2$		$+ 2$	$- 0,877$	2 Ag $+ 2\,OH^- \rightleftharpoons Ag_2O + H_2O$		$+ 2$	$+ 0,344$

21.6. Standardpotentiale der gebräuchlichsten Bezugselektroden bei 25 °C

Halbelement	Standard-potential in Millivolt	Halbelement	Standard-potential in Millivolt
Ag/AgCl (fest), KCl		Hg/Hg$_2$Cl$_2$ (fest), KCl	
ml = 0,1	289,4	ml = 0,1	333,65
m$_{kg}$ = 0,1	289,5	m$_{kg}$ = 0,1	333,8
Ag/AgCl (fest), HCl		ml = 1,0	280,0
ml = 0,1	288,2	m$_{kg}$ = 1,0	280,7
m$_{kg}$ = 0,1	288,3	a$_\pm$ = 1,0	267,9
a$_\pm$ = 1,0	222,4	gesättigt { ml = 4,13	241,5
Hg/Hg$_2$SO$_4$ (fest), $^1/_2$ H$_2$SO$_4$		{ m$_{kg}$ = 4,81	
ml = 0,1	682[1])	Hg/HgO (fest), NaOH	
m$_{kg}$ = 0,1	733,1	ml = 0,1	165
ml = 1,0	—	a$_\pm$ = 1,0	98,4
m$_{kg}$ = 1,0	673,9	Pt(H$_2$)/OH$^-$ ml = 1,0	820
a$_\pm$ = 1,0	615,3	a$_\pm$ = 1,0	828,0
m$_{kg}$ = 3,826	615,4	Au(H$_2$)/Chinhydron (fest), HCl	699,2
		a$_\pm$ = 1,0	

[1]) Der Wert ist ungenau und dient nur der Orientierung.

21.7. Galvanische Elemente und Akkumulatoren

Name	System + −	Elektrolyt	EMK in Volt
de Lalande-Element	Cu/CuO ... NaOH ... Zn	NaOH-Lsg.	0,85
Brennstoffelement	$Fe_2O_3(O_2)/Fe//(C, CH_4$ usw.)[1])		1,0
Gaskette	$Pt/O_2 ... Pt/H_2$ in H_2SO_4		1,10
Volta-Element	$Cu/CuSO_4 ... ZnSO_4/Zn$		1,12
Daniell-Element	$Cu/CuSO_4//ZnSO_4/Zn$	$CuSO_4$-Lsg. gesättigt $ZnSO_4$ 5 ... 10 %ig	1,13 (maximal)
Kupronelement	Cu/CuO ... NaOH ... Zn (porös)	NaOH 15 ... 18 %ig	1,12
Luftsauerstoffelement (alkal., naß)	C (Aktivkohle) ... KOH ... Zn	KOH 39 %ig	1,28 1,31
Gaskette	$C/Cl_2 ... Pt/H_2$ in N HCl		1,36
Leclanché-Element	$C/MnO_2 ... NH_4Cl ... Zn$	NH_4Cl 20 %ig	1,5
Trockenelement	$C/MnO_2 ... NH_4Cl ... Zn$	NH_4Cl (pastenförmig)	1,5 ... 1,7[3])
Grove-Element	$Pt/HNO_3//H_2SO_4/Zn$		1,90
Bunsen-Element	$C/HNO_3//H_2SO_4/Zn$	HNO_3 rauchend H_2SO_4 8 %ig	~1,9
Gaskette	$C/Cl_2 ... Pt/H_2$ in N NaOH		1,96
Chromsäureelement	$C/H_2SO_4//K_2Cr_2O_7/Zn$[2])	C in H_2SO_4 8 %ig Zn in $K_2Cr_2O_7$ 12 %ig + H_2SO_4 25 %ig	2,0
Nickel-Kadmium-Akkumulator	$Ni(OH)_3 ... KOH ... Cd$	KOH 20 %ig	~1,36 ~1,8 ... 1,1[4])
Nickel-Eisen-Akkumulator	$Ni_2O_3 ... KOH ... Fe$	KOH 20 %ig	~1,4 1,8 ... 1,1[4])
Bleiakkumulator	$PbO_2 ... H_2SO_4 ... Pb$	H_2SO_4 28 %ig	~2,1 2,6 ... 1,8[4,5])

[1]) Bedeutet Diaphragma.
[2]) Die Zinkelektrode muß als Tauchelektrode ausgebildet sein.
[3]) Die EMK hängt von der Natur des Braunsteins ab.
[4]) Maximalspannung (kurz nach der Ladung) bis Endspannung bei der Entladung.
[5]) Das Potential des Bleiakkumulators ist in guter Näherung stets $\varrho = e + 0,84$ (ϱ = Säuredichte).

21.8. Weston-Normalelement

Nach internationaler Vereinbarung ist die EMK des Weston-Normalelementes bei 20 °C mit 1,018 30 V festgelegt. Es wird nur zu Vergleichsmessungen (Eichen von Meßgeräten, Messen von galvanischen Ketten usw.) benutzt.

Zusammensetzung:

Die Anode besteht aus reinem Quecksilber, über dem sich eine Paste, die sich aus Hg_2SO_4, $CdSO_4 \cdot {}^8/_3 H_2O$ und Hg zusammensetzt, befindet. Die Katode wird von 12,5 %igem Kadmiumamalgam mit $CdSO_4 \cdot {}^8/_3 H_2O$ gebildet. Die Elektrolyte sind gesättigte Lösungen von Kadmiumsulfat und Quecksilber(I)-sulfat.

Die EMK des Weston-Normalelementes beträgt bei den Temperaturen:

Temperatur in °C	EMK in V	Temperatur in °C	EMK in V
0	1,0187	18	1,018 38
5	1,0187	19	1,018 34
10	1,0186	20	1,018 30
15	1,018 48	25	1,018 07
16	1,018 45	30	1,017 81
17	1,018 41		

21.9. Eichflüssigkeiten für DK-Meter

Die Tabelle enthält die Dielektrizitätskonstanten (ε) von reinen Verbindungen und von Dioxan-Wasser-Gemischen, die zum Eichen von DK-Metern verwendet werden. Die Werte werden in $A \cdot s \cdot V^{-1} \cdot m^{-1}$ angegeben und gelten bei 20 °C.

Reine Verbindungen

Verbindung	ε	Verbindung	ε
Dioxan	2,235	Pyridin	12,4
Benzen	2,283	Benzaldehyd	18,3
Trichlorethen	3,43	Propanon	21,4
Trichlormethan	4,81	o-Nitromethylbenzen	27,1
Monochlorbenzen	4,54	Methanol	33,8
Tetrachlorethen	8,10	Nitrobenzen	35,7
Chlorethen	10,5		

Dioxan-Wasser-Gemische

Ma.-% Dioxan	ε	Ma.-% Dioxan	ε
100	2,235	50	36,89
95	3,99	40	45,96
90	6,23	30	54,81
80	12,19	20	63,50
70	19,73	10	72,02
60	28,09	0	80,38

22. Faktoren zur Umrechnung eines Gasvolumens auf den Normalzustand (0 °C/101,325 kPa)

Zur Umrechnung auf den Normalzustand (0 °C, 101,325 kPa) ist das bei bestimmten Meßbedingungen abgelesene Gasvolumen (idealer Gase) mit einem von der Meßtemperatur (t °C) und dem Barometerstand (p) abhängigen Faktor zu multiplizieren. *Tabelle 22.1* beinhaltet diese Faktoren für den Bereich von 10 bis 35 °C und 90,7 bis 104,0 kPa. Enthält das Gas Feuchtigkeit, so ist von dem abgelesenen Luftdruck der bei der Meßtemperatur herrschende Druck des Wasserdampfes abzuziehen. *Tabelle 22.2* enthält die Werte für den Sättigungsdruck des Wasserdampfes (p H_2O) für die in Tabelle 23.1 erforderlichen Temperaturen.

22.1. Faktoren für die Reduktion eines Gasvolumens von bestimmter Temperatur und bestimmtem

t in °C → / p in kPa	10	11	12	13	14	15	16	17	18	19	20	21	22
90,7	0,8631	8600	8570	8540	8510	8481	8451	8422	8393	8364	8336	8307	8279
90,8	44	13	83	53	23	93	64	35	405	77	48	20	91
90,9	56	26	95	65	35	506	76	47	18	89	60	32	303
91,0	69	38	608	78	48	18	88	59	30	401	72	44	16
91,2	82	51	21	91	61	31	501	72	42	14	85	56	28
91,3	94	64	33	603	73	43	13	84	55	26	97	68	40
91,4	707	76	36	15	85	55	26	96	67	38	409	80	51
91,6	20	89	58	28	98	68	38	509	80	50	22	93	64
91,7	33	702	71	41	611	80	51	21	92	61	34	405	76
91,8	45	14	84	53	23	93	63	34	504	75	46	17	89
91,9	58	27	96	66	35	605	75	46	16	87	58	29	401
92,1	70	49	709	78	48	18	88	58	29	99	70	42	13
92,2	83	52	21	91	60	30	600	71	41	512	83	54	25
92,4	96	65	34	703	73	43	13	83	53	24	95	66	37
92,5	808	77	47	16	85	55	25	95	66	36	507	78	49
92,6	21	90	59	29	98	68	38	608	78	49	19	91	62
92,8	34	803	72	41	710	80	50	20	90	61	32	503	74
92,9	46	15	84	54	23	93	63	33	603	73	44	15	87
93,0	59	28	97	66	36	705	75	45	15	86	56	27	98
93,2	72	42	809	79	48	17	87	57	27	98	68	39	510
93,3	85	53	23	92	61	31	700	70	40	611	81	52	23
93,5	98	66	35	804	73	43	13	82	52	23	93	64	35
93,6	910	78	48	17	85	56	25	95	64	35	605	76	47
93,7	23	91	60	29	98	68	37	707	77	47	18	88	59
93,8	35	903	73	41	810	80	49	19	89	59	30	600	71
93,9	48	16	86	54	24	93	62	32	702	72	43	13	84
94,1	61	29	98	67	36	805	75	45	15	85	55	26	96
94,2	74	42	911	80	49	18	87	57	27	97	67	38	609
94,4	86	55	23	92	61	30	800	69	39	709	80	50	21
94,5	99	67	36	905	74	43	12	82	52	22	92	62	33
94,7	9012	80	49	17	86	55	25	94	64	34	704	74	45
94,8	25	93	61	30	99	68	37	807	76	46	16	87	57
95,0	37	9005	74	42	911	80	49	19	89	59	29	99	69
95,1	50	18	86	55	24	93	62	31	801	71	41	711	82
95,2	63	31	99	67	36	905	74	44	13	83	53	23	94
95,3	75	43	9012	80	49	18	87	56	26	95	65	36	706
95,5	88	56	24	93	61	30	99	69	38	808	78	48	18
95,6	101	69	37	9005	74	43	912	81	50	20	90	60	30
95,7	13	81	49	18	86	55	24	93	63	32	802	72	42
95,8	26	94	62	30	99	68	36	906	75	45	14	84	55
96,0	39	107	75	43	9011	80	49	18	87	57	27	97	67
96,1	51	19	87	55	24	92	61	30	900	69	39	809	79
96,3	64	32	100	68	36	9005	74	43	12	82	51	21	91
96,4	77	44	12	81	49	17	86	55	24	94	63	33	803
96,5	90	57	25	93	61	30	99	68	37	906	76	46	16
96,7	202	70	38	106	74	42	9011	80	49	18	88	58	28
96,8	15	82	50	18	86	55	23	92	61	31	900	70	40
97,0	28	95	63	31	99	.67	36	9005	74	43	13	82	52

Druck auf Normalbedingungen (0 °C/101,325 kPa)

23	24	25	26	27	28	29	30	31	32	33	34	35	t in ← °C / p in ↓ kPa
8251	8223	8196	8168	8141	8114	8087	8060	8034	8007	7981	7955	7928	90,7
63	36	208	80	53	26	99	72	46	19	93	67	40	90,8
75	47	19	92	65	38	111	84	57	31	8004	78	51	90,9
87	60	32	204	77	50	23	96	69	43	16	90	63	91,0
300	72	44	16	89	62	35	108	81	55	28	8002	75	91,2
12	84	56	28	201	74	47	20	93	66	39	13	86	91,3
24	96	68	40	13	85	58	31	105	78	51	25	98	91,4
36	308	80	52	25	98	70	43	17	90	63	37	8010	91,6
48	20	92	64	39	209	82	55	28	102	75	49	22	91,7
60	31	304	76	49	21	94	67	40	13	87	60	33	91,8
72	44	16	88	61	33	206	79	52	25	98	72	45	91,9
84	56	28	300	73	45	18	91	64	37	110	84	57	92,1
97	68	40	12	85	57	30	202	75	49	22	95	68	92,2
409	81	52	24	97	69	42	14	87	60	34	107	80	92,4
21	92	64	36	308	81	53	26	99	72	45	19	92	92,5
33	405	76	48	21	93	65	38	211	84	57	30	103	92,6
45	17	88	60	32	305	77	50	23	96	69	42	15	92,8
57	29	401	72	45	17	89	62	35	208	81	54	27	92,9
69	41	13	84	56	29	301	74	46	19	92	65	38	93,0
81	53	25	96	68	40	13	85	58	31	204	77	50	93,2
94	65	37	409	80	52	25	98	70	43	16	89	62	93,3
506	77	49	21	92	64	37	309	81	54	27	200	74	93,5
18	89	61	33	404	76	49	21	93	66	39	12	85	93,6
30	501	73	44	16	88	61	33	305	78	51	24	97	93,7
42	13	85	56	28	400	73	45	17	90	62	36	209	93,8
55	26	98	69	41	13	85	57	29	301	74	47	20	93,9
67	38	510	81	53	24	97	69	41	13	86	59	32	94,1
79	51	22	93	65	37	409	81	52	25	98	71	44	94,2
92	63	34	505	77	49	21	93	64	37	309	82	55	94,4
604	75	46	17	89	61	33	405	76	48	21	94	67	94,5
16	87	58	29	501	73	45	17	88	60	33	306	79	94,7
28	99	70	41	13	85	56	29	400	72	45	17	90	94,8
40	611	82	53	25	97	68	40	11	84	56	29	302	95,0
52	23	94	65	37	508	80	52	23	96	68	41	14	95,1
64	35	606	77	49	20	92	64	35	407	80	53	25	95,2
77	47	18	89	61	32	504	76	48	20	93	65	38	95,3
89	59	30	601	73	44	16	88	60	32	405	77	50	95,5
701	71	42	13	85	56	28	500	72	44	16	89	62	95,6
13	84	54	25	97	68	40	12	84	56	28	401	73	95,7
25	96	66	37	609	80	52	23	95	67	40	12	85	95,8
37	708	79	49	21	92	64	35	507	79	52	24	97	96,0
49	20	91	61	33	604	75	47	19	91	63	36	408	96,1
61	32	703	74	45	16	87	59	31	503	75	47	20	96,3
74	44	15	86	57	28	99	71	43	15	87	59	32	96,4
86	56	27	98	69	40	611	83	54	26	98	71	43	96,5
98	68	39	710	80	52	23	95	66	38	510	82	55	96,7
810	80	51	22	92	64	35	606	78	50	22	94	67	96,8
22	92	63	34	704	76	47	18	90	62	34	506	78	97,0

t in °C → p in ↓ kPa	10	11	12	13	14	15	16	17	18	19	20	21	22
97,1	0,9240	9208	9175	9143	9111	9080	9048	9017	8986	8955	8925	8894	8864
97,2	53	20	88	56	24	92	61	30	98	68	37	907	76
97,3	66	33	201	68	36	105	73	42	9011	80	49	19	89
97,5	78	46	13	81	49	17	86	54	23	92	62	31	901
97,6	91	58	26	94	62	30	98	67	36	9005	74	43	13
97,7	304	71	38	206	74	42	110	79	48	17	86	55	25
97,8	16	84	51	19	87	55	23	91	60	29	98	68	37
98,0	29	96	64	31	99	67	35	104	73	41	9011	80	49
98,1	42	309	76	44	212	80	48	16	85	54	23	92	62
98,3	55	22	89	56	24	92	60	29	97	66	35	9004	74
98,4	67	34	301	69	37	205	73	41	110	78	47	17	86
98,5	80	47	14	81	49	17	85	53	22	91	60	29	98
98,7	93	60	27	94	62	29	97	65	34	103	72	41	9010
98,8	405	72	39	307	74	42	210	78	47	15	84	53	23
98,9	18	85	52	19	87	54	22	91	59	28	96	65	35
99,0	31	97	64	32	99	67	35	203	71	40	109	78	47
99,2	43	410	77	44	312	79	47	15	84	52	21	90	59
99,3	56	23	90	57	24	92	60	28	96	64	33	102	71
99,5	69	35	402	69	37	304	72	40	208	77	45	14	83
99,6	81	48	15	82	49	17	85	52	21	89	58	27	96
99,7	94	61	27	95	62	29	97	65	33	201	70	39	108
99,9	507	73	40	407	74	42	309	77	45	14	82	51	20
100,0	20	86	53	20	87	54	22	90	58	26	94	63	32
100,1	32	99	65	32	99	67	34	302	70	38	207	75	44
100,3	45	511	78	45	412	79	47	14	82	51	19	88	56
100,4	58	24	91	57	24	92	59	27	95	63	31	200	68
100,5	70	37	503	70	37	404	72	39	307	75	44	12	81
100,7	83	49	16	82	49	17	84	52	19	87	56	24	93
100,8	96	62	28	95	62	29	96	64	32	300	68	36	205
100,9	608	75	41	508	74	41	409	76	44	13	80	49	17
101,0	21	87	54	20	87	54	21	89	56	24	93	61	30
101,2	34	600	66	33	99	66	34	401	69	37	305	73	42
101,3	46	12	79	45	12	79	46	13	81	49	17	85	54
101,5	59	25	91	58	24	91	59	26	93	61	29	98	66
101,6	72	38	604	70	37	504	71	38	406	74	42	310	78
101,7	85	50	17	83	49	16	83	51	18	86	54	22	90
101,9	97	63	29	95	62	29	96	63	31	98	66	34	303
102,0	710	76	42	608	75	41	508	75	43	410	78	46	15
102,1	23	88	54	21	87	54	21	88	55	23	91	59	27
102,3	35	701	67	33	600	66	33	500	68	35	403	71	39
102,4	48	14	80	46	12	79	46	13	80	47	15	83	51
102,5	61	26	92	58	25	91	58	25	92	60	27	95	63
102,7	73	39	705	71	37	604	70	37	505	72	40	408	76
102,8	86	52	17	83	50	16	83	50	17	84	52	20	88
102,9	99	64	30	96	62	29	95	62	29	97	64	32	400
103,0	811	77	43	708	75	41	608	75	42	509	76	44	12
103,2	24	90	55	21	87	54	20	87	54	21	89	56	24
103,3	37	802	68	34	700	66	33	99	66	34	501	69	37
103,5	50	15	80	46	12	78	45	612	78	46	13	81	49
103,6	62	27	93	59	25	91	57	24	91	58	25	93	61
103,7	75	40	806	71	37	703	70	36	603	70	38	505	73
103,9	88	53	18	84	50	16	82	49	16	83	50	17	85
104,0	900	65	31	96	62	28	95	61	28	95	62	30	97

22.2. Sättigungsdruck des Wasserdampfes zwischen 10 und 35 °C in kPa

t in °C	10	11	12	13	14	15	16	17	18	19	20	21	22
p H$_2$O in kPa	1,2	1,3	1,4	1,5	1,6	1,7	1,8	1,9	2,0	2,2	2,5	2,3	2,7

23	24	25	26	27	28	29	30	31	32	33	34	35	t in ← °C / p in ↓ kPa
8834	8805	8775	8746	8716	8687	8659	8630	8602	8573	8545	8518	8490	97,1
46	17	87	58	28	99	71	42	13	85	57	29	502	97,2
59	29	99	70	40	711	82	54	25	97	69	41	13	97,3
71	41	811	82	52	23	94	66	37	609	81	53	25	97,5
83	53	23	94	64	35	706	77	49	21	92	64	37	97,6
95	65	35	806	76	47	18	89	61	32	604	76	48	97,7
907	77	47	18	88	59	30	701	73	41	16	88	60	97,8
19	89	59	30	800	71	42	13	84	56	28	99	72	98,0
31	901	71	42	12	83	54	25	96	68	39	611	83	98,1
43	13	83	54	24	95	66	37	708	79	51	23	95	98,3
56	25	95	66	36	807	78	49	20	91	63	35	607	98,4
68	38	908	78	48	19	89	60	32	703	75	46	18	98,5
80	50	20	90	60	31	801	72	43	15	86	58	30	98,7
92	62	32	902	72	43	13	84	55	27	98	70	42	98,8
9004	74	44	14	84	55	25	96	67	38	710	81	53	98,9
16	86	56	26	96	66	37	808	79	50	21	93	65	99,0
28	98	68	38	908	78	49	20	91	62	33	705	76	99,2
41	9010	80	50	20	90	61	32	803	74	45	16	88	99,3
53	22	92	62	32	902	73	43	14	85	57	28	700	99,5
65	34	9004	74	44	14	85	55	26	97	68	40	11	99,6
77	46	16	86	56	26	97	67	38	809	80	52	23	99,7
89	58	28	98	68	38	908	79	50	21	92	63	35	99,9
101	71	40	9010	80	50	20	91	62	33	804	75	46	100,0
13	83	52	22	92	62	32	903	73	44	15	87	58	100,1
26	95	64	34	9004	74	44	15	85	56	27	98	70	100,3
38	107	76	46	16	86	56	26	97	68	39	810	81	100,4
50	19	88	58	28	98	68	38	909	80	51	22	93	100,5
62	31	100	70	40	9010	80	50	21	91	62	33	805	100,7
74	43	12	82	52	22	92	62	33	903	74	45	16	100,8
86	55	24	94	64	34	9004	74	44	15	86	57	28	100,9
98	67	37	106	76	45	15	86	56	27	98	69	40	101,0
210	79	49	18	88	57	27	98	68	39	909	80	51	101,2
23	92	61	30	100	69	39	9009	80	50	21	92	63	101,3
35	204	73	42	12	81	51	21	92	62	33	904	75	101,5
47	16	85	54	23	93	63	33	9003	74	45	15	86	101,6
59	28	97	66	35	105	75	45	15	86	56	27	98	101,7
71	40	209	78	47	17	87	57	27	98	68	39	910	101,9
83	52	21	90	59	29	99	69	39	9009	80	50	21	102,0
95	64	33	202	71	41	111	81	51	21	91	62	33	102,1
308	76	45	14	83	53	23	92	62	33	9003	74	45	102,3
20	88	57	26	95	65	34	104	74	45	15	86	56	102,4
32	300	69	38	207	77	46	16	86	56	27	97	68	102,5
44	12	81	50	19	89	58	28	98	68	38	9009	80	102,7
56	25	93	62	31	201	70	40	110	80	50	21	91	102,8
68	37	305	74	43	13	82	52	22	92	62	32	9003	102,9
80	49	17	86	55	24	94	64	33	103	74	44	15	103,0
92	61	29	98	67	36	206	75	45	15	85	56	26	103,2
405	73	41	310	79	48	18	87	57	27	97	67	38	103,3
17	85	54	22	91	60	30	99	69	39	109	79	50	103,5
29	97	66	34	303	72	42	211	81	51	21	91	61	103,6
41	409	78	46	15	84	53	23	92	62	32	103	73	103,7
53	21	90	58	27	96	65	35	204	74	44	14	85	103,9
65	3	402	70	39	308	77	47	16	86	56	26	96	104,0

23	24	25	26	27	28	29	30	31	32	33	34	35	t in °C
2,8	3,0	3,2	3,4	3,6	3,8	4,0	4,2	4,5	4,8	5,0	5,3	5,6	$p\,H_2O$ in kPa

23. Absorptionsmittel für die Gasanalyse

Die Tabelle enthält in der Gasanalyse verwendete Absorptionsmittel sowie Stoffe, die indirekt zur quantitativen Bestimmung eines Gases verwendet werden.

Zu absorbierender Stoff	Absorptionsmittel			Bemerkungen
	Name	Zusammensetzung	1 ml Absorptionsmittel absorbiert x ml Gas	
Ammoniak	Natrium-hypobromit	wäßrige Lösung		oxydiert NH_3 zu N_2
Benzen und Homologe	Nickel(II)-nitrat	Mischung von 16 g $Ni(NO_3)_2$, 180 ml H_2O und 2 ml HNO_2 in 100 ml wäßrige NH_4OH-Lsg. ($\varrho = 0,908$) eingießen		J. chem. Soc. 83, 503 (1903)
	Nickel(II)-zyanid	50 g $NiSO_4$ in 75 ml H_2O lösen, 25 g KCN in 40 ml H_2O lösen und mit 125 ml wäßriger NH_4OH-Lsg. ($\varrho = 0,91$) versetzen; beide Lösungen vermischen, 20 Minuten auf 0 °C abkühlen, vom ausgeschiedenen K_2SO_4 abgießen; mit einer Lösung von 18 g 2-Hydroxypropantrikarbonsäure-(1,2,3) (Zitronensäure) in 10 ml H_2O versetzen, 10 Minuten kühlen auf 0 °C, abgießen und mit zwei Tropfen Benzen versetzen		J. f. Gasbel. 51, 1034 (1908)
Blausäure	Natrium-karbonat	10 %ige Lösung in H_2O		
Brom, Chlor, Iod	Eisen(II)-sulfat	wäßrige Lösung		
	Arsen(III)-oxid	hydrogenkarbonathaltige, wäßrige Lösung		
	Alkalihydroxid	wäßrige Lösung		
Kohlendioxid Kohlen-monoxid	Kalilauge	30 %ige Lösung	40 ml CO_2	
	Kupfer(I)-chlorid	ammoniakalische Lösung: Lösung von 200 g CuCl und 250 g NH_4Cl in 750 ml H_2O: 3 Vol.-Tl. dieser Lösung mit 1 Vol.-Tl. wäßriger NH_4OH-Lsg. ($\varrho = 0,91$) versetzen	16 ml CO	
		saure Lösung: Lösung von 35 g CuCl in 250 ml konz. HCl mit metall. Kupfer entfärben	16 ml CO	
	Kupfer(I)-oxid	5 g Cu_2O in 100 ml 96 %iger H_2SO_4 suspendieren		
	Iodpentoxid	25 g feinstgepulvertes Iodpentoxid mit 150 g 10 %igem Oleum anreiben und anschließend mit 120 g 10 %igem Oleum verdünnen		oxydiert das CO zu CO_2
	Silber(I)-oxid	Ag_2O bei niederer Temperatur gefällt, getrocknet und gekörnt		oxydiert das CO zu CO_2 < 30 % CO
Kohlenwasserstoffe, schwere (Ethen, Benzen)	rauch. Schwefelsäure	H_2SO_4 mit 25 % SO_3	8 ml C_2H_4	
	Bromwasser	gesättigte wäßrige Lösung		J. f. Gasbel. 39, 804 (1896)
Ozon	Kaliumiodid	alkalische Kaliumiodidlösung		nach dem Ansäuern mit H_2SO_4 wird das ausgeschiedene Iod titriert
Sauerstoff	Benzen-1,2,3-triol (Pyrogallol)	1 Teil 25 %iges Pyrogallol und 5 bis 6 Teile 60 %ige Kalilauge	12 ml O_2	
	Triazetylhydroxyhydrochinon	20 g Triazetylhydroxyhydrochinon mit wenig H_2O aufschwemmen + 40 g KOH in 80 ml H_2O; H_2 einleiten		Ber. dtsch. chem. Ges. 48, 2006 (1915)

Zu absorbierender Stoff	Absorptionsmittel			Bemerkungen
	Name	Zusammensetzung	1 ml Absorptionsmittel absorbiert x ml Gas	
Sauerstoff	gelber Phosphor	fest in dünnen Stangen	1 g P absorbiert ≈ 600 ml O_2	Gehalt an O_2 muß $< 60\%$ sein; bei $O_2 \geqq 60\%$ mit N_2 oder H_2 verdünnen
	Chromium(II)-chlorid	20%ige wäßrige Lösung		
	metallisches Kupfer	in ammoniakalischer Lösung		
	Hydroxyhydro-chinon u. Alkali	Hydroxyhydrochinon und Alkali im Verhältnis 1 : 14,8		für $O_2 > 25\%$
Schwefeldioxid Schwefeltrioxid Schwefelwasserstoff	Natronlauge Kühlfalle MnO_2-Kugeln	mit Phosphorsäure getränkt		
	Kupfersulfat Bleinitrat	auf Bimsstein saure Lösung		
Stickstoffmonoxid	Eisen(II)-sulfat	Lösung von 28 g $FeSO_4 \cdot 7 H_2O$ in 64 ml H_2O und 8,5 ml konz. H_2SO_4		bei viel NO^- erfolgt die Absorption schwer
	Bromwasser	gesättigte wäßrige Lösung		
Wasserstoff	Kaliumpermanganat	wäßrige Lösung		
	Palladiumschwarz	aus $PdCl_2$ mit C_2H_5OH im alkalischen Bereich reduziert		
	Palladiumsol	2,44 g Palladiumsol (61,63%ige Lösung) und 2,74 g Natriumpikrat in 130 ml H_2O	bis zu 3000 ml H_2	
	Nickelpulver	3% Nickelpulver in konz. wäßriger Lösung von Natriumoleat, Zusatz von wenig C_2H_5OH		Z. angew. Chem. 28, 365
	Kupfer(II)-oxid Anthrachinon-2,7-disulfosaures Natrium + Palladium	fest		
	Natriumchlorat	35 g $NaClO_3$, 5 g $NaHCO_3$, 0,5 g $PdCl_2$, 0,02 g OsO_2 in 250 ml H_2O		bei 80 ... 90 °C

24. Sperrflüssigkeiten

Die nachstehende Tabelle enthält in der Gasanalyse am häufigsten verwendete Sperrflüssigkeiten mit Angaben über die Löslichkeit der zu untersuchenden Gase und ihre Anwendbarkeit.

Sperrflüssigkeit	Löslichkeit reiner Gase $\dfrac{cm^3 \text{ Gas}}{cm^3 \text{ Lösung}}$ bei 25 °C		Anwendbarkeit
Wasser	H_2	0,0175	ungeeignet für Cl_2, HCl, NH_3 und SO_2; bedingt anwendbar für CO_2; nach Sättigung mit dem zu untersuchenden Gas in der technischen Gasanalyse brauchbar
	O_2	0,0283	
	N_2	0,0147	
	CO	0,0214	
	CO_2	0,759	
gesättigte Natriumchloridlösung	für H_2, O_2, N_2 praktisch wie Wasser		Verwendung wie Wasser
	Cl_2	0,36	
	H_2S	3	

Sperrflüssigkeit	Löslichkeit reiner Gase $\dfrac{cm^3 \text{ Gas}}{cm^3 \text{ Lösung}}$ bei 55° C		Anwendbarkeit
20%ige Natriumsulfatlösung mit 5 Vol.-% Schwefelsäure	H_2	0,0073	nur bei Temperatur über 16 °C anwendbar, da bei etwa 15 °C das Dekahydrat auskristallisiert; hat sich sowohl in der technischen als auch in der wissenschaftlichen Gasanalyse gut bewährt
	O_2	0,0089	
	N_2	0,0049	
	SO_2	13,6	
	N_2O	0,159	
	CH_4	0,0093	
	C_2H_6	0,0108	
	C_2H_4	0,024	
	C_2H_2	0,343	
	CO	0,0039	
	CO_2	0,270	
Quecksilber	für alle Gase praktisch gleich 0		nicht zu verwenden für Cl_2, H_2S und SO_2, beste Sperrflüssigkeit, wird wegen des hohen Preises fast ausschließlich in der wissenschaftlichen Gasanalyse verwendet

25. Härte des Wassers

Die Härte des Wassers wird häufig in Millimol (mmol) Kalziumoxid je Liter Wasser angegeben.

1 mmol CaO $\triangleq$ 56,08 mg CaO   1 mmol Mgo $\triangleq$ 40,32 mg Mgo

Vorhandene Magnesiumsalze gibt man ebenfalls in äquivalenten Massen Kalziumoxid an. Man multipliziert zu diesem Zweck die den Magnesiumsalzen entsprechende Masse Magnesiumoxid mit dem Faktor, der dem Quotienten aus den molaren Massen von CaO und MgO entspricht:

$$F = \frac{CaO}{MgO} = \frac{56,08 \text{ g} \cdot mol^{-1}}{40,32 \text{ g} \cdot mol^{-1}} \approx 1,39$$

1 mg MgO $\triangleq$ 1,39 mg CaO

Weitere in der Praxis gebräuchliche Einheiten der Härte:

Land	Einheit
BRD	1 Grad Deutscher Härte (1 ° dH): 10 mg CaO je Liter Wasser
England	1 Grad Englischer Härte: 1 grain (= 0,0648 g) $CaCO_3$ in einer Gallone (= 4,546 l) Wasser
Frankreich	1 Grad Französischer Härte: 10 mg $CaCO_3$ je Liter Wasser
UdSSR	Angabe der Härte in Milligrammäquivalent CaO je Liter Wasser
USA	Härteangabe direkt durch Anzahl Gramm $CaCO_3$ je 1 Million Kubikzentimeter Wasser

In folgender Tabelle sind Faktoren zur Umrechnung in die verschiedenen Einheiten der Härte zusammengestellt:

Umzurechnen von:	in:					Der Einheit der Härteangaben entsprechen:	
	CaO in mmol $\cdot$ l^{-1}	° dH	° engl. Härte	° franz. Härte	USA-Härte	CaO in mg $\cdot$ l^{-1}	MgO in mg $\cdot$ l^{-1}
CaO in mmol $\cdot$ l^{-1}	1,00	2,80	3,50	5,00	50,0	28,04	20,13
° dH	0,357	1,00	1,25	1,78	17,9	10	7,19
° engl. Härte	0,285	0,800	1,00	1,43	14,3	8,004	5,76
° franz. Härte	0,200	0,560	0,700	1,00	10,0	5,608	4,04
USA-Härte	0,020	0,056	0,070	0,100	1,00	0,56	0,40
CaO in mg $\cdot$ l^{-1}	0,0357	0,100	0,125	0,178	1,79	1,00	0,719
MgO in mg $\cdot$ l^{-1}	0,0496	0,139	0,174	0,248	2,49	1,391	1,000

Durchschnittliche Gesamthärte des Leitungswassers ausgewählter Städte

Stadt	durchschnittliche Gesamthärte in °dH	Stadt	durchschnittliche Gesamthärte in °dH	Stadt	durchschnittliche Gesamthärte in °dH
Berlin[1]	14,0	Ilmenau	3,15	Rudolstadt	15,0
(Innenstadt)		Jena	18 ... 24	Schkopau	20,0
Bitterfeld	15,0	Chemnitz	3 ... 5	Schwedt/Oder	28,0
Cottbus	12,6	Leipzig	14 ... 18	Schwerin	13,1
Dresden[1]	22,0	(Innenstadt)		Staßfurt	27,9
Eisenach	16 ... 60	Leuna	25 ... 55	Suhl	2,2
Eisenhüttenstadt	11,4	Magdeburg	10,3	Vockerode	11,0
Erfurt	35,0	Neubrandenburg	21,8 ... 23,5	Wittenberg	11,0
Frankfurt/Oder	12,5	Potsdam	16,6	Wittenberge	17,3
Genthin	11,8	Premnitz	12 ... 14	Wolfen	15,0
Halle/Saale[2]	35,0	Rathenow	10,9	Zeitz	30 ... 43
Henningsdorf	18,7	Rostock	14 ... 16		

[1]) Unterschiedlich, je nach zulieferndem Wasserwerk.
[2]) Durch Fernwasserversorgung teilweise Gebiete mit 6 ... 8 ° dH.
[3]) Belieferung aus Verbundnetz.

Technische Tabellen

26. Spezifische und molare Wärmekapazität von Elementen und Verbindungen

Spalte c: Die spezifische Wärmekapazität c ist die Wärmemenge in kJ, die man 1 kg eines einheitlichen Stoffes zuführen muß, um seine Temperatur um 1 K zu erhöhen. Die Einheit der spezifischen Wärmekapazität ist $kJ \cdot K^{-1} \cdot kg^{-1}$.

Spalte C: Um die Temperatur von 1 Mol (M) eines Stoffes mit der spezifischen Wärmekapazität c um 1 K zu erhöhen, muß man die molare Wärmekapazität $C = c \cdot M$ zuführen. Die Einheit der molaren Wärmekapazität ist $J \cdot mol^{-1} \cdot K^{-1}$. Da die spezifische Wärmekapazität temperaturabhängig ist, sind in den Tabellen Werte bei verschiedenen Temperaturen angegeben.

26.1. Spezifische und molare Wärmekapazität von wichtigen Elementen

Die Tabelle enthält Werte für die spezifische und die molare Wärmekapazität bei 0 °C, 300 °C und 600 °C. Hiervon abweichende Temperaturen sind besonders aufgeführt.

Element	0 °C c	C	300 °C c	C	600 °C c	C
Aluminium	0,8817	23,79	1,0316	27,834	1,1815	31,879
Antimon	0,2060	25,08	0,2244	27,32	0,2428	29,56
Arsen	0,3245	24,31	0,3638	27,26	0,4028	30,18
Bismut	0,1239	25,89	0,1432	29,93		
Blei	0,1269	26,29	0,1398	28,97	0,1415	29,32
Brom	0,4480	35,80	0,2332	18,63	0.2361	18,87
Chlor	0,4731	16,77	0,5179	18,36	0,5234	18,56
Chromium	0,4379	22,77	0,5259	27,34	0,5966	31,02
Eisen	0,4396	24,55	0,5652	31,56	0,7662	42,79
Fluor	0,8290	15,75	0,9211	17,50	0,9504	18,06
Germanium	0,3023	21,94	0,3416	24,80		
Iod	0,2156	27,36	ab 27 °C 0,1486/18,86			
Kalium	0,7578	29,63	0,8332	32,58		
Kalzium	0,6573	26,34	0,7536	30,20		
Kobalt	0,4271	25,17	0,5024	29,61	0,5736	33,80
Kohlenstoff	0,6448	7,74	1,3733	16,49	1,6873	20,27
Kupfer	0,3810	24,21	0,4137	26,29	0,4386	27,93
Magnesium	1,0090	24,52	1,1430	27,78	1,2728	30,94
Mangan	0,4689	25,76	0,6113	33,58	0,7871	43,24
Molybdän	0,2420	23,22	0,2855	27,39	0,3132	30,05
Natrium	1,2184	28,01				
Nickel	0,4312	25,31	0,5778	33,92	0,5422	31,83
Phosphor (rot)	0,6699	20,75	0,8583	26,58		
Platin	0,1315	25,65	0,1394	27,20		
Quecksilber	0,1403	28,14	0,1038/20,82			

Element	0 °C		300 °C		600 °C	
	c	C	c	C	c	C
Sauerstoff	0,9169	14,67	0,9965	15,94	1,0760	17,22
Schwefel	0,6824	21,88	1,0802	34,63	1,1472	36,78
Silber	0,2319	25,01	0,2495	26,91	0,2659	28,68
Silizium	0,6783	19,05	0,8625	24,22	0,9169	25,75
Stickstoff	1,0383	14,54	1,0760	15,07	1,1472	16,07
Titanium	0,2424	19,75	0,6029	28,88	0,6406	30,68
Vanadium	0,5024	25,59	0,5317	27,09	0,5778	29,43
Wasserstoff	14,1430	14,25	14,5449	14,66	14,7878	14,90
Wolfram	0,1340	24,64	0,1398	25,70	0,1461	26,86
Zink	0,3852	25,18	0,4354	28,47	0,4564	29,84
Zinn	0,2244	26,63	0,2345	27,83		

26.2. Spezifische und molare Wärmekapazität anorganischer Verbindungen

Verbindung	Temperatur in °C	c	C
Aluminiumchlorid	0	0,6573	87,65
Aluminiumoxid	100	0,9002	91,79
Aluminiumsulfat	0 ... 100	0,7997	273,62
Ammoniak (flüssig)	− 30	4,4548	75,87
Ammoniak (gasförmig)	0	2,0515	34,94
Ammoniumbromid	0	0,9588	93,91
Ammoniumchlorid	0	1,5617	83,54
Ammoniumdihydrogenphosphat	0 ... 100	1,2937	148,81
Ammoniumnitrat	0	2,1269	170,24
Ammoniumsulfat	0	1,9469	257,26
Antimon(III)-chlorid	0 ... 73	0,4480	102,19
Arsen(III)-chlorid	14 ... 96	0,7369	133,59
Arsen(III)-oxid	0	0,4564	90,29
Bariumchlorid	0	0,3601	74,99
Bariumkarbonat	16 ... 47	0,4061	80,14
Bariumnitrat	13 ... 98	0,6364	166,32
Bariumsulfat	0	0,4522	105,54
Berylliumoxid	0	0,9169	22,93
Bismut(III)-oxid	0	0,2345	109,27
Blei(II)-chlorid	0	0,2721	75,67
Bleichromat	19 ... 50	0,3768	121,77
Bleinitrat	17 ... 100	0,4899	162,25
Blei(II)-oxid	0	0,2093	46,71
Blei(IV)-oxid	0	0,2638	63,10
Blei(II,IV)-oxid	25	0,2135	146,37
Bleisulfat	22 ... 99	0,3643	110,53
Borfluorid (flüssig)	− 120	1,5198	103,05
Boroxid	0	0,8332	58,01
Bromwasserstoff	0	0,3601	29,14
Chlorwasserstoff	25	0,7955	29,00
Chromium(III)-oxid	0	0,7453	113,28
Diammoniumhydrogenphosphat	0 ... 100	1,4277	188,54
Dinatriumhydrogenphosphat-12-Wasser	2 ... 74	1,5575	557,81
Dizyan	0	1,0593	55,12
Eisenkarbid	0	0,5443	97,73
Eisen(III)-chlorid	25	0,6573	83,31
Eisen(II)-oxid	0	0,7076	50,84

Verbindung	Temperatur in °C	c	C
Eisen(III)-oxid	25	0,6573	104,97
Eisen(II,III)-oxid	0	0,5820	134,76
Eisen(II)-sulfat	20 ... 100	0,6029	91,59
Eisen(III)-sulfat	0 ... 100	0,6908	276,24
Eisensulfid	0	0,5024	44,17
Fluorwasserstoff	25	1,4570	29,15
Germanium(IV)-oxid	0	0,6196	64,80
Iodwasserstoff	0	0,2261	28,92
Kadmiumchlorid	0	0,4229	77,52
Kaliumaluminiumsulfat-12-Wasser	15 ... 22	1,4612	693,18
Kaliumbromid	0	0,4396	52,32
Kaliumchlorid	0	0,6783	50,57
Kaliumchromiumsulfat-12-Wasser	19 ... 51	1,3565	677,44
Kaliumdihydrogenphosphat	17 ... 48	0,8709	118,52
Kaliumfluorid	0	0,8332	48,41
Kaliumhexazyanoferrat(II)	0 ... 46	0,9085	383,76
Kaliumhydrogensulfat	19 ... 51	1,0216	139,11
Kaliumkarbonat	23 ... 99	0,9043	124,99
Kaliumnitrat	0	0,8667	87,63
Kaliumpermanganat	14 ... 45	0,7494	118,43
Kaliumsulfat	15 ... 98	0,7955	138,63
Kalziumchlorid	0	0,9965	110,60
Kalziumchlorid-6-Wasser	34 ... 99	2,3111	508,32
Kalziumfluorid	0	0,8457	66,03
Kalziumhydroxid	0	1,1344	84,05
Kalziumkarbid	50 ... 500	1,0048	64,41
Kalziumkarbonat	0	1,2519	125,30
Kalziumoxid	0	0,7494	42,03
Kalziumphosphat	25	0,7369	228,57
Kalziumsulfat	25	0,7327	99,75
Kalziumsulfat-2-Wasser (Gips)	0 ... 100	1,1388	196,07
Kaolin	20 ... 300	1,1221	290,15
Karnallit	20 ... 100	1,15533	427,05
Kohlendioxid	0	0,8332	36,67
Kohlenmonoxid	0	1,0383	29,08
Kryolith	0	1,0300	216,05
Kupfer(II)-chlorid	17 ... 98	0,5778	77,69
Kupfer(II)-oxid	0	0,5192	41,30
Kupfersulfat	0 ... 20	0,6322	100,90
Lithiumchlorid	0	1,1765	49,87
Magnesiumchlorid	0	0,8039	76,55
Magnesiumhydroxid	0	1,2519	73,02
Magnesiumkarbonat	25	0,5192	43,78
Magnesiumoxid	0	0,8709	35,11
Magnesiumsulfat	25 ... 90	0,9420	143,39
Mangan(IV)-oxid	0	0,6071	52,78
Mangansulfat	21 ... 100	0,7620	115,06
Molybdän(VI)-oxid	0	0,5359	77,14
Molybdän(IV)-sulfid	0	0,5359	85,78
Natriumbromid	0	0,5024	51,70
Natriumchlorid	0	0,8709	50,85
Natriumkarbonat	16 ... 98	1,1430	121,15
Natriumnitrat	0	1,0048	85,40
Natriumsilikat	20	0,9881	120,61
Natriumsulfat	17 ... 98	0,9672	137,38
Natriumsulfat-10-Wasser	0	1,6705	538,23
Natriumtetraborat	16 ... 98	0,9965	200,51
Natriumthiosulfat-5-Wasser	25 ... 100	0,9253	229,64
Nickelsulfat	15 ... 100	0,9043	139,96

Verbindung	Temperatur in °C	c	C
Phosphor(III)-chlorid	14 ... 98	0,8750	120,17
Phosphor(V)-oxid	25	0,7118	101,04
Quecksilber(II)-chlorid	0	0,2805	76,16
Quecksilber(II)-oxid	0	0,2010	43,53
Salpetersäure (100%)	20	1,7124	107,90
Schwefel(IV)-oxid	0	0,6155	39,43
Schwefelsäure (100%)	20	1,3900	136,33
Schwefelwasserstoff	25	0,9965	33,96
Silberbromid	0	0,2763	51,88
Silberchlorid	0	0,3643	52,21
Silberiodid	0	0,2219	52,10
Silbernitrat	0	0,5736	97,44
Silizium(IV)-chlorid	0	0,5192	31,20
Siliziumdioxid (Quarz, kristallin)	0	0,7201	43,27
Siliziumdioxid, gefällt	100	0,8122	48,80
Siliziumkarbid	0	0,6155	24,68
Sulfurylchlorid	19 ... 98	0,4773	64,48
Thoriumdioxid	0	0,2261	59,70
Titanium(IV)-chlorid	21	0,8081	153,30
Titaniumdioxid	0	0,6992	55,87
Vanadium(V)-oxid	0	0,6824	124,12
Wasser	0	4,1868	75,95
Wasserdampf	100	1,9427	35,00
Wolfram(VI)-oxid	0	0,3266	75,72
Zinkchlorid	0	0,5568	75,88
Zinkoxid	0	0,4731	38,50
Zinksulfat	22 ... 100	0,7285	117,60
Zinn(II)-chlorid	0	0,4145	78,59
Zinn(IV)-chlorid (flüssig)	0	0,6155	160,34
Zinn(IV)-oxid	0	0,3349	50,47
Zyanwasserstoff	10	2,6168	70,72

26.3. Spezifische und molare Wärmekapazität organischer Verbindungen

Verbindung	Temperatur in °C	c	C
Aminoethansäure	20	1,3105	98,38
Aminobenzen	25	1,8824	175,30
Anthrachinon	20 ... 132	1,2728	265,02
Anthrazen	0	1,0634	189,53
Azobenzen	13 ... 40	1,4026	255,59
Benzaldehyd	113	1,7417	184,84
Benzen	20	1,7417	136,05
Benzen-1,2-dikarbonsäure	0 ... 99	1,2142	201,72
Benzen-1,4-dikarbonsäure	0 ... 99	1,2016	199,63
Benzen-1,2-dikarbonsäureanhydrid	0	1,0048	148,83
Benzen-1,2-dikarbonsäurediethylester	20	1,6287	361,97
Benzenkarbonsäure	20	1,1849	144,70
Benzenkarbonsäureethylester	20	1,6245	243,96
Benzenkarbonsäurenitril	21 ... 186	1,8464	190,41
Benzophenon	3 ... 41	2,1143	385,27
Brombenzen	0	0,9797	153,82
Brombutan	20	1,1137	152,60
Bromethan	25	0,8081	87,81
Buta-1,3-dien	16,8	2,2441	121,39
Butan	0	1,4319	83,23
Butan-1,3-diol	25	2,4870	224,13
Butandisäure	20	1,2812	151,30
Butandisäureimid	0 ... 100	1,3272	131,51

Verbindung	Temperatur in °C	c	C
Butan-1-ol	20	2,4744	183,41
Butanon	23,8	2,2358	161,22
Butansäure	18	2,0013	176,33
Butansäurenitril	21 … 113	2,2902	158,27
Butendisäure, cis-	0	1,0886	126,36
Chinolin	0	1,4612	188,73
Chlorbenzen	0	1,3188	148,44
Chlordifluorethan	18	1,3147	107,15
Chlordifluormethan	20	1,2477	107,89
Chlorethan	20	1,6705	107,77
Chlorethansäure (fest)		1,5240	144,01
Chlorethansäure (flüssig)		1,7878	168,94
2-Chlorhydroxybenzen	25	1,6370	210,45
Chlormethan	5	0,7411	37,42
1-Chlornaphthalen	20	1,2142	197,44
Dekahydronaphthalen, cis-	13 … 18	1,6203	224,01
Dekahydronaphthalen, trans-	19,1	1,7250	238,48
1,4-Dibrombenzen	20	0,7243	170,87
1,2-Dibromethan	20	0,7243	136,08
1,4-Dichlorbenzen	20	1,1430	168,03
1,2-Dichlorethan	25	1,3021	128,86
Dichlorethansäure	22 … 196	1,4654	188,95
Diethylether	0	2,2692	168,20
Difluordichlormethan	20	1,0593	89,68
1,2-Dihydroxybenzen	25	1,2016	132,31
1,3-Dihydroxybenzen	25	1,1891	130,93
1,4-Dihydroxybenzen	25	1,2728	140,15
d-Dihydroxybutandisäure	0´… 100	1,2393	186,00
Dimethylamin	73	3,0354	136,85
N,N-Dimethylaminobenzen	0 … 20	1,7501	212,08
1,2-Dimethylbenzen	0	1,6873	179,14
1,3-Dimethylbenzen	0	1 6454	174,69
1,4-Dimethylbenzen	0	1,6454	174,69
Dimethylether	− 27,7	2,2399	103,05
1,3-Dinitrobenzen	25	1,1137	187,22
1,4-Dioxan	13 … 18	1,7333	152,72
Diphenyl	30	1,2853	198,21
Diphenylamin	20 … 50	1,3607	230,27
1,2-Diphenylethen	20	1,2686	228,41
Diphenylether	0	1,1514	195,98
Diphenylsulfon	0	1,0341	225,71
Diphenylthioether	0	1,4026	194,21
Dodekansäure		2,1436	429,41
Epoxyethan	− 20	1,9050	83,92
Ethan	0	1,6747	50,36
Ethanamid	20	1,3044	61,10
Ethandiol	20	2,3488	145,79
Ethandisäure		1,3105	117,99
Ethandisäuredimethylester	10 … 35	1,3147	155,25
Ethanol	20	2,3320	107,43
Ethanoylbenzen	0 … 99	1,4193	170,53
Ethansäure	20	2,0557	123,45
Ethansäureanhydrid	23 … 122	1,8171	185,51
Ethansäureethylester	20	1,9217	169,31
Ethansäuremethylester	15	2,0222	149,80
Ethen	0	1,4612	40,99
Ethin	0	1,6580	43,17
Ethylamin		2,8889	130,25
Furan	44	1,0593	72,02
Furfural	20	1,6580	159,10
Glukose	0	1,1304	203,47
Harnstoff	20	1,5407	93,36
Hexachlorbenzen	20	0,8876	252,77

Verbindung	Temperatur in °C	c	C
Hexachlorethan	18 ... 37	0,7453	176,44
Hexadekansäure	19,4	1,8045	278,10
Hexan	20	2,2399	193,03
2-Hydroxybenzenkarbonsäure	0	1,0802	149,20
2-Hydroxybenzenkarbonsäure-methylester	22	1,6370	249,07
2-Hydroxybenzenkarbonsäure-phenylester	20	1,1053	236,78
2-Hydroxypropansäure	20	1,3900	125,21
Kampfer	20	1,9427	295,75
Kohlensäuredichlorid	6,3	1,0174	100,64
Kohlenstoffdisulfid	0	0,5903	144,94
Methan	20	2,2148	35,53
Methanal	0	1,1597	52,23
Methanamid	20	2,3655	106,54
Methanol	25	2,5539	81,83
Methansäure	25	2,1520	99,05
Methansäureethylester	21,5	2,0013	120,18
Methanthiol	− 2	1,8380	88,43
Methoxybenzen	24	1,7710	191,52
Methylamin	− 13,9	3,2825	101,94
N-Methylaminobenzen	20 ... 190	2,1478	230,15
Methylbenzen	0	1,6538	152,38
4-Methylbenzensulfochlorid	28 ... 57	1,4235	271,38
2-Methylbuta-1,3-dien	25,3	2,4367	165,98
2-Methylbutan-1-ol	30 ... 80	2,3865	210,37
3-Methylbuta-2-on	20 ... 91	2,1981	189,33
2-Methylhydroxybenzen	0 ... 20	2,0892	225,93
3-Methylhydroxybenzen	0 ... 20	2,0055	216,87
4-Methylhydroxybenzen	9 ... 28	2,0390	220,50
2-Methylpropan-2-ol	27	3,0438	225,61
2-Methylzyklohexanol	15 ... 18	1,7501	199,84
3-Methylzyklohexanol	15 ... 18	1,7668	201,75
4-Methylzyklohexanol	15 ... 18	1,7710	202,23
Monofluordichlormethan	20	1,0589	108,99
Monofluortrichlormethan	20	0,8919	122,52
Naphthalen	20	1,2644	162,06
Naphth-1-ol	25	1,1597	167,20
Naphth-2-ol	25	1,2016	173,24
Naphthyl-1-amin	20 ... 25	1,3984	200,23
Naphthyl-2-amin	20	0,8792	125,89
2-Nitroaminobenzen	25	1,1932	164,81
3-Nitroaminobenzen	25	1,2184	168,29
4-Nitroaminobenzen	25	1,2267	169,44
Nitrobenzen	20	1,5031	185,05
Nitromethan	15 ... 19	1,7250	105,29
1-Nitronaphthalen	10 ... 15	1,1053	191,41
Oktadekansäure	0 ... 30	1,6622	472,86
Oktadek-9-ensäure	17	2,0599	581,85
Oktan-1-ol	0	2,1520	280,39
Oktansäure	18 ... 46	2,1143	304,91
Pentan	0	2,2064	159,19
Phenanthren	0	1,0676	190,28
Phenylethen	0	1,6538	172,24
Phenylhydrazin	20	1,9176	207,38
Piperidin	17	2,0097	171,12
Propan	2	1,5114	66,65
Propandisäurediethylester	21,5	1,7878	286,35
Propan-1-ol	0	2,2232	133,60
Propan-2-ol	20	2,4995	150,21
Propanon	0	2,1143	122,80
Propantriol	6 ... 11	1,6329	150,38
Propen	0	1,4026	24,84

Verbindung	Temperatur in °C	c	C
Pyridin	17	1,7124	135,45
Rohrzucker	20	1,2142	415,76
Tetrachlormethan	20	0,9002	138,47
Tetrafluormethan	− 170	0,8876	78,11
Tetrahydronaphthalen	15 … 18	1,6873	223,07
Thiophen	0	1,4193	119,42
Trichlorethanal	17 … 81	1,0844	159,83
Trichlorethansäure (fest)		1,9217	313,98
Trichlorethansäure (flüssig)		1,4947	244,22
Trichlorethansäuremethylester	8 … 82	1,5556	324,26
Trichlorethen	20	0,9504	124,87
Trifluortrichlorethan	20	0,9169	158,98
Trimethylamin	2,7	2,2316	131,91
2,4,6-Trinitrohydroxybenzen	− 183 … 12	0,9169	210,07
Zyklohexanol	15 … 18	1,7459	174,87
Zyklohexanon	15 … 18	1,8129	177,93
Zyklopentan	0	1,6915	118,63

27. Plaste

Tabelle 27.1 gibt eine Übersicht über die verschiedenen Plasttypen. In *Tabelle 27.2 und 27.3* werden für einige technisch wichtige Plaste mechanische, chemische und elektrische Eigenschaften angeführt.

27.1. Plasttypen

Polykondensationsprodukte

  Aminoplaste
  Harnstoffharze   (Piatherm)
  Dicyandiamidharze   (Didi-Preßmasse)
  Melaminharze   (Meladur, Sprelacart)
  Phenoplaste   (Plastadur, Plastacart, Plastatex, Prestafol)
  Polyesterharze   (Polyester G Schkopau)
  Polyamide   (Polyamid AH Miramid)

Polymerisationsprodukte

  Polyethen   (Gölzathen, Mirathen)
  Polypropen   (Mosten/ Tschechien)
  Polystyren   (Polystyrol S, G, C)
  Polyvinylchlorid
  hart   (Ekadur, Decelith-H, Gölzalit)
  weich   (Ekalit, Decelith-W)
  Polyvinylazetat   (Polyvinylazetat Schkopau)
  Polymethacrylsäuremethylester   (Piacryl)
  Polytetrafluorethen   (Heydeflon)
  Polytrifluorchlorethen   (Ekafluvin)

Polyadditionsprodukte

  Polyurethane   (Syspur)
  Epoxidharze   (Epilox)

Plaste aus Naturstoffen   (Basis Zellulose)

  Pergamentiertes Zellulosehydrat (Vulkanfiber)
  Zelluloseazetat   (Prenaphan, Reilit)
  Zellulosehydrat   (Zellglas, Wilaphan)
  Zellulosenitrat   (Zelluloid)

27.2. Physikalische Daten von Plasten

	Dichte in kg · m⁻³	Zugfestigkeit in kN · cm⁻²	Druckfestigkeit in kN · cm⁻²	Kugeldruckhärte (60 s) in kN · cm⁻²	Formbeständigkeit nach Martens[1] in °C	Wasseraufnahme in mg	Dielektrischer Verlustfaktor tan δ	Durchschlagsfestigkeit in kV · mm⁻¹
Acetylzellulose	1270 ... 1320	1,96 ... 5,1	5,39	5,49	45 ... 60	120 ... 150	0,02 ... 0,06	15
Epoxidharz	1200 ... 1300	5,88 ... 7,85	11,77 ... 19,61	7,85 ... 14,71	50 ... 120	20 ... 50	0,03 ... 0,1	5
Harnstoffharz	1450 ... 1550	2,45	19,61	9,81 ... 17,65	120	200 ... 300	0,1	8 ... 15
Melaminharz + Zellulose	1500	2,94	19,61	17,65	100	300	0,1	8 ... 15
Phenolpreßharz	1400 ... 1900	3,92 ... 11,77	29,42	7,85 ... 18,63	125	300 ... 500	4,3	4 ... 15
Polyethen (Hochdruck)	920 ... 930	0,88 ... 1,37		0,88 ... 1,37	[2]	0,01	0,0004	20
Polyethen (Niederdruck nach Ziegler)	940 ... 960	2,16 ... 3,33	3,53	2,16 ... 2,94	[2]	0,01	0,0004	20
Polyamide	1090 ... 1130	3,92 ... 7,85	[2]	3,92 ... 11,77	[2]	400	0,03	19 ... 24
Polyesterharz	1200 ... 1270	4,41 ... 7,85		3,92 ... 17,65	35 ... 100	50 ... 100	0,005 ... 0,04	10
Polymethacrylsäureester	1180 ... 1190	7,35 ... 9,81	9,81 ... 12,75	14,71 ... 17,65	80	35 ... 50	0,03	40
Polypropen	900 ... 910	2,94 ... 3,73	10,79	10,79	[2]	0,005	0,0005	75
Polystyren	1040 ... 1090	3,43 ... 6,86	4,41 ... 11,77	9,81 ... 10,79	68 ... 90	0 ... 3	0,0002	25 ... 60
Polytetrafluorethen	2100 ... 2300	0,98 ... 2,94	1,18	2,94	250	0	0,0005	50
Polytrifluorchlorethen	2100	3,14 ... 3,43		6,57	150	0	0,025	20 ... 100
Polyurethan	1200 ... 1210	2,94 ... 5,39	2,94 ... 8,83	2,94 ... 7,85	45	50 ... 135	0,05	20
Polyvinylchlorid (hart)	1380	3,92 ... 5,88	7,85	8,83 ... 12,26	70	5 ... 20	0,015	50
Polyvinylchlorid (weich)	1200 ... 1350	2,45 ... 2,75	5,59	2,94	40		0,03	20 ... 50

[1] Zur Ermittlung wird das obere Ende eines senkrecht stehenden, unten festgeklemmten Normstabes durch einen Gewichtshebel mit 490 N · cm⁻² Biegespannung belastet. Der Stab wird in der Stunde um 50°C erwärmt. Die Temperatur, bei der der Stab bricht bzw. bei der das Ende des Gewichtshebels um 6 mm absinkt, wird als Martensgrad ermittelt.

[2] nicht bestimmbar

27.3. Beständigkeit der Plaste gegen Chemikalien bei 20 °C

Name	anorganisch wäßrige Salzlösungen	verdünnte Säuren 10 %	konzentrierte Säuren	oxydierende Säuren	verdünnte Laugen 20 %	konzentrierte Laugen	niedere Alkohole	starke organische Säuren	Ester	Ether	Ketone	aliphatische Kohlenwasserstoffe	aromatische Kohlenwasserstoffe	chlorierte Kohlenwasserstoffe	tierische und pflanzliche Öle	Mineralöle	Benzin	Treibstoffgemisch
Azetylzellulose	g	u	u	u	u	u	b	g	u	b	u	g	b	u	g	g	g	u
Epoxidharz	g	g	u	u	g	b	b	u	b	g	b	g	g	u	g	g	g	b
Harnstoffharz	g	b	u	u	g	b	g	u	g	g	g	g	g	g	g	g	g	g
Melaminharz + Zellulose	g	b	u	u	g	u	g	g	g	g	g	g	g	g	g	g	g	g
Phenolpreßharz	g	b	u	u	g	u	g	b	b	b	g	g	b	b	g	g	b	g
Polyethen (Hochdruck)	g	g	b	u	g	g	b	g	b	b	b	g	g	u	b	b	u	u
Polyethen (Niederdruck)	g	g	b	u	g	g	g	g	g	b	g	g	b	u	b	b	b	b
Polyamide	g	u	u	u	b	u	b	u	g	g	b	g	g	u	g	g	g	b
Polyesterharz (füllstofffrei)	g	b	b	u	u	u	g	u	b	b	u	g	b	b	g	g	g	g
Polymethacryl-säureester	g	g	u	u	g	b	u	u	u	u	u	g	u	u	g	g	g	u
Polypropen	g	g	u	u	g	g	g	g	b	b	g	g	u	u	b	b	u	u
Polystyren	g	g	b	u	g	g	g	b	u	u	u	b	u	u	g	u	u	u
Polytetrafluorethen	g	g	g	g	g	g	g	g	g	g	g	g	g	g	g	g	g	g
Polytrifluor-chlorethen	g	g	g	g	g	g	g	g	u	g	g	g	b	b	g	b	b	b
Polyurethan	g	b	u	u	g	g	g	b	b	g	g	u	u	u	g	b	g	b
Polyvinylchlorid (hart)	g	g	g	b	g	g	g	b	u	g	u	g	u	u	g	b	g	u
Polyvinylchlorid (weich)	g	g	b	u	g	b	b	b	u	b	u	u	u	u	b	b	u	u

g = geeignet; b = bedingt geeignet; u = ungeeignet

28. Korrosion

Die folgenden Tabellen vermitteln Anhaltswerte über die Korrosionsbeständigkeit der wichtigsten Werkstoffe des chemischen Apparatebaues gegenüber einer Auswahl chemischer Stoffe.

Dabei bedeuten:

g = *Werkstoff ist geeignet*, d. h., der Massenverlust beträgt je Tag weniger als 2,4 g · m^{-2}.

b = *Werkstoff ist bedingt geeignet*, d. h., der Massenverlust liegt je Tag zwischen 2,4 und 24 g · m^{-2}, bzw. es liegen widersprechende Angaben vor.

u = *Werkstoff ist ungeeignet*, d. h., der Massenverlust beträgt je Tag mehr als 24 g · m^{-2}.

Zahlenangaben drücken aus, daß der Stoff bis zum angegebenen Wert der Temperatur bzw. Konzentration beständig ist.

Alle Angaben ohne Zahlenwerte gelten für Temperaturen von etwa 20 °C. Alle abweichenden Temperaturen sind in °C angegeben.

Konzentrationen: Für die im Tabellenkopf angegebenen Stoffe gelten folgende Konzentrationen (in Masseprozent):

Säuren

Ethansäure	alle Konz.	Salpetersäure, konz.	> 65 %	Schwefelsäure, konz.	75 ... 98 %
Fluorwasserstoffsäure	< 40 %	Salpetersäure, verd.	< 10 %	Schwefelsäure, verd.	< 10 %
Methansäure	alle Konz.	Salzsäure, konz.	> 25 %	Schwefelwasserstoff	gasförmig
Phosphorsäure	≈ 50 %	Salzsäure, verd.	≈ 5 %		(feucht) u. wäßr. Lsg.

Gase und Salzlösungen

Ammoniumchloridlösung[1])		Kaliumkarbonatlösung[1])	Natriumkarbonatlösung[1])
Brom (trocken)	100 %	Kaliumchloridlösung[1])	Natriumsulfatlösung[1])
Chlor (trocken)	100 %	atmosphärische Luft	Natriumsulfidlösung[1])
Kalziumchloridlösung[1])			

Basen

Ammoniumhydroxid	alle wäßr. Lsg.	Kaliumhydroxidlösung, konz. > 50 %	Natriumhydroxydlösung, konz. > 50 %
Kalziumhydroxid	alle wäßr. Lsg.	Kaliumhydroxidlösung, verd. < 20 %	Natriumhydroxydlösung, verd. < 20 %

Anmerkung: *Die Korrosion hängt außer von der Temperatur und der Zeit auch von der Bewegung des angreifenden Stoffes ab. Die Werte für bewegte Korrosion liegen im allgemeinen höher als für ruhende Korrosion. Genaue Werte müssen im Korrosionsversuch, der den Verhältnissen der Praxis weitgehend anzupassen ist, ermittelt werden. Korrosionsversuche sind außerdem unumgänglich, wenn der Angriff durch ein Stoffgemisch erfolgt, da die Werte dann meistens ungünstiger liegen.*

Tabelle 28.1 folgt auf S. 220!

28.2. Korrosionsbeständigkeit metallischer Werkstoffe gegenüber Basen

Werkstoff	Ammoniumhydroxid	Kalziumhydroxid	Kaliumhydroxid			Natriumhydroxid		
			konzentriert	verdünnt	Schmelze	konzentriert	verdünnt	Schmelze
Aluminium	b	u	u	u	u	u	u	u
Blei	g	b	u	b	u	u	b	u
Chrom-Nickel-Stähle (austenitische Stähle)	g	g	b	g	u	g	g	b
Kupfer	u	g	b	g	u	b	b	u
Messing	u	g	b	g		g 33 %	g	
Nickel-Legierungen	g	g	g	g	g	g	g	g
Silber	g	g	g	g	g	g	g	g
Silizium-Aluminium-Legierung	b	u	u	u	u	u	u	u
Silizium-Gußeisen-Legierung	b 100 °C	g	g	g	u 360 °C	g	g	u 320 °C
Stahl, unlegiert	g	g	g	g	g	g	g	g
Titanium	g	g	g	g	u	g	g	
Zink	u	u	u	u	u	u	u	u
Zinn	u	u	u	u	u	u	u	u

[1]) Von den Salzen lassen sich keine Angaben über Konzentrationen machen, denn die kritische Konzentration, d. h. die Konzentration, bei der der stärkste Angriff erfolgt, liegt bei jedem Metall in einem anderen Bereich und ist außerdem von der Temperatur abhängig.

28.1. Korrosionsbeständigkeit metallischer Werkstoffe gegenüber Säuren

Werkstoff	Fluorwasserstoffsäure	Phosphorsäure	Salpetersäure		Salzsäure		Schwefelsäure		Schwefelwasserstoff
			konzentriert	verdünnt	konzentriert	verdünnt	75...98% ver	dünnt	
Aluminium	u	u	b	u	u	u	u	g 15%	g 100°C
Blei	b	b	u	u	u	g	g 78%	g	g
Chrom-Nickel-Stähle (austenitische Stähle)	u	g	b 120°C	g 120°C	u	u	g	b 5%	g
Kupfer	u	u	u	u	u	u	g	u	u
Messing	u	u	u	u	u	u	u	u	u
Nickel-Legierungen	g	b	g	g	b	b	u	g <2,5%	g
Silber	b	g	u	u	u	b	u	g	u
Silizium-Aluminium-Legierung	u	u	g	b	u	u	g	u	g
Silizium-Gußeisen-Legierung	u	g	g	g	u	b	g	g	g
Stahl, unlegiert	u	u	u	u	u	u	g	u	g
Titanium	u	b	g	g	g	g	u	g 5%	g
Zink	u	u	u	u	u	u	u	u	b
Zinn	u	u	u	u	u	u	u	u	g

28.3. Korrosionsbeständigkeit metallischer Werkstoffe gegenüber Halogenen, atmosphärischer Luft und Salzen

Werkstoff	Ammoniumchloridlösung	Brom	Kalziumchloridlösung	Chlor	Kaliumkarbonat Natriumkarbonat		Kaliumchlorid-, Natriumchloridlösung	atmosphär. Luft	Natriumsulfatlösung	Natriumsulfidlösung
					Lösung	Schmelze				
Aluminium	b	u	g	g 120°C	u	u	u	g	g	u
Blei	b	g	g	g	g	u	b	g	g	b
Chrom-Nickel-Stähle (austenitische Stähle)	g	g	g	g 20°C	g	u	g	g	g	g
Kupfer	u	b	g	g 100°C	g		b	g	g	u
Messing	u	u	g	b 100°C	b		g	g	g	u
Nickel-Legierungen	g	g	g	g	g	g	g	g	g	g
Silber	g	b	g	g	g	g	g	g	g	u
Silizium-Aluminium-Legierung	g		g	g	u		b	g	g	u
Silizium-Gußeisen-Legierung	g 85°C	g	b 100°C	g	g		g	g	g	u 90°C
Stahl, unlegiert	b	g	g	g	g	g	b	b	b	g
Titanium	g	g	g	b	g	g	g	g	g	g
Zink	b	u	u	g	u		b	g	g	b
Zinn	g	u	b	u	g		g	g	g 60°C	u

Tabelle 28.4. folgt auf Seite 222!

28.5. Korrosionsbeständigkeit nichtmetallischer Werkstoffe gegenüber Säuren

Werkstoff	Fluor-wasser-stoff-säure	Phos-phor-säure	Salpetersäure		Salzsäure		Schwefelsäure		Schwe-fel-wasser-stoff
			konz.	verd.	konz.	verd.	75 ... 98 %ig	verd.	
Email	u	g	g	g	g	g	g	g	g
Glas	u	g	g	g	g	g	g	g	g
Gummi und Hartgummi	b	g	u	b 10 % 40 °C	g	g	u	b 60 %	g
Korobon	g	g	b	g	g	g	g 70 °C	g	
Phenoplaste	g	g	u	u	g	g	u	b 50 %	g
Polyester	b	g	u	b	g	g	b	b	b
Polyethen	g	g 60 °C	b	g	b	g	b	b	b
Polystyren	g	b	u	b	g 60 °C	g 60 °C	b	b	g
Polytetra-fluorethen	g	g	g	g	g	g	g	g	g
Polyvinylchlorid	g	g	u	b 50 %	b	g	b	g 50 %	g 40 °C
Porzellan und Steinzeug	u	b 10 % 150 °C	g	g	g	g	g	g	g
Quarz und Quarzgut	u	g	g	g	g	g	g	g	g

28.6. Korrosionsbeständigkeit nichtmetallischer Werkstoffe gegenüber Basen

Werkstoff	Ammo-nium-hydroxid	Kalzium-hydroxid	Kaliumhydroxid			Natriumhydroxid		
			konz.	verd.	Schmelze	konz.	verd.	Schmelze
Email	g	g	b	g	u	b	g	u
Glas	g	g	b	g	u	b	g	u
Gummi u. Hartgummi	g 25 %	g	g	g	u	g	g	u
Korobon	g	g	g	g	u	g	g	u
Phenoplaste	b	b	b	b	u	u	b	u
Polyester	b	g	u	g	u	u	g	u
Polyethen	g	g	g	g	u	g	g	u
Polystyren	g	g	g	g	u	g	g	u
Polytetrafluorethen	g	g	g	g	u	g	g	u
Polyvinylchlorid	g 40 °C	g	g	g	u	g 60 °C	g 60 °C	u
Porzellan und Steinzeug	g	g	b 50 °C	g 50 °C	u	b 50 °C	g 50 °C	u
Quarz und Quarzgut	g	g	b 100 °C	g	u	b 100 °C	g	u

28.7. Korrosionsbeständigkeit nichtmetallischer Werkstoffe gegenüber Halogenen, atmosphärischer Luft und Salzen

Werkstoff	Ammo-nium-chlorid-lösung	Brom	Kal-zium-chlorid-lösung	Chlor	Kaliumkarbonat Natriumkarbonat		Kalium-chlorid-, Natrium-chlorid-lösung	atmo-sphär. Luft	Na-trium-sulfat-lösung	Na-trium-sulfid-lösung
					Lösung	Schmelze				
Email	g	g	g	g	g	u	g	g	g	g
Glas	g	g	g	g	g	u	g	g	g	g
Gummi und Hartgummi	g		g 70 °C	b	g	u	g	g	g	g 70 °C
Korobon	g		g	g	g		g	g	g	g
Phenoplaste	g	u	g 105 °C	g	g	u	g	g	g	b
Polyester	g		g	g	g		g	g	g 90 °C	g
Polyethen	g		g	b	g		g	g	g	g 60 °C
Polystyren	g		g	g	g 60 °C		g	g	g	g 60 °C
Polytetrafluorethen	g	g	g	g	g		g	g	g	g
Polyvinylchlorid	g 40 C		b	u	g 50 °C	u	g	g	g	g
Porzellan und Steinzeug	g	g	g	g	g	u	g	g	g	g
Quarz und Quarzgut	g	g	g	g	g	u	g	g	g	g

28.4. Korrosionsbeständigkeit metallischer Werkstoffe gegenüber organischen Chemikalien

Werkstoff	Alkanale	Alkanole	Aminobenzen	Ester	Ethansäure konz.	Ethansäure verd.	Ethansäureanhydrid	Ethen	Halogenkohlenwasserstoffe aliph.	Halogenkohlenwasserstoffe arom.	Hydroxybenzene
Aluminium	g	g	g 120 °C	g	g	g	b 140 °C	g	g	g	g 140 °C
Blei	g	b	b	u 80 °C	u	u	g	g	b	g	b
Chromium-Nickel-Stähle (austenitische Stähle)	g	g	g	g	g	g	g	g	g	g	g
Kupfer	g	g	b	g	b	g	g	g	g	g	b
Messing	g	b	b 120 °C	g	b	g	b	g	g	b	b 140 °C
Nickel-Legierungen	g	g	g	g	g	g	g	g	g	g	g
Silber	g	g	g	g	g	g	g	g	g	g	g
Silizium-Aluminium-Legierung	b	g	g	g	b	g	g	g	g	g	g
Silizium-Gußeisen-Legierung	g	g	g	g	g	g	g	g	g	g	g 100 °C
Stahl, unlegiert	b	b	g	g	u	u	g	b	g	g	g
Titanium	g	g	g	g	g	g	g	g	b	g	g
Zink	u	g	b 120 °C	b	u	u	u 140 °C	g	u		b
Zinn	g	g	g 120 °C	g	u	b	g	g	b	g	b

28.8. Korrosionsbeständigkeit nichtmetallischer Werkstoffe gegenüber organischen Chemikalien

Werkstoff	Alkanale	Alkanole	Aminobenzen	Ester	Ethansäure konz.	Ethansäure verd.	Ethansäureanhydrid	Ethen	Halogenkohlenwasserstoffe aliph.	Halogenkohlenwasserstoffe arom.	Hydroxybenzene
Email	g	g	g	g	g	g	g	g	g	g	g
Glas	g	g	g	g	g	g	g	g	g	g	g
Gummi und Hartgummi	b	g	g	b	b	g	u	u	u	u	b
Korobon		g			g	g	g	g			g
Phenoplaste	b 40 °C	g	b		b	g	g	g	b	b	u
Polyester	g	b		b	u	g		u	b	b	u
Polyethen	g	g 50 °C		g	u	g		b	u	u	g 60 °C
Polystyren	g	g		u	b	g			u	u	u
Polytetrafluorethen	g	g		g	g	g	g	g	g	g	g
Polyvinylchlorid	b 40 °C	g 40 °C		u	g	g		u	u	u	u
Porzellan und Steinzeug	g	g	g	g	g	g	g	g	g	g	g
Quarz und Quarzgut	g	g	g	g	g	g	g	g	g	g	g

28.9. Verwendbarkeit von Filtermaterial

Filtermaterial	Filtergut alkalische Lösungen	saure Lösungen	organische Lösungsmittel	Bemerkungen
Asbest	g	g	g	
Filtersteine	b	g	g	
Glasfaser	b	g	g	
Glasfritten	b	g	g	
PeCe	g	g	u	nicht über 40 °C
PeCe, vergütet	g	g	g	bis zu 55 °C
Perlon, Dederon	g	u	g	bis zu 80 °C, u für Phenole
Wolle	u	g 40 °C		u für konz. Mineralsäuren
Wolpryla	u	g	g	bis zu 80 °C, u für Dimethylformamid
Zellulose, nativ	g (NaOH bis 10 %)	u	g	für org. Säuren b
Zellulose, regeneriert	b	u	g	für org. Säuren b bei Z. T.

| Carbonsäuren | | Kohlenwasserstoffe | | Methansäure | Mono-chlorethansäure | Propanon | Propan-1,2,3-triol; Diole | Pyridin und Homologe | Kohlenstoffdisulfid | Seife | Teer | Tetrachlormethan |
liph.	arom.	aliph.	arom.									
g		g 66 °C	g	b	u	g	g	g 120 °C	g	b	g 130 °C	g
	u	b	g	b 80 °C	g	g	g	b	g	u	g	b
	g	g	g	g	u	g	g	g	g	g	g	g
	b	g	g	g	b	g	g	g	b		b 130 °C	g
	b	g 66 °C	g	g 80 °C	b	g	b 100 °C	b 120 °C	b		b 130 °C	g
	g		g	g	g	g	g	g	g		g	g
	g		g	g	g	g	g	g	g		g	g
	g	g	g	g 50 %	u	g	g	g	g	b	g	g
	g	g	g	g	g	g	g	g			g	g
	u	b	g	u	u	g	g	g 120 °C	g	b	b	g
	g		g	g	g	g	g		g^x			g
	u	b	b	u 80 °C	u	g	b 100 °C	u 120 °C	g^x	b	b 130 °C	g
	u	g	g	b 80 °C	u	b	b	g 120 °C	g^x		g 130 °C	b

bis zur Siedetemperatur

| Carbonsäuren | | Kohlenwasserstoffe | | Methansäure | Mono-chlorethansäure | Propanon | Propan-1,2,3-triol; Diole | Pyridin und Homologe | Kohlenstoffdisulfid | Seife | Teer | Tetrachlormethan |
liph.	arom.	aliph.	arom.									
	g	g	g	g	g	g	g	g	g	g	g	g
	g	g	g	g	g	g	g	g	g	g	g	g
			u		b	b	g		u			u
		g			g	g	g	u	g		b	g
		g	b	b	g	b	g	u	g	g	u	g
		g	b	u	b	u	g		b			g
		g	b	g		g	g 60 °C		u			u
		b	u	b		u	g		b			g
		g	g	g	g	g	g		g			g
60 °C			u		b		g 60 °C	u	u	g	u	b
	g	g	g	g	g	g	g	g	g	g	g	g
	g	g	g	g	g	g	g	g	g			g

29. Heizwerte

Es werden die Heizwerte technisch wichtiger Stoffe angegeben.
Der Heizwert H einer Substanz ist die bei der vollständigen Verbrennung der Masseneinheit (kg) des Stoffes freiwerdende Wärmemenge (kJ).

Spalte H_o (oberer Heizwert): Der obere Heizwert wird angegeben, wenn das nach der Verbrennung vorhandene Wasser in *flüssigem* Zustand vorliegt, d. h. zusätzlich die Kondensationswärme des Wassers frei wird.

Spalte H_u (unterer Heizwert): Der untere Heizwert wird angegeben, wenn das nach der Verbrennung vorhandene Wasser in *gasförmigem* Zustand vorliegt.

Für Gase verwendet man zur Mengenangabe statt des Kilogramms das Normkubikmeter. Heizwerte von Gasen werden also in $kJ \cdot m^{-3}$ u. Nb. angegeben.

29.1. Heizwerte chemisch einheitlicher Gase und Dämpfe

Name	H_o in kJ $\cdot$ m^{-3} u. Nb.	H_u in kJ $\cdot$ m^{-3} u. Nb.
Ammoniak	17 347	14 372
Benzen	150 421	144 136
Dimethylbenzen	209 081	199 025
Ethan	70 476	64 526
Ethen	63 520	59 582
Ethin	58 953	56 942
Kohlenmonoxid	12 654	12 654
Kohlenstoffdisulfid	50 699	50 699
Methan	39 889	35 950
Methylbenzen	179 751	171 790
Propan	101 063	93 060
Propen	93 856	87 864
Schwefelwasserstoff		
Verbrennung zu SO$_2$	25 475	23 506
Verbrennung zu SO$_3$	30 168	28 157
Wasserstoff	12 780	10 810

29.2. Heizwerte technischer Gase

Name	H_o in kJ $\cdot$ m^{-3} u. Nb.	H_u in kJ $\cdot$ m^{-3} u. Nb.
Braunkohlenschwelgas	12 570 ... 15 080	10 890 ... 13 400
Erdgas, naß	33 520 ... 62 850	29 330 ... 56 565
Erdgas, trocken	29 330 ... 37 710	25 140 ... 33 520
Generatorgas	5 030 ... 5 450	4 820 ... 5 240
Gichtgas	3 980 ... 4 190	3 940 ... 4 100
Koksofengas	19 270 ... 20 110	17 180 ... 18 020
Stadtgas (Mischgas)	17 600 ... 19 270	15 920 ... 17 600
Steinkohlenschwelgas	29 330 ... 33 520	25 140 ... 29 330
Wassergas	10 900 ... 11 730	9 850 ... 10 680

29.3. Heizwerte flüssiger Brennstoffe

Name	H_o in kJ $\cdot$ kg^{-1}	H_u in kJ $\cdot$ kg^{-1}	Zusammensetzung in Ma.-%[1] C	H	O
Benzen	41 984	40 266	92,2	7,8	–
Braunkohlenteeröl	43 995 ± 420	41 060 ± 420	87	9	4
Dieselöl	44 830 ± 420	41 690 ± 630	87	13	–
Ethanol	29 917	26 984	52	13	25
Flugbenzin	47 560 ± 630	42 530 ± 630	85	15	–
Flüssiggas	50 070 ± 420	45 880 ± 630	82,5	17,5	–
Gasöl	45 040 ± 630	42 950 ± 630	86	14	–
Heizöl aus Erdöl[2]	45 040 ± 630	42 950 ± 630	86	14	–
Methanol	22 332	19 525	37,5	12,5	50
Petroleum	42 950 ± 1 050	40 850 ± 1 050	85,5	14,5	–
Steinkohlenteeröl	39 390 ± 420	38 340 ± 630	89	7	4
Vergaserkraftstoff	46 720 ± 1 460	42 530 ± 1 470	85	15	–

[1]) Diese letzten Spalten geben die mittlere Zusammensetzung des genannten Stoffes an, soweit es sich nicht um definierte chemische Verbindungen handelt.

[2]) Das Heizöl kann bis zu 5 % Schwefel enthalten; bei 4 % S: $H_o = 41\,868$ kJ $\cdot$ kg^{-1}
$H_u = 39\,800$ kJ $\cdot$ kg^{-1}

Mit zunehmendem Schwefelgehalt sinkt der Heizwert.

29.4. Heizwerte fester Brennstoffe

Art	mittlerer H_u in kJ · kg⁻¹	mittlere Zusammensetzung in Ma.-%				
		C	H	O	N	S
Holz						
frisch	8 380	50	6	44	–	–
lufttrocken	15 080					
Torf						
grubenfeucht	1 050	59	6	33	1,5	0,5
lufttrocken	14 670					
Weichbraunkohle	8 380	67,5	5,5	25	1	1
Hartbraunkohle	16 760	74	5,5	18,5	1,5	0,5
Steinkohlen						
Gasflammkohle	27 240	84	5	9	1	1
Gaskohle	29 330	86	5	7	1	1
Fettkohle	31 000	88	5	5	1	1
Eßkohle	31 850	90	4	4	1	1
Magerkohle	31 420	91	3,5	3	1,5	1
Anthrazit	31 000	92	3	3	1,5	1
Braunkohlenbriketts	19 700	entsprechend der Ausgangskohle				
Braunkohlenschwelkoks	23 880	85 ... 95	2,3 ... 2,5	2 ... 10	0,5 ... 1	0,2 ... 4
Zechenkoks	27 230	97	0,5	0,5	1	1

29.5. Verbrennungswärme von Testsubstanzen zum Eichen von Kalorimetern

In der Tabelle sind die Verbrennungswärmen von organischen Verbindungen aufgeführt, die sich als Testsubstanzen zum Eichen von Verbrennungskalorimetern eignen.
Die Werte beziehen sich auf eine Temperatur der Testsubstanz vor der Verbrennung und der Verbrennungsprodukte von 18 °C. Das gebildete Wasser liegt im flüssigen Zustand vor.

Verbindung	Verbrennungswärme in J · kg⁻¹
Benzenkarbonsäure	26 497
Butendisäure	12 645
Dodekan	47 590
2-Hydroxybenzenkarbonsäure	21 934
Kampfer	38 854
Naphthalen	40 236
Saccharose	16 546

30. Sicherheitstechnische Daten von Gasen, Dämpfen und Lösungsmitteln

30.1. Kenndaten brennbarer Gase, Dämpfe und Lösungsmittel (Begriffserläuterung am Ende der Tabelle)

Name des Stoffes	Dichte-zahl	K. in °C	Flamm-punkt in °C	Gefahr-klasse	Verdun-stungs-zahl	Zünd-tempe-ratur in °C	Zünd-gruppe	Explosionsgrenzen in Vol.-% untere	obere	in g·m⁻³ untere	obere	Explo-sions-klasse
Aminobenzol	3,22	184	76	A III		540	T 1	15	28	105	200	1
Ammoniak	0,587	−33				630	T 1					
Anthrazen	6,15	351	121			540	T 1	0,6		45		
Anthrazenöl		250				650	T 1					
Arsenwasserstoff	2,7	−55				−						
Benzaldehyd	3,66	178	64	A III	3	190	T 4					
Benzen, rein	2,77	80,1	−11	A I		540	T 1	1,4	9,5	48	270	1
Handelsbenzol I			−15	A I								
Handelsbenzol II			−9,5	A I								
Handelsbenzol III			+5	A I								
Handelsbenzol IV			+21	A II								
Handelsbenzol V			+28	A II								
Handelsschwerbenzol			+47	A II								
Benzine		<135	<21	A I		220	T 3	~1	~8			1
1. Fahrbenzine und Schwerbenzine mit Siedetemperatur <135 °C												
z. B. Benzin (K. 50 ... 60)		50 ... 60	unter −58	A I		−35						
Benzin (K. 80 ... 100)		80 ... 100	unter −22	A I		+19						
Benzin (K. 100 ... 150)		100 ... 150	unter +10	A I		+16						
Extraktionsbenzin 65/95		65/95		A I								
Extraktionsbenzin 80/110		80/110		A I								
Flugbenzin				A I								
Gasolin				A I								
Leichtbenzin 50/115	3,3	50/115	−24	A I								
Lösungsbenzin 100/125		100/125		A I								
Petrolether DAB 30/60	2,6	30/60	−40	A I	4,5							
Waschbenzin 60/140	3,6	60/140	0	A I								
Waschbenzin 100/140		100/140		A I								
2. Benzine mit Siedebereich > 135 °C				A II								
z. B. Lackbenzin	4,8	130/180	30	A II		220	T 3	~1	~8			
Lösungsbenzin 130/180				A II								
Mineralterpentinöl				A II								
Sicherheitskraftstoff				A II								
Testbenzine	4,8	140	30	A II								1
z. B. Sangajol			30	A II								

Name des Stoffes	Dichtezahl	K. in °C	Flammpunkt in °C	Gefahrklasse	Verdunstungszahl	Zündtemperatur in °C	Zündgruppe	Explosionsgrenzen in Vol.-% untere	obere	Explosionsgrenzen in $g \cdot m^{-3}$ untere	obere	Explosionsklasse
1,4-Dioxan	3,03	101	12	B I	7,3	180	T 4	2	22	70	710	2
Diphenyloxid	5,86	260	115			360	T 2	0,8		55		
Dischwefeldichlorid	4,56	138				230	T 3					
Divinylether	2,41	39	< –30	A I		360	T 2	1,7	36,5	50	1060	
Dizyan	1,80	–21				850	T 1	6	43	130	930	
Dodekan	5,86	216	74	A III		530	T 1	0,6		40		
Ethan	1,04	–89				470	T 1	3	15,5	37	195	1
Ethanal	1,52	21	–27 bis –38	B I		140	T 4	4	57	73	104	2
Ethandiol	2,14	197	111		2400	410						
Ethandiolmonoethanat	3,59	178	102		600	–						
Ethanepoxid	1,52	10,7	–50	B I		440	T 2	3	100	50	1800	2
Ethanol	1,59	78	–11 bis –13		8,3	425	T 2	3,1	20	60	370	1
Ethansäure	2,07	118	40	A II		485	T 1	4	17	100	430	1
Ethansäureanhydrid	3,52	140	49			330	T 2	2	10	85	430	1
Ethen	0,97	–104				455	T 1	2,7	34	31	390	2
Ethin	0,91	–84				305		2,3	82	25	880	3 c
Ethoxyethan	2,55	35	–30 bis –40	A I	1	160	T 4	1,6	48	50	1500	2
Ethoxyethanol	3,10	135	40	A II	43	240	T 3	1,8	15,7	65	590	1
Ethoxyethylethanat	4,72	156	51	A I	52	380	T 2	1,7		95		
Ethylethanat	3,04	77	–4	A I		460	T 1	2,18	11,5	80	410	
Ethylmethanat	2,55	54,5	–20	A I				2,7	16,4	80	500	
Ethylnitrit	0,900 (15 °C)	17						3,0	50			
Erdgas								4,5	13,5			1
Erdöl		150	< 21	A I		250	T 3	0,7	5			
Furfural (Furanaldehyd)	3,31	161	60	A III		320	T 2	2,1		85		1
Gasöl		190	> 80	A III		220	T 3					
Generatorgas	0,95							20	75			1
Heizöl		215	> 38	A II		250	T 3					1
Heptan	3,45	98	–4	A I		244	T 3	1	6,7	46	279	1
Hexan	2,97	69	–26	A I		260	T 3	1,1	7,4	43	265	
Hexan-2-on	3,45	128	23	A II				1,2	8	50	330	
Hochofengas	0,95							35	75			
Holzteer	1,05		32			360	T 2					

Name des Stoffes	Dichte-zahl	K. in °C	Flamm-punkt in °C	Gefahr-klasse	Verdun-stungs-zahl	Zünd-tempe-ratur in °C	Zünd-gruppe	Explosionsgrenzen in Vol.-% untere	obere	in g · m⁻³ untere	obere	Explosions-klasse
Kampfer	5,24	205	66			460	T 1	12,5	75	145	870	2
Kohlenmonoxid	0,967	−192				605	T 1	11,4	29	300	740	3 b
Kohlenoxidsulfid	2,10	−50										
Kohlenstoffdisulfid	2,64	46	−30	A I	1,8	102	T 5	1	50	30	1660	
Kokosnußfett		14	216			−						
Kolophonium 100/149			188			−						
Kreosotöl		190	~70	A III		330	T 2					
Leinöl		316	205			340	T 2					
Leuchtgas s. Stadtgas												
Lösemittel E 13	~1,97	150	>21	A II	2,5	240	T 3	0,7	5	130	385	1
Lösemittel E 14	~1,9	55	−10	A I	2,4	475	T 1	5,5	16,1	100	350	
Lösemittel E 33	~1,9	52	−10	A I	2,3			4,7	14,6	100	330	
Lösemittel EMA (Wacker)		60	−12	A I				4,7	14,2			
Methan	0,554	−165				650	T 1	4,9	15,4	33	100	1
Methanol	1,11	65	11	B I	6,3	470	T 1	5,5	36,5	80	490	1
Methoxyethan	2,07	11	−37	A I		190	T 4	2	10,1	50	250	
Methoxyethanol	2,26	120	36 … 56	A II	34,5	290	T 3	2,5	20	80	400	
Methoxyethylethanat	4,07	144	44	A II	35			1,7	8,2	38	520	
Methoxymethan	1,59	−24	−41			190	T 4	2	27	95	500	
Methylethanat	2,56	60	−10	A I	2,2	455	T 1	3,1	16	60	550	1
3-Methylbutylethanat	4,49	143	25	A II	13	360	T 2	1	10	110	570	
Methylmethanat	2,07	32	−19	A I		455	T 2	4,5	23	60	510	1
2-Methylphenol	3,72	191	81	A III		600	T 1	1,35		45		
4-Methylphenol	3,72	202	86	A III		625	T 1	1,06		50		
2-Methylpropanol	2,55	107	28	A II	24	430	T 2	1,7		85		1
2-Methylprop-2-enylchlorid	3,12	72	−12	A I				2,3		115		
2-Methylpropylethanat	4,00	118	18	A I		265	T 3	2,4	10,5	45		
Methylzyklohexan	3,38	101	−4	A I				1,1				1
Methylzyklohexanol	3,93	165	68	A III		−						
Methylzyklohexanon	3,86	163	48	A II		−						
Monobrommethan	3,76	38			807	510	T 1	6,7	11,3	300	510	
Monobromethan	3,27	4	< −30	A I	47	540	T 1	13,5	14,5	530	580	
Monochlorethan	2,22	12	−50	A I		510	T 1	3,6	14,8	95	400	
Monochlorethen	2,15	−14	−43			550	T 1	4	31	100	800	1
Monochlorbenzen	3,88	132	28	A II	12,5	590	T 1	1,3	11	60	520	1
Monochlormethan	1,78	−24				625	T 1	7,6	19,7	160	410	
Naphthalen	4,42	218	80			540	T 1	0,9	5,9	45	320	1
Naphthalinöl			78			−						

Name des Stoffes	Dichtezahl	K in °C	Flammpunkt in °C	Gefahrklasse	Verdunstungszahl	Zündtemperatur in °C	Zündgruppe	Explosionsgrenzen in Vol.-% untere	obere	in g·m⁻³ untere	obere	Explosionsklasse
Nitrobenzen	4,25	211	88	A III		480	T 1	1,8		95		
Nonan	4,41	150	31	A II		235	T 3	0,74	5,6	30	300	1
Oktan	3,86	125	13	A I		240	T 3	0,8	6	35	280	
Oktylethanat								0,84	3,2			1
Ölgas								3,4...6,0	13,5			
Ölsäure	9,7	286 (13,3 kPa)	189			360	T 2					
Olivenöl			225			340	T 2					1
Paraffin	2,48		ab 160			~250	T 3					
Paraffinöl	3,04	36	>103			>217						
Pentan		138	<−40	A I		285	T 3	1,35	8	43	224	
Pentan-1-ol			33	A II		330	T 2	1,2	7,6	44	280	
Pent-1-en								1,3				
Phenol	3,24	182	79			605	T 1					
Phosphorwasserstoff (Phosphin)	1,2	−87				100	T 5					
Phthalsäureanhydrid	5,10	285	152	B II		580	T 1	1,7	10,5	100	650	
Propan, rein	1,56	−42				500	T 1	2,1	9,5	40	180	
Propanol, technisch	2,0	97	21	B I		380	T 1	2,5	18	60	490	
Propan-1-ol, rein	2,07	97	15	B II		420	T 2	2,1	13,5	50	340	
Propan-1-ol, technisch (Leuna-Optal)	2,07	97	22			420	T 2	2,1	13,5	50	340	
Propan-2-ol	2,07	83	12	B I		400	T 2	2	12	50	300	
Propanon	2,00	56	−18	B I	2,1	540	T 1	2,1	13	50	310	1
Propantriol	3,17	290	160			390	T 2	2				
Propen	1,49	−48				455	T 1	2,4	11,1			
Prop-2-en-1-ol		97							18,5			
Propin	1,38	−28	−28					1,7	21	35	200	1
2,2-Propoxypropan	3,50	69	10...15	A I	2,1	443	T 2	1,4		29	900	
Propylethanat	3,52	102	20	A I		450	T 2	1,8	8	60	340	
Pyridin	2,73	115		B I	6,1			1,8	12,4	75		
Rapsöl (Rüböl)		313	163			480	T 1	1,9		59	410	
Rizinusöl (Castoröl)			229			445	T 2					
Ruhrgasöl			<0			445	T 2					
Schmieröl	1,19	>125				~250	T 3		10	40	200	
Schwefelwasserstoff		−60				290	T 3	4,3	45,5	60	650	
Sojabohnenöl			282			445	T 2					
Speziallösungsmittel (Hiag)		53	−16			−						

Name des Stoffes	Dichtezahl	K. in °C	Flammpunkt in °C	Gefahrklasse	Verdunstungszahl	Zündtemperatur in °C	Zündgruppe	Explosionsgrenzen in Vol.-% untere	obere	in g · m⁻³ untere	obere	Explosionsklasse
Stadtgas	0,4					560	T 1	5,3	40			2
Steinkohlenteere		> 360	18			480	T 1					
Steinkohlenteerpech			~ 200			–						1
Terpentinöl	~ 4,7	150	35	A II	170	240	T 3	0,8		45		
Tetrahydronaphthalen, Tetralin	4,55	206	77	A III	190	425	T 2					
Toluen, rein	3,18	111	4	A I	6,1	570	T 1	1,27	7	49	270	1
Trikresylphosphat	12,7	410	238			385	T 2					
Trioxyethylamin	5,14	320	179			–						
Türkischrotöl (Rizinusschwefelsäure)			247	A I		445	T 2					
Tungöl (chin. Holzöl)			289			455	T 1					
Vinylethanat (Vinylazetat)	2,95	72	– 8	A I		425	T 2	2,6	13,4	90	480	
Wassergas	0,5							6	70	3,3	63	
Wasserstoff	0,07	– 253				580	T 1	4	75			3 a
Zyanwasserstoff	0,9	25	– 18	B I		540	T 1	5,6	41	60	450	
Zyklohexan	2,90	80	– 18	A I	400	270	T 3	1,3	8,35	45	290	1
Zyklohexanol	3,45	161	68	A III		–						
Zyklohexanon	3,38	156	34 … 64	A II	40	430	T 2	1,1		45		

Dichtezahl: Dichte des Dampfes bezogen auf Luft des gleichen Zustandes (Luft = 1)

Flammpunkt: Die Temperatur in °C, bei der ein brennbarer Stoff unter Normaldruck soviel brennbare Dämpfe entwickelt, daß dieses Gemisch mit Luft bei kurzzeitiger Annäherung einer genau definierten offenen Flamme kurz aufflammen, aber nicht weiterbrennen kann

Gefahrklasse:
Zündgruppe: siehe: Steinleitner u. a. - Brandschutz- und sicherheitstechnische Kennwerte gefährlicher Stoffe,
Explosionsklasse: Thun und Frankfurt am Main, 1989, ISBN 3-8171-1042-1

30.2. Flamm- und Stockpunkte von Schmierölen

Stoff	Flammpunkt mindestens °C	Stockpunkt[1]) nicht über °C
Achsenöle (Sommeröl)	145	0
(Winteröl)	145	− 12
Automatenöl	140	0
Automotorenöl (Sommeröl)	180	+ 5
(Winteröl)	180	− 5
Dieselmotorenzylinderöl	175	+ 5
Eismaschinenöl	145	− 20
Elektromotoren- und Dynamoöl		
(Sommeröl)	160	+ 5
(Winteröl)	160	− 5
Öle für Feinmechanik und Uhrwerke	140	− 15
Flugmotorenöl	185	− 15 … − 25
Gasmotorenöl	190 … 211	−
Hochdruckkompressorenöl	200	+ 5
Kugellageröl (Sommeröl)	160	+ 5
(Winteröl)	160	− 5
Lagerschmieröl (Sommeröl)	160	+ 5
(Winteröl)	160	− 5
Luftkompressorenöl	200	0
Marineschmieröl (Sommeröl)	160	− 10
Maschinenöl, leichtes, helles	160	− 20
Normalschmieröl	100 … 200	− 10 … 0
Spindelöle	130	− 5
Steinkohlenschmieröl für leicht belastete Lager	150	− 10

[1]) Der Stockpunkt ist diejenige Temperatur, bei der ein Öl so steif wird, daß es sich im waagerecht gehaltenen Probeglas innerhalb 10 Sekunden nicht bewegt.

30.3. Flammpunkte von Ethanol-Wasser-Gemischen

%-Anteil Ethanol	Flammpunkt in °C
5	60
10	47
20	55,5
30	29
40	25,5
50	24
60	22,5
78	21
80	19,5
90	17,5
100	− 11

30.4. Kenndaten einiger technischer Lösemittel[2])

Technischer Name des Stoffes	Dichte in kg · m⁻³	K. in °C	Flammpunkt in °C
Benzylalkohol	1 045	205	96
Benzylazetat	1 540	107 (2,666 kPa)	93
Butylglykol	907	171	60
Chloroform (Trichlormethan)	1 498 (15 °C)	61 … 62	nicht brennbar
o-Chlortoluen	1 080	159,5	
Diglykolformal	1 114	153/159	49,6
Glykolformal	1 053	78	

[2]) Weitere Lösemittel siehe Tabelle 30.1.

Technischer Name des Stoffes	Dichte in kg · m^{-3}	K. in °C	Flammpunkt in °C
Glykolsäurebutylester (GB-Ester)	1 010	183	68
Intrasolvan E	803	100/140	25
Isobutyron	806	124	
Perchlorethylen (Tetrachlorethan)	1 620	121	nicht brennbar
Polysolvan O	1 000	155/195	55
Polysolvan E	865	108/134	19
Polysolvan HS	865	160/170	50
Tetrachlorethan, techn.	1 500 ... 1 600	~145	nicht brennbar
Tetrachlormethan	1 463 (15 °C)	76,7	nicht brennbar
Trichlorethen	1 466 (18 °C)	87	nicht brennbar

30.5. Untere Explosionsgrenze und Zündtemperatur von Stäuben[1])

Die untere Explosionsgrenze von Stäuben fester brennbarer Stoffe ist von einer Reihe von Faktoren abhängig, wie z. B. von der Teilchengröße, Gestalt, Oberfläche, anhaftender Feuchtigkeit, Zündtemperatur, Anfangsdruck usw.
Die angegebenen Zündtemperaturen sind im Zündofen von Godbert und Greenwald bestimmt.
Zur Kennzeichnung der Teilchenzusammensetzung ist der prozentuale Anteil der Teilchen unter 60 μm angegeben.

Stoff	Anteil unter 60 μm in %	Feuchtigkeits- gehalt in %	Zündtemperatur in °C	untere Explosions- grenze in g · m^{-3}
Aktivkohle	50,0	3,5	773	
Aluminium	58,5	0,0		43
Aminokapronsäure	59,2	0,8	520	46
Anthrazit	100,0	0,0	844 bis über 900	
Braunkohle	80 ... 100	0,0		ab 35
(Niederlausitz)	100,0	0,0	320 ... 390	
(Raum Halle-Leipzig)	100,0	0,0	390 ... 460	
Braunkohlenbitumen, frisch extrahiert	51,6	0,0	379	
nach mehrmonatiger Lagerung	51,6	0,0	448	
Braunkohlen-HT-Koks	73,2	0,0	670 ... 746	
	53,6	6,4		150
Braunkohlenschwelkoks	80 ... 100	2 ... 4		ab 50
	100,0	0,0	375 ... 640	
Eisenpulver			421	
Graphit	100,0	0,0	bis 900 keine Zündung	
Holzkohle (Birke)	71,4	2,7	525	
Holzkohle (Erle)	79,8	5,8	545	68
Kalziummersolat	24,6	4,3	447	
Kolophonium	100,0	0,5	329	
Korkmehl		13,7	468	
Kunstharz	33,1	2,9	geschmolzen	26
Kunstseide	56,6	9,0	472	
Lignin	100,0	19,5	589	
Montanwachs, roh	100,0	1,1	393	
	70,8	0,4	405	
Naphthalen	0,5	3,0	612	
Papier	100,0	0,0	438	< 90
Piatherm	4,0	12,6	510	
Polyakrylnitril	19,0	0,0	599	42
Polyamid	6,2	1,0	513	70 ... 100
Polystyrol	96,8	0,1	488	16
Preßmasse				
(Holzmehle + Harz + Methanal)	55,4	9,8	607	
PVC-Pulver	86,0	0,8	bis 900 keine Zündung	430
Pyrit	78,8	0,2	401	
Ruß	35,0	1,5	bis 900 keine Zündung	
Schwefel	24,2	0,0	333	23
Schwefel (sizil.)	91,8	0,0	291	15

[1]) Nach *Hanel* in »Die Technik«, 11/1956.

Stoff	Anteil unter 60 μm in %	Feuchtigkeits-gehalt in %	Zündtemperatur in °C	untere Explosions-grenze in g · m⁻³
Schwefel (Ruhrgasschw.)	84,5	0,0	302	
	95,6	0,0	298	
Steinkohle	100,0	0,0	600 bis über 900	
	80 ... 100	2 ... 4	ab 40	
Steinkohlenkoks	100,0	0,0	770 ... 900	
Torf	35,2	13,9	427	55
Zellstoff	100,0	10,0	434	
Zucker	56,6	0,2	377	

31. Viskosität

$1 \, Pa \cdot s \, (= 1 \, N \cdot s \cdot m^{-2})$ ist die **dynamische Viskosität** η eines laminar strömenden, homogenen, isotropen Körpers, in dem zwischen zwei ebenen parallelen Schichten mit einem Geschwindigkeitsunterschied von $1 \, m \cdot s^{-1}$ je Meter Abstand in den Schichtflächen der Druck von $1 \, N \cdot m^{-2}$ herrscht.
Die **kinematische Viskosität** $\nu \, (m^2 \cdot s^{-1})$ ist der Quotient aus dynamischer Viskosität und Dichte.

31.1. Viskosität (dynamische) von organischen Flüssigkeiten

	η in mPa · s bei 0 °C	bei 20 °C		η in mPa · s bei 0 °C	bei 20 °C
Aminobenzen	10,2	4,4	Methanamid	7,30	3,75
Benzen	0,9055	0,649	Methanol	0,817	0,591
Benzenkarbonsäurenitril		1,33	Methansäure	2,928	1,782
Brombenzen	1,52	1,13	Methansäureethylester		0,402
Bromethan	0,4776	0,392	Methansäuremethylester	0,43	0,345
2-Brommethylbenzen	2,21	1,51	Methoxybenzen	1,78	1,32
3-Brommethylbenzen	1,73	1,25	2-Methylaminobenzen	10,2	4,35
1-Brompropan	0,6448	0,517	3-Methylaminobenzen	8,7	3,81
2-Brompropan	0,6044	0,482	4-Methylaminobenzen		1,75 (50 °C)
1-Bromprop-2-en	0,619	0,4955	Methylbenzen	0,7684	0,586
Butanol	5,19	2,947	2-Methylbuta-1,3-dien	0,2600	0,2155
Butanon	0,5383	0,423	2-Methylbutan	0,2724	0,223
Butansäure	2,2747	1,538	3-Methylbutan-1-ol		4,341
Butansäuremethylester		0,711	2-Methylbutan-2-ol		4,642
Chlorbenzen	1,06	0,80	2-Methylhexan	0,4767	0,379
Chlorethan	0,320	0 266	2-Methylhydroxybenzen		9,8
1-Chlorpropan	0,4349	0,352	3-Methylhydroxybenzen	95,0	21,0
2-Chlorpropan	0,4012	0,322	4-Methylhydroxybenzen		20,2
Dekahydronaphthalen		2,40	2-Methylpentan	0,3713	0,300
Diethylaminobenzen		2,18	2-Methylpropanol	8,3	3,906
Dichlormethan	0,5357	0,4355	2-Methylpropansäure	1,887	1,315
Diethylether	0,296	0,243	Nitrobenzen	3,09	2,01
N,N-Dimethylaminobenzen		1,41	Nitroethan	0,844	0,657
1,2-Dimethylbenzen	1,1029	0,807	2-Nitromethylbenzen	3,83	2,37
1,3-Dimethylbenzen	0,8019	0,615	3-Nitromethylbenzen		2,33
1,4-Dimethylbenzen	0,8457	0,6435	4-Nitromethylbenzen		1,20 (60 °C)
Dioxan		1,26	Nonan	0,97	0,71
Heptan	0,5180	0,4105	Oktan	0,7025	0,538
Hexan	0,3965	0,320	Pentan	0,2827	0,232
Hydroxybenzen		1 1,6	Pentan-2,4-dion	1,09	
Iodbenzen		1,49	Pentan-1-ol		4,396
Iodethan	0,7190	0,583	Pentan-2-ol		5,091
Iodmethan	0,5940	0,487	Pentan-2-on	0,6464	0,501
1-Iodpropan	0,9373	0,737	Pentan-3-on	0,5949	0,4655
2-Iodpropan	0,8783	0,690	Pentansäure		2,236

	η in mPa · s bei 0°C	bei 20 °C		η in mPa · s bei 0 °C	bei 20 °C
Propan-1-ol	3,85	2,20	Tetrachlorethan	2,66	1,75
Propan-2-ol	4,60	2,39	Tetrachlorethen	1,14	0,88
Propanon	0,3949	0.3225	Tetrachlormethan	1,3466	0,969
Propansäure	1,5199	1,099	Tetrahydronaphthalen		2,02
Propansäureanhydrid	1,6071	1,116	Thiophen	0,8708	0,659
Propan-1,2,3-triol	12,100	14,99	Trichlorethen	0,71	0,58
Propen-2-ol		1,361	Trichlormethan	0,7006	0,564
Pyridin	1,33	0,95	Zyklohexan		0,97
Kohlenstoffdisulfid	0,4294	0,367	Zyklohexanol		68,00

31.2. Viskosität (kinematische) von Brennstoffen und Ölen

Stoff	Viskosität in mm² · s⁻¹	bei °C		
Dieselkraftstoffe				
DK 1 und 2 (Sommer-DK)	2,8 … 9,7	20		
DK 3 (Winter-DK)	2,3 … 8,6	20		
Heizöle				
HE-B: (mittelschwer)	60	50		
HE-C: (schwer)	150	50		
HE-D: (extraschwer)	350	70		
Schmieröl D (ohne »besondere« Anforderungen)				
D 40	30 … 55	50		
D 70	60 … 75	50		
D 1000	700 … 1 400	50		
	45 … 60	100		

Schmieröle G (Getriebeöle)	mm² · s⁻¹	°C	mm² · s⁻¹	°C
GL 60	53 … 68	50	9,6	98,9
GL 125	110 … 130	50	15,9	98,9
GL 240	220 … 250	50	25,5	98,9
GS 240	220 … 250	50	25,8	98,9
GH 125	110 … 130	50	17,5	98,9

Schmieröle M (Motorenöle)				
MV 232 (Viertakt-Otto-Motorenöl)	50 … 60	50		
MD 102 (Dieselmotorenöl)	20 … 27	50		
MZ 22 (Zweitakt-Motorenöl)	20 … 25	50		

Schmieröle R (Lager- und Getriebeöle)				
R 5	4 … 6	50		
R 12	10 … 14	50		
R 32	28 … 36	50		
R 50	45 … 55	50		
R 70	64 … 76	50		

Schmieröle RL (legierte Mineralölraffinate)	mm² · s⁻¹ bei 20 °C			
RL 1	1,7 … 2,3			
RL 2	2,5 … 3,5			
RL 5	11 … 13			
RL 9	23 … 27			

Schmieröle T (Turbinenöle)	mm² · s⁻¹ bei 50 °C			
Turb L 36	32 … 40			

Schmieröle L (Verdichteröle)	mm² · s⁻¹ bei 50 °C	bei 100 °C
V 75	65 ... 75	10,0
V 115	100 ... 115	13,7
V 155	140 ... 155	16,7

Spezialöle	mm² · s⁻¹ bei 20 °C
Transformatorenöl TRF-GL	30
Feinmechaniköl F 25	10 ... 40
Knochenöl, gebleicht	90
Rinderklauenöl P 12-R	83 ... 99

32. Kritische Daten von technisch wichtigen Gasen

Spalte t_k gibt die kritische Temperatur (t_k) in °C an, oberhalb der ein Gas auch durch noch so hohen Druck nicht mehr verflüssigt werden kann.
Spalte p_k gibt den kritischen Druck (p_k) in kPa an, der bei der kritischen Temperatur gerade ausreicht, um die Verflüssigung zu bewirken.
Spalte ϱ_k gibt die Dichte (ϱ_k) in kg · m⁻³ eines bei der kritischen Temperatur verflüssigten Stoffes an.

Name	t_k in °C	p_k in kPa	ϱ_k in kg · m⁻³
Ammoniak	132,4	11 297,74	235
Bromwasserstoff	89,9	8 815,28	807
Buta-1,3-dien	152	4 326,58	245
Butan	152,0	3 796,65	225
Chlor	144	7 710,83	573
Chlorwasserstoff	51,5	8 263,05	610
Dichlormethan	237,0	6 076,46	–
Difluordichlormethan	117,0	4 012,47	557,6
Dimethylamin	164,6	530,43	–
Dimethylether	126,9	5 329,7	271
Epoxyethan	195,8	7 427,12	–
Ethan	32,3	4 883,87	203
Ethen	9,5	5 116,,91	227
Ethin	35,2	6 241362	232
Ethylamin	183,4	5 623,54	248
Fluor	– 129	5 572,88	–
Hexan	234,7	3 032,67	234
Iodwasserstoff	150,8	–	–
Kohlendioxid	31,1	7 381,53	467
Kohlenmonoxid	– 140,2	3 498,75	301
Kohlensäuredichlorid	182,3	5 674,2	520
Luft	– 140,7	3 890,88	310
Methan	– 82,5	4 640,69	162
Methylamin	156,9	7 457,52	–
2-Methylbutan	187,8	3 335,62	234
2-Methylpropan	134,9	3 647,7	221
Monochlordifluormethan	96,0	4 934,53	552
Monochlorethan	187,2	5 572,88	330
Monochlormethan	143	6 672,25	370
Monochlortrifluormethan	28,8	3 860,48	581
Monofluordichlormethan	178,5	5 167,58	522
Monofluormethan	44,5	5 876,85	–
Monofluortrichlormethan	198	4 519,1	554
Pentan	196,6	3 375,14	232
Propan	96,8	4 255,65	220
Propen	91,8	4 600,16	233
Sauerstoff	– 118,8	5 208,11	430
Schwefeldioxid	157,2	7 802,03	524
Schwefelwasserstoff	100,4	9 007,79	860
Stickstoff	– 146,9	3 505,85	311
Trimethylamin	160,2	4 077,32	–
Wasserdampf	374,2	22 038,19	329
Wasserstoff	– 239,9	1 296,96	31

33. Ausdehnungskoeffizienten

Spalte α gibt den linearen Ausdehnungskoeffizienten α in $\dfrac{m}{m \cdot K} = K^{-1}$ an, d. h., die Längenzunahme in m (bzw. cm) eines Stabes oder einer Flüssigkeitssäule von 1 m (bzw. 1 cm) Länge bei einer Temperaturerhöhung um 1 °C.
Beträgt die Länge eines Stabes vor der Wärmezufuhr l_1, ist Δt die Temperaturerhöhung, die der Stab erfährt, und l_2 die Länge des Stabes nach der Temperaturerhöhung, so kann l_2 nach folgender Formel errechnet werden:

$$l_2 = l_1 \cdot (1 + \alpha \cdot \Delta t)$$

Spalte β gibt den kubischen Ausdehnungskoeffizienten β in $\dfrac{m^3}{m^3 \cdot K} = K^{-1}$ an, d. h., die Raumzunahme in m^3 (bzw. cm^3) eines Körpers von 1 m^3 (bzw. 1 cm^3) Volumen bei einer Temperaturerhöhung um 1 °C.
Beträgt das Volumen des Körpers vor der Wärmezufuhr v_1, ist Δt die Temperaturerhöhung, die der Körper erfährt, und v_2 das Volumen des Körpers nach der Temperaturerhöhung, so kann man v_2 nach folgender Formel errechnen:

$$v_2 = v_1 \cdot (1 + \beta \cdot \Delta t)$$

33.1. Lineare Ausdehnungskoeffizienten von reinen Metallen und Legierungen

Name	α in K^{-1}	Name	α in K^{-1}	Name	α in K^{-1}
Aluminium	0,000023	Kadmium	0,000031	Platin-Iridium	0,0000089
Aluminiumbronze	0,000015...	Kalzium	0,000022	Quecksilber	0,00006
	0,000016	Kobalt	0,000013	Rhodium	0,000008
Antimon	0,000011	Konstantan	0,0000152	Schweißeisen	0,000013
Beryllium	0,000013	Kupfer	0,000017	Selen	0,000037
Blei	0,000029	Magnesium	0,000026	Silber	0,000020
Bleibronze	0,000018	Mangan	0,000023	Silizium	0,000007
Chromium	0,0000084	Messing	0,000019...	Stahl, gehärtet	0,000010
Eisen	0,000011		0,000020	Weicheisen	0,000012
Flußstahl	0,0000126	Molybdän	0,000005	Wolfram	0,000004
Germanium	0,000006	Natrium	0,000071	Zink	0,000036
Gold	0,000012	Neusilber	0,0000184	Zinkbronze	0,00018
Gußeisen	0,0000114	Nickel	0,000013	Zinn	0,000027
Invar (etwa 35%	0,0000009	Osmium	0,000007	Zirkonium	0,000014
Ni, Rest Fe)		Palladium	0,000011		
Iridium	0,000007	Platin	0,000009		

33.2. Kubische Ausdehnungskoeffizienten von Flüssigkeiten

Name	β in K^{-1}	Name	β in K^{-1}	Name	β in K^{-1}
Benzen	0,001229	Methanol	0,00119	Propan-1,2,3-triol	0,00049
Butanon	0,00135	Methylbenzen	0,00112	Pyridin	0,001122
Dekan	0,001015	Naphthalen (geschm.)	0,000853	Kohlenstoffdisulfid	0,001197
Diethylether	0,001617	Nitrobenzen	0,00084	Tetrachlorethan	0,000998
1,3-Dimethylbenzen	0,00099	Oktan	0,001124	Tetrachlormethan	0,00122
Dioxan	0,001094	Pentan	0,00159	Tetrahydronaphthalen	0,00078
Ethanol	0,001101	Propan-1-ol	0,00099	Trichlormethan	0,00128
Heptan	0,00109	Propan-2-ol	0,00106	Wasser	0,00018
Hexan	0,00135	Propanon	0,00143		

34. Spezifischer Widerstand und mittlerer Temperaturkoeffizient

Spalte spezifischer Widerstand gibt den elektrischen Widerstand einer 1 m langen Schicht eines Stoffes von 1 mm^2
Querschnitt an. Kurzzeichen: ϱ; Maßeinheit: $\dfrac{\Omega \cdot mm^2}{m}$.
Die spezifischen Widerstände der schlechten Leiter (Tabelle 34.3) und der Isolierstoffe (Tabelle 34.4) gelten für Körper von 1 cm Länge und 1 cm^2 Querschnitt. Maßeinheit: $\dfrac{\Omega \cdot cm^2}{cm} = \Omega \cdot cm$.

Spalte mittlerer Temperaturkoeffizient (β) gibt den Korrekturfaktor an, mit dem man ϱ_0 nach der folgenden Formel multiplizieren muß, um den spezifischen Widerstand für eine zwischen 0 und 100 °C liegende Temperatur zu ermitteln.

$$\varrho_t = \varrho_0(1 + \beta t)$$

Abkürzungen: ϱ_0 = spez. Widerstand bei 0 °C,
$\quad\quad\quad\quad\varrho_t$ = spez. Widerstand bei der Meßtemperatur,
$\quad\quad\quad\quad t$ = Meßtemperatur.

34.1. Spezifischer Widerstand von Metallen

Metall	Spez. Widerstand in $\frac{\Omega \cdot \text{mm}^2}{\text{m}}$ bei		Mittlerer Temperatur-koeffizient	Metall	Spez. Widerstand in $\frac{\Omega \cdot \text{mm}^2}{\text{m}}$ bei		Mittlerer Temperatur-koeffizient
	0 °C	18 °C	β in $\frac{1}{°C}$		0 °C	18 °C	β in $\frac{1}{°C}$
Aluminium	0,0263	0,032	0,0039	Nickel	(0,0634 ... 0,120)	0,118	0,0065
Antimon	0,391	0,45	0,0030				
Bismut	1,01	1,16	0,0045	Osmium	0,06		0,0042
Blei	0,193	0,207	0,0042	Palladium	0,102	0,110	0,0033
Chromium	0,026		≈ 0,015	Platin	0,1096	0,10	0,0038
Eisen	0,087	0,10	0,0061	Quecksilber	0,94	0,958	0,00099
Iridium	0,0458	0,0529	0,0044	Rhodium	0,0469	0,0603	0,0043
Kadmium	0,063	0,0757	0,0038	Silber	0,01506	0,0163	0,0040
Kalium	0,0662	0,071	0,0055	Titanium	0,435		0,0043
Kupfer	0,0156	0,0175	0,0039	Wolfram	0,050	0,0551	0,0045
Molybdän	0,0438	0,057	0,0033	Zink	0,0575	0,0606	0,0041
Natrium	0,0427	0,0465	0,0044	Zinn	0,093	0,113	0,0042

34.2. Spezifischer Widerstand von Legierungen

Legierung	Spez. Widerstand in $\frac{\Omega \cdot \text{mm}^2}{\text{m}}$ bei 20 °C	Mittlerer Temperatur-koeffizient β in $\frac{1}{°C}$	Legierung	Spez. Widerstand in $\frac{\Omega \cdot \text{mm}^2}{\text{m}}$ bei 20 °C	Mittlerer Temperatur-koeffizient β in $\frac{1}{°C}$
Bronze (87,5 % Cu, 11,3 % Sn, 0,4 % Pb, 0,2 % Fe)	0,18	0,0005	Palladium-Silber (20 % Pd, 80 % Ag)	0,15	0,0003
Chrom-Nickel	1,20	0,0001	Patentnickel (75 % Cu, 25 % Ni)	0,33	0,0002
Gußstahl	0,18	0,003	Platin-Iridium (80 % Pt, 20 % Ir)	0,32	0,002
Konstantan (60 % Cu, 40 % Ni)	0,50	0,00005	Platin-Rhodium (40 % Pt, 10 % Rh)	0,20	0,0017
Manganin (48 % Cu, 4 % Ni, 12 % Mn)	0,43	0,00002	Platin-Silber (33 % Pt, 66 % Ag)	0,242	0,00024
Manganstahl (12 % Mn)	0,55	0,002	Resistin (Cu, Mn)	0,51	0,000008
Messing (90,9 % Cu, 9,1 % Zn)	0,036	0,0020	Rotguß (66 % Cu, 7 % Zn, 6 % Sn)	0,127	0,0008
Neusilber (60 % Cu, 25 % Zn, 14 % Ni)	0,30	0,0004	Stahl, gehärtet	0,40 ... 0,50	0,0015
Nickelin (62 % Cu, 20 % Zn, 18 % Ni)	0,33	0,0003	Stahl, weich	0,10 ... 0,20	0,005

34.3. Spezifischer Widerstand von schlechten Leitern

Material	Temperatur in °C	Spezifischer Widerstand in $\Omega \cdot$ cm	Material	Temperatur in °C	Spezifischer Widerstand in $\Omega \cdot$ cm
Beton (1 Teil Zement + 3 Teile Sand)	16,5	0,00014	Graphit	0	0,00219
(1 Teil Zement + 5 Teile Kies)	18,5	0,00042	Kohlefaden	0	0,0035
(1 Teil Zement + 7 Teile Kies)	18,5	0,00050	Magnetit	17	0,5950
Bleiglanz	20	0,00265	Pyrit	20	0,0240
Gasretortenkohle	0	0,00690	Zement	16	0,000045

34.4. Spezifischer Widerstand von Isolierstoffen

Material	Temperatur in °C	Spezifischer Widerstand in $\Omega \cdot$ cm	Material	Temperatur in °C	Spezifischer Widerstand in $\Omega \cdot$ cm
Aminoplaste	–	$2 \cdot 10^{13} \ldots 10^{14}$	Piacryl	–	10^{15}
Azetylzellulose	–	10^{12}	Polyamid	–	$10^{10} \ldots 10^{14}$
Butadien-Styren-Kautschuk	–	$10^{14} \ldots 10^{16}$	Polyester (unges.)	–	$10^{12} \ldots 10^{14}$
Chlorkautschuk	–	$2,5 \cdot 10^{13}$	Polyethen	–	$10^{14} \ldots 10^{16}$
Epoxidharz	–	$10^{12} \ldots 10^{15}$	Polystyren	–	$10^{17} \ldots 10^{18}$
Flußspat	20	∞	Polytetrafluorethen	–	$10^{14} \ldots 10^{15}$
Glas	60	$10^{13} \ldots 10^{14}$	Polyvinylchlorid	–	$10^{11} \ldots 10^{16}$
Hartgummi	20	$2 \cdot 10^{15} \ldots 10^{18}$	Quarzglas	20	$> 5 \cdot 10^{18}$
	100	$3 \cdot 10^{14}$		300	$2 \cdot 10^{11}$
Hartporzellan	20	10^{14}		800	$2 \cdot 10^{7}$
	200	$6 \cdot 10^{8}$	Schiefer	20	$1 \cdot 10^{8}$
	400	$2 \cdot 10^{7}$	Silizium	–	$1,2 \cdot 10^{7}$
Holz	–	$10^{10} \ldots 10^{16}$	Sinterkorund	300	$1,2 \cdot 10^{13}$
Kautschuk	–	$(5 \ldots 7) \cdot 10^{16}$	Steatit	200	$3 \cdot 10^{11}$
Paraffin	20	$10^{16} \ldots 3 \cdot 10^{18}$	Vulkanfiber	20	$10^{10} \ldots 10^{11}$
Phenoplaste	–	$10^{9} \ldots 10^{13}$	Zelluloid	–	$10^{10} \ldots 10^{12}$

35. Filtermaterialien

35.1. Filterpapiere für technische Zwecke, gekreppte und genarbte Sorten

Sorte	Eigenschaften	Vorzugsweise Verwendung
Sehr schnell filtrierend		
5 H	weich, weitporig	Alginate, etherische Öle
6 S/N	weich, weitporig, naßfest	Farbemulsionen, schleimige Flüssigkeiten
6 S	extra dick, weich, weitporig	Fruchtsäfte und andere viskose Lösungen und Emulsionen
1 602/N	dünn, naßfest	Salzlösungen, Abtrennung gröberer Verunreinigungen
Schnell filtrierend		
17		Extrakte, Salzlösungen, schleimige Flüssigkeiten
603		Speiseöle, Paraffine
150/N	graubraun	Säfte, Öle, Farbstofflösungen
6 S/h	extra dick	Harzlösungen, Abtrennung feiner Verunreinigungen
1 406	genarbt	Emulsionen, Essenzen
Mittelschnell filtrierend		
17/N	naßfest	schleimige Flüssigkeiten
15/N	stark naßfest, graubraun	Mineralöle, Speiseöle
6	genarbt	Klarfiltration in Zuckerfabriken

35.2. Filterpapiere für technische Zwecke, glatte Sorten

Sorte	Eigenschaften	Vorzugsweise Anwendung
Sehr schnell filtrierend		
60	weitporig, dick	Emulsionen, Essenzen
Schnell filtrierend		
303		etherische Öle, Emulsionen
3 w	dünn	Essenzen, Tinkturen
1403 b		Extraktlösungen, Parfüme
Mittelschnell filtrierend		
3 hw	dünn	etherische Öle, Essenzen, Salzlösungen
4 b		allgemeine Laborfiltrationen
Mittelschnell bis langsam filtrierend		
3 m	dünn	Extrakte, Kräuterauszüge, Spirituosen
3 m/N	dünn, naßfest	Säuren, Vakuumfiltration
100		Salzlösungen, Spirituosen, Tinkturen
50		Salzlösungen, Spirituosen
3 h	dünn	Extraktlösungen, Sera
Langsam filtrierend		
3 b	dünn	Sera, Würzen
3 S	dünn	Käselab, Sera, Würzen
460/N	stark naßfest	Eiweißtrübungen, Gerbstofflösungen, Säuren, Druck- und Vakuumfiltration
3 S/h	dick, dicht	Extrakte, Öle, Tinkturen, schwierig zu klärende Flüssigkeiten
488/N	stark naßfest	Eiweißtrübungen, Gerbstofflösungen, Druck- und Vakuumfiltration

35.3. Filterkartons

Sorte	Eigenschaften	Vorzugsweise Anwendung
SB 2	dünn, schnell filtrierend	größere Flüssigkeitsmengen, Mineralöle
C/160	dünn, mittelschnell filtrierend	Speiseöle, Transformatorenöle, in Filterpressen
C/250	mittelschnell filtrierend	Transformatorenöle, Turbinenöle
C/300	mittelschnell bis langsam filtrierend	Motorenöle, Transformatorenöle, Turbinenöle, in Filterpressen
C/350	dick, langsam filtrierend	Öle mit feineren Verunreinigungen
LF 1	dick, voluminös	industrielle Luftreinigung
LF 2	dick, sehr voluminös, asbesthaltig	Luftreinigung, Abscheidung von Aerosolen, schädlichen Stäuben, Rauch, Nebeln

35.4. Spezialpapiere

Sorte	Eigenschaften	Vorzugsweise Anwendung
389/P	phosphatarm, mittel-weitporig, mittelschnell filtrierend	Phosphatbestimmung von Eisen und Stahl
132	phosphatarm, mitteldicht, mäßig schnell filtrierend	Bodenuntersuchungen, Bestimmung von Spurenelementen in Böden
131	phosphatarm, feinporig, sehr dicht, langsam filtrierend	K- und P-Bestimmung in Bodenproben
66/K	Aktivkohlepapier, engporig, dicht, langsam filtrierend	Klärung und Aufhellung trüber Flüssigkeiten, Erkennung feiner Spuren weißer Niederschläge

35.5. Filterpapiere für analytische Zwecke

Qualitative Analyse

Sorte	Eigenschaften	Vorzugsweise Anwendung
Schnell filtrierend (12 s)		
288	weitporig, lockere Struktur, normalfest	grobflockige und voluminöse Niederschläge
288/N	weitporig, lockere Struktur, naßfest	
Mittelschnell filtrierend (25 s)		
289	mittel-weitporig	meist verwendete Sorte für analytische Arbeiten
289/N	mittel-weitporig, naßfest	
Mäßig schnell filtrierend (55 s)		
292	mitteldicht	Schnellfiltration feiner Niederschläge
292/N	mitteldicht, naßfest	
Langsam filtrierend (120 s)		
290	engporig, dicht	Filtration feiner Niederschläge
290/N	engporig, dicht, naßfest	
Sehr langsam filtrierend (200 s)		
291	feinporig, sehr dicht	Filtration besonders feinkörniger Niederschläge, für besonders schwierige Filtrationsbedingungen
291/N	feinporig, sehr dicht, naßfest	

Quantitative Analyse

Sorte	Asche-%	Eigenschaften	Vorzugsweise Anwendung
Sehr schnell filtrierend (12 s)			
88	0,03	semiquantitativ, weitporig, weich	Filtration grobflockiger und voluminöser Niederschläge
388	0,01	normalfest, weitporig, weich	
1 388	0,01	naßfest, weitporig, weich	
Schnell filtrierend (25 s)			
89	0,03	semiquantitativ, weitporig	meist verwendete Sorte für analytische Arbeiten
389	0,01	normalfest, mittel-weitporig	
1 389	0,01	naßfest, mittel-weitporig	
Mäßig schnell filtrierend (55 s)			
92	0,03	semiquantitativ, mitteldicht	Schnellfiltration feiner Niederschläge
392	0,01	normalfest, mitteldicht	
1 392	0,01	naßfest, mitteldicht	
Langsam filtrierend (120 s)			
90	0,03	semiquantitativ, engporig, dicht	Filtration feiner Niederschläge
390	0,01	normalfest, engporig, dicht	
1 390	0,01	naßfest, engporig, dicht	
Sehr langsam filtrierend (160 s)			
91	0,03	semiquantitativ, feinporig, sehr dicht	Filtration besonders feinkörniger Niederschläge, für besonders schwierige Filtrationsbedingungen
391	0,01	normalfest, feinporig, sehr dicht	
1 391	0,01	naßfest, feinporig, sehr dicht	

35.6. Chromatographie- und Elektrophoresepapiere

Merkmal	Sorte							
Normal	FN 1	FN 2	FN 3	FN 4	FN 5	FN 6	FN 7	FN 8
Säurebehandelt	FN 11	FN 12	FN 13	FN 14	FN 15	FN 16	FN 17	FN 18
Papiercharakter	schnell saugend		mittelschnell saugend		langsam saugend		schnell saugend	
Dicke in mm	0,17...0,22	0,22...0,27	0,16...0,21	0,21...0,26	0,15...0,20	0,19...0,24	0,28...0,35	0,50...0,60
Saughöhe längs in mm/30 min	130...160		80...105		50...70		130...160	150...190
Glührückstand in % höchstens normal behandelt	0,06 / 0,02							
Extraktstoffgehalt in % höchstens	0,08							
Karboxylgruppengehalt in m · mol/g höchstens	12							
pH-Wert des wäßrigen Auszuges	5,5...7,5							

35.7. Jenaer Glasfiltergeräte

Jenaer Glaswerk Schott u. Gen., Jena

Jenaer Glasfiltergeräte werden aus Rasotherm® hergestellt.

Filterklasse	Bezeichnung	Porengröße in μm	Anwendungsgebiet (Beispiele)
POR 250	R 0	über 160 ... 250	Filtration von groben Niederschlägen, Gasverteilung in Flüssigkeiten (bei geringem Gasdruck)
POR 160	R 1	über 100 ... 160	Extraktion grobkörnigen Materials. Großblasige Gasverteilung in Flüssigkeiten. Unterlage loser Filterschichten für gelatinöse Niederschläge.
POR 100	R 2	über 40 ... 100	Präparatives Arbeiten mit kristallinen Niederschlägen. Diffusion von Gasen in Flüssigkeiten.
POR 40	R 3	über 16 ... 40	Filtration von Quecksilber, Zellulose und feinen Niederschlägen. Diffusion von Gasen in Flüssigkeiten.
POR 16	R 4	über 3 ... 16	Analytisches Arbeiten mit feinsten Niederschlägen. Präparative Filtration sehr feiner Niederschläge. Sehr feine Gasverteilung in Flüssigkeiten mittels Druck. Rückschlag- und Sperrventile für Quecksilber.
POR 3,0	R 5	über 0,7 ... 3	Bakteriologische Filter. Extrem feine Gasverteilung in Flüssigkeiten bei höheren Drücken.

35.8. Keramische Filtermittel   Filterwerke Meißen

Porennennweite in μm	Porenvolumen (Mittelwert) in %	Biegefestigkeit (Mindestwert) in N · cm^{-2}	Porennennweite in μm	Porenvolumen (Mittelwert) in %	Biegefestigkeit (Mindestwert) in N · cm^{-2}
25	50	$1{,}37 \cdot 10^3$	130	51	$4{,}04 \cdot 10^2$
45	48	$7{,}75 \cdot 10^2$	150	54	$2{,}75 \cdot 10^2$
85	48	$5{,}10 \cdot 10^2$	180	52	$2{,}45 \cdot 10^2$

Das keramische Filtermaterial wird in Form von Platten (rechteckig und rund) sowie Zylindern (beiderseitig offen, einseitig geschlossen und einseitig geschlossen mit Bund) in den Werkstoffen Quarz, Tonerdesilikat und Korund geliefert. Handelsname: *Porolith*.

36. Stahlflaschen

36.1. Farbanstrich und Gewinde

Gas	Farbanstrich	Befestigung des Druckminderungsventils durch	
		Gewinde	Anschluß
Ethin	gelb		Spannbügel
alle anderen brennbaren Gase	rot	links	
Sauerstoff	blau	rechts	
Stickstoff	grün	rechts	
alle anderen nicht brennbaren Gase	hellgrau	rechts[1])	
alle Prüfgase	braun		
giftige Gase, außer Prüfgase	schwarz		

36.2. Prüfdruck für verdichtete und verflüssigte Gase

Der Prüfdruck muß mindestens 1,0 MPa betragen. Bei verdichteten Druckgasen beträgt der Prüfdruck das 1,5 fache des für den Druckgasbehälter festgelegten höchstzulässigen Überdruckes der Füllung bei 15 °C. Bei verflüssigten Druckgasen mit einer kritischen Temperatur größer 70 °C ist der Prüfdruck mindestens gleich dem Überdruck der Füllung bei 70 °C, bei verflüssigten Druckgasen mit einer kritischen Temperatur bis 70 °C mindestens gleich dem Überdruck der Füllung bei 65 °C, jeweils für Behälter mit einem Außendurchmesser = 1,50 m.

Gas	Prüfdruck in MPa	Gas	Prüfdruck in MPa	Gas	Prüfdruck in MPa
Ammoniak	3,3	Distickstofftetraoxid	1,0	Methan	30,0
Brommethan	1,0	Edelgase	30,0	Methylamin	1,3
Buta-1,3-dien	1,0	Epoxyethan	1,0	Propan	2,5
Butan	1,0	Ethan	12,0	Propen	3,0
But-1-en	1,0	Ethen	22,5	Sauerstoff	30,0
Chlor	2,2	Ethin	6,0	Schwefelwasserstoff	5,5
Chlorethan	1,0	(gelöst in Propanon)		Stickstoff	30,0
Chlormethan	1,7	Ethylamin	1,0	Trifluorchlor-	19,0
Chlorwasserstoff	20,0	Kohlenmonoxid	30,0	methan	
Dichlordifluormethan	1,8	Kohlendioxid	19,0	Trimethylamin	1,0
Dimethylamin	1,0	Kohlensäuredichlorid	2,0	Vinylchlorid	1,2
Dimethylether	1,8	Leuchtgas	30,0	Wassergas	30,0
Distickstoffoxid	18,0	Luft	30,0	Wasserstoff	30,0

[1]) Druckluftflaschen haben ein Innengewinde.

37. Austauscherharze

Wofatit-sorte	Charakteristik	Aktive Gruppe	Wasser-gehalt	Gesamt Massen-kapazität	Volumen-kapazität	Korn-form	Korn-größen-bereich in mm	Maximale Einsatz-temperatur in °C	Anwendung
Kationenaustauscher									
KPS	Styren-Diethenylbenzen-Kopolymerisat (8 % DEB) Gelstruktur	—SO$_3$H	45 … 53	4,7	1,8	Kugeln	0,3 … 1,2	115	universell einsetzbar; vorzugsweise zur Wasseraufbereitung
KP 2	Styren-Diethenylbenzen-Kopolymerisat (2 % DEB) Gelstruktur	—SO$_3$H	37 … 38	5,0	0,6	Kugeln	0,4 … 1,6	100	Abtrennung und Isolierung von Naturstoffen
KP 4	Styren-Diethenylbenzen-Kopolymerisat (4 % DEB) Gelstruktur	—SO$_3$H	62 … 69	5,0	1,1	Kugeln	0,4 … 1,5	100	selektiver Kationenaustausch
KP 6	Styren-Diethenylbenzen-Kopolymerisat (6 % DEB) Gelstruktur	—SO$_3$H	54 … 60	4,8	1,5	Kugeln	0,4 … 1,4	100	Trennung von Kationen unterschiedlicher Größe und Struktur
KP 16	Styren-Diethenylbenzen-Kopolymerisat (16 % DEB) Gelstruktur	—SO$_3$H	32 … 40	4,0	2,1	Kugeln	0,3 … 1,2	115	
KS 10	Styren-Diethenylbenzen-Kopolymerisat Kanalstruktur	—SO$_3$H	48 … 58	4,4	1,5	Kugeln	0,3 … 1,2	120	Enthärtung und Entsalzung alkalischer Wässer; Kondensataufbereitung
KS 11	Styren-Diethenylbenzen-Kopolymerisat Kanalstruktur	—SO$_3$H	45 … 55	4,6	1,7	Kugeln	0,3 … 1,2	115	Enthärtung und Entsalzung sauerstoffhaltiger Wässer; Zuckersaftbehandlung
CA 20	Propensäure-Diethenylbenzen-Kopolymerisat Kanalstruktur	—COOH	45 … 55	9,0	3,3	Kugeln	0,3 … 1,2	100	Entkarbonisierung von Wässern; Selektivaustauscher für Schwermetalladsorption
CP	Propensäure-Polymerisat mit DEB vernetzt Gelstruktur	—COOH	50 … 60	10,0	3,5	Kugeln	0,5 … 2,0	100	Streptomycinisolierung; selektiver Ionenaustausch
Anionenaustauscher									
SBW	Polystyrenpolymerisat mit Diethenylbenzen vernetzt Gelstruktur	—N(CH$_3$)$_3$]OH	55 … 65	3,5	0,9	Kugeln	0,3 … 1,5	60	universell einsetzbarer Anionenaustauscher; Entkieselung von Wässern
SZ 30	Styren-Diethenylbenzen-Kopolymerisat Kanalstruktur	—N(CH$_3$)$_3$]OH	55 … 65	4,1	0,9	Kugeln	0,3 … 1,2	60	wie Wofatit SBW, besonders bei stark mit organischen Substanzen verunreinigten Wässern

Wofatit-sorte	Charakteristik	Aktive Gruppe	Wasser-gehalt	Gesamt Massen-kapazität	Volumen-kapazität	Korn-form	Korn-größen-bereich in mm	Maximale Einsatz-temperatur in °C	Anwendung
SBK	Styren-Diethenylbenzen-Kopolymerisat Gelstruktur	$—N(CH_3)_2(C_2H_4OH]OH$	35 ... 45	3,0	1,2	Kugeln	0,3 ... 1,2	40	Entsalzung und Entkieselung von Wasser
SL 30	Styren-Diethenylbenzen-Kopolymerisat Kanalstruktur	$—N(CH_3)_2(C_2H_4OH]OH$	48 ... 55	3,6	1,0	Kugeln	0,3 ... 1,2	40	wie Wofatit SBK, besonders bei Wässern mit höherer organischer Belastung
AD 41	Styren-Diethenylbenzen-Kopolymerisat Kanalstruktur	$—N(CH_3)_2$	55 ... 65	4,2	1,2	Kugeln	0,3 ... 1,2	100	Adsorption starker Säuren in der Wasseraufbereitung; Entsäuerung organischer Lösungen
Adsorberharze									
EA 60	Styren-Diethenylbenzen-Kopolymerisat Kanalstruktur	$—N(CH_3)]OH$	65 ... 75	3,8	0,7	Kugeln	0,3 ... 1,5	70	Entfärbung von Säften in der Zuckerindustrie
ES	Styren-Diethenylbenzen-Kopolymerisat Gelstruktur	$—N(CH_3)]OH$	65 ... 75	3,5	0,5	Kugeln	0,3 ... 1,6	70	Adsorption organischer Substanzen bei der Wasseraufbereitung
Mischbettaustauscher									
KPS-MB	Stark saurer Kationenaustauscher Gelstruktur	$—SO_3Na$	48 ... 53	4,9	1,8	Kugeln	0,3 ... 1,3	60	Feinstreinigung von Wasser
SBW-MB	Stark basischer Anionenaustauscher Gelstruktur	$—N(CH_3)_3{}^+Cl^-$	55 ... 63	3,7	0,9	Kugeln	0,3 ... 1,1	60	Wasserfeinstreinigung; Kondensataufbereitung
Ionenaustauscher für katalytische Zwecke									
OK 80	Styren-Diethenylbenzen-Kopolymerisat Kanalstruktur	$—SO_3H$	48 ... 58	4,4	1,5	Kugeln	0,3 ... 1,4	120	Heterogene Katalyse
FK 110	Styren-Diethenylbenzen-Kopolymerisat Kanalstruktur	$—SO_3H$	49 ... 56	4,5	1,5	Kugeln	0,3 ... 1,4	120	Säurekatalyse und Kationenaustausch in wäßrigen und polaren Lösungen

38. Kältemischungen, Kühlsolen, Heiz-, Metall- und Salzbäder

38.1. Kältemischungen

Erreichbare Temperatur in °C	Bestandteile	Massenteile	Erreichbare Temperatur in °C	Bestandteile	Massenteile
0	Wasser von 15 °C Ammoniumchlorid	10 3	−30	Eis technisches Kaliumchlorid (Staßfurter Salz)	1 1
−12	Wasser von 15 °C Natriumnitrit	10 6	−37	Eis 65,5 %ige Schwefelsäure	1 1
−15	Wasser von 15 °C Ammoniumthiozyanat	10 13	−49	Eis kristallisiertes Kalzium- chlorid	2 3
−25	konzentrierte Salzsäure von 15 °C kristallisiertes Natrium- sulfat-10-Wasser (Glaubersalz)	21 80	−53	festes Kohlendioxid[1]) 87,5 %iges Ethanol	.
−25	Wasser von 15 °C Ammoniumchlorid Kaliumnitrat	1 1 1	−68	festes Kohlendioxid[1]) 85,5 %iges Ethanol	
−20	Eis technisches Natrium- chlorid (Viehsalz)	3 1	−86	festes Kohlendioxid[1]) Propanon	
			−180 ... 190	flüssige Luft[2])	

38.2. Kühlsolen

Die Spalte unter der jeweiligen tiefsten Anwendungstemperatur[3]) gibt die in 100 g Wasser zu lösende Stoffmenge in Gramm an.

Die angegebenen Stoffmassen beziehen sich bei den Salzen auf die Verbindung ohne Kristallwasser.

Stoff	Tiefste Anwendungstemperatur in °C[3])								
	−5	−10	−15	−20	−25	−30	−40	−50	−60
Dikaliumhydrogenphosphat	−	−	−	−	−	70	−	−	−
Ethandiol	19,6	33,3	45,5	57,3	71,2	87,5	126	−	−
Ethanol	11,1	23	34	46	57,5	69,5	104	−	−
Kaliumdihydrogenphosphat	−	−	−	−	−	21	−	−	−
Kaliumkarbonat	−	−	−	−	−	7	−	−	−
Kalziumchlorid	9,67	16,6	21,9	26,3	29,9	33,3	38,8	43,8	−
Magnesiumchlorid	7,66	13,4	17,7	21,1	−	25,9	−	−	−
Methanol	9,3	17	24	31	39	46	−	85	−
Natriumazetat	10,5	19	27,5	34	42	49,5	64	80	100
Natriumchlorid	8,44	16,1	22,9	29,4	−	−	−	−	−
Propantriol	20,5	42	56	68	80	90,5	113	138	−

[1]) Festes Kohlendioxid (Kohlensäureschnee, Trockeneis) eignet sich trotz seiner Verdampfungstemperatur von −78 °C wenig als Kühlmittel, da es ein schlechter Wärmeleiter ist. Es wird deshalb vorteilhaft mit flüssigen organischen Verbindungen getränkt.
[2]) Flüssige Luft soll nicht zum Kühlen brennbarer Verbindungen verwendet werden, da infolge des durch Verdampfen von Stickstoff steigenden Sauerstoffgehaltes bei Bruch des Reaktionsgefäßes Explosionsgefahr besteht.
[3]) Die tiefste Anwendungstemperatur ist die Temperatur, bei der die unbewegte Kühlsole gefriert.

38.3. Heizbäder

Verwendbar bis °C	Wärmeträger	Bemerkungen
108	kaltgesättigte, wäßrige Lösung von Natriumchlorid	
120	kaltgesättigte, wäßrige Lösung von Natriumnitrat	
135	kaltgesättigte, wäßrige Lösung von Kaliumkarbonat	Glas als Gefäßmaterial ungeeignet!
180	kaltgesättigte, wäßrige Lösung von Kalziumchlorid	
200	Paraffinöl	brennbar! Über 150 °C nur in geschlossenen Bädern oder unter dem Abzug verwenden!
240	Diglykol: $HO—CH_2—CH_2—O—CH_2—CH_2—OH$	brennbar! Nur in geschlossenen Bädern verwenden!
250	Paraffin	brennbar! Über 200 °C nur in geschlossenen Bädern oder unter dem Abzug verwenden!
255	Diphyl (73,5 % Diphenylether + 26,5 % Diphenyl)	brennbar! Nur in geschlossenen Bädern verwenden! Starkes Kriechvermögen!
270	Triglykol: $HO—CH_2—CH_2—O—CH_2$ $HO—CH_2—CH_2—O—CH_2$	brennbar! Möglichst nur in geschlossenen Bädern verwenden!
340	Arochlor (chloriertes Diphenyl)	Flammpunkt 700 °C! Offen nur unter dem Abzug verwenden!
380	HT Öl C (Kieselsäurepentylester)	Flammpunkt 210 °C!

38.4. Metallbäder

Verwendbar von ... bis in °C	Name	Zusammensetzung
60 ... 250	Wood-Legierung	4 Tl. Bi + 2 Tl. Pb + 1 Tl. Cd + 1 Tl. Sn
94 ... 250	Rose-Legierung	9 Tl. Bi + 1 Tl. Pb + 1 Tl. Sn
200 ... 350	Lot-Metall[1])	1 Tl. Pb + 1 Tl. Sn
300 ... 350	technisches Blei[1])	

38.5. Salzbäder

Verwendbar ab °C	Salze	Verwendbar ab °C	Salze
218	Natriumnitrat-Kaliumnitrat (50 Mol-%)[2])	432	Kupfer(I)-chlorid
308	Kaliumnitrat[2])	630	Kupfer(II)-chlorid
312	Natriumnitrat[2])	712	Magnesiumchlorid

[1]) Bad nur unter dem Abzug verwenden!
[2]) Nicht zum Erhitzen brennbarer Stoffe benutzen, da bei Bruch des Reaktionsgefäßes Explosionsgefahr besteht!

39. Trockenmittel

Tabelle 39.1 enthält Trockenmittel für Gase mit Angaben über den Restwassergehalt des Gases in Milligramm Wasser je Liter Gas nach dem Trocknen bei 25 °C. Die Stoffe sind in der Reihenfolge ihrer Wirksamkeit angeordnet.

In *Tabelle 39.2* sind Trockenmittel für Flüssigkeiten aufgeführt.

Anmerkung: *Bei der Auswahl des Trockenmittels ist darauf zu achten, daß das zu trocknende Gas keine chemische Reaktion mit dem Trockenmittel eingehen kann. Saure Gase sind mit sauren, basische Gase mit basischen Trockenmitteln zu trocknen.*

Beim Hintereinanderschalten mehrerer Trockenmittel zur Intensivtrocknung mit dem höchsten sind die Trockenmittel Restwassergehalt (sie stehen in der Tabelle am weitesten unten) vor die Trockenmittel mit dem geringsten Restwassergehalt (sie stehen in der Tabelle am weitesten oben) zu schalten.

39.1. Trockenmittel für Gase

Trockenmittel	$\dfrac{\text{mg } H_2O}{1 \text{ Gas}}$	Trockenmittel	$\dfrac{\text{mg } H_2O}{1 \text{ Gas}}$
Phosphor(V)-oxid	$2 \cdot 10^{-5}$	$CuSO_4$—$CuSO_4 \cdot H_2O$	$1,4 \cdot 10^{-2}$
Magnesiumperchlorat	$5 \cdot 10^{-4}$	Natriumhydroxid (geschmolzen)	$2 \cdot 10^{-1}$
Bariumoxid	$1 \cdot 10^{-4}$	Kalziumbromid	$2 \cdot 10^{-1}$
Kalziumsulfat-$^1/_2$-Wasser	$4 \cdot 10^{-3}$	Kalziumoxid	$2 \cdot 10^{-1}$
Kaliumhydroxid (geschmolzen)	$2 \cdot 10^{-3}$	Bortrioxid	
Aluminiumoxid	$3 \cdot 10^{-3}$	Bariumperchlorat	
Schwefelsäure (konzentriert)	$3 \cdot 10^{-3}$	Kalziumchlorid (granuliert)	$1,4 \dots 2,5 \cdot 10^{-1}$
Silikagel (Blaugel)	$6 \cdot 10^{-3}$	(geschmolzen)	$3,6 \cdot 10^{-2}$
Magnesiumoxid	$8 \cdot 10^{-3}$	Zinkchlorid	$0,8$
		Zinkbromid	$1,1$

39.2. Trockenmittel für Flüssigkeiten

Trockenmittel	Verwendbar für
Natrium, metallisch	Ether, Benzen und Homologe, keine chlorhaltigen Lösungsmittel, wie Trichlormethan oder Tetrachlormethan
flüssige Kalium-Natrium-Legierung (16:10)	wie Natrium, wirksamer
Kalziumkarbid	Kohlenwasserstoffe, Ether, keine Säuren und Alkohole
Alkalienolate, z. B. des Pentandion-2,4	sehr wirksames Spezialtrockenmittel
Aluminiumamalgam	Alkohole
Kalziumspäne	Alkohole
Magnesium, mit Iod aktiviert	Alkohole
Magnesiumperchlorat	wie Kalziumchlorid
Kaliumhydroxid	basische Stoffe, Ester, keine Säuren
Kalziumoxid	Alkohole, keine Säuren
Bariumoxid	basische Stoffe
Kalziumchlorid	Ester, indifferente Lösungsmittel, wie Propanon, Trichlormethan, Kohlendisulfid, keine Alkohole und Amine
Kalziumbromid, -iodid	an Stelle von Kalziumchlorid, wenn Halogenaustausch zu befürchten ist
Kalziumnitrat	zersetzliche Nitroverbindungen und Salpetersäureester
Natriumsulfat (wasserfrei)	Ersatz für Kalziumchlorid
Magnesiumsulfat	wie Natriumsulfat, Vorteile bei Fettsäuren
Kaliumkarbonat (geglüht)	basische Stoffe, Ester, Ketone, keine Säuren
Kupfersulfat	wie Natriumsulfat, Ende der Trocknung erkennbar

40. Giftige und gesundheitsschädigende Stoffe, ihre Wirkungen, Maßnahmen zur Ersten Hilfe und arbeitshygienische Normenwerte

Spalte Giftwirkung: Hinsichtlich ihrer Wirkung auf den menschlichen Organismus werden unterschieden Reiz- und Ätzstoffe, Nervengifte, Zellgifte, Blutgifte, Organgifte und Stickgase.

Anmerkung: Einzelne Gifte können zu mehreren Gruppen gehören. Dadurch kann sich oftmals die Giftwirkung ver stärken.

Gewisse Stoffklassen, die auf Grund ihrer chemischen Zusammensetzung gleiche oder ähnliche Giftwirkungen hervor-rufen, werden in der Tabelle zusammengefaßt (z. B. aromatische Nitro- und Aminoverbindungen, aliphatische oder aromatische Halogenkohlenwasserstoffe, Benzen und seine Homologe, Zyanverbindungen).

Spalte Vergiftungserscheinungen gibt subjektive und objektive Symptome an, wobei hauptsächlich die der akuten, seltener die der chronischen Vergiftung berücksichtigt wurden.

Spalte Art der Aufnahme, schädliche und tödliche Mengen. Für die Art der Aufnahme werden die Bezeichnungen »äußerlich«, »innerlich«, »eingeatmet« verwendet.[1]) Die aufgeführten Werte für die schädlichen bzw. tödlichen Dosen sind als Richtzahlen aufzufassen, denn jede Giftwirkung ist nicht nur von der aufgenommenen Giftmenge, sondern noch von verschiedenen individuellen Faktoren abhängig (z. B. Alter des Menschen, körperliche Konstitution im Augenblick der Giftaufnahme, Gewöhnung u. a.).

Die kleinsten Mengen, bei denen bereits Vergiftungen vorgekommen sind, wurden angegeben.

Bei Reizstoffen wird die Giftwirkung häufig durch die »Unerträglichkeitsgrenze« (Abkürzung in der Tabelle: Ug.) angegeben. Die Unerträglichkeitsgrenze ist die niedrigste Konzentration des Reizgases in mg, ml oder mm^3 je m^3 Luft, bei der für einen normalen Menschen ein Aufenthalt länger als 1 Minute nicht möglich ist.

Auf die Angabe des »Tödlichkeitsproduktes« von Giftgasen (Produkt aus Konzentration in $mg \cdot m^{-3}$ und Einwir-kungszeit in Minuten, die bei einem erwachsenen Menschen zum Tode führt) wurde verzichtet, da bei vielen Gasen im Körper die Wirkungen durch Sekundärprozesse verstärkt oder gemindert werden.

Spalte Gegenmittel enthält Hinweise für die Erste Hilfe und anzuwendende Gegenmittel. Diese Anweisungen sind für die erste Laienhilfe am Unfallort gedacht; darüber hinaus ist in jedem Falle der Betriebsarzt zu verständigen.

Für die angegebenen Gegenmittel gelten folgende Konzentrationen:

Magenspülung mit Natriumhydrogenkarbonat: 1 %ige Lösung
Magenspülung mit verdünnter Säure: 1 %ige Ethansäure (Essigsäure)
Magenspülung mit Natriumsulfatlösung: 20 … 25 g $Na_2SO_4 \cdot 10 H_2O$ in 1 l Wasser
Magenspülung mit Tannin: 0,5 %ige Lösung
Magenspülung mit Kaliumpermanganat: 0,1 %ige $KMnO_4$-Lösung

Abführmittel: 50 g $MgSO_4 \cdot 7 H_2O$ in 0,5 l Wasser

Brechmittel: warme Milch in größeren Mengen, evtl. 1 %ige Kupfersulfatlösung

Neutralisationsmittel: 2 bis 25 g MgO in 0,1 l Wasser

Spalte Bemerkungen enthält Angaben über Vorkommen und Verwendung der Stoffe, Einstufung eines chemischen Stoffes als Gift und höchst zulässige Konzentrationen toxischer Stoffe in der Luft am Arbeitsplatz.

Es wird unterschieden in

MAK_D-Wert: Maximal zulässige Arbeitsplatzkonzentration (Dauerkonzentration), ermittelt als Durchschnittskonzen-tration während einer Zeitspanne von $8^3/_4$ Stunden (hier nur angegeben) und
MAK_K-Wert: Maximal zulässige Arbeitsplatzkonzentration (Kurzzeitkonzentration), ermittelt als Durchschnittskon-zentration während einer Zeitdauer von 30 Minuten.
Angaben in $mg \cdot m^{-3}$

---

[1]) Nicht berücksichtigt wurde die Aufnahme von Giften durch die direkte Einführung in die Blutbahn (z. B. Injektion)

Die *Normenwerte für nichttoxische Staubarten* sind als »zulässige mittlere Staubkonzentration« (gemessen in Teilchen · cm⁻³) aus folgender Aufstellung zu entnehmen:

Staubgruppe	Charakteristik der Gruppe	Staubart		Zulässige mittlere Staubkonzentration in Teilchen · cm^{-3}	der Teilchengröße in μm	Beispiele
I	stark fibrinogen	1. mineralische Stäube mit über 50 % freier krist. Kieselsäure[1])		bis 100	5 und kleiner	Quarzsand, Silikatsteine
		2. Asbeststaub		bis 100	bis 100	Asbest
II	mittelmäßig fibrinogen	1. mineralische Stäube mit 5 bis 50 % freier krist. Kieselsäure				
			a) Anteil freier krist. Kieselsäure 20 ... 50 %	bis 250	5 und kleiner	quarzhaltiger Flußspat, Tonschiefer, Schamotte, Porzellan- und Steingutmasse
			b) Anteil freier krist. Kieselsäure 5 ... 20 %	bis 500	5 und kleiner	Kupferschiefer, Kieselgur, Kaolin Bauxit, Bimsstein
		2. Talkstaub		bis 500	5 und kleiner	Talk, Speckstein
III	nicht fibrinogen	1. mineralische Stäube mit weniger als 5 % freier krist. Kieselsäure				Kalkstein, Gips, Magnesit, Zement, Aluminiumoxid, Siliziumkarbid, Glasstaub
		2. mineralische und nichttoxische metallische Stäube ohne freie krist. Kieselsäure		800	5 und kleiner	Koks, Schlacke, Stein- und Braunkohle
		3. nichttoxische pflanzliche, tierische und Kunststoffstäube ohne freie krist. Kieselsäure				Holz, Getreide, Kunststoff

[1]) Freie kristalline Kieselsäure: Quarz, Tridymit, Cristobalit.

Name	Giftwirkung	Vergiftungserscheinungen	Art der Aufnahme, schädliche und tödliche Mengen	Gegenmittel	Bemerkungen
Akonitin	Herzgift	Brechreiz, Atembeschwerden, Krämpfe	innerlich 1 ... 5 mg tödlich	Brechmittel, Magenspülung, künstl. Atmung	med. Beruhigungsmittel
Akridin	Reizstoff für Haut und Schleimhäute	Nies- und Hustenreiz, Entzündungen von Haut und Schleimhaut		frische Luft	
Aminobenzen	Blut- und Nervengift	Schwindel, Erbrechen, Kopfschmerz, Bewußtlosigkeit, blaue Gesichtsfarbe, Krämpfe, Blasenreizung, Blasenkrebs, dunkler Harn, Angst, Atemnot	eingeatmet 0,1 ... 0,2 mg · l⁻¹ Luft 6 Stunden ohne wesentliche Symptome erträglich äußerlich auch wirksam innerlich 1 ... 3 g tödlich	frische Luft- und Sauerstoffzufuhr Atemfilter: A braun Magenspülung, Karlsbader Salz, Abführmittel, Arzt herbeirufen!	Gift d. Abt. 2 MAK_D-Wert 10 mg · m⁻³
Antimon und Verbindungen	Reizstoffe (Dämpfe)	Husten, Brustbeklemmung, Magen- und Darmstörungen	eingeatmet 0,12 g tödlich; 0,03 g tödlich für Kinder	frische Luft	Lösliche Verbindungen: Gifte d. Abt. 2 MAK_D-Wert 0,5 mg · m⁻³

Name	Giftwirkung	Vergiftungs-erscheinungen	Art der Aufnahme, schädliche und tödliche Mengen	Gegenmittel	Bemerkungen
Antimon-(III)-chlorid	Reiz- und Ätzstoff	Brennen in Mund und Magen, Übelkeit, Erbrechen, Durchfall, Wadenkrämpfe	innerlich	Magenausspülung mit Tannin, Eiweißlösung	
Antimon-wasserstoff	Blut- und Nervengift	Kopfschmerz, Atmungsverlang-samung, allgemeine Körperschwäche, Nervenlähmung	eingeatmet $0,5$ mg $\cdot$ l^{-1} Luft tödlich	frische Luft, Milch	MAK$_D$-Wert $0,2$ mg $\cdot$ m^3
Apomor-phin	Nervengift	Übelkeit, heftiges Er-brechen, Schwindel, Schwäche, Atemläh-mung, Ohnmacht, Krämpfe	innerlich $4,5 \ldots 10$ mg tödlich	Brechreiz hervor-rufen, Kohlegaben	Gift
Arsen und Verbindun-gen	Zellgifte	Zahnfleischentzündung, Magen- und Darm-katarrh, Benommenheit mit Lähmungen, Krämpfe, Kopfschmerz, Übelkeit, starkes Er-brechen	innerlich $0,3$ g tödlich	Magenentleerung durch Erbrechen, Gaben von Magnesiumoxid und Tierkohle, keine alko-holischen Getränke als Gegenmittel	Gifte d. Abt. 1, Gewöhnung mög-lich, MAK$_D$-Wert $0,3$ mg $\cdot$ m^{-3}
Arsen(III)-chlorid	Reizstoff für Atemwege, Haut und Augen	Rachenreiz, Entzün-dungen und Geschwüre der Schleimhäute, besondere Wirkung auf die Lungen, Hautätzun-gen	eingeatmet $0,2$ mg $\cdot$ l^{-1} Luft 1 Minute erträglich		
Arsen(III)-oxid		Erbrechen, Durchfall, Verdauungsstörungen; Leibschmerzen, Kräfte-verfall, Wadenkrämpfe	innerlich $0,005 \ldots 0,05$ g giftig; $0,1 \ldots 0,3$ g tödlich	Magenentleerung durch Erbrechen, Gaben von Magne-siumoxid und Tierkohle	Heilung nach $2,3$ g und 10 g möglich gewesen
Arsen-wasser-stoff	Blut-, Nerven-, Zellgift	Übelkeit, Kopfschmerz, Mattigkeit, Atemnot, Schmerz in der Magen-gegend, an Nieren und Leber, blutiger Harn, Bewußtlosigkeit	eingeatmet 5 mg $\cdot$ l^{-1} Luft sofort tödlich	frische Luft, sofort ärztliche Behandlung Atemfilter: 0 grau/rot	bei starker Konzen-tration Geruch nicht wahrnehmbar; MAK$_D$-Wert $0,2$ mg $\cdot$ m^{-3}
Arsine	Zellgifte mit zum Teil ört-lichen Reiz-wirkungen		eingeatmet Ug. $0,25 \ldots 45$ mg $\cdot$ m^{-3} Luft		Gifte
Asbest	Atemgift	Atemnot, Atem- und Kreislaufstörungen, Lungenschädigung durch Bindegewebsneu-bildung (Asbestose)		Verwendung von Kolloidfilter- bzw. Frischluftmasken	
Atropin und Ver-wandte	Nervengifte	weite, starre Pupillen, Trockenheit im Mund, Durstgefühl, Schluck-beschwerden, Erbre-chen, beschleunigter Puls, Schwindel, Krämpfe	innerlich $0,01$ g giftig, $0,06 \ldots 0,1$ g tödlich; innerlich $3 \ldots 10$ Stück Tollkirschen tödlich	Magenausspülung mit Kohle, Glaubersalz, Tannin, Brechmittel, bei Atembeschwerden künstliche Atmung, starker Bohnenkaffee, jedoch nicht bei Be-wußtlosen	Gifte Gift der Tollkirsche (Atropin)
Barbitur-säure-derivate	Nervengifte	Unempfindlichkeit, Be-nommenheit, Übelkeit, Schwindel, Lähmung des Atemzentrums, Bewußtlosigkeit	$5 \ldots 30$ g tödlich	Abführmittel, Magen-spülungen, harn-treibende Mittel, künst-liche Atmung	Gifte

Name	Giftwirkung	Vergiftungserscheinungen	Art der Aufnahme, schädliche und tödliche Mengen	Gegenmittel	Bemerkungen
Barium und Verbindungen	Zellgifte	kolikartige Magen- und Darmkrämpfe, Muskel- und Herzlähmungen, Blässe, Atemnot	innerlich 2 ... 5 g tödlich	Magenentleerung, Tierkohle, Milch, Eiweißwasser; als Gegengift: 20 ... 25 g Natriumsulfat in 1 l Wasser eingeben	Lösliche Verbindungen: Gift MAK_D-Wert 0,5 mg · m^{-3}
Bariumchlorid	Zellgift	s. unter Barium			
Bariumkarbonat	Zellgift	Erbrechen, Durchfall, Schluckbeschwerden, Krämpfe, Lähmungen s. unter Barium			
Bariumnitrat	Zellgift	s. unter Barium			
Bariumsulfid	Zellgift	s. unter Barium			
Benzen und Homologe	Nerven- und Blutgifte	Benommenheit, Kopfdruck, Bewußtlosigkeit, Krämpfe, Lähmungen, Brechreiz, lichtstarre Pupille, Blutungsneigung der Schleimhäute	eingeatmet 65 mg · l^{-1} Luft in 5 ... 10 Minuten tödlich, 5 ... 10 mg · l^{-1} Luft in mehreren Stunden giftig; Giftwirkung kann auch nach Resorption durch die Haut auftreten, innerlich 20 g tödlich	frische Luft, Vitamin-C-Gabe, Alkohol meiden! Bei Atemunregelmäßigkeiten künstliche Atmung. Atemfilter: A braun Eingabe von Tierkohleaufschlämmungen	Benzen Gift giftig, da es im Körper zu Phenol oxidyert wird. Gefährdungsgruppe I lt. ASAO 728. Bedeutend stärkere Giftwirkung als bei Benzin; MAK_D-Wert 50 mg · m^{-3}
Benzin und Petroleum	Blut- und Nervengifte	Benzinrausch, Kopfschmerz, Bewußtlosigkeit, Krämpfe, Magen- und Darmblutungen (innerlich: Brennen in Mund und Speiseröhre), Blaufärbung des Gesichtes	eingeatmet 120 mg · l^{-1} Luft in 5 ... 10 Minuten tödlich; 5 ... 10 mg · l^{-1} Luft nach mehreren Stunden wirksam; innerlich 10 ... 12 g beim Kind tödlich, 10 ... 50 g beim Erwachsenen giftig bis tödlich, 500 ml Petroleum tödlich.	frische Luft, bei Atemunregelmäßigkeiten künstliche Atmung; Eingabe von etwa 30 g Tierkohle, Tannin, Milch	MAK_D-Wert 1 000 mg · m^{-3}
Benzoylchlorid	Reiz- und Ätzstoff für alle Schleimhäute	starker Hustenreiz	eingeatmet Ug. 85 mm^3 · m^{-3} Luft	frische Luft	Gift
Beryllium und Verbindungen	Atemgifte, Lungenreizstoffe	plötzlich heftige Atemnot, Husten, Schüttelfrost, Blaufärbung der Haut. Nach 24 ... 48 Stunden oft starkes Fieber mit anschließender Lungenentzündung	eingeatmet als Staub mit 0,01 g Be in 1 m^3 Luft noch in 1,2 km Entfernung giftig		Lösliche Verbindungen: Gift MAK_D-Wert 0,002 mg · m^{-3}
Bismut und Verbindungen	Zellgifte	Magen- und Darmkatarrh, Übelkeit, Erbrechen	innerlich 4 ... 8 g tödlich	Magenspülung, schleimige Getränke, Milch, Eiweißlösung	
Blausäure	Atem- und Blutgift	Schwindel, Kratzen im Hals, Kopfdruck, Atemnot, Übelkeit, Erbrechen, Krämpfe, Tod im Krampf	innerlich 60 mg tödlich	Magenausspülung mit 1 %iger Kaliumpermanganatlösung oder 1 % Wasserstoffperoxidzusatz, Sauerstoffatmung	Gift

Name	Giftwirkung	Vergiftungs-erscheinungen	Art der Aufnahme, schädliche und tödliche Mengen	Gegenmittel	Bemerkungen
Blei und Verbindungen	Zellgifte mit Wirkung auf Blut, Knochenmark und Nervensystem	Speichelfluß, Appetitlosigkeit, Erbrechen, Verstopfung, Magen- und Darmkrämpfe (Bleikolik), Kopf-, Leib- und Gliederschmerzen, fahlgraue Gesichtsfarbe, Schwäche, Bleisaum an Zahnfleischrändern	eingeatmet als Staub 1 mg/Tag giftig; innerlich 20 g giftig, 20 … 50 g tödlich	Absaugen, Kolloidfilter, Frischluftmaske; Eiweißwassergaben, Einläufe mit Karlsbader Salz (Magnesiumsulfat oder Natriumsulfat, 50 g in 0,5 l Wasser), Brechmittel	Lösliche Verbindungen: Gift MAK_D-Wert $0,15$ mg · m^3
Bleitetraethyl	starkes Zell- und Nervengift	Blutdrucksteigerung, schneller Kräfteverfall, heftige seelische Erregung und sonstige Erscheinungen einer Bleivergiftung (s. dort)	Aufnahme besonders leicht durch Einatmung und Resorption durch die Haut, tödlich schon nach Stunden	Berührungsstellen der Haut mit Petroleum, dann mit viel Seife und Wasser waschen. Bei Einatmung: frische Luft, **sofort** ärztliche Hilfe	verwendet als Antiklopfmittel; MAK_D-Wert $0,05$ mg · m^{-3}; Gift
Bor und Verbindungen	Organ- und Atemgifte	Erbrechen, Durchfall, Nierenreizung, Kopfschmerz, Übelkeit	innerlich 1 … 6 g giftig; eingeatmet als Gas, geringste Mengen giftig		
Brom	Reiz- und Ätzstoff für alle Atemwege und die Haut	Dämpfe: starker Hustenreiz, Krampfhusten, Bronchialkatarrh, Erstickungsgefühl, Brechreiz; starke Ätzwirkung auf Haut und Schleimhäute	eingeatmet 3 … 5 mg · l^{-1} Luft sofort tödlich; 0,04 … 0,06 mg · l^{-1} Luft in einer Stunde lebensgefährlich giftig; 0,004 mg · l^{-1} Luft längeres Arbeiten unmöglich äußerlich	frische Luft, Inhalieren von 0,3 %iger Ammoniumhydrogenkarbonatlösung oder Mentholspiritus, Körperruhe, keine künstliche Atmung; ärztliche Hilfe. Atemfilter: B grau auf der Haut mit Petroleum, Natriumhydrogenkarbonat- oder Natriumthiosulfatlösung bzw. reinem Äthanol entfernen	Gift Krankheitserscheinungen oft erst Stunden nach dem Einatmen; MAK_D-Wert 1 mg · m^{-3}
Brompropanon	Augenreizstoff	starker Tränen- und Hustenreiz	Ug. 30 mm^3 · m^{-3} Luft	frische Luft, evtl. Augenspülung mit Borwasser	
Bromwasser	Reiz- und Ätzstoff für alle Atemwege (innerlich)	starke Ätzwirkung auch auf Haut und Schleimhäute, starker Hustenreiz, Krampfhusten, Bronchialkatarrh, Erstickungsgefühl, Brechreiz	innerlich 30 g tödlich	Magenspülung mit Kohle- und Magnesiumoxidaufschlämmung	
Bromwasserstoff	Ätz- und Reizstoff für obere Luftwege	starker Hustenreiz, Bronchialkatarrh	eingeatmet Ug. 1 … 1,5 mg · l^{-1} Luft	Inhalieren von 3 %iger Natriumhydrogenkarbonatlösung oder Alkohol, Körperruhe, **keine** künstliche Atmung Atemfilter: B grau	Bromwasserstoffsäure: Gift
Bromzyan	Blutgift und Reizstoff	Reizwirkung auf Augen, Rachen (Tränen, Husten), daneben Giftwirkungen von Zyanwasserstoff	eingeatmet Ug. 0,035 … 0,085 g · l^{-1} Luft, d.h. ≈ 85 mm^3 · m^{-3} Luft		Gift
Bruzin	Nervengift	Blutdrucksteigerung, Blaurotfärbung der Haut, Lippen und Fingernägel, starrkrampfähnliche Erscheinungen, Muskelstarre		Magenspülung mit Tannin und Kohle, künstliche Atmung, Beruhigungsmittel	Alkaloid des Brechnußsamens, verwendet als Anregungsmittel. Gift

Name	Giftwirkung	Vergiftungs-erscheinungen	Art der Aufnahme, schädliche und tödliche Mengen	Gegenmittel	Bemerkungen
Chinin	Herz- und Nervengift	Erregung, Ohrensausen, Gehör- und Seh-störungen, Bewußt-seinsstörungen, Hemmung der Herz-tätigkeit, Verminderung der Pulszahl	innerlich 3 … 8 g tödlich	Brechmittel, Kohle, Magenausspülung	Alkaloid der Chinarinde, Anti-fiebermittel
Chinolin		Erbrechen, Durchfall, Magen- und Darm-reizungen, Herab-setzung der Körper-temperatur	innerlich 2 … 3 g giftig	Magenspülung mit Karlsbader Salz, Kohlegaben, Eiweiß-lösungen eingeben	verwendet als Antiseptikum
Chlor	starkes Ätz- und Reizgas	Hustenkrämpfe, Tränenreiz, Brechreiz, Atemnot, Erstickungs-gefühl, blaue Gesichts-farbe, Lungenentzün-dung, blutiger Auswurf	eingeatmet 2,5 mg · l⁻¹ Luft sofort tödlich; 0,1 mg · l⁻¹ Luft in 0,5 bis 1 Stunde tödlich; 0,02 mg · l⁻¹ Luft in 1 Stunde lebensgefähr-lich giftig; 0,001 mg · l⁻¹ Luft bei mehrstündiger Ein-wirkung giftig	Inhalieren von Ammo-niumhydrogenkarbonat-lösung oder Alkohol-dämpfen, keine künst-liche Atmung, evtl. heißen Kaffee, Tee, Milch zur Reizmilde-rung Atemfilter: B grau	Gift bei geringen Kon-zentrationen oft erst Stunden nach der Einatmung; MAK_D-Wert 1 mg · m⁻³;
2-Chlor-ethanol	Nerven- und Stoffwechsel-gift				Verwendung als Lösungsmittel
Chlor-dioxid	Reiz- und Ätzstoff	noch stärkere Wirkungen auf obere und untere Atemwege als Chlor			
Chlor-propanon	Reizstoff besonders für Augen	starker Tränen- und Hustenreiz	Ug. < 1000 mm³ · m⁻³ Luft		
Chlorsäure und Chlorate	Blut- und Zell-gifte (Ätzstoff)	Übelkeit, Atemnot, Trockenheit im Hals, Durstgefühl, Nieren-schäden, Graublau-färbung der Haut und Schleimhäute, Erbre-chen, Durchfall, Be-nommenheit, schwacher, schneller Puls, später Gelbsucht, Blutharn, Tod durch Herzlähmung, Krämpfe	innerlich 1 … 2 g sehr giftig, 3 … 15 g KClO₃ tödlich	reichliche Flüssigkeits-zufuhr, jedoch keine Säuren oder kohlendi-oxidhaltigen Getränke; Magnesiumsulfat als Abführmittel	Verwendung: Natriumchlorat als Unkrautvertilgungs-mittel
Chlor-stickstoff	Reizstoff	Reizung aller Schleim-häute, besonders der Nase und der Augen, Wirkung auf Kehlkopf, kann zu Stimmverlust führen			höchst explosiv
Chlor-sulfonsäure-methylester	Reizstoff		eingeatmet Ug. 30 … 40 mm³ · m⁻³		
Chlor-wasser-stoff	Reizstoff be-sonders für obere Atem-wege	Stumpfheitsgefühl auf den Zähnen, starker Hustenreiz, Bronchial-katarrh, gelegentlich als Folge Lungenent-zündung	eingeatmet 4,5 mg · l⁻¹ Luft in 5 … 10 Minu-ten tödlich; ≈ 2 mg · l⁻¹ Luft in 0,5 bis 1 Stunde tödlich; 0,01 mg · l⁻¹ Luft bei mehrstündiger Einwir-kung giftig bis tödlich	frische Luft, Einatmen von Ammoniumhydro-genkarbonatnebeln oder Ethanoldämpfen	MAK_D-Wert 5 mg · m⁻³ Chlorwasserstoff-säure ab 15 Ma.-% Gift

Name	Giftwirkung	Vergiftungs-erscheinungen	Art der Aufnahme, schädliche und tödliche Menge†	Gegenmittel	Bemerkungen
Chlorzyan	Blutgift und Reizstoff	Reizwirkung auf Augen, Rachen (Tränen, Husten), daneben Gift-wirkungen von Zyan-wasserstoff	eingeatmet Ug. 0,05 mg · l⁻¹ Luft, d. h. ≈ 50 mm³ · m⁻³ Luft		Gift
Chromium und Verbin-dungen	Reizstoff für Haut und Schleimhäute	Geschwüre der Haut und Schleimhäute (besonders der Nase), Stirnhöhlenentzündung, Atembeschwerden, Husten, Lungen-schäden	CrO_3: 1 ... 2 g tödlich	Magenspülung mit Magnesiumoxidauf-schlämmung, Milch, schleimige Getränke	lösliche Cr(III)- und Cr(VI)-Verbindun-gen: Gifte MAK_D-Wert 0,1 mg · m⁻³
Chromate	Ätz- und Nierengifte	Entzündung des Magen- und Darmkanals und der Nieren, Durchfall, Fehlen der Harnabson-derung, Übelkeit, Er-brechen	innerlich 0,5 ... 8 g Kaliumchromat giftig bis tödlich; 3 ... 8 g Kaliumdichromat giftig bis tödlich	Magenspülung mit Magnesiumoxidauf-schlämmung, Milch, schleimige Getränke	Gifte MAK_D-Wert 0,1 mg · m⁻³
Diethyl-barbitur-säure	Nervengift	Schwindel, Übelkeit, Benommenheit, Be-wußtlosigkeit, Lähmung des Atemzentrums	innerlich ≈ 1 ... 10 g tödlich	Magenausspülung mit Kohle, evtl. künstliche Atmung	Verwendung als Schlafmittel, Heilung nach 25 g möglich gewesen; Gift
1,4-Di-amino-benzen	Blutgift und Reizstoff	reizt Haut und Schleim-häute, asthmaartige Er-krankungen mit An-fällen schwerster Atemnot		frische Luft, Arbeits-platzwechsel, kein Alkohol!	
Diazo-methan	Reizstoff und Nervengift	Reizung der Haut und aller Schleimhäute, auch des Auges, Atem-not, lang andauernder Bronchialkatarrh, Kopf-schmerz, Ohnmacht	eingeatmet besonders gefährlich, da ge-ruchlos		Verwendung als Methylierungs-mittel s. a. unter Nitroverbindungen, aliphatische
1,2-Di-brom-ethan	Nervengift, geringer Reizstoff	kaum narkotische Wir-kung, Reizung der Schleimhaut am Auge, Magen- und Darm-störungen	eingeatmet 40 g tödlich	frische Luft	Gift MAK_D-Wert 50 mg · m⁻³
1,2-Di-chlor-ethan	Nervengift	narkotische Wirkung, Fieber, Kreislauf-schäden			Gift Gefährdungs-gruppe I lt. ASAO 728, s. unter Halo-genkohlenwasser-stoffe, aliphatische; MAK_D-Wert 50 mg · m⁻³
Dichlor-diphenyl-trichlor-ethan (DDT)	Nervengift	Übelkeit, Erbrechen, Kopfschmerzen, Sensi-bilitätsstörungen, bes. im Mund, Muskel-zittern, Gliederschmer-zen, Lähmungen, Schwerhörigkeit, Wein-krämpfe, psychische Störungen	Vergiftung möglich durch Einnahme, Ein-atmung von Staub und offene Wunden; 3mal 250 mg (auch 1 g) pro Tag wurden vertragen ≈ 1,5 g giftig	Magenspülung mit Natriumchloridlösung, keine Milch, kein Fett oder Öl! Hautstellen mit war-mem Seifenwasser ab-waschen, Augen mit viel Wasser spülen	Gift MAK_D-Wert 1 mg · m⁻³

Name	Giftwirkung	Vergiftungs-erscheinungen	Art der Aufnahme, schädliche und tödliche Mengen	Gegenmittel	Bemerkungen
Dichlor-methan	Nervengift	narkotische Wirkung, Sehstörungen, Dauer-giftwirkung gering			s. auch unter Halo-genkohlenwasser-stoffe, aliphatische; MAK_D-Wert 500 mg · m^{-3}
Digitalin Digitoxin	Herzgifte	Erbrechen, Durchfall, erniedrigte Körper-temperatur, unregel-mäßiger Puls, Kopf-schmerz, Schwindel, Bewußtlosigkeit, Herz-lähmung	Bruchteile eines Milligramms oder zwei bis drei Gramm Blätter des Fingerhutes gelten als tödlich, 30 ml Tink-tur tödlich	Magenspülung mit Tannin (0,5 %), Darm-entleerung, Anregungs-mittel, Kohle- und Natriumsulfatgaben, Körperruhe	Glykoside des Fingerhutes, Ver-wendung als Herz-mittel; Gifte
Dinitro-hydroxy-benzen	Nerven- und Blutgift, Reizstoff	Kopfschmerz, Schwin-del, Bewußtseins-störungen, Brechreiz, Darmkolik, Atemnot, Augenflimmern, Ohren-sausen, erhöhter Puls, Durst, Unruhe, Angst, Blaufärbung der Haut	eingeatmet und innerlich	Ruhe, frische Luft, blutbildende Mittel, keinen Alkohol!	Alkohol löst Ver-giftungserscheinun-gen noch nach Ta-gen aus; s. a. unter Nitro- und Amino-verbindungen, aromatische
Dinitro-methyl-hydroxy-benzen	Blut-, Nerven- und Nieren-gift	Mattigkeit, Kopf-schmerz, Schwindel, Verdauungsstörungen, blaue Gesichtsfarbe, Nierenschäden	innerlich 5 g tödlich	Ruhe, frische Luft, Alkohol meiden!	s. a. unter Nitro-verbindungen; Alkohol löst Ver-giftungserscheinun-gen noch nach Ta-gen aus; MAK_D-Wert 1 mg · m^{-3}
Dioxan	Nierengift	schwere Nierenschäden z. T. mit tödlichem Ausgang			Verwendung als Lösemittel. Gefährdungs-gruppe I lt. ASAO 728; MAK_D-Wert 200 mg · m^{-3}
Dioxy-benzene	Nervengifte z. T. Ätzstoffe	Staub: Reizung und Braunfärbung der Augenbindehaut, Horn-hauterkrankungen, Herabsetzung der Seh-schärfe; Einnahme: Schwindel, Schwäche, Bewußtlosigkeit, Er-brechen, kleiner Puls, Blaufärbung des Gesichts	ab 0,5 g stark giftig	Magenauswaschung mit viel Wasser und Aktiv-kohle	
Dioxy-butan-disäure (Weinsäure) und Salze	Ätzstoffe, Zellgifte	Schädigungen des Magen- und Darm-kanals	innerlich ab 10 g giftig bis tödlich	Kalk- oder Kreide-aufschlämmungen geben, Aktivkohle	
Dipropen-2-ylbarbi-tursäure	Nervengift	Schwindel, Übelkeit, Benommenheit, Be-wußtlosigkeit, Lähmung des Atemzentrums	innerlich 2 ... 2,4 g tödlich	Magenausspülung mit Kohle, evtl. künst-liche Atmung	Verwendung als Schlafmittel; Gift
Dischwefel-chlorid	Reizstoff	starker Husten-, Nies-, Brech- und Tränenreiz	eingeatmet und äußerlich	frische Luft, Natrium-hydrogenkarbonat-lösung inhalieren; äußerlich: Waschen mit Natriumhydrogenkar-bonatlösung Atemfilter: B grau	Gift

Name	Giftwirkung	Vergiftungs-erscheinungen	Art der Aufnahme, schädliche und tödliche Mengen	Gegenmittel	Bemerkungen
Eisen-penta-karbonyl	Reizstoff	Atemnot, Schwindel, Husten, schwere Lungenreizung	eingeatmet	Ruhe, frische Luft Atemfilter: A braun	
Eisen(II)-sulfat	Ätzstoff	größere Konzentrationen und große Mengen wirken auf Schleimhäute ätzend	innerlich 4 g tödlich	Magenspülung mit Wasser, Magnesium-oxidaufschlämmung und Aktivkohle	Heilung nach 30 g möglich gewesen
Ethanal	Reizstoff für Schleimhäute und narkotische Wirkung	Kratzen im Hals, Augenbrennen	eingeatmet 20 mg · l^{-1} Luft tödlich in 1 … 2 Stunden	frische Luft	MAK$_D$-Wert 100 mg · m^{-3}
Ethan-dinitril (Dizyan)	Reizstoff, Atem- und Blutgift	Erscheinungen wie bei Zyanwasserstoff, Giftwirkung jedoch geringer, Reizwirkung stärker		frische Luft, Sauerstoffatmung	Gift
Ethandiol	schwacher Ätzstoff, starkes Blut- und Nervengift	Leibschmerzen, Erbrechen, Nierenentzündung, Blut im Harn, Herzlähmung			giftig, da es zu Ethandisäure (Oxalsäure) oxydiert wird
Ethandi-säure und Salze	Nierengifte	Magenschmerzen, Erbrechen, Atemnot, Krämpfe, Glieder-schmerzen, Herz-schwäche, Nierenentzündung, Blut im Harn, Bewußtseins-verlust	innerlich > 1 g giftig, 2,5 … 7 g tödlich	Magenauswaschungen mit Kreide- oder Magnesiumoxidauf-schlämmungen, schleimige Getränke, Eiweiß, evtl. Kalziumlaktat, Brechmittel	Gift
Ethan-epoxid (Ethylen-oxid)	Nerven- und Blutgift	Nierenschäden, Schwindelgefühl, Atemnot, Betäubung, Lähmung des Atem-zentrums		frische Luft, völlige Körperruhe, Arzt herbeirufen	Gift Schädlingsbe-kämpfungsmittel, großtechnisches Zwischenprodukt; MAK$_D$-Wert 20 mg · m^{-3}
Ethanol	Nervengift mit narkotischer Wirkung; Hautreizstoff (äußerlich)	Magenkatarrh	innerlich 260 ml 100%ig tödlich, 650 ml 40%ig tödlich; Kinder 100 bis 200 ml 40%ig tödlich	Magenentleerung, Bohnenkaffee	Gewöhnung möglich; MAK$_D$-Wert 1 000 mg · m^{-3}
N-Ethano-yl-4-ethoxy-amino-benzen	Blutgift	Schwindel, Mattigkeit, Übelkeit, Atemnot, Be-wußtlosigkeit, blaue Gesichtsfarbe	innerlich 0,2 … 3 g giftig ≈ 1 g tödlich	Magenspülung mit 50 g Magnesiumsulfat in 0,5 l Wasser als Abführmittel	Gift
N-Ethano-ylamino-benzen (Azet-anilid)	Blutgift	Übelkeit, Schwindel, Mattigkeit, blaue Ge-sichtsfarbe, Herz-schwäche, Atemnot, Bewußtlosigkeit	innerlich 0,5 … 4 g tödlich	Magenspülung, Ma-gnesiumsulfat als Ab-führmittel, Anregungs-mittel	Verwendung als Fiebermittel; Gift MAK$_D$-Wert 100 mg · m^{-3}
N-Ethano-yl-4-brom-amino-benzen	Blutgift		innerlich 0,2 … 0,3 g giftig		Gift
O-Ethano-yl-2-oxy-benzen-karbon-säure	Ätzstoff für Magen und Darm	Magen- und Darm-blutungen	innerlich 10 g und mehr tödlich	Eingabe von Tier-kohleaufschlämmungen	Fiebermittel, Antineuralgin

Name	Giftwirkung	Vergiftungs-erscheinungen	Art der Aufnahme, schädliche und tödliche Mengen	Gegenmittel	Bemerkungen
N-Ethano-ylphenyl-hydrazin	Blutgift	s. Nitroverbindungen, aromatische	innerlich 0,1 ... 0,5 g giftig		
Ethan-säure (Essig-säure)	Ätzstoff für Haut, Schleim-häute und Atmungsorgane	Verätzungen von Mund, Speiseröhre und Magen, Würgen und Erbrechen, Leibschmerzen, Blut im Harn und im Stuhl	innerlich 60 ... 70 ml 80 %ige Säure tödlich, 50 ml 96 %ige Säure tödlich, auch 20 g sind tödlich	keine Magenspülung, Gaben von Auf-schlämmungen von Magnesiumoxid, Kreide oder Natriumhydrogen-karbonat in Milch äußerlich: Waschen mit 5 %iger Ammonium-hydroxidlösung (nicht Augen!)	80 %ige Säure, Gift MAK$_D$-Wert 20 mg · m^{-3}
Ethan-sulfo-chlorid	Reizstoff		eingeatmet Ug. 50 mg · m^{-3} Luft	frische Luft	
Ethen	Stickgas	Betäubung, Lähmung des Atemzentrums	eingeatmet 1 100 mg · l^{-1} Luft tödlich in 5 ... 10 Minuten, 575 mg · l^{-1} Luft erträglich 0,5 ... 1 Stunde		für kurzzeitige Narkosen im Ge-misch mit Sauer-stoff
Ethin	Stickgas	Betäubung, Lähmung des Atemzentrums	eingeatmet 550 mg · l^{-1} Luft tödlich in 5 ... 10 Minuten, 110 mg · l^{-1} Luft erträglich 0,5 ... 1 Stunde		Narkosemittel in reinster Form, tech-nisches Gas auf Grund von Verun-reinigungen erheb-lich giftiger
Ethoxy-ethan	Nervengift	narkotische Wirkung, lähmend auf Herz und Zentralnervensystem	eingeatmet 8 g und mehr tödlich, inner-lich 30 ... 50 g tödlich	frische Luft, Atemfilter: A braun	Gewöhnung mög-lich; MAK$_D$-Wert 500 mg · m^{-3}
Ethyl-brom-ethanat	Reizstoff für alle Schleim-häute		Ug. 80 mm^3 · m^{-3} Luft		
Eukalyptus-öl	Nierengift		innerlich 3 g giftig		
Fluor und seine Ver-bindungen	Ätz- und Zellgifte	Erkrankungen der Knochen, Gelenke und Bänder (Fluorose)			
Fluoride	Ätz- und Zellgifte	Reizung aller Schleim-häute und Schädigung der Gewebe	innerlich 1 ... 10 g tödlich, 0,25 g heftiges Erbrechen	Magenspülung mit Kalkwasser, Milch, Kohle; Abführmittel (Rizinus), viel Flüssig-keit geben	Lösliche Verbin-dungen: Gift
Fluor-wasser-stoff	Ätz- und Zellgift	Reizung der Augen-bindehaut und Schleim-häute der Luftwege, Erbrechen, Kurz-atmigkeit, Bronchial-katarrh, Schädigung der Zähne, Gewebe und Fingernägel	innerlich 5 ... 15 g tödlich, 1 Eßlöffel 9,2 %iger Fluorwasser-stoff tödlich äußerlich auch ver-dünnt ätzend	Magenspülung mit Kalkwasser, Milch und Kohle, Abführmittel (Rizinus), viel Flüssig-keit geben Hautverätzungen mit 2- bis 3 %igem Ammo-niumhydroxid ab-waschen	Gift MAK$_D$-Wert 1 mg · m^{-3}
Germa-niumwas-serstoff	Blut-, Nerven- und Zellgift	Übelkeit, Kopf-schmerz, Mattigkeit, Atemnot, Schmerzen in der Bauchgegend	eingeatmet Gift-wirkung zwischen Arsenwasserstoff und Zinnwasserstoff	frische Luft	

Name	Giftwirkung	Vergiftungs-erscheinungen	Art der Aufnahme, schädliche und tödliche Mengen	Gegenmittel	Bemerkungen
Halogen-kohlen-wasser-stoffe, alipha-tische	Nerven- und Zellgifte, z. T. Organgifte und Reizstoffe	betäubende Wirkungen, Magen- und Darm-störungen, Reizung von Haut- und Schleim-häuten, Schädigung von Herz, Leber, Nieren und Sinnesorganen, Nerven-störungen z. T. mit Tobsuchtsanfällen	Aufnahme durch Ein-atmung und durch die Haut, selten über den Nahrungsweg	frische Luft Atemfilter: A braun oder B Grau	
Halogen-kohlen-wasser-stoffe, aromati-sche	Nervengifte, Organgifte, z. T. Reizstoffe	narkotische Wirkungen, Nervenlähmungen, Leber- und andere Organschäden, Erbre-chen, Schwäche	Aufnahme durch Ein-atmung und besonders durch Resorption durch die unverletzte Haut	frische Luft	Dichlorbenzen: Gefährdungs-gruppe II lt. ASAO 728
Heroin	Nervengift	Rausch, Schwindel, Müdigkeit, Verminde-rung der Schmerz-empfindlichkeit, Ent-zündungen von Mund und Speiseröhre, Magen-störungen, Glieder-lähmung, Krämpfe, Atemlähmung	innerlich 0,01 g giftig, 0,06 ... 0,2 g tödlich 0,003 ... 0,005 g medi-zinische Dosen	Magenspülung mit Kaliumpermanganat, Magnesiumsulfat, Kohle; künstliche Atmung	Verwendung als hustenstillendes Mittel
γ-Hexa-chlor-zyklo-hexan (Hexa, HCH)	Atem- und Nervengift	Erbrechen, Schwäche, Schwindel, Lähmungs-erscheinungen, Muskel-zittern, Bewußtlosig-keit	innerlich und einge-atmet, äußerlich 200 g eines 3 %igen HCC-Präparates verstäubt; nach 15 Minuten Er-brechen und Lähmungs-erscheinungen innerlich 1,5 g tödlich	innerlich: Magen-spülung mit Kochsalz-lösung, kein Fett, kein Öl, keine Milch; äußerlich: Haut mit warmem Seifenwasser abwaschen	s. u. Halogen-kohlenwasserstoffe, aromatische; MAK$_D$-Wert 0,2 mg · m^{-3}
O-Hydro-xy-benzen-Karbon-säure (Sali-zylsäure) und Ver-bindungen	Ätzstoffe, Organgifte	Magen- und Darm-blutungen	innerlich 0,7 ... 3,6 g je Tag giftig bis tödlich; 5 g tödlich	Magenspülung mit Tierkohle	5,5 g je Tag wurden vertragen
2-Hydro-xy-propan-säure (Milch-säure)	Ätzstoff	Verätzungen von Mund, Speiseröhre, Magen, Leibschmerzen, Erbre-chen, Blut im Harn	innerlich 100 ml einer 33 %igen Lösung tödlich	Milch, Eiswasser, Magnesiumoxidauf-schlämmungen	
Insulin	Organgift	Müdigkeit, Kraft-losigkeit, Schweißaus-bruch, Schwindel, Delirien, Krämpfe	innerlich	Zucker, bes. Trauben-zucker	nicht bei Zucker-kranken
Iod und Verbin-dungen	Ätzstoffe	Ätzwirkung auf alle Gewebe, besonders Schleimhäute, Husten, Schnupfen, Atemnot, Kopfschmerz, Stirn-höhlen- und Bronchial-katarrh, Durchfall, Speichelfluß, Erbrechen	eingeatmet 0,001 mg · l^{-1} Luft: Arbeiten un-gestört, 0,003 mg · l^{-1} Luft: Arbeiten unmög-lich, innerlich 20...30 ml Tinktur tödlich	frische Luft und Ein-atmen von Alkohol-oder Ammoniumhydro-genkarbonatdämpfen; Hautverätzungen mit Natriumthiosulfat-lösung oder mit reinem Ethanol abwaschen	
Iodide	Ätzstoffe	Ätzwirkung auf alle Gewebe, besonders	innerlich 3 ... 4 g tödlich	Magenspülung mit Magnesiumoxidauf-	

Name	Giftwirkung	Vergiftungs-erscheinungen	Art der Aufnahme, schädliche und tödliche Mengen	Gegenmittel	Bemerkungen
Iodide (Forts.)		Schleimhäute, Husten, Schnupfen, Tränen, Durchfall, Kopf-schmerz, Stirnhöhlen- und Bronchialkatarrh		schlämmungen, Gaben von Eiweißlösungen oder 1%iger Natrium-thiosulfatlösung (10 ... 20 ml) Mehl, Stärke, Brech- und Abführmittel	
Iod-propanon	Reizstoff	starker Tränenreiz, Hustenreiz	eingeatmet Ug. > 100 mm$^3 \cdot$ m^{-3} Luft		
Iod-tinktur	Ätzstoff	Ätzwirkung auf alle Gewebe, besonders Schleimhäute, Husten, Schnupfen, Tränen, Durchfall, Kopf-schmerz, Stirnhöhlen- und Bronchialkatarrh	innerlich 20 ... 30 g tödlich	Magenspülung mit Magnesiumoxidauf-schlämmungen, Gaben von Eiweißlösungen	
Kadmium-verbin-dungen	Reizstoff für alle Schleim-häute, Zellgift	Husten, »Kadmium-schnupfen«, Benom-menheit, Übelkeit, Schwindelanfälle, stun-denlanges Erbrechen, Durchfall, Krampf-anfälle an Armen und Beinen, Geruchs-minderung	innerlich 0,03 g Kadmiumsulfat lang anhaltendes Erbrechen, 0,16 g giftig	Magenspülung mit Tannin und Kohle, Gaben von Milch, Eiweißlösungen, schleimigen Getränken, Anregungsmittel	Gift MAK$_D$-Wert 0,1 mg $\cdot$ m^{-3} außer Kadmiumsulfid
Kakodyl-chlorid	Reizstoff und Zellgift	reizt Nasen- und Ra-chenschleimhäute, Niesen und Husten, Erbrechen, Magen- u. Darmkatarrh, Durch-fall, Lähmungen, Krämpfe	eingeatmet Ug. 20 mm$^3 \cdot$ m^{-3} Luft		Gift
Kakodyl-oxid	Reizstoff und Zellgift	reizt Nasen- und Ra-chenschleimhäute, Niesen und Husten, Erbrechen, Magen- u. Darmkatarrh, Durch-fall, Lähm., Krämpfe	eingeatmet Ug. 30 mm$^3 \cdot$ m^{-3} Luft		Gift
Kakodyl-zyanid	Reizstoff und Zellgift	reizt Nasen- und Ra-chenschleimhäute, Niesen und Husten, Erbrechen, Magen- u. Darmkatarrh, Durch-fall, Lähmungen, Krämpfe	eingeatmet Ug. 10 mm$^3 \cdot$ m^{-3} Luft		Gift
Kalium-aluminium-sulfat	Ätzstoff	in geringen Konzentra-tionen zusammen-ziehende, in höheren ätzende Wirkung in Mund und Speise-röhre, Erbrechen	innerlich 0,9 g tödlich beim Kind, 2 g giftig beim Erwachsenen, 30 g tödlich beim Er-wachsenen	Brechmittel, Eingabe von schleimigen Ge-tränken	
Kalium-antimonyl-tartrat	Zellgift	Metallgeschmack, Übel-keit, Durchfall, Krämpfe, Erbrechen	innerlich 0,1 ... 2 g giftig	Magenauswaschung mit Tannin-, Eiweißlösung, Milch	überwiegend mit Arsen verunreinigt; Gift
Kalium-hexazyano-ferrat (II u. III)	Blutgift	Schwindel, Kratzen im Hals, Kopfdruck, Atem-not, Übelkeit, Erbre-chen, Krämpfe, Tod im Krampf	besonders als Staub giftig		Verwendung zur Metallhärtung

Name	Giftwirkung	Vergiftungserscheinungen	Art der Aufnahme, schädliche und tödliche Mengen	Gegenmittel	Bemerkungen
Kaliumhydrogenethandiat	Nierengift	Magenschmerzen, Erbrechen, Atemnot, Krämpfe, Gliederschmerzen, Herzschwäche, Nierenentzündung, Blut im Harn, Bewußtseinsverlust	innerlich 2 … 30 g tödlich, 1 g stark giftig		Gift
Kaliumhydroxid	Ätzstoff	Verätzungen und Schwellung der Mundschleimhaut, Schluckbeschwerden, Erbrechen, Durchfall, Puls- und Herzschwäche	eingeatmet in konzentrierter Form tödlich, innerlich etwa 20 g 10%ige Lösung tödlich, auch geringe Mengen (5%ige Lösung) schwere Verätzungen	Gaben von verdünnter Ethan- (Essig-) oder Zitronensäure, schleimige Getränke, Milch, Eiweiß	Feststoff und 5%ige Lauge: Gift
Kaliumnitrat	Ätzstoff	Verätzungen des Magen- und Darmkanals, Erbrechen, Koliken, Zittern, Taumeln, Krämpfe, tiefe Bewußtlosigkeit	innerlich 5 g giftig 8 … 10 g tödlich	Magenspülung mit verdünnten Säuren und Kohle	
Kaliumpermanganat	Ätzstoff	starke Verätzungen von Schlund und Speiseröhre, Erbrechen	innerlich 5 … 20 g tödlich, 5%ige Lösung stark ätzend	Magenspülung, Kohle	
Kaliumquecksilberiodid	Ätzstoff und Zellgift	ätzende Wirkung des Kaliums und Zellgiftwirkung des Quecksilbers	innerlich 1 … 1,5 g giftig bis tödlich	Magenspülung mit Milch, schleimige Lösungen, Brech- und Abführmittel	Gift
Kaliumzyanat	Atem- und Blutgift	Schwindel, Kratzen im Hals, Kopfdruck, Atemnot, Übelkeit, Erbrechen, Krämpfe, Tod im Krampf	innerlich 3 g tödlich	Magenausspülung mit 0,1%iger Kaliumpermanganatlösung oder 1% Wasserstoffperoxidzusatz, Sauerstoffatmung	
Kaliumzyanid	Atem- und Blutgift	Schwindel, Kratzen im Hals, Kopfdruck, Atemnot, Übelkeit, Erbrechen, Krämpfe, Tod im Krampf	innerlich 0,2 … 0,3 g tödlich	Magenausspülung mit 0,1%iger Kaliumpermanganatlösung oder 1% Wasserstoffperoxidzusatz, Sauerstoffatmung	Gift
Kalziumzyanamid	Reiz- und Nervengift	Atmung beschleunigt, Atemnot, Herztätigkeit erhöht, Schwindel, Hustenreiz, Druck auf der Brust, Frieren der Glieder, Reizung der Haut und der Schleimhäute		Staubmasken verwenden!	Alkohol meiden, da Wirkung beschleunigt bzw. verstärkt wird Gift
Kampfer	Nerven- und Herzgift	in geringer Menge anregende, in größerer Menge lähmende Wirkung auf Atmung, Herztätigkeit und Zentralnervensystem	innerlich 1 g beim Kind tödlich		
Kantharidin	Ätzstoff	Hautreizung mit Blasenbildung, Schluckbeschwerden, Schwächeanfall, Schüttelfrost, Krämpfe, blutiger Durchfall	innerlich 0,006 g giftig, 0,01 … 0,03 g tödlich	Brechmittel, schleimige Getränke, Magenspülung, keine Fette, keine Öle!	Wirkstoff der »Spanischen Fliege«, Verwendung für Zugpflaster. Gift

Name	Giftwirkung	Vergiftungs-erscheinungen	Art der Aufnahme, schädliche und tödliche Mengen	Gegenmittel	Bemerkungen
Kobalt-verbindun-gen	Atemgifte	Stäube rufen Lungen-erkrankungen hervor		Staubmaske verwenden!	MAK_D-Wert $0,1 \text{ mg} \cdot \text{m}^{-3}$
Kodein	Nervengift	schwach narkotische Wirkung, Pulsvermin-derung, Muskel-schwäche	innerlich 0,1 ... 0,2 g giftig, 0,8 g tödlich	Magenspülung mit Tanninlösung, Kohle	Opiumalkaloid, hustenstillendes Mittel, s. a. Morphin
Koffein	Nervengift	Schlaflosigkeit, Erre-gung, Augenflimmern, Zittern, Herzklopfen, Benommenheit	innerlich 0,2 g können giftig wirken, 7 ... 10 g können tödlich wirken	körperliche Ruhe	Alkaloid des Kaffees, Tees, Kakaos und des Kolasamens
Kohlen-dioxid	Stickgas	beschleunigte Atmung, Atemnot, Unruhe, Kopfdruck, Ohren-sausen, Herz- und Schläfenklopfen, Trü-bung und Verlust des Bewußtseins, Krämpfe, Atemstillstand	eingeatmet 2,5 % $\hat{=}$ 45 mg $\cdot$ l^{-1} Luft ohne Einfluß, 6 % $\hat{=}$ 108 mg $\cdot$ l^{-1} Luft Atmungsbeschwerden, 8 ... 10 % $\hat{=}$ 140 ... 180 mg $\cdot$ l^{-1} Luft Bewußt-losigkeit, 20 ... 30 % $\hat{=}$ 360 mg $\cdot$ l^{-1} Luft Lähmung in wenigen Sekunden	frische Luft, künst-liche Atmung	Filtermasken schützen nicht gegen Kohlendi-oxid, sondern nur Frischluft- oder Kreislaufgeräte bzw. Filterbüchsen ver-wenden; MAK_D-Wert 9 000 mg $\cdot$ m^{-3}
Kohlen-disulfid (Schwefel-kohlen-stoff)	Nervengift, Organgift	Kopfschmerzen, Seh-störungen, Mattigkeit, Schwindel, Verwirrung mit nachfolgender Be-täubung, Bewußtlosig-keit, chronisch: Ner-venlähmungen	eingeatmet 6 ... 15 mg $\cdot$ l^{-1} Luft tödlich in 0,5 ... 1 Stunde, 1 ... 1,2 mg $\cdot$ l^{-1} Luft bei mehrstünd. Ein-wirkung giftig, 0,15 mg $\cdot$ l^{-1} Luft bei monatelanger Ein-atmung giftig. Auf-nahme durch Resorp-tion durch die Haut möglich, innerlich 3 ... 5 g tödlich	eingeatmet: frische Luft, künstliche At-mung, warme Bäder Atemfilter: A braun bei Einnahme: Magen-spülung, Kohlegaben	Gift Gefährdungs-gruppe I lt. ASAO 728; MAK_D-Wert 50 mg $\cdot$ m^{-3}
Kohlen-monoxid	Blutgift	Kopfdruck mit Schwindelgefühl, Ohrensausen, Ver-wirrung, Sprachstörun-gen, Brechreiz, Schwächegefühl in den Beinen, Bewußtlosig-keit, Blaufärbung des Gesichts; in großen Konzentrationen schlag-artiges Hinstürzen, Krämpfe, Atemlähmung	eingeatmet 1 % Kohlen-monoxid in der Atem-luft sofortiger Tod; 0,1 % Kohlenmonoxid in der Atemluft Be-wußtlosigkeit und Tod in wenigen Stunden; 0,01 % Kohlenmonoxid in der Atemluft nach Stunden deutliche Ver-giftungserscheinungen	frische Luft, Ein-atmen von Alkohol-dämpfen, Sauerstoff-atmung. Haut- und Ge-ruchsreizungen, keine Narkotika. Atemfilter: CO 1 ... 3 cm breiter schwarzer Ring	Gehalt des Kohlen-monoxids in Rauch 0,1 ... 0,5 % Leuchtgas 5 ... 18 % Auspuffgase 7 ... 10 % Generatorgas 25 ... $\approx$ 29 % Sprenggas 30 ... 60 %; MAK_D-Wert 55 mg $\cdot$ m^{-3}
Kohlen-säure-dichlorid (Phosgen)	Reiz- und Ätzgas	relativ geringe Ätzwir-kung in den oberen Atemwegen, und im Auge, schwerste Ver-ätzungen der Lungen, Brustschmerzen, Brech-reiz, Husten mit schau-migem Auswurf, Atem-not, Blaufärbung der Haut, Benommenheit; nach diesen Erscheinun-gen stundenlanges Wohl-befinden möglich, danach erneuter Anfall	eingeatmet 0,02 ... 0,1 mg $\cdot$ l^{-1} Luft in 0,5 ... 1 Stunde tödlich, 15mal giftiger als Chlor!	ruhig legen, Sauer-stoffeinatmung, keine künstliche Atmung, sofort Arzt rufen! Inhalieren von 0,25 %iger $NaHCO_3$-Lösung Atemfilter: B grau	Gift MAK_D-Wert 0,5 mg $\cdot$ m^{-3}

Name	Giftwirkung	Vergiftungs-erscheinungen	Art der Aufnahme, schädliche und tödliche Mengen	Gegenmittel	Bemerkungen
Kokain	Nervengift	Pupillenerweiterung, erhöhte Puls- und Atemtätigkeit, Herzklopfen, Unruhe, Schwindel, Zittern der Hände, Lähmungserscheinungen, besonders der Haut, Krämpfe, Bewußtlosigkeit, Tod durch Atemlähmung	innerlich 0,005 g je Tag giftig, 0,1 ... 1,5 g tödlich	Magenspülung mit Tanninlösung bei Atemunregelmäßigkeiten künstliche Atmung, starker Kaffee (nicht bei Bewußtlosen!)	Gewöhnung bis 2,5 g je Tag bekannt, Hauptalkaloid des Kokastrauches, Lokalbetäubungsmittel; Gift
Kolchizin	Zell- und Nervengift	Brennen im Mund, Erbrechen, Durchfall, Leibschmerzen, unregelmäßiger Puls, Bewußtlosigkeit, Lähmungen, Muskelzittern, Atemnot	innerlich 20 mg können tödlich wirken ($\approx$ 5 g Samen)	Magenspülung mit Tanninlösung, Brechmittel, Kohlegaben, Bettwärme	Wirkstoff der Herbstzeitlose; Verwendung gegen Gicht und Ischias; Gift
Koniin	Nervengift	Schwindel, Übelkeit, Erbrechen, Brennen in Mund und Rachen, Kopfschmerz, Unempfindlichkeit der Haut, Abnahme der Tastempfindung, Krämpfe, Atemstillstand, Durchfall	innerlich 0,1 ... 1 g tödlich 1 ... 2 Tropfen Saft giftig bis tödlich	Magenspülung mit Tanninlösung, Brechmittel, Kohlegaben, Magenspülung mit Natriumsulfat, Bettwärme	Alkaloid des gefleckten Schierlings
Kreosot	Ätzstoff	Haut- und Schleimhautzerstörung	innerlich 1,8 g tödlich für Kinder, 7,2 g tödlich für Erwachsene		Bestandteil des Guajakols, Desinfektionsmittel
Krotonöl	Ätzstoff	Brennen und Rötung der Haut und Schleimhäute, allgemeine Schwäche, Erschöpfung, Durchfall, mit Magen- und Darmentzündung, Koliken	innerlich 1 ... 2 Tropfen $\hat{=}$ 0,04 ... 0,08 g giftig, 20 Tropfen (0,4 ... 0,8 g) tödlich	erst Magenspülung mit Tannin, dann schleimige Getränke (Milch), viel Flüssigkeit, Gaben von Kohle, Natriumsulfat	Abführmittel
Kumarin und Verbindungen	Blut- und Zellgifte	stören bzw. heben die Gerinnungsfähigkeit des Blutes auf	innerlich 4 g giftig		Geruchsstoff des Waldmeisters, Verwendung in der Parfümerieindustrie und Ungeziefervertilgung (Ratten, Mäuse)
Kupfer und Verbindungen	Zellgifte, z. T. Ätzstoffe	anhaltendes Erbrechen, schmerzhafter Durchfall, starke Erregung, Kopfschmerz, Herzschwäche, unregelmäßige Atem- und Pulstätigkeit, Schwindel, Delirien, Lähmung	innerlich 0,2 g Kupfer Erbrechen	nach Magenentleerung durch Erbrechen Zufuhr von Milch, Haferschleim, Eiweiß, evtl. Eisenpulver	Lösliche Verbindungen: Gift MAK$_D$-Wert 0,2 mg $\cdot$ m^{-3}
Kupferethanat, basisch	s. unter Kupfer	s. unter Kupfer	innerlich 10 ... 20 g tödlich	nach Magenentleerung durch Erbrechen Zufuhr von Milch, Haferschleim	Gift
Kupfersulfat-5-Wasser	s. unter Kupfer	s. unter Kupfer	innerlich 9 ... 20 g tödlich	nach Magenentleerung durch Erbrechen Zufuhr von Milch, Haferschleim	Gift

Name	Giftwirkung	Vergiftungs-erscheinungen	Art der Aufnahme, schädliche und tödliche Mengen	Gegenmittel	Bemerkungen
Lithium und Verbindungen	Ätzstoffe	entsprechen etwa den Kaliumverbindungen, meist jedoch stärkere Wirkung	innerlich 0,2 g Lithium je kg Körpergewicht tödlich	Magenspülung mit verdünnten Säuren, Milch	
Lithium-chlorid	Ätzstoff	s. unter Lithium	innerlich 8 g giftig		
Magnesium und Verbindungen	Ätzstoffe	nur in großen Konzentrationen und Mengen giftig, wohl durch Wirkung der Säurereste			MAK_D-Wert 10 mg · m^{-3}
Mangan und Verbindungen	Nervengifte und Ätzgifte	fast ausschließlich chronische Giftwirkungen, besonders auf Lunge und Nervensystem	eingeatmet	Absaugen des Staubes, dichte Ummantelung der Maschinen	MAK_D-Wert 5 mg · m^{-3}
Metaldehyd	Reizstoff für Schleimhäute, narkotische Wirkung und Krampfgift	Reizung der Magenschleimhaut, Magenbeschwerden, Übelkeit, Bewußtlosigkeit, Minderung der Herztätigkeit	innerlich 2 g tödlich beim Kind		Gift
Methanal	Reizstoff und Zellgift	reizt alle Schleimhäute und die Hornhaut des Auges, innerlich: Brennen in Mund und Magen, Brechreiz, Darmkatarrh, Erblindung, Nesselausschlag, Herzschwäche, Schwindel, Bewußtlosigkeit, Blaufärbung des Gesichts	eingeatmet, äußerlich: 3 … 4 %ige Lösung Hautaufrauhung innerlich 10 … 50 ml 40 %ige Lösung tödlich	eingeatmet: frische Luft Atemfilter: A braun bei Verätzungen: Verdünnte Ammoniaklösung Magenauswaschungen, rohes Eiweiß, Kohlegaben, Abführmittel	Gift MAK_D-Wert 2 mg · m^{-3}
Methanol	Nerven- und Organgift	weniger berauschend als Ethanol, Reizung der Bindehaut und der Schleimhäute der Luftwege, Sehstörungen (Flimmern, Schmerzen der Augäpfel), Erblindung, Übelkeit, kolikartiges Erbrechen, Herzstörungen, Atemstillstand	eingeatmet können die Dämpfe zu plötzlicher Bewußtlosigkeit führen; innerlich 10 … 100 g tödlich, 8 … 20 g dauernde Erblindung, auch Resorption durch die Haut möglich	frische Luft innerlich: Magenspülungen mit Natriumhydrogenkarbonatlösung, Gaben von Kohle und Karlsbader Salz, Anregungsmittel (Kaffee), Wärme, Sauerstoffinhalation	Gift Gefährdungsgruppe I lt. ASAO 728; MAK_D-Wert 100 mg · m^{-3}
Methansäure	Ätzstoff	Verätzung der Mundschleimhaut, Erbrechen, Magenschmerzen	innerlich 2 %ige Säure schädlich, 0,1 … 0,2 % unbedenklich	Magenspülungen mit Natriumhydrogenkarbonatlösungen, Eingabe von Magnesiumoxid- und Kreideaufschlämmungen	50 %ige Säure Gift
N-Methyl-ethanoyl-amino-benzen	Blut- und Nervengift	Übelkeit, Schwindel, Herzschwäche, Bewußtlosigkeit, blaue Gesichtsfarbe	innerlich 0,75 g giftig	Magenspülung und als Abführmittel 50 g Magnesiumsulfat in 0,5 l Wasser	Verwendung als Fiebermittel; Gift
Methylbenzen (Toluen)	Nerven- und Blutgift	Benommenheit, Kopfdruck, Bewußtlosigkeit, Krämpfe, Lähmungen, Brechreiz, lichtstarre Pupille, starke narkotische Wirkung	bereits bei 0,05 ml · l^{-1} Luft narkotische Wirkung		Gefährdungsgruppe II lt. ASAO 728; MAK_D-Wert 200 mg · m^{-3}

Name	Giftwirkung	Vergiftungs-erscheinungen	Art der Aufnahme, schädliche und tödliche Mengen	Gegenmittel	Bemerkungen
Methyl-brom-ethanol	Reizstoff für alle Schleim-häute		Ug. 45 mm³ · m⁻³ Luft		
2-Methyl-butan-2-ol	Nervengift	Übelkeit, rauschartige Erregungen, Magen-reizung, Lähmungen	innerlich 27 … 35 g tödlich	Magenspülung, Brech-mittel, Tierkohle	früher Schlaf-mittel
Methyl-chlor-methanat	Reizstoff		eingeatmet Ug. 75 mm³ · m⁻³ Luft		
Mono-bromethan	Nervengift	Angstgefühl, Schwindel, Bewußtlosigkeit, Herz-lähmung	innerlich 10 … 15 g giftig	Brechmittel, Anre-gungsmittel, künstliche Atmung	MAK$_D$-Wert 500 mg · m⁻³
Mono-brom-methan (Methyl-bromid)	Nervengift, Organgift,	Kopfschmerz, Schwin-del, Benommenheit, Appetitlosigkeit, Seh-störungen, Netzhaut-blutungen, Nachwir-kung auf Gehirn, Be-wußtseinsverlust	eingeatmet 1 mg · l⁻¹ Luft giftig	stets Arzt aufsuchen, frische Luft, künstliche Atmung, Anregungs-mittel, bei Einnahme: Brechmittel	Gift s. a. unter Halogen-kohlenwasserstoffe, aliphatische; MAK$_D$-Wert 50 mg · m⁻³
Mono-chlor-methan	Nervengift	schwach narkotische Wirkung, Übelkeit, Erbrechen, Durchfall, Sehstörungen, Gehör-störungen, nach Tagen Krämpfe, Tod		stets Arzt aufsuchen! frische Luft, künstliche Atmung, Anregungs-mittel, bei Einnahme: Brechmittel	s. a. unter Halogen-kohlenwasserstoffe, aliphatische; MAK$_D$-Wert 100 mg · m⁻³
Morphin	Nervengift	Rausch, Schwindel, Juckreiz, Verminderung der Schmerzempfind-lichkeit, Schlafbedürf-nis, verengte Pupillen, Kopfschmerzen, Er-brechen, Harnverhal-tung, Krämpfe, Bewußt-losigkeit, Atemlähmung, allgemeine Lähmung	innerlich 0,1 … 0,5 g tödlich (Gewöhnung an Mehrfaches möglich) Kinder: 0,004 g tödlich	Magenspülung mit Ka-liumpermanganatlösung und Gaben von Kohle, künstliche Atmung, starker Kaffee (nicht bei Bewußtlosen!)	Alkaloid des Schlafmohns, Ver-wendung als schmerzstillendes und Schlafmittel; Gift
Mutter-korn-Alkaloide	Nervengifte	Übelkeit, Benommen-heit, Pupillenerweite-rung, Schwindel, Er-brechen, schwacher, langsamer Puls, Schlafsucht, Durchfälle, Koliken, Lähmungser-scheinungen einzelner Glieder, Schüttel-krämpfe, Tod in Bewußt-losigkeit	innerlich 1 … 4 g giftig bis tödlich	Magenspülung mit Tannin, gefäßerweitern-de und anregende Mittel, Brechmittel	Giftwirkung durch die Alkaloide Ergotamin $C_{33}H_{35}O_5N_5$, Ergotoxin $C_{35}H_{41}O_6N_5$, Ergotinin $C_{35}H_{39}O_5N_5$, Gift
Naphthalen	Nervengift	geringe narkotische Wirkung, nur bei star-ker Konzentration giftig	innerlich 1,3 … 2 g tödlich beim Kind, 5 g beim Erwachsenen tödlich		MAK$_D$-Wert 20 mg · m⁻³
α- und β-Naphthol	Nervengift	ätzen äußerlich die Haut unter Bildung von Geschwüren, Übelkeit, allgemeine Körper-schwäche	innerlich 3 g tödlich, auch Resorption durch die Haut möglich		
Natrium	Ätzstoff	Verätzungen von Haut und Schleimhäuten		Spülung mit Ethanol	Gift

Name	Giftwirkung	Vergiftungs-erscheinungen	Art der Aufnahme, schädliche und tödliche Mengen	Gegenmittel	Bemerkungen
Natrium-bromid	Ätzstoff		innerlich 3 g tödlich beim Kind, 100 g tödlich beim Erwachsenen	Magenspülung	
Natrium-hydroxid	Ätzstoff	Verätzungen von Haut und Schleimhäuten wie mit Kaliumhydroxid	Konzentrationen wie bei Kaliumhydroxid	Gaben von verdünnter Ethan- (Essig-) oder Zitronensäure, schlei-mige Getränke, Milch, Eiweiß	Neutralisation mit verdünnter Säure. Feststoff und 5%ige Lauge: Gifte d. Abt. 2; MAK_D-Wert 2 mg · m^{-3}
Natrium-tetra-borat-10-Wasser	Organgift	Erbrechen, Durchfall, Nierenreizung			
Nickel-tetra-karbonyl	Reizstoff	starke Reiz- und Ätz-wirkung auf die Lun-gen, Husten, Atemnot, Schwindel, Schüttel-frost, Fieber, nicht selten tödliche Lungen-entzündung	eingeatmet 7 ... 30 mg · l^{-1} Luft giftig	frische Luft Atemfilter: A braun	Gift
Nickel-verbin-dungen	Reizstoffe	als Stäube führen sie zu ekzemartigen Haut-erkrankungen, sog. Nickelkrätze			MAK_D-Wert 0,5 mg · m^{-3}
Nikotin	Nervengift	Schwindel, Kopf-schmerz, verstärkte Speichel- und Schweiß-absonderung, Seh-störungen, langsamer Puls, Herzschwäche, Verwirrtheitszustände, Ohnmacht, Erbrechen, Durchfall	innerlich und einge-atmet 30 ... 60 mg töd-lich. Nichtraucher: 1 ... 4 mg je Tag giftig. Raucher: bis zu 16 ... 20 mg je Stunde vertragbar	Magenspülung mit Tannin, Abführmittel, Anregungsmittel wie Alkohol, Kaffee, künstliche Atmung, Bettruhe	Alkaloid des Tabaks, der 0,5 ... 5% Nikotin enthält. Gift MAK_D-Wert 0,5 mg · m^{-3}
Nirvanol	Nervengift	Schwindel, Übelkeit, Benommenheit, Schlaf-bedürfnis, Lähmung des Atemzentrums	innerlich 20 g tödlich	künstliche Atmung, Magenspülung mit Kohlezusatz	Schlafmittel
Nitrite	Blutgifte	Kopfschmerz, Unruhe, Übelkeit, Durchfall, Ohnmacht, Atemnot, Erbrechen, Blutarmut (Blaufärbung der Lippen)	innerlich 0,5 g leicht giftig, 2 g schwer giftig, 5 g tödlich	Magenspülung unter Zusatz von Kohle und Natriumsulfat	Gift im Pökelsalz dürfen 0,6 g NaNO$_2$ in 100 g Mischsalz enthalten sein
Nitro-glyzerin	Nerven- und Blutgift	Kopfschmerz, Unruhe, Schlaflosigkeit, Magen- und Darmstörungen, Erbrechen, Durchfall, Lähmung der Kopf- und Augenmuskulatur	innerlich 2 ... 3 mg giftig, 10 g tödlich	kein Alkohol, Öl oder Fett! Magenspülung mit Natrium- bzw. Magnesiumsulfat	Gift
Nitrosyl-chlorid	Reizstoff	reizt Schleimhäute und Haut ohne stärkere Allgemeinnachwirkun-gen		frische Luft, Einatmen von Ammonium-hydrogenkarbonat-Nebeln	
Nitro-, Diazo- und Aminover-	Blutgifte, z. T. Reizstoffe	Reizung aller Schleim-häute und der Haut, Erbrechen, Atemnot,	Aufnahme durch Ein-atmung bzw. Einnahme	frische Luft, Sauer-stoffzufuhr, künstliche Atmung, Anregungs-	

Name	Giftwirkung	Vergiftungs-erscheinungen	Art der Aufnahme, schädliche und tödliche Mengen	Gegenmittel	Bemerkungen
bindungen, aliphatische		Kopfschmerz, Unruhe, Schlafbedürfnis, Blutarmut, Bronchialkatarrh		mittel (z. B. Kaffee); kein Alkohol! Atemfilter: A braun	
Nitro- und Aminoverbindungen, aromatische	Blut- und Nervengifte, z.T. Organgifte	Erbrechen, blaue Verfärbung der Haut, Lippen und Schleimhäute, Kopfschmerz, Benommenheit, schwere Atemnot, Bewußtseinstrübung bis Bewußtlosigkeit, Tod durch Atemlähmung, z.T. schwere Leber-, Nieren- und Blasenschäden (Gelbsucht)	Aufnahme durch Einatmung, Einnahme und Resorption durch die Haut, meist chronische Vergiftungen; innerlich schon einige Gramm tödlich, z.B. Nitrobenzol 4 ... 10 g tödlich	Sauerstoffatmung innerlich: Magenspülungen, Aktivkohle, Karlsbader Salz als Abführmittel, schleimige Getränke, kein Alkohol, Öl oder Fett! Atemfilter: A braun	Vergiftung wird oft durch geringste Alkoholmengen ausgelöst, Berührung vermeiden, z.T. Hautreizungen, meist Gifte d. Abt. 2 z.B. Nitrobenzen, Nitrotoluen, p-Nitrophenol, MAK_D-Wert 1 ... 5 mg · m^{-3}
N,N-Dimethylmethanamid					Lösungsmittel für PAN; MAK_D-Wert 30 mg · m^{-3}
Opium	Nervengift	Schwindel, Verminderung der Schmerzempfindlichkeit, Rausch, Schlafbedürfnis	innerlich 4 ... 8 g Tinktur tödlich, 0,3 g Extrakt tödlich	Magenspülung mit Kaliumpermanganatlösung und Kohle, künstliche Amung	eingedickter Saft der Mohnkapseln; s. a. Morphin
Osmium (VIII)-oxid	Zellgift, Reizstoff	reizt Schleimhäute, besonders Augen, Augenflimmern innerlich: Verätzungen des Magen- und Darmkanals, Erbrechen, Durchfall			
Ozon	Reizstoff	reizt die Schleimhäute in Augen, Nase und Rachen, Stechen unter dem Brustbein	eingeatmet 0,001 mg · l^{-1} Luft deutlicher Reiz, 0,002 mg · l^{-1} Luft Hustenreiz, Müdigkeit nach 1,5 Stunden		MAK_D-Wert 0,2 mg · m^{-3}
Paraldehyd	Reizstoff für Schleimhäute und narkotische Wirkung	Reizung der Magenschleimhaut, Magenbeschwerden, Übelkeit, Bewußtlosigkeit, Minderung der Herztätigkeit	innerlich 15 ... 25 g tödlich	Magenspülung, evtl. künstliche Atmung	verwendet als Schlafmittel, Gift
Pentanol	Nervengift	Kopfschmerzen, Erbrechen, Magen- und Darmkatarrh, Bewußtseinstrübung	innerlich 0,5 g giftig (die Isomeren des Pentanols sind giftiger als n-Pentanol)	Magenentleerung, Kaffee, Ruhe	giftiger Bestandteil des Fuselöls; MAK_D-Wert 100 mg · m^{-3}
Pentylnitrit (Amylnitrit)	Blutgift	Kopfschmerz, Pulsschwäche und Pulsbeschleunigung, Angstgefühl, Bewußtlosigkeit, Rot- bis Blaufärbung des Gesichts	innerlich 7 ... 15 g tödlich eingeatmet 15 g tödlich	Magen- und Darmentleerungen (Karlsbader Salz), Sauerstoffinhalation, kein Alkohol! Kohlegaben Atemfilter: A braun	Verwendung gegen Epilepsie, Gift

Name	Giftwirkung	Vergiftungs-erscheinungen	Art der Aufnahme, schädliche und tödliche Mengen	Gegenmittel	Bemerkungen
Hydroxy-benzen (Phenol)	Ätzstoff für Haut und Schleimhäute	Verätzungen von Mund und Rachen, Erbrechen, Schwindel, Bewußt-losigkeit, blaue Ge-sichtsfarbe, dunkel-grüner Harn	innerlich 1 ... 30 g tödlich	innerlich: Magenspü-lung mit viel Wasser, Aktivkohle-Gaben (1 g Kohle bindet 40 ... 45 mg Phenol), Gaben von Magnesiumoxid, 10%igem Alkohol äußerlich: Abwaschen mit verdünntem Alko-hol, fettem Öl; Atemfilter: B grau oder A braun	Gift MAK_D-Wert 20 mg · m^{-3}
Phenyl-ethen (Styrol)	Nerven- und Blutgift	Benommenheit, Kopf-druck, Bewußtlosigkeit, Krämpfe, Lähmungen, Brechreiz, lichtstarre Pupille, Zahnfleisch-, Zungen-, Haut- und Hirnblutungen			MAK_D-Wert 200 mg · m^{-3}
Phenyl-ethyl-barbitur-säure	Nervengift	Schwindel, Übelkeit, Benommenheit, Be-wußtlosigkeit, Läh-mung des Atemzentrums	innerlich 1 ... 4 g tödlich	Magenausspülung mit Kohle, evtl. künst-liche Atmung	Verwendung als Schlafmittel. Gift
Phenyl-brom-methan	Augenreizstoff		Ug. 30 ... 40 mm^3 · m^{-3} Luft	frische Luft	MAK_D-Wert 5 mg · m^{-3}
2-Phenyl-chinolin-4-karbon-säure			innerlich 35 ... 70 g giftig	frische Luft	
Phenyl-chlor-methan	Augenreizstoff		Ug. < 10 mm^3 · m^{-3} Luft	Magenspülung unter Zusatz von Tierkohle	MAK_D-Wert 5 mg · m^{-3}
1-Phenyl-2,3-dime-thyl-4-di-methyl-aminopyr-azolon-5	Nervengift		innerlich 1,8 g je Tag giftig, 8 ... 10 g tödlich		
1-Phenyl-2,3-dime-thyl-pyr-azolon-5	Nervengift		innerlich 0,2 g tödlich beim Kind, 0,25 g giftig beim Erwachsenen, 1 ... 3 g tödlich beim Erwachsenen		Fiebermittel
Phenyliod-methan	Augenreizstoff		Ug. 15 mm^3 · m^{-3} Luft	frische Luft	
Phenyl-karbyl-amindi-chlorid	Reizstoff und Blutgift	starker Nasen-, Augen-, Rachenreiz und Ver-giftungserscheinungen wie bei Zyanwasserstoff	eingeatmet Ug. 30 mm^3 · m^{-3} Luft	frische Luft	
Phosphor (weiß)	Ätzstoff, Zell-gift, mit Wir-kungen auf Leber	Verdauungsbeschwer-den, Mattigkeit, Erbre-chen, Leibschmerzen, nach einigen Tagen Leberschwellungen, Gelbsucht, Herz-schwäche, Haut- und Schleimhautblutungen, Durchfall, Bewußtseins-verlust, langsamer, wei-cher Puls, Phosphor-geruch des Erbrochenen	eingeatmet führen Dämpfe zu chronischen Knochenschäden, innerlich 0,06 ... 0,1 g tödlich, 0,01 g deutliche Giftwirkungen	äußerlich: Feuchthal-ten, 2%ige Kupfersul-fatlösung; kein Fett, kein Öl! innerlich: Oxydationsmittel (Ka-liumpermanganat-lösung), Tierkohlegaben, keine Milch, kein Öl, kein Fett! 3%ige Na-triumhydrogencarbo-nat- oder 1%ige Kupfer-sulfatlösung geben	MAK_D-Wert 0,1 mg · m^3

Name	Giftwirkung	Vergiftungs-erscheinungen	Art der Aufnahme, schädliche und tödliche Mengen	Gegenmittel	Bemerkungen
Phosphor-chloride	Ätz- und Reizstoffe	starke Reiz- und Ätz-wirkungen auf obere und tiefere Atemwege, Husten, schmerzhafte Augenentzündung, Schluckbeschwerden	eingeatmet 5 ... 6mal stärker wirksam als Chlorwasserstoff	Inhalieren von Ammo-niumhydrogenkarbonat-Nebeln oder Ethanol-dämpfen Atemfilter: B grau	Gifte
Phosphor-säure	Ätzstoffe	Verätzungen von Mund, Schleimhaut und Magen, Erbrechen, Durchfall, Leibschmerzen		Magenausspülen mit Magnesiumoxidauf-schlämmungen, Na-triumhydrogenkarbo-natlösung, evtl. Kreide-aufschlämmungen, Milch	50 %ige Säure Gift MAK_D-Wert 1 mg · m^{-3}
Phosphor-säureester vom Typ Diethyl-p-nitrophenol-thiophos-phat oder Hexaethyl-tetraphos-phat	Nervengifte	Übelkeit, Erbrechen, verstärkte Speichelab-sonderung, Schwindel, Schwäche, Krämpfe, Nervenlähmungen, Zit-tern, unsicherer Gang, Muskelzuckungen, Mü-digkeit, starke Pupillen-erweiterung, Tod unter größten Qualen in etwa einer Stunde	innerlich wirkten 10 mg nach 9 Stunden tödlich, die tödliche Dosis liegt aber wahrscheinlich viel niedriger	innerlich: viel Tier-kohle, Magenausspü-lung mit 0,1 %iger Ka-liumpermanganatlösung äußerlich: enganliegen-de Schutzkleidung, täg-liches Bad als Vorbeu-gung, Spritzer mit viel Wasser abwaschen, kein Fett oder Öl, schnellste ärztliche Hilfe erforderlich!	Gift besondere Vorsicht bei Temperaturen über 25 °C: Ver-dampfung! Ver-wendung als Insek-tizide
Phosphor-wasserstoff	Nervengift, Blut- und Zellgift	Schmerzen in der Zwerchfellgegend, Kältegefühl, Druck-gefühl in der Brust, Angst, Atemnot, Schwindel, unsicherer Gang, Ohnmacht, Zuckungen der Glied-maßen, Krämpfe, schnelle Betäubung	eingeatmet 1,4 mg · l^{-1} Luft tödlich in wenigen Minuten, 0,1 mg · l^{-1} Luft jedoch erträglich, jedoch nach 6 Stunden noch giftig bis tödlich	frische Luft, ärztliche Behandlung (sofort) Atemfilter: 0 grau/rot	MAK_D-Wert 0,1 mg · m^{-3}
Propanon	Nervengift	narkotische Wirkung etwa der des Ethanols entsprechend, Kopf-schmerz, Unwohlsein	eingeatmet 10 ... 20 g täglich erträglich		MAK_D-Wert 1 000 mg · m^{-3}
Propen	Stickgas	betäubende Wirkung, Lähmung des Atem-zentrums	eingeatmet 35 ... 40 % Erbrechen, Narkose	frische Luft	
Propenal	Reizstoff für alle Schleim-häute	Husten- und Tränenreiz	eingeatmet Ug. 70 mg · m^{-3} Luft	frische Luft, 0,3 %ige Ammonium-hydrogenkarbonat-lösung inhalieren	entsteht beim Über-hitzen von Fetten, kommt in Motor-abgasen vor; MAK_D-Wert 0,25 mg · m^{-3}
Propen-2-yliso-thiozyanat	Reizstoff für Haut und Schleimhäute, Blutgift	starke Reizwirkung auf Augen, Nase, Rachen	eingeatmet Ug. 40 mg · m^{-3} Luft	frische Luft	
Pyridin u. Pyridin-basen	Nervengifte, örtliche Reiz-stoffe	Augenreiz und Reizung der Schleimhäute, Kratzen im Hals, Schwindel, Kopf-schmerz, Benommen-heit, Erbrechen, Husten, Leibschmerzen, Haut-röte, Lähmung der Kopfnerven	innerlich ≈ 15 g tödlich	Magenspülung unter Zusatz von Tierkohle, schleimige Getränke; Einatmung der Dämpfe vermeiden!	Gift MAK_D-Wert 10 mg · m^{-3}

Name	Giftwirkung	Vergiftungs-erscheinungen	Art der Aufnahme, schädliche und tödliche Mengen	Gegenmittel	Bemerkungen
Queck-silber und Ver-bindungen	Zellgifte, Nervengifte, Organgifte (z. T. Ätz-stoffe)	Entzündung der Mund-schleimhaut und des Zahnfleisches, brennen-der Schmerz in der Speiseröhre und Magen, blutiges Erbrechen und blutiger Durchfall, Leibschmerzen, schwere Nierenschädigung mit Versagen der Harnbil-dung, oft Graublau-färbung der Haut, Nervosität	innerlich	Magenspülung unter Zusatz von Kohle; bei Einnahme: wieder-holtes Trinken einer Aufschlämmung von 20 g Natriumhydrogen-karbonat, 50 g Trau-benzucker, 3 Eiweiß in 0,5 l Milch, Natrium-sulfatlösung	Gift außer HgS u. Hg_2Cl_2 MAK_D-Wert $0,1$ mg $\cdot$ m^{-3} (Quecksilberorgan. Verbindungen); MAK_D-Wert $0,05$ mg $\cdot$ m^{-3} (metall. Queck-silber und lösliche anorgan. Verb., berechnet als Hg)
Queck-silber, metallisch	s. unter Quecksilber und Verbindungen		eingeatmet noch $0,1 \ldots 0,02$ mg Queck-silberdampf je Tag giftig nach Monaten, Alkoholiker und Tbc-Kranke besonders an-fällig	s. unter Quecksilber und Verbindungen	
Queck-silber-amino-chlorid	s. unter Quecksilber und Verbindungen		innerlich $1 \ldots 6$ g giftig, 8 g tödlich		Gift
Queck-silber(I)-chlorid					Gift Verwendung als Abführmittel, nicht ungefährlich, 1 g Aktivkohle bindet 850 mg Queck-silber(I)-chlorid
Queck-silber(II)-chlorid	s. Quecksilber und Verbindungen		innerlich $0,1 \ldots 0,2$ g giftig, 0,5 g tödlich	s. unter Quecksilber und Verbindungen	Gift
Queck-silber(II)-iodid			innerlich 0,06 g giftig, 0,25 g und mehr töd-lich, wahrscheinlich liegt die tödliche Dosis noch niedriger		
Queck-silber(II)-nitrat			innerlich 1,5 g tödlich		
Queck-silber-oxid			innerlich $0,5 \ldots 0,8$ g giftig, $1 \ldots 1,5$ g töd-lich		
Queck-silber-salizylat			innerlich $0,02 \ldots 0,1$ g tödlich		
Queck-silber(II)-sulfat			innerlich 3,6 g tödlich		
Queck-silber(II)-zyanid			innerlich 0,1 g giftig, $0,6 \ldots 1,2$ g tödlich		
Rubidium-verbin-dungen	Ätzstoffe		innerlich ≈ 1 g je kg Körpergewicht tödlich		
Salipyrin	Ätzstoff, Organgift	Magen- und Darm-blutungen	innerlich 3 g giftig	Magenausspülung mit Tierkohle	

Name	Giftwirkung	Vergiftungs-erscheinungen	Art der Aufnahme, schädliche und tödliche Mengen	Gegenmittel	Bemerkungen
Salpeter-säure	Ätzstoff	Verätzungen der Haut und Schleimhäute, gelbe Ätzstellen, Schluckbeschwerden, Erbrechen braunschwarzer Massen, blutiger Stuhl, schwacher Puls, Krämpfe	Dämpfe eingeatmet: $0,03$ mg $\cdot$ l^{-1} Luft Reiz 1 Stunde ertragbar, $0,3 \dots 0,4$ mg $\cdot$ l^{-1} Luft Ätzung der Schleimhäute, $0,5 \dots 1$ mg $\cdot$ l^{-1} Luft tödlich in $0,5 \dots 1$ Stunde innerlich 2 g konzentrierte Salpetersäure tödlich	frische Luft, keine künstliche Atmung! innerlich: vorsichtige Neutralisation mit Magnesiumoxid-Milchaufschlämmungen, Eiweißgaben	15%ige Säure: Gift MAK$_D$-Wert 5 mg $\cdot$ m^{-3}
Salzsäure	Ätzgift	weiße Verätzungen in Mund und Rachen, Erbrechen, Durchfall, Blutharn, Bewußtlosigkeit	50 g 37%ig tödlich beim Erwachsenen, 5 g 37%ige tödlich beim Kind	Neutralisation: Magenspülung mit Magnesiumaufschlämmung, Milch-, Eiweißwasser, viel Flüssigkeit	15%ige Säure: Gift MAK$_D$-Wert 5 mg $\cdot$ m^{-3}
Schwefeldioxid	Reiz- und Ätzstoff	reizt besonders die oberen Atemwege, erregt Entzündungen der Schleimhäute	eingeatmet 8 mg $\cdot$ l^{-1} Luft in 5 $\dots$ 10 Minuten tödlich, $0,4 \dots 1,7$ mg $\cdot$ l^{-1} Luft giftig bis tödlich nach 1 Stunde, $0,02 \dots 0,03$ mg $\cdot$ l^{-1} Luft giftig nach mehreren Stunden	Sprühnebel von Ammoniumhydrogenkarbonatlösung einatmen, auch Alkoholdämpfe, Sauerstoffinhalation Atemfilter: E gelb	MAK$_D$-Wert 10 mg $\cdot$ m^{-3}
Schwefelsäure	Ätz- und Reizstoff	Verätzungen von Mund- und Rachenschleimhäuten, Schluckbeschwerden, Erbrechen dunkler Massen, Schmerzen und Krämpfe, Bewußtlosigkeit	innerlich 4 $\dots$ 6 g tödlich, $0,5 \dots 1$ %ige Lösung giftig	vorsichtige Magenspülung, Öl, Eiweiß, Magnesiumoxid-Milchaufschlämmungen, kein Brechmittel!	15%ige Säure: Gift MAK$_D$-Wert 1 mg $\cdot$ m^{-3}
Schwefelsäuredimethylester	Ätz- und Reizstoff für tiefe Atemwege und Haut	nach längerer Einatmung plötzlich Atemnot, Erstickungsgefahr durch Lungenverätzung, Entzündungen der Augen	Einatmung der Dämpfe und äußerlich	Einatmen von Ammoniumhydrogenkarbonat-Nebeln, ruhig lagern! Keine künstliche Atmung! Sofort zum Arzt!	Verwendung als Methylierungsmittel; Gift MAK$_D$-Wert 5 mg $\cdot$ m^{-3}
Schwefeltrioxid	Ätz- und Reizstoff	Verätzungen der Mund- und Rachenschleimhäute	eingeatmet 0,5 mg $\cdot$ m^{-3} Luft ohne Reize ertragbar, 2 $\dots$ 8 mg $\cdot$ l^{-1} Luft stärkere Reizwirkung	Einatmen von Ammoniumhydrogenkarbonat-Nebeln, Gurgeln mit Natriumhydrogenkarbonatlösung	MAK$_D$-Wert 1 mg $\cdot$ m^{-3}
Schwefelwasserstoff	Reizstoff, Nervengift, Zellgift	Reizung der Augen und Atmungsorgane, Augenentzündungen, Bronchialkatarrh, Lichtscheue, Übelkeit, Rücken- und Gliederschmerzen, bei höheren Konzentrationen Ausschaltung der Geruchsnerven, Krämpfe, Betäubung, Tod durch Atemlähmung	eingeatmet 1,2 $\dots$ 2,8 mg $\cdot$ l^{-1} Luft $\hat{=}$ 0,1 % sofort tödlich, 0,6 mg $\cdot$ l^{-1} Luft $\hat{=}$ 0,05 % in 0,5 $\dots$ 1 Stunde tödlich, $0,1 \dots 0,15$ mg $\cdot$ l^{-1} Luft $\hat{=}$ 0,02 % bei mehrstündiger Einatmung bereits giftig	frische Luft, Körperruhe, Sauerstoffatmung, (auch bei Scheintod) Atemfilter: L gelb/rot oder M gelb/grün	in hoher Konzentration geruchlich nicht wahrnehmbar; MAK$_D$-Wert 15 mg $\cdot$ m^{-3}
Selen und Verbindungen	Reizstoff, Zellgift	Reizung und Entzündung der oberen Atemwege, der Augen und der Nase sowie der Haut	Reizwirkung stärker als Schwefelwasserstoff		MAK$_D$-Wert 0,1 mg $\cdot$ m^{-3} Selen(IV)-Verbindungen Gift

Name	Giftwirkung	Vergiftungs-erscheinungen	Art der Aufnahme, schädliche und tödliche Mengen	Gegenmittel	Bemerkungen
Silber und Verbindungen	Zellgifte	Graublaufärbung der Haut und Schleimhäute (durch Silberablage), Magenschmerzen, Erbrechen, Durchfall, Benommenheit, Schüttelfrost, Krämpfe		Magenspülung mit 2%iger Natriumchloridlösung, schleimige Getränke (Milch, Eiweiß), als Abführmittel Rizinusöl, keine salzartigen Abführmittel	Lösliche Verbindungen: Gift
Silbernitrat	Zellgift, Ätzstoff	s. unter Silber	innerlich tödliche Dosen nicht bekannt (noch nach 32 g Wiederherstellung)	Magenspülung mit Natriumchloridlösung, schleimige Getränke, Eiweiß, Milch	Gift
Siliziumfluorwasserstoff und Silikofluoride	Reizstoff für alle Schleimhäute	Reizung aller Schleimhäute und Schädigung der Gewebe	innerlich ≈ 50 g tödlich (Natriumfluorosilikat), innerlich ≈ 4 ... 6 g tödlich (Ammoniumfluorosilikat)	Magenspülung mit Kalkwasser, Milch und Kohle, Abführmittel (Rizinus), viel Flüssigkeit geben	Vergiftungen durch Verwechslung mit Ungeziefermitteln häufig; giftig wirken auch: Fluoroaluminate, Kryolith, Phosphorit, Apatit, Fluorkohlenstoffverbindungen, Siliziumfluorwasserstoff und lösliche Silikofluoride; Gift
Stickstoff	Stickgas	Bewußtlosigkeit, Atemlähmung	eingeatmet 85% in der Luft tödlich	Sauerstoffatmung	
Stickstoffoxide	Blutgifte, Nervengifte, Reizstoffe	ätzende und entzündungserregende Wirkung auf die Schleimhäute, besonders die der tiefen Atemwege, nach stundenlanger, beschwerdefreier Zeit plötzliche Atemnot, schaumiger, gelbweißer Auswurf, Erstickungsgefahr	eingeatmet 1 mg · l⁻¹ Luft in 5 ... 10 Minuten tödlich, 0,2 ... 0,5 mg · l⁻¹ Luft längere Zeit einatembar, doch giftig	absolute Körperruhe, Sauerstoffzufuhr, keine künstliche Atmung, in jedem Fall schonender Transport zum Krankenhaus, nicht tief atmen lassen, evtl. Inhalieren von Wasserdämpfen, in jedem Fall ärztliche Hilfe! Atemfilter: B grau	MAK$_D$-Wert 10 mg · m⁻³
Stickstoffwasserstoffsäure	Reiz- und Ätzstoff, Blutgift	Ätzwirkung auf alle Schleimhäute, besonders Schwellung der Nasenschleimhäute, die ein Atmen durch die Nase unmöglich macht, Lähmung der Sehkraft in wenigen Minuten, tiefe Ohnmacht	eingeatmet 0,005 ... 0,01 g in wenigen Minuten Lähmung der Sehkraft und Ohnmacht	frische Luft, evtl. künstliche Atmung, meist schnelle Erholung	
Strontiumverbindungen	Zellgifte, Ätzstoffe	Durchfälle, Leibschmerzen, Harnverhaltung, Kurzatmigkeit, unregelmäßige Herztätigkeit, Pulsverlangsamung, Bewußtlosigkeit	innerlich weniger giftig als Bariumverbindungen, doch häufig durch diese verunreinigt	Magenspülung mit Natriumsulfat- und Magnesiumsulfatbeigaben (löffelweise)	Lösliche Verbindungen: Gift
Strontiumoxid	Augenätzstoff			Strontiumoxid im Auge: Spülen mit Zuckerlösung (20 g in 0,5 l Wasser)	Gift

Name	Giftwirkung	Vergiftungs-erscheinungen	Art der Aufnahme, schädliche und tödliche Mengen	Gegenmittel	Bemerkungen
Strophan-tin	Herzgift	Übelkeit, unregelmäßiger, harter Puls, Bewußtseinstrübung, Halluzinationen, Brechreiz, kalter Schweiß, Leibschmerzen	innerlich 0,7 ... 2 mg tödlich	Magenspülung mit Natriumsulfat und Aktivkohle, Anregungsmittel (Kaffee), Bettruhe	Gift
Strychnin	Nervengift	Atemnot, Angstgefühl, Lichtscheue, blaue Gesichtsfarbe, Nacken- und Kiefernstarre, Muskelkrämpfe, besonders der Arme und Beine, Blaufärbung der Haut	innerlich 10 ... 20 mg giftig, 0,02 ... 0,1 g tödlich	Magenspülung mit Tannin und Kohle, künstliche Atmung mit Sauerstoffzusatz, Brechmittel, starker Kaffee, Alkohol	Alkaloid des Brechnußsamens, Verwendung als Anregungsmittel bei Atmungs- und Kreislaufstörungen; Gift
Sulfonal	Nervengift	Schwindel, Kopfschmerz, taumelnder Gang, Verstopfung, Lähmungen	innerlich 10 ... 50 g tödlich	Magenspülungen, künstliche Atmung	Verwendung als Schlafmittel
Tellur-verbindungen	Zellgifte, Nervengifte, schwache Reizstoffe	Reizstoffe besonders für die Nasenschleimhäute, verleihen dem Atem knoblauchartigen Geruch, Kopfschmerz,	innerlich und eingeatmet	innerlich: Magenspülungen, Eiweiß, Milch eingeatmet: frische Luft, Körperruhe, Sauerstoffatmung	
Tetra-chlorethan	Reizstoff, Nervengift	reizt die Schleimhäute der Atemwege, Leberschäden, Nervenentzündungen		frische Luft, kein Alkohol!	Gift Gefährdungsgruppe I lt. ASAO 728; MAK_D-Wert $10 \text{ mg} \cdot \text{m}^{-3}$
Tetra-chlorethen	Nervengift, Reizstoff	Reizung von Augenbindehaut und Atemorganen, Kopfschmerzen, Schwindel, allgemeine nervöse Zustände		frische Luft, künstliche Atmung	Gift MAK_D-Wert $500 \text{ mg} \cdot \text{m}^{-3}$
Tetra-chlor-methan	Nervengift, Organgift	Brechreiz, Benommenheit, Augenschädigungen, Magen- und Verdauungsschädigungen, Leber- und Nierenschäden, Narkose	$10 \text{ mg} \cdot \text{l}^{-1}$ Luft bei mehrstündiger Einwirkung giftig, innerlich 2 ml giftig, 10 ... 20 g tödlich	frische Luft, künstliche Atmung	Gift Gefährdungsgruppe I lt. ASAO 728; MAK_D-Wert $50 \text{ mg} \cdot \text{m}^{-3}$
1,2,3,4-Tetra-hydro-naphthalen (Tetralin)	Nervengift	geringe narkotische Wirkung	innerlich 5 ... 7 g giftig		MAK_D-Wert $100 \text{ mg} \cdot \text{m}^{-3}$
Tetra-methylblei	Zellgift, Nervengift	s. Bleitetraethyl			Gift
Tetra-nitro-methan	Blutgift, Reizstoff	Reizung der Schleimhäute, Kopfschmerz, Mattigkeit, Schlafsucht, Blutarmut			s. a. unter Nitro-, Diazo- und Aminoverbindungen, aliphatische
Tetra-nitro-N-methyl-amino-benzen	Reizstoff, Nerven- und Blutgift	Reizung der Haut und Schleimhäute, besonders Nasen- und Rachenreiz, Blaufärbung der Haut, Atemnot, Bewußtlosigkeit	eingeatmet innerlich	frische Luft, Sauerstoffatmung; Magenspülung, Abführmittel, Karlsbader Salz	s. u. unter Nitro- und Aminoverbindungen, aromatische

Name	Giftwirkung	Vergiftungs-erscheinungen	Art der Aufnahme, schädliche und tödliche Mengen	Gegenmittel	Bemerkungen
Thallium-verbin-dungen	Nerven- und Muskelgifte	Mattigkeit, Blutarmut, Nervenschmerzen, Seh- und Hörstörungen, Lähmungen, Psychosen, Haarausfall, Herz-, Leber-, Nieren-schädigungen	innerlich 0,5 ... 1 g tödlich	Abführmittel, Magen-spülung mit Kohle, reichliches Trinken von Milch oder Tee, Eiweißgaben, Brech-mittel	Verwendung als Ungeziefermittel; Gift außer Thallium-sulfid MAK_D-Wert 0,1 mg · m^{-3}
Theo-bromin	Nervengift	schwere Kopfschmer-zen, Benommenheit	innerlich 2 ... 5 g giftig	Bettruhe, Beruhigungs-mittel	
Theo-phyllin	Nervengift	Erregbarkeit, Übelkeit, Erbrechen, Krampf-wirkung	innerlich 0,6 ... 0,9 g tödlich	Beruhigungsmittel	
Thionyl-chlorid	Ätzstoff	Reizwirkung auf Haut und Atmungsorgane, kann schon in niedrigen Konzentrationen zu Kehlkopfverschluß und so zum Erstickungstod führen	eingeatmet und äußerlich	Einatmen von Dämpfen einer Natriumhydrogen-karbonatlösung, Wasserdampf, Alkohol-dämpfe äußerlich: Soda- oder Kalkaufschlämmungen	Gift
Thio-zyanate	Blutgifte		innerlich 0,3 ... 0,5 g giftig bis tödlich	Magenspülung mit Tierkohle	Lösliche Verbin-dungen: Gift
Thymol	Reizstoff, Organgift	geringe örtliche Reizung der Haut	innerlich 6 ... 10 g giftig		
Tribrom-methan	Nervengift	rauschähnliche Erre-gung, Bewußtlosigkeit, oberflächliche Atmung, kleiner Puls, Herz-lähmung	innerlich 5 ... 6 g tödlich	Magenspülung, künstliche Atmung	Verwendung gegen Keuchhusten; Gift
2,2,3-Tri-chlor-butanal-Hydrat	Nervengift	Kratzen im Hals, Atem-verlangsamung, Er-brechen, Atemlähmung	innerlich 5 g giftig		Antineuralgikum
Trichlor-ethan	Nervengift	narkotische Wirkung mit Kopfschmerzen für einige Tage		frische Luft	s. a. unter Halogen-kohlenwasserstoffe, aliphatische; MAK_D-Wert 500 mg · m^{-3}
Trichlor-ethanal-Hydrat	Nervengift	Kratzen im Hals, Atemverlangsamung, Erbrechen, niedriger Blutdruck, schwacher aussetzender Puls, Pupillenerweiterung, Benommenheit, Bewußt-losigkeit, Atemlähmung	innerlich 0,9 ... 12 g tödlich	Magenentleerung, künstliche Atmung	Verwendung als Schlafmittel, Gewöhnung mög-lich; Gift
Trichlor-ethen	Nervengift, Reizstoff	Kopfschmerz, Schwin-del, Doppelsehen, Herz-beschwerden, Atemnot, Ohnmacht, Magendrük-ken, Brechreiz, tödliche Narkose; chronische Nervenschädigungen	eingeatmet	frische Luft, Sauerstoff-atmung, nicht rauchen (Phosgenbildung mög-lich)	Verwendung als Lösungsmittel; Gift Gefährdungs-gruppe I lt. ASAO 728; MAK_D-Wert 250 mg · m^{-3}
Trichlor-methan	Nervengift	Atem- und Pulsver-langsamung, Pupillen-erweiterung, Ver-dauungsstörungen, Er-brechen, Halluzinatio-nen, Herzschock, Atem-stillstand	eingeatmet 125 ... 200 mg · l^{-1} Luft in wenigen Minuten tödlich; 20 ... 30 mg · l^{-1} Luft mehrere Stunden erträglich; innerlich 30 g tödlich	künstliche Atmung, frische Luft, Herz-massage, Hautreize	Gift MAK_D-Wert 200 mg · m^{-3}
				Magenspülung mit Kohle	

Name	Giftwirkung	Vergiftungserscheinungen	Art der Aufnahme, schädliche und tödliche Mengen	Gegenmittel	Bemerkungen
Trichlornitromethan	Reizstoff, Blutgift	reizt Augen und Lunge, weniger die oberen Atemwege, Augenbindehautentzündung, Erbrechen, Magenbeschwerden, Blutarmut	eingeatmet Ug. 60 mm$^3 \cdot$ m^{-3} Luft	frische Luft, Sauerstoffatmung Atemfilter: A braun	s. a. unter Nitro-, Diazo- und Aminoverbindungen, aliphatische
Triiodmethan	Nervengift, Ätzstoff		innerlich 5 g tödlich	Magenspülung, Eiweiß, Milch	
o-Trikresylphosphat		Übelkeit, Erbrechen, Kopfschmerz, Schwindel, Durchfälle nach Wochen: Muskelschwäche, Wadenschmerzen, Lähmungen, besonders der Arme und Beine	Aufnahme besonders durch die Haut bzw. durch Einatmen beim Zerstäuben	Spritzer mit viel Wasser abwaschen, kein Fett oder Öl! äußerlich: enganliegende Schutzkleidung, tägl. Bad als Vorbeugung innerlich: viel Tierkohle, Magenspülung mit 0,1 %iger Kaliumpermanganatlösung	Gift MAK$_D$-Wert 0,1 mg $\cdot$ m^{-3}
Trimethylamin	Blutgift		eingeatmet 0,3 ... 0,6 g giftig		
Trinitrohydroxybenzen	Reizstoff, Blut- und Organgift	reizt Haut und Schleimhäute (Gelbfärbung), Kopfschmerz, Gelbsehen, Pulsbeschleunigung, Erbrechen gelbrötlicher Massen, Blutharn	innerlich tödliche Dosis nicht anzugeben, 1 ... 2 g giftig, 2 ... 10 g tödlich	Magenspülung, Aktivkohle, harntreibende Mittel, Hautflecke entfernen mit Ether oder Alkohol	s. a. unter Nitro- und Aminoverbindungen, aromatische, Gift
Trional	Nervengift	Schwindel, Kopfschmerz, Lähmungen, Verstopfung, allgemeine Körperschwäche, Schlafbedürfnis	innerlich 24 ... 35 g tödlich	Magenspülung, Aktivkohle, künstliche Atmung	
1,2,3-Trioxybenzen	Ätzstoff, Nervengift		innerlich 4,8 g giftig, 15 g tödlich	Magenspülung, Tierkohle	45 g wurden schon vertragen
1,3,5-Trioxybenzen	Ätzstoff, Nervengift	Entzündung von Hautstellen, die dem Licht ausgesetzt sind	innerlich 4,5 g tödlich	Magenspülung, Tierkohle	
Uraniumverbindungen	Zellgifte	Magenschmerzen, Erbrechen, Nierenentzündung		Brechmittel, Magenausspülung, schleimige Getränke, Milch, Eiweißlösung	Lösliche Verbindungen: Gift
Uranylnitrat	Zellgift	s. unter Uraniumverbindungen	innerlich 1,5 g giftig		
Urethane	Nervengift	Haut- und Gesichtsröte, Schwindel	≈ 5 g giftig	Magenspülung, Anregungsmittel	Verwendung als Schlafmittel; enthalten in Schädlingsbekämpfungsmitteln; Gift
Vanadium-(V)-oxid	Atem- und Zellgift	Schädigung des Atmungs-, Verdauungs- und Nervensystems	innerlich	Brechmittel, Magenausspülung, schleimige Getränke. Milch, Eiweißlösung	MAK$_D$-Wert 0,5 mg $\cdot$ m^{-3}; Gift
Veramon	Nervengift	Schlafbedürfnis	innerlich 12 g giftig	Magenspülung unter Zusatz von Tierkohle	

Name	Giftwirkung	Vergiftungs-erscheinungen	Art der Aufnahme, schädliche und tödliche Mengen	Gegenmittel	Bemerkungen
Veratrin	Nervengift	Brennen in Mund und Magen, Niesreiz, Erbrechen, Durchfall, Koliken, Sehstörungen, Schüttelkrämpfe, Atemlähmung	innerlich 5 mg giftig	Magenausspülung mit Tannin oder Kaliumpermanganatlösung, reichlich warmen Tee trinken, ärztliche Hilfe	Alkaloid der Nieswurz
Wasserstoffperoxid	Ätzstoff	starke Ätzwirkung auf Haut, Magen- und Darmkatarrh, Brennen der Ätzstellen			die gelben Flecken auf der Haut gehen bald ohne Schädigung vorüber
Zink und Zinkverbindungen	Zellgifte, z. T. Ätzstoffe	Magen- und Darmkatarrh, Geschwüre des Magens und Zwölffingerdarms, Erbrechen, Durchfall, Wadenkrämpfe, Bewußtlosigkeit	innerlich 3 ... 10 g tödlich	Magenspülung, Milch, Eiweißlösung, Kohle, Sodalösung	Lösliche Verbindungen: Gift außer Zinkkarbonat und Zinksulfid
Zinkoxid	s. unter Zink	s. unter Zink	eingeatmet schädliche Dosis bei achtstündiger Arbeit 50 mg Zinkoxid je m³ Luft	Staubmasken verwenden!	MAK_D-Wert 5 mg · m^{-3}
Zinn und Verbindungen,	Zellgifte, z. T. Ätzstoffe	Übelkeit, Erbrechen, Leibschmerzen, Durchfall, Schwindel, Bewußtlosigkeit		Magenspülung, Milch, Eiweißlösung, Kohle, Sodalösung	Lösliche Verbindungen: Gift außer Zinnsulfid; MAK_D-Wert 0,1 mg · m^{-3};
Zinnorgan. Verbindungen					Gift
Zyanmethansäureethylester	Blutgift und Reizstoff	Reizwirkung auf Augen, Rachen (Tränen, Husten), daneben Giftwirkungen von Zyanwasserstoff			Bestandteil des Zyklons; Gift
Zyanmethansäuremethylester	Blutgift und Reizstoff	Reizwirkung auf Augen, Rachen (Tränen, Husten), daneben Giftwirkungen von Zyanwasserstoff			Bestandteil des Zyklons; Gift
Zyanwasserstoff und andere Zyanverbindungen	Atem-, Blut- und Zellgifte	Schwindel, Kratzen im Hals, Kopfdruck, Herzklopfen, Atemnot, Angst- und Schwächegefühle, Übelkeit, Erbrechen, Bewußtlosigkeit, Krämpfe, Tod im Krampf, Geruch nach bitteren Mandeln, starke Pupillenerweiterung	eingeatmet 0,3 mg · l^{-1} Luft tödlich unter sofortigem Bewußtseinsverlust; 0,1 mg · l^{-1} Luft tödlich in 0,5 ... 1 Stunde; 0,02 ... 0,04 mg · l^{-1} Luft bei mehrstündigem Einatmen giftig bis tödlich	eingeatmet: frische Luft, Sauerstoffatmung, Körperruhe, Atemfilter: G blau oder J blau/braun innerlich: 1. Magenspülung mit 0,1 %iger Kaliumpermanganatlösung, bei Erbrechen Ruhelage oder 2. Eingabe von 2 g Eisensulfat + 10 g Magnesiumoxid in 100 g Wasser oder 3. Eingabe von 0,5 %igem Wasserstoffperoxid oder 4. 10 ... 20 g einer 5 %igen Natriumthiosulfatlösung	Verwendung zur Schädlingsbekämpfung und für organische Synthesen; Gift MAK_D-Wert 5 mg · m^{-3}
Zyklohexenylethylbarbitursäure	Nervengift	Schwindel, Übelkeit, Benommenheit, Bewußtlosigkeit, Lähmung des Atemzentrums	innerlich 10 g tödlich	Magenausspülung mit Kohle, evtl. künstliche Atmung	Verwendung als Schlafmittel, Gift

41. Atemschutzfilter

41.1. Kennzeichnung der Atemschutzfilter

Kennbuch-stabe	Kennfarbe	Filter gegen
A	braun	organische Dämpfe (Lösungsmittel)
B	grau	saure Gase (z. B. Halogene und Halogenwasserstoffe, auch nitrose Gase), Brandgase (außer Kohlenmonoxid), Chlor
CO	1 ... 3 cm breiter schwarzer Ring	Kohlenmonoxid
E	gelb	Schwefeldioxid
F	rot	schädliche Stoffe in Brandgasen (außer CO), saure Gase, Halogene, Halogenwasserstoffe, nitrose Gase
G	blau	Blausäure
J	blau und braun	blausäurehaltige Schädlingsbekämpfungsmittel
K	grün	Ammoniak
L	gelb und rot	Schwefelwasserstoff
M	gelb und grün	Schwefelwasserstoff/Ammoniak
O	grau und rot	Arsenwasserstoff/Phosphorwasserstoff
R	gelb und braun	Schwefelwasserstoff, in geringem Maße auch organische Dämpfe, Lösungsmittel

Die Buchstaben »St« hinter dem Kennbuchstaben eines Filters besagen, daß das Filter zusätzlich mit einem Schwebstoffschutz versehen ist.

41.2. Wirksamkeit der Atemschutzfilter

Schädigende Stoffe	Benötigtes Filter Kennbuch-stabe	Kennfarbe	Bemerkungen
Akrolein	A	braun	
Alkohole	A	braun	
Aminobenzen	A	braun	
Ammoniak	K	grün	bester Schutz beim Fehlen anderer Gase
	M	gelb und grün	schützt zugleich gegen Schwefelwasserstoff
Arsenwasserstoff	O	grau und rot	
Benzen	A	braun	
Benzin	A	braun	
Bleirauch	Feinstaubfilter		
	B	grau	sehr geringer Schutz
Bleitetraethyl	A	braun	nur als Filterbüchse
Brandgase	B St	grau	nicht gegen Kohlenmonoxid
Brom	B	grau	
Chlor	B	grau	
Dischwefeldichlorid	B	grau	
Ethanal	A	braun	
Ethanepoxid	T	braun und grün	
Ethanol	A	braun	
Ethansäure	A	braun	
Ethylether	A	braun	
Farbspritznebel	A	braun	Grobstaubschutz verwenden!
Fluorwasserstoff	B	grau	
Halogenwasserstoffsäuren	B	grau	
Iod	B	grau	
Kaliumzyanidstaub	G	blau	
Kohlenmonoxid	CO	1 ... 3 cm breiter schwarzer Ring	nur für einmaligen Gebrauch als Selbstretter, sonst CO-Filterbüchse
Kohlenwasserstoffe und deren Halogenderivate	A	braun	

Schädigende Stoffe	Benötigtes Filter		Bemerkungen
	Kennbuch-stabe	Kennfarbe	
Kolloide Stäube	Feinstaubfilter	braun	
Lösungsmittel	A		
Metalldämpfe und -rauche	Feinstaubfilter		
Methtanal	A	braun	
Methanol	A	braun	
Methansäure	A	braun	
Methylbenzen	A	braun	
Methylbromid	A	braun	
Methylchlorid	A	braun	
Nitroverbindungen	B	grau	
	A	braun	wenn keine Salpetersäureabspaltung
Nitrose Gase	B	grau	
Phosgen	B	grau	
Phosphortrichlorid	B St	grau	
Phosphorwasserstoff	O	grau/rot	
Propanon	A	braun	
Quecksilberdämpfe	HG	braun/rot	
Rauchende Säuren	B St	grau	
Salpetersäure	B	grau	
Salzsäure	B	grau	
Saure Gase	B	grau	
Schwefeldioxid	E	gelb	bei brennenden Schwefelverbindungen zusätzlich mit Schwebstoffilter
Schwefelkohlenstoff	A	braun	
Schwefelsäuredimrethylester	A	braun	nur als Filterbüchse
Schwefelwasserstoff	L	gelb/rot	bester Schutz beim Fehlen anderer Gase
	M	gelb/grün	schützt zugleich gegen Ammoniak
	R	gelb/braun	schützt zugleich gegen Kohlenwasser-stoffe
Staub	Grobstaubfilter bzw. Feinstaubfilter		je nach Feinheit (bei Quarz- oder Asbeststaub stets Feinstaubfilter!)
Sulfurychlorid	B	grau	
	A	braun	geringerer Schutz als B
Tetrachlormethan	A	braun	
Trichlorethen	A	braun	
Trichlormethan	A	braun	
Zyanwasserstoff	G	blau	
	B	grau	geringerer Schutz als G

42. Synonyme organischer Verbindungen

Trivialname	IUPAC-Bezeichnung	Trivialname	IUPAC-Bezeichnung
Adenin	6-Aminopurin	Akrylnitril	Propensäurenitril
Adipinsäure	Hexandisäure	Akrylsäure	Propensäure
Äpfelsäure	Hydroxybutandisäure	Alanin	2-Aminopropansäure
Äthan	Ethan	Aldol	Butanal-2-ol
Äthanepoxid	Epoxyethan	Alizarin	1,2-Dihydroxyanthrachin
Äthylen	Ethen	Allylalkohol	Propen-2-ol
Äthylenoxid	Epoxyethan	Allylchlorid	1-Chlorprop-2-en
Äthylglykolsäure	Ethoxyethansäure	Ameisensäure	Methansäure
Äthylharnstoff	N-Ethylkohlensäurediamid	Amylalkohol (aktiv)	2-Methylbutanol
Äthylidenchlorid	1,1-Dichlorethan	n-Amylalkohol	Pentan-1-ol
Äthylmalonsäure	2-Ethylpropandisäure	Amylalkohol (sek.)	Pentan-2-ol
Äthylmerkaptan	Ethanthiol	Amylalkohol (tert.)	2-Methylbutan-2-ol
Äthylpropylketon	Hexan-3-on	Amylenhydrat	2-Methylbutan-2-ol
Akonitsäure	Propen-1,2,3-trikarbonsäure	Anilin	Aminobenzen
Akrolein	Propen-2-al	Anisaldehyd	4-Methoxybenzaldehyd
Akrylamid	Propenamid	Anisidin	Methoxyaminobenzen
		Anisol	Methoxybenzen

Trivialname	IUPAC-Bezeichnung	Trivialname	IUPAC-Bezeichnung
Anthranilsäure	2-Aminobenzenkarbonsäure	Elaidinsäure	trans-Oktadek-2-ensäure
Arginin	2-Amino-5-guanidylpentan-	Epichlorhydrin	Epoxychlorpropan
	säure	Eugenol	1-Hydroxy-2-methoxy-4-
Arsanilsäure	4-Aminobenzenarsonsäure		prop-(2)-enylbenzen
Asparagin	3-Aminobutandisäuremon-	Formaldehyd	Methanal
	amid	Formamid	Methanamid
Asparaginsäure	Aminobutandisäure	Fumarsäure	trans-Butensäure
Atophan	2-Phenylchinolin-4-karbon-	Gallussäure	3,4,5-Trihydroxybenzen-
	säure		karbonsäure
Auramin	4,4'-Bis-(dimethylamino)-	Glutamin	4-Aminopentan-
	benzophenonimin		disäuremonamid
Azetaldehyd	Ethanal	Glutaminsäure	2-Aminopentandisäure
Azetamid	Ethanamid	Glutarsäure	Pentandisäure
Azetanilid	N-Ethanoylaminobenzen	Glykokoll	Aminoethansäure
Azetessigsäureäthylester	Butan-3-on-säureethylester	Glykol	Ethandiol
Azeton	Propanon	Glykolsäure	Hydroxyethansäure
Azetonitril	Ethansäurenitril	Glyoxal	Ethandial
Azetonylazeton	Hexan-2,5-dion	Glyoxylsäure	Ethanalsäure
Azetonzyanhydrin	2-Hydroxy-propan-2-nitril	Glyzerin	Propantriol
Azetophenon	Ethanoylbenzen	Glyzerinaldehyd	Propanaldiol
Azetylazeton	Pentan-2,4-dion	Glyzerinsäure	Propandiolsäure
Azetylen	Ethin	Glyzin	Aminoethansäure
Azetylchlorid	Ethanoylchlorid	Guajakol	1-Hydroxy-2-methoxybenzen
Azetylsalizylsäure	O-Ethanoyl-2-hydroxyben-	Guanin	2-Amino-6-hydroxypurin
	zenkarbonsäure	Harnsäure	2,6,8-Trioxypurin
Benzalazeton	4-Phenylbut-3-en-2-on	Harnstoff	Kohlensäurediamid
Benzalchlorid	Phenyldichlormethan	Hexahydrobenzol	Zyklohexan
Benzanilid	N-Benzoyl-aminobenzen	Hexalin	Zyklohexanol
Benzidin	4,4'-Diaminodiphenyl	Hexylaldehyd	Hexanal
Benzil	Dibenzoyl	Hexylalkohol	Hexan-1-ol
Benzilsäure	Diphenylhydroxyethansäure	Hippursäure	N-Benzoylaminoethansäure
Benzoesäure	Benzenkarbonsäure	Histamin	Imidazolyl-(4)-ethylamin
Benzol	Benzen	Histidin	2-Amino-3-imidazolyl-(4)-
Benzolhexachlorid	Hexachlorzyklohexan		propansäure
Benzotrichlorid	Phenyltrichlormethan	Hydrazobenzol	1,2-Diphenylhydrazin
Benzoylglyzin	N-Benzoylaminoethansäure	Hydrochinon	1,4-Dihydroxybenzen
Benzylalkohol	Phenylmethanol	Hypoxanthin	6-Hydroxypurin
Benzylchlorid	Phenylchlormethan	Isoamylalkohol	3-Methylbutan-1-ol
Bernsteinsäure	Butandisäure	Isoeugenol	1-Hydroxy-2-methoxy-4-
Brenzkatechin	1,2-Dihydroxybenzen		prop-(1)-enylbenzen
Brenzschleimsäure	Furan-2-karbonsäure	Isopren	2-Methylbuta-1,3-dien
Brenztraubensäure	Propanonsäure	Isopropanol	Propan-2-ol
Bromazeton	Brompropanon	Isoserin	3-Amino-2-hydroxypropan-
Bromoform	Tribrommethan		säure
Buttersäure	Butansäure	Isostilben	cis-1,2-Diphenylethen
Butylalkohol	Butanol	Isovanillin	3-Hydroxy-4-methoxybenz-
Butylalkohol (tert.)	2-Methylpropan-2-ol		aldehyd
Chloral	Trichlorethanal	Iodoform	Triiodmethan
Chloralhydrat	Trichlorethanal-Hydrat	Kaprinsäure	Dekansäure
Chlorkohlensäure-	Chlormethansäure-	Kapronsäure	Hexansäure
äthylester	ethylester	Kaprylsäure	Oktansäure
Chloroform	Trichlormethan	Koffein	1,3,7-Trimethyl-
Chlorphthalsäure	Chlorbenzen-1,2-dikarbon-		2,6-dihydroxypurin
	säure	Korksäure	Oktandisäure
Chlorpikrin	Trichlornitromethan	Kreatin	N-Methylguanidylethan-
Dekalin	Dekahydronaphthalen		säure
Dezylalkohol	Dekanol	Kresol	Methylhydroxybenzen
N,N'-Diäthylharnstoff	N,N'-Diethylkohlensäure-	Krotonaldehyd	But-2-enal
	diamid	Krotonsäure	But-2-ensäure
Diäthylsulfat	Schwefelsäurediethylester	Laurinsäure	Dodekansäure
o-Dianisidin	3,3'-Dimethoxy-4,4'-diamino-	Leukin	2-Amino-4-methylpentan-
	diphenyl		säure
Diazetyl	Butadion	Linolensäure	Oktadeka-9,12,15-triensäure
Dibenzyl	1,2-Diphenylethan	Linolsäure	Oktadeka-9,12-diensäure
Dimethylformamid	N,N-Dimethylmethanamid	Luminal	Ethylphenylbarbitursäure
Dimethylsulfat	Schwefelsäuredimethylester	Lysin	2,6-Diaminohexansäure
Dipropylketon	Heptan-4-on	Malonsäure	Propandisäure
Dizyan	Ethandisäuredinitril	Mandelsäure	Phenylhydroxyethansäure

Trivialname	IUPAC-Bezeichnung	Trivialname	IUPAC-Bezeichnung
Mannit	Hexanhexol	Sarkosin	N-Methylaminoethansäure
Mesidin	2-Amino-1,3,5-trimethyl-benzen	Schwefelkohlenstoff	Kohlenstoffdisulfid
		Sebazinsäure	Dekandisäure
Mesitylen	1,3,5-Trimethylbenzen	Semikarbazid	Kohlensäureamidhydrazid
Mesityloxid	4-Methylpent-(3)-en-2-on	Serin	2-Amino-3-hydroxypropan-säure
Mesoxalsäure	Propanonsäure		
Methakrylsäure	2-Methylpropensäure	Sorbinaldehyd	Hexa-2,4-dienal
Methylhexalin	Methyzyklohexanol	Sorbinsäure	Hexa-2,4-diensäure
Milchsäure	2-Hydroxypropansäure	Stearinsäure	Oktadekansäure
Mukonsäure	Hexa-2,4-diendisäure	Styrol	Phenylethen
Myristinsäure	Tetradekansäure	Sulfanilsäure	4-Aminobenzensulfonsäure
Naphthalin	Naphthalen	Tartronsäure	Hydroxypropandisäure
Naphthionsäure	1-Aminonaphthalen-4-sulfonsäure	Taurin	2-Aminoethansulfonsäure
		Terephthalsäure	Benzen-1,4-dikarbonsäure
Nitroglyzerin	Propantrioltrinitrat	Thioharnstoff	Thiokohlensäurediamid
omega-Nitrostyrol	1-Nitro-2-phenylethen	Thiophenol	Thiolbenzen
Ölsäure	cis-Oktadek-9-ensäure	Thiophosgen	Thiokohlensäuredichlorid
Oenanthaldehyd	Heptanal	Thiosemikarbazid	Thiokohlensäureamid-hydrazid
Oenanthsäure	Heptansäure		
Ornithin	2,5-Diaminopentansäure	Thymol	2-Methyl-5-isopropyl-1-hydroxybenzen
Orsellinsäure	2-Methyl-4,6-dihydroxy-benzenkarbonsäure	Toluidin	Methylaminobenzen
Oxalsäure	Ethandisäure	Toluol	Methylbenzen
Oxalylchlorid	Ethandioylchlorid	Trikarballylsäure	Propantrikarbonsäure
Palmatinsäure	Hexadekansäure	Tryptophan	1,2-Diamino-3-indolyl-(3)-propansäure
Pentaerythrit	2,2-Di-hydroxymethyl-propan-1,3-diol		
Phenazetin	N-Ethanoyl-4-ethoxyamino-benzen	Tyrosin	2-Amino-3-(4-hydroxy-phenyl)-propansäure
Phenetidin	Ethoxyaminobenzen	Urethan	Karbamidsäureethylester
Phenetol	Ethoxybenzen	Urotropin	Hexamethylentetramin
Phenol	Hydroxybenzen	Valeraldehyd	Pentanal
Phenylalanin	2-Amino-3-phenylpropan-säure	Valeriansäure	Pentansäure
		Valin	2-Amino-3-methylbutansäure
Phenylazetat	Ethansäurephenylester	Vanillin	2-Hydroxy-3-methoxy-benzaldehyd
Phenylendiamin	Diaminobenzen		
Phenylurethan	Karbamidsäurephenylester	Veratrol	1,2-Dimethoxybenzen
Phlorogluzin	1,3,5-Trihydroxybenzen	Vinylazetat	Ethansäureethenylester
Phosgen	Kohlensäuredichlorid	Vinylchlorid	Chlorethen
Phthalsäure	Benzen-1,2-dikarbonsäure	Vitamin C	Askorbinsäure
Pikolin	Methylpyridin	Weinsäure	Dihydroxybutandisäure
Pikraminsäure	4,6-Dinitro-2-amino-hydroxybenzen	Xanthin	2,6-Dioxypurin
		Xanthogensäure	Dithiokohlensäure-0-ethyl-ester
Pikrinsäure	2,4,6-Trinitrohydroxybenzen	Xylol	Dimethylbenzen
Pikrylchlorid	2,4,6-Trinitrochlorbenzen	Zetylalkohol	Hexadekanol
Pinakolin	3,3-Dimethylbutan-2-on	Zimtaldehyd	3-Phenylpropenal
Pinakon	2,3-Dimethylbutan-2,3-diol	Zimtalkohol	3-Phenylprop-2-enol
Prolin	Pyrrolidin-2-karbonsäure	Zimtsäure	3-Phenylpropensäure
Propargylalkohol	Propin-2-ol	Zitral	3,7-Dimethylokta-2,6-dienal
Propionaldehyd	Propanal	Zitronellal	3,7-Dimethylokt-6-enol
Pyrogallol	1,2,3-Trihydroxybenzen	Zitronensäure	2-Hydroxypropantrikarbon-säure
Resorzin	1,3-Dihydroxybenzen		
Salizylaldehyd	2-Hydroxybenzaldehyd	Zymol	Methyl-isopropylbenzen
Salizylsäure	2-Hydroxybenzenkarbonsäure	Zystein	2-Amino-3-thiopropansäure

Sachwörterverzeichnis

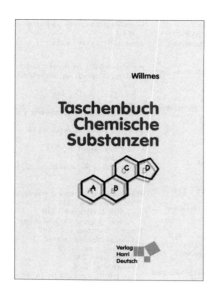

A. Willmes

Taschenbuch Chemische Substanzen

3., überarbeitete und erweiterte Auflage 2007,
ca. 1.300 Seiten, zahlreiche Abbildungen und
Tabellen, Plastikeinband

Europa-Nr. 56641
ISBN 978-3-8085-5664-1

Das *Taschenbuch Chemische Substanzen* beschreibt ausführlich alphabetisch ca. 1.250 Substanzen (Elemente, Anorganika, Organika, Naturstoffe, Polymere) in Erscheinungsformen, Vorkommen, Synthesen, Eigenschaften, Anwendungen, Analytik und Toxikologie.

Reichhaltiges physikalisches Zahlenmaterial (u. a. thermodynamische Daten) und über 2.500 Struktur- und Reaktions-Schemata unterstützen die Textinformationen, zu denen ein umfangreiches Stichwortregister schnellen Zugriff erlaubt. Im Text werden viele fachübergreifende Zusammenhänge (z. B. Arzneimittelwirkungen, Neurotransmission, technologische Prozesse) dargestellt, wobei auch neue Entwicklungen berücksichtigt werden (z. B. Eicosanoide, Prionen und BSE, Fullerene, Viagra, neue Katalysator-Systeme, neue Polymerstoffe, Toxine). Zudem sind aufgeführt die MAK-Werte, R- und S-Sätze, Summenformeln, Elementprozente, englische Bezeichnungen sowie zahlreiche Azeotrope und Sondertabellen.

Neu sind in dieser Auflage z. B. zu Repetitoriumszwecken nutzbare tabellarische Übersichten, in denen sich über 120 Namen- und Schlagwortreaktionen der organischen Chemie sowie über 60 technische Verfahren finden.

Neu aufgenommen wurden außerdem weitere ausführlich dargestellte Zusammenhänge wie Fotosynthese und Elemententstehung im Kosmos.

TASCHENBUCH
DER CHEMIE

Edition
Harri
Deutsch

EUROPA LEHRMITTEL

K.-H. Lautenschläger, W. Weber

Taschenbuch der Chemie

22. Auflage 2018, 944 Seiten, zahlreiche Abbildungen, Tabellen und Tafeln, mit beigelegtem farbigen Periodensystem, Plastikeinband

Europa-Nr. 57624
ISBN 978-3-8085-5763-1

Pädagogisch fundierter Leitfaden der allgemeinen, anorganischen und organischen Chemie, der die wichtigen Grundlagen verständlich und trotzdem sehr exakt erklärt.

Die 22. Auflage ist gründlich über arbeitet: sie wurde auf den aktuellen Stand gebracht, vermeidet inzwischen veraltete Begriffe und ist in ihrer Darstellung moderner. Der besseren und schnelleren Übersicht dient auch die Verwendung einer zweiten Farbe in Text und Abbildungen.

Das „TBC" ist für jeden Sachverhalt stufenweise in die Tiefe gehend aufgebaut – vom einfachen Einstieg bis zu den komplexeren Aspekten – und ermöglicht so eine unterschiedlich tiefe Beschäftigung mit den einzelnen Themen.

Es eignet sich für Lernende an Gymnasien und berufsbildenden Einrichtungen, für Studierende an Hochschulen mit Chemie als Grundlagenfach, als Handbuch für Berufstätige, als Leitfaden für Dozenten.

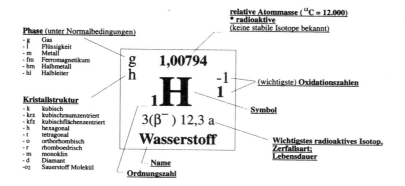

Phase (unter Normalbedingungen)
- g — Gas
- l — Flüssigkeit
- m — Metall
- fm — Ferromagnetikum
- hm — Halbmetall
- hl — Halbleiter

Kristallstruktur
- k — kubisch
- krz — kubischraumzentriert
- kfz — kubischflächenzentriert
- h — hexagonal
- t — tetragonal
- o — orthorhombisch
- r — rhomboedrisch
- m — monoklin
- d — Diamant
- o2 — Sauerstoff Molekül

relative Atommasse ($^{12}C = 12.000$)
* radioaktive (keine stabile Isotope bekannt)

(wichtigste) **Oxidationszahlen**
Symbol
Wichtigstes radioaktives Isotop, Zerfallsart; Lebensdauer
Name
Ordnungszahl

Ordn.	Symbol	Name	Phase	Kristallstruktur	Atommasse	Oxidationszahlen	radioaktives Isotop
1	H	Wasserstoff	g / h		1,00794	-1 / 1	3 (β^-) 12,3 a
3	Li	Lithium	m	krz	6,941	1	8 (β^-) 842 ms
4	Be	Beryllium	m	h	9,012182	2	7 (ε,γ) 53 d
11	Na	Natrium	m	krz	22,989768	1	22 (β^+,γ) 2,6 a
12	Mg	Magnesium	m		24,3050	2	28 (β^-,γ) 21 h
19	K	Kalium	m	krz	39,0983	1	42 (β^-,γ) 12 h
20	Ca	Calcium	m	kfz	40,078	2	45 (β^-) 163 d
21	Sc	Scandium	m	h	44,955910	3	46 (ε,γ) 84 d
22	Ti	Titan	m	h	47,88	3 / 4	44 (ε,γ) 47,3 a
23	V	Vanadium	m	krz	50,9415	4 / 5	49 (ε) 330 d
24	Cr	Chrom	m	krz	51,9961	3 / 4	51 (ε,γ) 28 d
25	Mn	Mangan	m	krz	54,93805	2 / 4	54 (ε,γ) 312 d
26	Fe	Eisen	fm	krz	55,847	2 / 3	59 (β^-,γ) 45 d
27	Co	Cobalt	fm	h	58,93320	2 / 3	60 (β^-,γ) 5,3 a
37	Rb	Rubidium	m	krz	85,4678	1	86 (β^-,γ) 19 d
38	Sr	Strontium	m	kfz	87,62	2	90 (β^-) 28,5 a
39	Y	Yttrium	m	h	88,90585	3	88 (ε,γ) 107 d
40	Zr	Zirconium	m	krz	91,224	3 / 4	95 (β^-,γ) 64 d
41	Nb	Niob	m	krz	92,90638	4 / 5	94 (β^-,γ) $2 \cdot 10^4$ a
42	Mo	Molybdän	m	krz	95,94	4 / 6	99 (β^-,γ) 66 h
43	Tc	Technetium	m	h	96,9063*	4 / 5	99 (β^-) $2,1 \cdot 10^5$ a
44	Ru	Ruthenium	m	h	101,07	3 / 4	103 (β^-,γ) 39 d
45	Rh	Rhodium	m	kfz	102,90550	3	105 (β^-,γ) 36 h
55	Cs	Cäsium	m	krz	132,90543	-1 / 1	137 (β^-,γ) 30,2 a
56	Ba	Barium	m	krz	137,327	2	133 (ε,γ) 10,5 a
57	La	Lanthan	m	h	138,9055	3	140 (β^-,γ) 40 h
58	Ce	Cer	m	kfz	140,115	3 / 4	141 (β^-,γ) 33 d
59	Pr	Praseodym	m	h	140,90765	3	143 (β^-) 14 d
60	Nd	Neodym	m	h	144,24	2 / 3	147 (β^-,γ) 11 d
61	Pm	Promethium	m	h	146,9151*	3	147 (β^-) 2,6 a
62	Sm	Samarium	m	r	150,36	2 / 3	153 (β^-,γ) 47 h
63	Eu	Europium	m	krz	151,965	2 / 3	152 (ε,γ) 13,3 a
72	Hf	Hafnium	m	h	178,49	3 / 4	181 (β^-,γ) 42 d
73	Ta	Tantal	m	krz	180,9479	4 / 5	182 (β^-,γ) 114 d
74	W	Wolfram	m	krz	183,84	4 / 5	185 (β^-) 75 d
75	Re	Rhenium	m	h	186,207	4 / 5	186 (β^-,γ) 91 h
76	Os	Osmium	m	h	190,23	3 / 4	185 (ε,γ) 94 d
77	Ir	Iridium	m	kfz	192,22	3 / 4	192 (β^-,γ) 74 d
87	Fr	Francium	m	krz	223,0197*	1	223 (β^-,γ) 22 m
88	Ra	Radium	m	krz	226,0254*	2	226 (α,γ) 1600 a
89	Ac	Actinium	m	kfz	227,0278*	0 / 3	227 (β^-) 21,8 a
90	Th	Thorium	m	kfz	232,0381*	2 / 4	232 (α) $1,4 \cdot 10^{10}$ a
91	Pa	Protactinium	m	t	231,0358*	4 / 5	231 (α,γ) $3,3 \cdot 10^4$ a
92	U	Uran	m	o	238,0289*	5 / 6	238 (α) $4,5 \cdot 10^9$ a
93	Np	Neptunium	m	o	237,0482*	4 / 6	237 (α,γ) $2,1 \cdot 10^6$ a
94	Pu	Plutonium	m	m	244,0642*	4 / 6	244 (α) $8,3 \cdot 10^7$ a
95	Am	Americium	m	h	243,0614*	2 / 6	243 (α,γ) 7370 a
104	Rf	Rutherfordium	m	?	261,1087*		261 (α) 65 s
105	Hn	Hahnium	m	?	262,1138*		262 (α,sf) 34 s
106	Unh	namenlos	m	?	263,1182*		263 (α,sf) 0,8 s
107	Ns	Nielsbohrium	m	?	262,1229*		262 (α) 0,1 s
108	Hs	Hassium		?	265*		265 (α) 2 ms
109	Mt	Meitnerium	m	?	266*		266 (α) 4 ms

Zustand	Atommasse	Ordnungszahl / Symbol	Oxidationszahlen	Isotop / Zerfall	Name
g, h	4,002602	2He	0	6 (β^-) 808 ms	Helium
hl, r	10,811	5B	3	12 (β^-,γ) 20 ms	Bor
hl, h,d	12,011	6C	2, 4	14 (β^-) 5730 a	Kohlenstoff
g, k	14,00674	7N	-1 … 5	13 (β^+) 10 m	Stickstoff
g, o2	15,9994	8O	-2, 0	15 (β^+) 2 m	Sauerstoff
g, o	18,998403	9F	-1	18 (β^+) 110 m	Fluor
g, kfz	20,1797	10Ne	0	23 (β^-,γ) 37 s	Neon
m, kfz	26,981539	13Al	1, 3	26 (β^+,ε) 7,2·10 a	Aluminium
hl	28,0855	14Si	2, 4	32 (β^-) 14 d	Silicium
k	30,973762	15P	3, 5	35 (β^-) 88 d	Phosphor
o,m	32,066	16S	4, 6	35 (β^-) 88 d	Schwefel
g, o	35,4527	17Cl	-1, 7	36 (β^-) 3·10⁵ a	Chlor
g, kfz	39,948	18Ar	0	41 (β^-,γ) 2 h	Argon
z	58,6934	28Ni	1, 2	63 (β^-) 100 a	Nickel
m, kfz	63,546	29Cu	1, 3	64 (β^-,ε) 13 h	Kupfer
m, h	65,39	30Zn	2	65 (ε,γ) 244 d	Zink
m, o	69,723	31Ga	2, 3	67 (ε,γ) 78 h	Gallium
hl, d	72,61	32Ge	2, 4	777 (β^-,γ) 11 h	Germanium
hm, r	74,92159	33As	3, 5	73 (ε,γ) 80 d	Arsen
hl, h	78,96	34Se	4, 6	75 (ε,γ) 120 d	Selen
l, o	79,904	35Br	-1, 5	82 (β^-,γ) 35 h	Brom
g, kfz	83,80	36Kr	0, 2	85 (β^-) 10,8 a	Krypton
kfz	106,42	46Pd	2, 4	103 (ε) 17 d	Palladium
m, kfz	107,8682	47Ag	1, 2	110m (β^-,γ) 250 d	Silber
m	112,411	48Cd	1, 2	109 (ε) 453 d	Cadmium
m, t	114,818	49In	1, 2, 3	114m (β^-,γ) 50 d	Indium
m, t,d	118,710	50Sn	2, 4	113 (ε,γ) 115 d	Zinn
m, r	121,757	51Sb	3, 5	125 (β^-,γ) 2,8 a	Antimon
hl, h	127,60	52Te	2, 4	127m (β^-,γ) 109 d	Tellur
hl, o	126,90447	53I	-1, 5	129 (β^-,γ) 1,6·10⁷ a	Iod
g, kfz	131,29	54Xe	0, 6	133 (β^-,γ) 5 d	Xenon
fm, h	157,25	64Gd	3	153 (ε,γ) 242 d	Gadolinium
h	158,92534	65Tb	3, 4	160 (β^-,γ) 72 d	Terbium
fm, h	162,50	66Dy	3	165 (β^-,γ) 2 h	Dysprosium
fm, h	164,93032	67Ho	3	166m (β^-,γ) 1200 a	Holmium
fm, h	167,26	68Er	3	169 (β^-) 9 d	Erbium
h	168,93421	69Tm	2, 3	170 (β^-,γ) 129 d	Thulium
m, kfz	173,04	70Yb	2, 3	169 (ε,γ) 32 d	Ytterbium
m, h	174,967	71Lu	3	177 (β^-,γ) 7 d	Lutetium
kfz	195,08	78Pt	2, 4	197 (β^-,γ) 18 h	Platin
m, kfz	196,96654	79Au	1, 3	195 (ε,γ) 183 d	Gold
l, m	200,59	80Hg	1, 2	203 (β^-,γ) 47 d	Quecksilber
m, h	204,3833	81Tl	-1, 1, 3	204 (β^-) 3,8 a	Thallium
m, kfz	207,2	82Pb	2, 4	210 (β^-,γ) 22,3 a	Blei
hm	208,98037	83Bi	3, 5	207 (ε,γ) 33,4 a	Bismut
m	208,9824*	84Po	2, 4	209 (α) 102 a	Polonium
m, ?	209,9871*	85At	1, 3	210 (ε,γ) 8 h	Astat
g, kfz	222,0176*	86Rn	0, 2	222 (α) 4 d	Radon
	247,0703*	96Cm	3	(ε,γ) 1,6·10⁷ a	Curium
m, ?	247,0703*	97Bk	3, 4	247 (α,γ) 1380 a	Berkelium
m, ?	251,0796*	98Cf	2, 3	251 (α,γ) 898 a	Californium
m, ?	252,0829*	99Es	3	252 (α,γ) 472 d	Einsteinium
m, ?	257,0951*	100Fm	3	257 (α,γ) 101 d	Fermium
m, ?	258,0986*	101Md	3	258 (α) 56 d	Mendelevium
m, ?	259,1009*	102No	2, 3	259 (α,ε) 58 m	Nobelium
m, ?	260,1053*	103Lr	3	260 (α) 3 m	Lawrencium
m		110			namenlos
m		111			namenlos
m		112			namenlos
m		113			namenlos
m		114			namenlos

Superschwere Elemente